행성지구학

| 제3판 |

행성지구학

김규한 지음

Σ 시그마프레스

행성지구학 | 제3판 |

발행일 | 2009년 3월 2일 1쇄 발행

저자 | 김규한
발행인 | 강학경
발행처 | (주)시그마프레스
편집 | 김수미
교정 · 교열 | 민은영

등록번호 | 제10-2642호
주소 | 서울특별시 마포구 성산동 210-13 한성빌딩 5층
전자우편 | sigma@spress.co.kr
홈페이지 | http://www.sigmapress.co.kr
전화 | (02)323-4845~7(영업부), (02)323-0658~9(편집부)
팩스 | (02)323-4197

인쇄 · 제본 | 해외정판사

ISBN | 978-89-5832-586-4

머리말

행성 지구학은 『푸른행성지구』의 내용을 개정한 『행성지구학』을 대학 학부생의 일반지질학과 지구과학관련 학과의 교양 지구과학 교재로 수년간 강의하면서 이번에 다시 개정 보완하였다. 과학 기술의 빠른 발전과 함께 지질과학의 학문의 발전도 대단히 빠른 속도로 진행되고 있다. 따라서 개정된 행성지구학은 지질과학의 기본 개념을 중심으로 최신 연구내용과 정보를 담으려고 노력하였다.

푸른 행성 지구는 인류의 삶의 터전이다. 태양계 행성 중 지구에는 자연과 인간이 지혜롭게 공존하고 있다. 자연은 신비롭고 아름답기도 하며 인간에게 천혜의 혜택을 주기도 하고 때로는 큰 재앙을 주기도 한다. 인류는 지질학적으로 연관되어 일어나는 많은 자연현상과 자연법칙, 근본 원리를 규명하고 미래를 예측하여 행복한 지구를 만들어 가기 위하여 끊임없는 노력을 하고 있다. 오늘날 지구시스템 내의 자연계의 물질의 순환, 상호반응, 물질평형의 조화의 중요성이 점점 증대하고 있다.

지구시스템은 암석권, 생물권, 수권, 대기권, 인간권의 서브시스템으로 구성되어 있다. 이들 서브시스템 간의 상호작용과 물질평형을 이루어가면서 지질현상을 포함한 각종 자연현상이 일어나고 있다. 서브시스템 간의 상호작용과 인간 활동에 의한 물질의 순환주기 변동으로 지표에는 지진, 화산, 홍수, 지구온난화, 사막화, 자원고갈 등의 여러 지질현상이 일어나고 있다.

제1장은 지구의 탄생과 태양계의 행성들의 정보를 비교하여 볼 수 있게 하였다. 그리고 과학연구 방법론을 소개하였다. 제2장은 지구 내부의 구성, 제3장은 암석과 광물 등 지구의 구성물질의 특성을 다루고 있다. 제4, 5장은 판구조운동,

해양저확장, 대륙이동과 조산운동을 다루고 지질도와 지질구조 해석에 대하여 소개하였다. 제6장은 지표환경에서 일어나는 지질현상과 물질의 순환을 소개하였다. 제7장은 방사성동위원소를 이용한 암석의 절대연령측정 원리와 사례를 들었다. 제8장은 지질시대의 생물계의 진화와 지질사건을 재미있게 요약하였다. 마지막으로 제10장은 지구의 자원, 지질재해, 지구의 환경오염에 대하여 요약 설명하였다. 특히, 개정판에는 화성암의 분류와 순환, 진앙-진원-진도 결정법, 헬륨-아르곤 영족기체 동위원소의 내용을 추가 하였다. 지구상에 가장 젊은 울릉도의 심성암의 최근 연구내용, 희토류자원, 노벨과학자 이야기, 남극과 북극의 극지연구 내용 등 재미있고 과학적인 읽을거리를 보완하였다. 최근 국내 연구 사례를 소개하여 과학 실험의 중요성을 인식하고 과학연구 마인드를 가지도록 노력하였다.

과학의 기초 원리를 이해하는 것도 중요하지만 과학은 '문제를 발견' 하는 것이 대단히 중요하다. 문제가 있어야 답이 있게 마련이기 때문이다. 좋은 문제라야 좋은 답이 얻어지고 큰 문제에서 큰 답이 얻어진다는 점을 이 책을 통하여 경험하기를 기대한다. 역대 수많은 노벨과학자들은 모두가 그 시대에 요구되는, 그러나 그 시대에는 실현되기 어려웠던 놀라운 꿈을 실현시킨 사람들이다. 처음 지구과학을 접하는 학생이나 일반 독자들에게 지구환경과 지질현상을 이해하는데 조금이라도 도움이 된다면 큰 영광이 되겠다. 이 책의 출판을 위하여 지원과 협조를 해 주신 (주)시그마프레스 강학경 사장님, 편집에 수고한 민은영 대리님과 관계자 여러분, 원고교정에 수고한 이화여자대학교 대학원생 강혜진 씨에게도 고마움을 전한다.

2009년 2월

김규한

차 례

제1장 지구의 탄생 · 1

제2장 지구시스템 상호작용 · 41

제3장 지구의 구성물질 · 55

제4장 지질구조와 산맥의 형성 · 91

제5장 움직이는 대륙 · 103

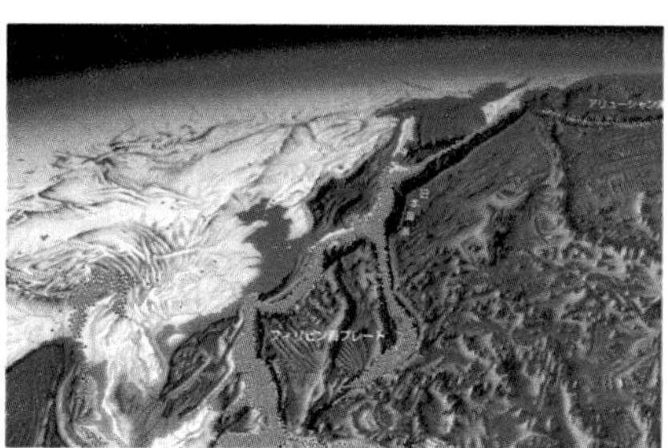

제6장 물질의 순환 · 133

제7장 지질시대의 구분 · 159

제8장 지질시대의 환경과 생물의 진화 · 177

제9장 우리나라의 지질 · 223

제10장 인간과 지구환경 · 241

01
지구의 탄생

일본 카미오카 광산지하체굴 지역에 건설된
첼렌코프 우주선 소립자 관측 장치 내부 모습

1.1 태양계의 형성

태양, 수성, 금성, 화성, 지구 등 태양계의 행성들은 언제 어떻게 만들어진 것일까? 지구 탄생의 수수께끼를 풀려면 태양계의 행성들의 기원을 알아야 한다.

천문학자들은 약 150~200억 년 전에 한 점에서 모여 있던 모든 우주의 물질이 빅뱅(Big bang, 대폭발)에 의해 우주가 팽창하기 시작하면서 태양계의 여러 행성들이 형성되었다고 생각하고 있다.

빅뱅 이후 1억 년이 지난 후에 수소(H)와 헬륨(He) 가스로 된 우주물질이 은하계와 같은 거대한 구름을 형성하였다. 그리고 은하계 중의 무수히 많은 원시성(가스 덩어리)이 만들어지고 이어 원시태양으로 점차 성장하였다(그림 1-1).

천문학자들은 약 50억 년 전 태양 주위의 원반상 성운에서 수성, 금성, 지구, 화성, 목성, 토성 등의 태양계의 행성들이 형성된 것으로 생각하고 있다. 태양계의 생성모델(cosmogenic model)의 하나인 격변모델(catastrophe model)에는 포획설(captured model)과 성운설(nebular model)이 제안되었다.

1644년 Descartes가 진화론적이며 과학적인 우주론을 처음으로 제안했다.

| 그림 1-1 | 우리 은하계의 상상도

Descartes는 우주가 가스로 채워져 있고 이들이 소용돌이 치는 과정에서 태양과 행성들이 응축된 것으로 생각했다. 그 후 100년이 지난 1745년에 Buffon은 혜성과 태양이 충돌하여 부서져 나온 물질이 행성을 형성하였다는 **격변모델**을 제안했다. 한편, 1917년 영국의 수리물리학자인 Jeans는 태양과 태양 주위를 지나가는 별 사이의 중력에 의해 끌려나온 실린더형의 태양물질 일부가 응축되어 행성을 만들었다는 포획설인 **소행성설**을 제안하였다. 그러나 태양 주위에 천체가 우연히 근접하여 지나갈 확률이 대단히 낮았으며 태양 조력과 고온 상태에 있었기 때문에 태양에서 끌려나온 물질은 응집하는 대신에 분산되었을 것이라고 하는 반대 의견에 부딪치게 되었다. 때문에 포획설 역시 천문학자들의 지지를 받지 못하였다.

격변모델

소행성설

성운설은 가스로 이루어진 성운이 회전하면서 수축이 일어나고 회전속도가 빨라지면서 성운의 중심부에 응축된 것이 태양이고 주위에 여러 개의 구형체가 형성되어 오늘날의 행성들이 만들어졌다는 것이다. 성운설은 1755년 Kant(1724~1804)가 제안하였다. 1796년 Laplace(1749~1827)가 역학적 개념을 도입하였으며 1950년 Hoyle과 McCrea 등이 보다 발전된 개념을 내놓았다. 오늘날 많은 과학자들도 태양계는 우주 가스로 구성된 거대한 성운이 회전하는 과정에서 태양, 지구, 화성 등이 집적된 것으로 추정하고 있다.

성운설

초기 우주는 원소 중에서 가장 가벼운 수소로 구성되어 있었으며 핵융합 반응에 의해 수소에서 헬륨이 만들어지게 된다. 이때 많은 열과 빛을 내고 점차 무거운 원자핵을 가진 원소들이 만들어지게 되었다.

지구나 화성, 금성처럼 주로 규산염광물로 구성된 암석광물로 이루어진 별을 만들려면 원시성의 내부에 무거운 원소와 함께 잔존하고 있던 수소와 헬륨 가스가 분리되어야 한다. **초신성의 폭발**(super nova)에서 이런 과정이 일어난다. 이 과정에서 무거운 원자핵을 가진 원소들이 점차 만들어지게 되었다.

초신성의 폭발

약 60억 년 전 수소(75%)와 헬륨(25%)으로 구성된 성간 가스와 먼지(1% 미만)가 소용돌이 흐름(turbulent current)에 의해 밀도차가 생겨 약 천만년을 주기로 회전운동을 하게 되었다.

이 회전운동 과정에서 중력에 의해 성간운들이 거대한 원반 모양으로 모이게 되고 모여진 성간운의 중심부는 횡압력에 의해 뜨거워지고 밀도도 높아지게 되어 마침내 수소원자는 다시 핵융합을 시작하여 새로운 별이 탄생하게 되었다. 이

때 원시태양 주위에 회전하고 있는 원반상의 가스와 먼지가 태양성운(solar nebula)이다. 3,500K 이상의 뜨거운 태양이 만들어진 이후 태양 외측의 태양성운들이 중력에 의해 점차 행성으로 응축 부가(planetary accretion)되어 지구, 화성, 달 등의 행성들과 위성들이 만들어지게 되었다.

초기의 성운 밀도는 1000atom/cm^{3}이고 반지름은 10^{19}cm이었다. 성운이 회전하여 밀도는 10^{6}atom/cm^3, 표면온도 3500K, 반지름(700Au)이 10^{17}cm인 원시태양(오늘날 태양 크기의 약 30배)이 처음 형성되었다.

원시태양은 중심에서 밖으로 갈수록 온도와 밀도가 낮은 성운으로 둘러싸이게 되고 이들 성간운에서 수성, 금성, 지구, 화성 등과 같은 행성들이 점차 응축되었다. 태양계 성운물질의 응축온도 특징을 보면 수성은 원시태양에서 0.4Au 거리에 있었으며 온도는 1500K 정도였다. 1,500K 온도에서 수성의 Fe, Ni, Mg 규산염광물($MgSiO_3$)이 응축되었다. 이보다 낮은 600K의 온도인 지구궤도에 있는 성운은 FeS 등이 응축될 수 있는 온도 조건이 되어 이들이 광물로 응축되어 지구 내부 구성물질의 일부가 되었다.

목성형 행성(jovian planets)은 응축온도가 더 낮기 때문에 얼음 같은 것으로 응축하게 되었다. 이 같은 사실에서 보면 지구형 행성(terrestrial planets)과 목성형 행성들 간에 왜 구성성분의 차이가 나는지를 이해할 수 있게 된다. 소량으로 존재하는 Si, Ca, Al, Mg, Fe, Na, S 등은 주로 고온에서 응축되며 H, He, C, N, O 등 다량으로 존재하는 원소는 저온에서 응축하여 NH_3나 CH_4로 된 얼음 등이 만들어지게 된다. 따라서 태양에서 멀리 떨어져 있는 목성, 토성, 명왕성 등의 구성성분은 메탄이나 암모니아와 같은 얼음 덩어리로 되어 있다.

태양계 성운의 응축부가에 의해 형성된 수성, 금성, 지구, 화성, 달 등과 같은 지구형 행성은 초기 고온상태에서 부분용융이 일어나며 성분이 다른 층상구조를 이루게 되었다.

이들 행성의 표면을 관측해 보면 이들 행성들이 고체상으로 응축된 후에도 수많은 운석충돌에 의해 각기 다른 진화과정을 거치게 되어 지구형 행성들의 내부구조, 구성물질, 화학적, 생물학적 진화의 특징이 다르게 나타남을 알 수 있다.

이들 지구형 행성들의 진화에 가장 큰 영향을 준 요인은 행성의 냉각속도이다. 행성으로 응축부가된 후에도 운석충돌, 판구조운동, 방사성 동위원소에 의한 열로 인해 행성의 내부는 뜨거운 상태였으며 점차 냉각되어 오늘날처럼 되었다.

금성이나 지구처럼 크기가 큰 행성은 냉각속도가 느리기 때문에 지금도 내부가 뜨거운 상태에 있다. 물론 화성에도 바이킹 1호와 마스 패스파인터(Mars Pathfinder)의 표면관측 사진에서 수많은 화산암편들이 관찰되어 과거 화산활동이 있었음을 알 수 있게 되었다. 그러나 현재에는 화성에 화산활동이 없다. 한편 수성과 달은 크기가 작기 때문에 빠른 속도로 냉각되어 이미 지난 수십억 년 동안 화산활동이 정지된 상태에 있다.

행성 표면의 생물계의 진화나 내부에서의 암석광물의 변화에 영향을 주는 주요 요인 중의 하나는 액체상 또는 기체상의 물이다. 액체상의 물의 존재 여부는 이들 천체와 태양으로부터의 거리에 달려 있다. 태양에서 가까운 수성이나 금성은 표면온도가 각각 317~452°C와 464°C로 액상의 물이 존재할 수 없다. 그러나 지구는 액체상의 물이 존재할 수 있는 태양으로부터의 최적의 거리에 있기 때문에 액체상의 물이 존재하는 유일한 천체이다. 액체상의 물이 존재하기 때문에 지구에서는 물-암석 상호반응, 풍화, 지표의 생물계의 진화의 기구가 형성되어 물질계가 고도로 진화되었다. 그러나 화성은 태양에서 너무 먼 거리에 있어 표면온도 −58°C로 고체상의 물이 주로 존재할 따름이다. 그렇다면 고체상의 얼음은 먹고 사는 생명기구가 존재할까? 지표환경의 진화에 중요한 역할을 하는 것은 생물권의 존재유무이다. 지구는 초기 환원형 대기에서 산화형 대기로 진화되면서 광합성 작용 등과 같은 기구가 형성됨으로써 CO_2나 O_2의 자정(self control) 역할을 하게 된다. 따라서 지표상에는 산소를 이용하는 생물계의 진화가 지구 표면 대기의 진화와 함께 급속도로 진행되었다.

1.2 빅뱅 이론이란

러시아 출생 미국인 George Gamow는 1946년 대단히 작은 초고밀도 상태의 물질이 폭발하여 우주가 탄생하였다는 이론을 제창하였다. 멀리 있는 은하일수록 빠른 속도로 후퇴하고 있다는 허블의 법칙에 의하면 시간을 거꾸로 거슬러 올라가면 은하 간의 거리가 점점 좁아져 과밀한 고온 상태로 된다. 이때 은하와 행성도 사라진 고온의 작은 프리즈마와 같은 상태인 초고밀도 소립자 상태로 될 수 있을 것으로 추측하고 있다. 이처럼 우주는 초기 고온 초고밀도의 작은 불덩어리와 같은 것이었다고 Gamow는 말하고 있다. 이것이 어떤 원인에 의해 대폭발(big bang)하여 팽창이 일어나기 시작하였다는 것이다. 우주가 팽창함에 따라 점차 온도가 낮아지고 밀도도 감소하게 되었다.

우주 대폭발 후 100초 정도 지나면 프라즈마 상태의 직경 1광년 정도되는 크기 규모의 중수소, 헬륨, 뉴트리노, 원자핵 등이 합성된다. 10만 년 정도 시간이 지나면 헬륨원자핵과 전자가 결합하여 헬륨원자가 만들어지며 온도는 10,000°K 정도로 낮아진다. 20만 년 후 온도는 4,000°K가 되고 수소원자가 만들어지며 전자에 의한 빛의 산란이 없어져 투명한 상태가 된다. 이후 10억 년 동안 은하가 형성된다. 우주팽창이 계속되어 현재에 이르게 되면 온도는 계속 낮아지게 되며 현재에도 그 영향이 남아 있어 절대온도 7K 정도 될 것이라고 가모우는 예측한 바 있다. 현재 이 온도는 3K로 알려져 있으며 1965년 미국의 펜지아스와 윌슨이 우주배경 방사관 측에서 이 사실이 확인되어 빅뱅이론이 힘을 받게 되었다.

뉴트리노 관측 슈퍼카미오칸데

뉴트리노는 전하가 없고 질량이 대단히 작은 소립자의 일종이다. 물질을 구성하고 있는 요소는 원자이고 원자는 소립자로 되어 있다. 소립자는 상호작용이 강한 쿼크와 상호작용이 약한 렙톤으로 구분된다. 마이나스 전하를 가진 전자는 렙톤의 일종이고 전하를 가지지 않는 렙톤이 뉴트리노이다.

별의 내부에서 수소의 핵융합 반응은 다음과 같이 일어난다. 4개의 양자와 2개의 전자에서 헬륨과 2개의 전자 뉴트리노가 만들어진다($4P + 2e^- \rightarrow {}^4He + 2\upsilon_e + 26.7Mev^- E_\upsilon$). 초신성의 폭발 시에도 뉴트리노가 만들어지며 이것이 우주 소립자 관측장치로 관측된 바 있다.

일본 카미오카 광산 지역에 있는 슈퍼카미오칸데 우주소립자 관측 시설은 우주에서 유입되는 뉴트리노를 관측하고 물에 포함된 양자가 붕괴하는 현상을 탐사할 목적으로 만든 실험 시설이다. 도쿄대학 우주선 연구소가 1996년 일본 기후겐 카미오카 광산지하채굴적에 우주선 소립자 연구시설을 건설하였다. 카미오카 광산 산속 지하 1,000m 깊이에 만들어진 원통형 공간으로, 5만 톤 증류수가 채워져 있는 직경 39.3m, 높이 41.4m 원주형 물탱크이다. 물탱크 벽에는 직경 50cm 크기의 광전자 증배관이 11,200개 부착되어 있어 수중의 발광을 기록할 수 있게 하였다.

우주에서 뉴트리노가 이 수조통에 들어오면 물과 반응하여 전자가 생긴다. 이 전자가 고속으로 물 속을 통과할 때 첼렌코프광이라는 청백색의 빛을 낸다. 이 빛을 주위의 광전자증배관에서 포착하여 뉴트리노를 검출하는 것이다.

다량의 뉴트리노가 도달해도 물과 반응하는 비율이 극히 낮기 때문에 검출능률을 높이기 위해 대량의 증류수가 필요하다. 지하 심부에 설치하는 이유는 관측을 방해하는 우주선의 영향을 피하기 위해서이다. 1998년 뉴트리노가 질량을 가지는 증거를 이곳에서 관측하였다.

카미오칸데는 1983년에 건설된 관측장치로 슈퍼카미오칸데의 전신으로 규모가 작은 관측장치(3천 톤 증류수와 천 개의 광전자 증배관)였지만 1987년 마젤란 성운에 출현한 초신성 SN1987A에서 도달한 뉴트리노를 검출한 바 있다. 이 연구 성과로 도쿄대학 고시바 마사도시(小紫昌俊) 명예교수가 2002년 노벨물리학상을 수상하였다.

1.3 행성의 비교

태양계는 태양을 중심으로 9개의 행성과 수십 개의 위성, 수천 개의 소행성, 61개의 달, 헤아릴 수 없는 혜성과 유성체로 구성되어 있다. 태양에 의해 모든 천체들의 궤도 운동이 지배되며 태양 주위를 공전하는 행성들은 원에 가까운 타원 궤도를 그리며 거의 동일 평면상에서 궤도 운동을 하고 있다. 태양에서부터 가까운 순서로 수성, 금성, 지구, 화성, 목성, 토성, 천왕성, 해왕성 등의 행성들이 위치하고 있다(표 1-1, 그림 1-2).

지구의 초기 상태나 기원을 이해하기 위해서는 지구 주위 태양계의 기타 천체의 정보가 대단히 유용하다. 물론 지구를 연구해서 기타 천체의 특성을 추정할 수도 있다. 따라서 행성을 서로 비교 연구하는 비교 행성학이 생기게 되었다.

여기서는 태양과 태양계의 주요 행성들의 대기와 구성물질 등에 대하여 간단히 알아본다.

표 1-1 행성들의 거리, 크기, 밀도, 표면온도, 대기 등의 자료(Duncombe et al., 1973, Allen 1973, Strangway, 1977, Fegley, 1995, Yoder, 1995)

구분	수성	금성	지구	화성	목성	토성	천왕성	해왕성	명왕성	달
태양에서부터 거리 (10^7km) (Au)	58 (0.39)	108 (0.72)	150 (1)	228 (1.52)	778 (5.20)	1427 (9.54)	2870 (19.18)	4497 (30.06)	5900 (39.44)	38.4×10^5km (지구에서)
평균반경(km)	2440±1	6051.8	6371.0	3389.9	69911±6	58231±6	25362±12	24624±21	3000	
질량(10^{23}kg) (지구 = 1)	3.302 (0.055)	48.685 (0.815)	59.736 1	6.4185 (0.108)	18986 (317.8)	5684.6 (95.2)	868.32 (14.4)	1024.3 (17.2)	6.630 (0.003)	0.735
체적(지구 = 1)	0.055	0.88	1	0.150	1318	769	50	42	0.1	
평균밀도(g/cm³)	5.46	5.23	5.52	3.92	1.31	0.70	1.3	1.66	2.06	3.34
표면온도(°C)	317~452	464	15	−58	−108	−139	−197	−91.5	−233(?)	107(낮) −153(밤)
표면기압(기압)	$< 10^{-12}$	95	1.01	~0.007					−0.3Pa	0
대기 ( )% [ ]ppm	–	CO_2(96.5) N_2(3.5) SO_2[130~185] H_2O[20~150] Ar[70]	CO_2[0.03] N_2((78.1) O_2(20.9) H_2O(<4) Ar[9340]	CO_2(95.3) N_2(2.7) O_2(0.13) CO(0.08) H_2O[210] Ar(1.6)	H_2(89.8) He(10.2) CH_4(0.003) NH_3(0.00025)	H_2(96.3) He(3.25) CH_4(0.0045) NH_3(0.002)	H_2(82.5) He(15.2) CH_4(2.3)	H_2(80) He(19.0) CH_4(1~2)	CH_4(?)	–
위성수	0	0	1	2	16	18	15	8	1	
자전주기	58.6462일	243.0185일	23.93419시간	24.622962시간	9.92425시간	10.65622시간	17.24시간	16.11±0.01시간	–	27.32일

목성, 토성, 천왕성, 해왕성의 표면온도는 1기압인 곳의 표면온도임.

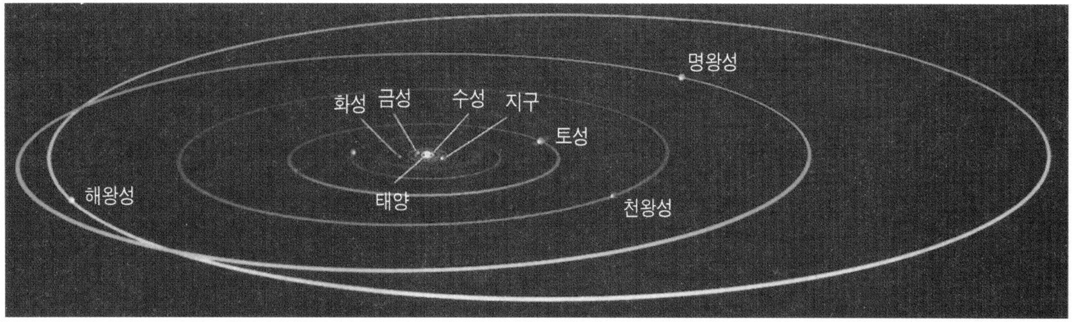

| 그림 1-2 | **태양계** 지구형 행성들(내행성)은 크기가 작고 주로 암석물질로 되어 있다. 목성형 행성(외행성)은 크고 가스 성분으로 되어 있다. 최외각에 있는 해왕성은 메탄, 물, 암석의 얼음 눈덩이로 되어 있다 (Press and Siever, 1993). 명왕성은 최근 태양계에서 제외되었다.

태양

태양(sun)은 질량 1,989×10^{30}kg, 반지름 6,9845×10^{8}m, 평균밀도 149kg/m^3로 태양계에서 가장 크고 온도가 5,785K로 지구환경에 가장 크게 영향을 주는 주계열성 중의 하나이다. 태양은 지구에서 평균거리가 1,496×10^{8}km(1Au)로 지구에 대해 약 27일 주기로 자전하고 있다.

특히 태양은 중심부에서 양성자 핵연쇄 반응(PP)에 의해 4×10^{26} W의 거대한 에너지와 3.9×10^{26} W 광도의 빛을 생성하며 이 에너지와 빛은 지구상의 대기권, 생물권, 수권 및 암석권에 큰 영향을 주고 있다. 기후변화, 기상현상, 해수운동, 풍화침식 등의 지표의 지형변화들은 태양에서 오는 에너지 때문에 일어나는 현상들이다. 태양표면의 화학조성은 수소(75%), 헬륨(25%)으로 구성되어 있다.

태양은 중심에서 동심원적으로 핵(core, 170,000km 두께), 복사층(radiative layer, 420,000km), 대류층(convective layer, 1,055,000km), 광구(photosphere, 450km), 채층(chromosphere, 2,500km), 코로나(corona)로 구성되어 있다.

태양은 핵 중심에서의 핵융합 반응으로 온도가 8×10^6K인 고온이다. 태양의 핵의 질량은 62%의 헬륨(He)과 38%의 수소(H)로 구성된 것으로 추정하고 있다.

핵 주위의 복사층에서는 핵에너지가 태양 밖으로 방사된다. 대류층에서는 방사된 에너지가 대류에 의해 밖으로 전달되며 성분을 질량으로 환산하면 72%의 수소, 26%의 헬륨, 2%의 중원소로 구성되어 있다. 표층부는 광구, 채층, 코로나와 태양대기층으로 되어 있다.

광구는 우리가 볼 수 있는 태양표면으로 450km 두께를 가지며 평균 5,800K(광구하층부 8,000K, 상층부 4,500K)로 고온이며 현란한 빛과 에너지를 발산하고 쌀알무늬의 구조를 나타내고 있다.

채층은 광구 밖에 있는 약 2,500km 두께의 뜨거운 저밀도 가스층이다. 채층은 복사강도가 광구에서보다 훨씬 낮기 때문에 눈으로 구별하기 어렵다. 그러나 일식 때에는 섬광 스펙트럼(flash spectrum)이 관측된다. 최외부의 코로나는 채층에서보다 밀도가 낮은 가스층으로 고온이며 밀도가 낮기 때문에 일식 때가 아니면 관측하기 어렵다. 코로나는 가스입자를 계속 방출하여 태양풍을 일으킨다. 그리고 흑점과 같은 태양활동에 의하여 자기장의 변화를 일으킨다.

수성

수성(Mercury)은 크기가 비교적 작고 태양에서 가까운 위치에 있기 때문에 표면온도가 높아 낮에는 약 430° C로 고온이다.

수성에는 대기가 없기 때문에 표면온도가 일몰 후에는 급강하하여 밤에는 −180° C가 된다. 마리너 10호의 자료에 의하여 달 표면과 유사한 수많은 분화구가 조사되었다. 그러나 수성표면은 36~40억 년 전에 소행성들과의 충돌에 의한 운석공으로 덮혀 있으며 화산분출도 있었던 것으로 추정된다.

수성의 내부구조는 잘 알려져 있지 않지만 태양에서 가장 가까운 고온의 행성이라서 지구의 내부구조와는 다른 42% 체적의 거대한 핵이 존재하는 것으로 추정하고 있다. 수성은 지구자기장의 세기의 1%에 해당하는 미약한 자기장을 가지고 있다.

금성

금성(Venus)은 지구에서 가장 가까운 위치에 있으며 크기, 질량, 밀도 등이 지구와 대단히 유사하다. 그래서 지구에서 밤하늘에 육안으로도 쉽게 관측이 된다. 그러나 금성의 대기에는 지구와 달리 대량의 CO_2(96.5%)와 N_2(3.5%), O_2(2×10^{-3}%), N_2O(2×10^{-3}%) 가 포함되어 있는 것으로 알려져 있다.

금성은 두꺼운 CO_2 대기층에 의한 온실효과로 인하여 표면온도가 470° C로 매우 높다. Mariner 2호(1962) Venera 9호, 10호(1975) Pioneer Venus 1호(1980) Venera 15, 16호(1989) 등에 의해 금성의 표면 사진이 작성되었다.

금성의 표면에는 수많은 운석충돌 분화구가 분포하고 있으며 용암의 분출 및 규칙적인 구조선의 발달하고 있어 지구에서와 유사한 지구조 운동을 추정하게 한다. 금성 표면에는 두꺼운 구름층이 빠른 속도로 이동하여 구름이 금성을 4일에 한 바퀴씩 돌고 있다. 이는 태양풍 때문인 것으로 생각하고 있다.

화성

19세기 화성(Mars)에는 운하가 있고 어둡게 보이는 영역에 식생이 분포하고 있는 것으로 천문학자들은 생각하였다. 그러나 우주 탐색선 마리너 4호와 바이킹 1, 2호, 최근의 마스 패스파인더와 화성탐사 로봇인 어포튜니티(opprtunity)가 화성표면에서 보내온 사진에서 협곡과 붉은 하늘, 무수히 많은 운석 크레이터, 물의 흔적 등이 발견되었다(그림 1-3-1, 1-3-2). 그리고 극관은 주로 얼음과 고체의 이산화탄소로 되어 있으며 어두운 부분은 강풍에 의해 흩어진 먼지 덩어리인 것으로 확인되었다. 표토의 붉은 색은 주로 산화철 때문인 것으로 조사되었다.

1992년 NASA의 화성탐사선(Mars observe)으로 화성에 생명체의 존재 유무와 우주기지로서의 개발 가능성을 탐색하기 시작하였다. 그 결과 생명의 징후는 관찰되지 않았으나 화학반응의 증거는 많이 나타났다.

화성의 대기는 CO_2(95.3%), N_2(2.7%), Ar(1.6%), 산소(0.13%), 물(3×10^{-2}%)로 매우 건조한 상태이다. 화성은 포보스(Phobos)와 데이모스(Deimos)의 2개의 위성을 가지고 있다. 이들 위성 표면에 운석공들이 관찰되었다. 이 지역의 암석은 탄소질콘드라이드와 유사한 것으로 추정하고 있다. 주로 남극에서 수집된 화성에서 온 12개의 운석을 연구한 결과 2개의 운석에서 생물로 보이는 유기물질의 화석이 발견되었다(그림 1-3). 화성 운석(ALH 84001)에서 복합 탄산염광물이 확인되었다. 이 광물은 지구에서 박테리아에 의해 형성된 광물과 유사하였다. 과연 화성에 생명체가 존재하고 있을까? 1997년 7월 5일 마스 패스파인더에서 수신된 화성표면 전송사진에서 무수히 많은 화산암 역을 관찰할 수 있다(그림 1-3-2). 최근 화성탐사에서 얼음과 유기물의 존재가 확인되고 있다.

화성에 과연 물이 존재하는가?

많은 과학자들이 가장 알고 싶어하는 내용 중의 하나가 물의 존재유무이다. 왜냐하면 물의 존재는 생명의 존재와 관련이 있기 때문이다. 화성표면에서 1m 높이 사이에 분포하고 있는 수소의 양이 Mars Odyssey 중성자스펙트로메터로 관측되었다. 2003년 NASA의 화성탐사 프로그램으로 화성탐사 로봇인 Spirit와 Opportunity rovers가 화성표면에 착륙 탐사하였다. Opportunity rovers가 착륙할 지점인 Meridiani Plateau 지역에서 한때 염수바다로 덮혀 있었다는 증거를 발견하였다.

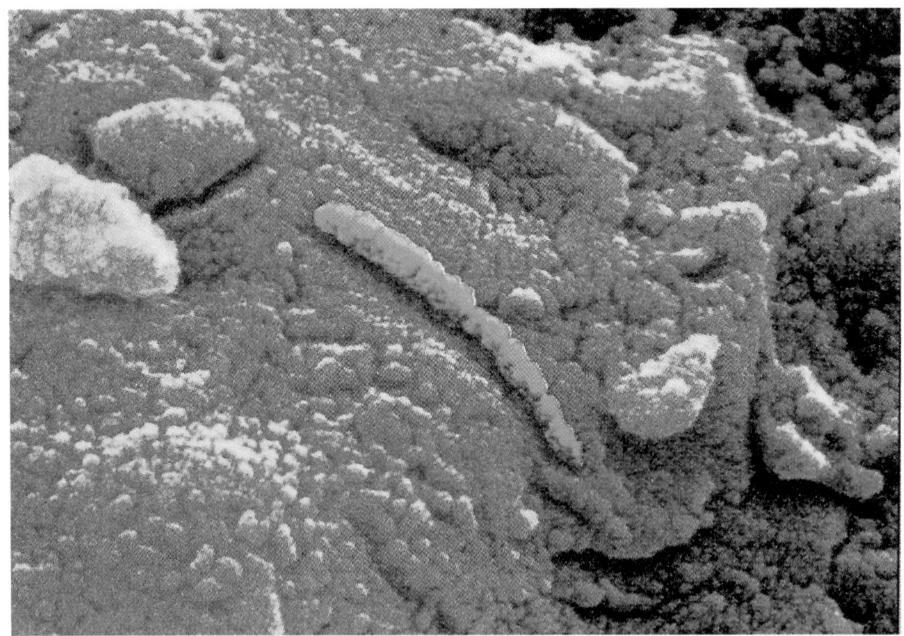

| 그림 1-3 | 남극에서 수집된 화성 운석(ALH84001) 내에 발견된 미생물 화석(NASA, 1996)

미국 오클라호마 주 크기의 평원의 퇴적암층이 발견되었다. Meridiani 지역은 흔히 온천에서 발견되는 회색 적철석으로 덮혀 있었다.

| 그림 1-3-1 | 화성 표면과 지형. 붉은 행성의 비밀이 밝혀지고 있다.
화성의 서반구의 지형, 중력장, 기후, 물의 분포 등의 정보가 얻어졌다.

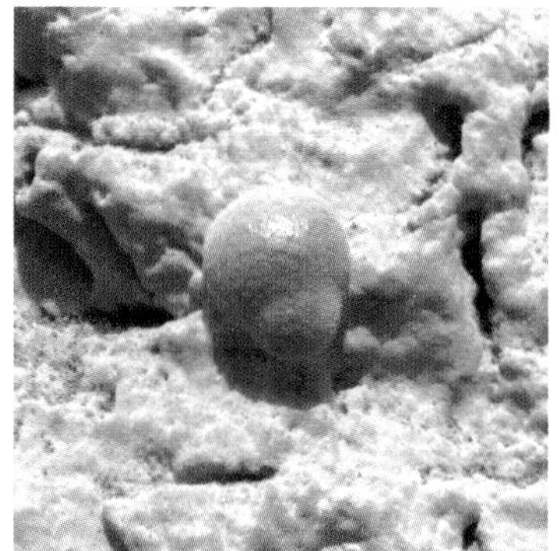

| 그림 1-3-2 | 2007년 Mars Pathfinder가 촬영한 화성 표면사진(왼쪽)과 Opportunity가 촬영한 화성암석 사진
(오른쪽)(물의 존재를 가르키고 있음)

목성

화성, 소행성 다음에 위치한 목성(Jupiter)은 행성 중에서 크기가 가장 크며 태양계 성운의 화학성분을 그대로 보존하고 있다.

목성은 주로 수소와 헬륨으로 구성되어 있으며 이들 성분들의 상대적 존재비는 태양과 유사하다. 밀도는 1.31g/cm^{3}이다.

목성에는 대적반(great red spot)이 6일에 한 번 정도 반시계 방향으로 회전하고 있다. 목성의 사진에서 관찰되는 밝고 어두운 여러 색깔의 평행 줄무늬와 대적반은 고속자전에 의한 목성 대기의 교란 현상이다. 즉, 목성의 거대한 태풍이다.

목성은 자전속도가 9시간 55분 29.7초로 빠르고 목성의 중심부에는 철-니켈로 구성된 중심핵이 존재하고 있는 것으로 추정하고 있다. 금속성 유체가 수소층으로 둘러싸여 있어 온도 10^{4}K, 압력 300만 기압 정도인 것으로 예상된다. 고압으로 인해 수소분자는 모두 해리되어 원자상태로 존재한다. 이 수소는 금속의 속성을 가지므로 수소층은 전기전도가 커서 강한 자기장을 생성하고 있다.

목성은 태양 복사량의 2배 정도 많은 열을 방출한다. 이 열은 목성 형성시에 중력 수축에 의해 방출된 중력에너지의 잔재로 생각하고 있다. 목성은 지금도 서서히 식어가고 있다.

목성은 H, He의 대기 성분 외에 소량의 메탄(CH_4), 에탄(C_2H_2), 암모니아(NH_3), 일산화탄소(CO) 등으로 구성되어 있다. 목성의 상층 대기온도는 −143°C로 낮다. 목성은 63개의 위성을 가지고 있으며 그 중 큰 위성은 Galileo Galilee가 발견한 이오(Io), 유로파(Europa), 가니미드(Ganymede), 칼리스토(Callisto) 등이 있다.

보이저 위성 탐색선이 보내온 사진을 보면 이오(Io)에서 황가스를 분출하고 있는 활화산이 관찰되었다.

토성

토성(Saturn)의 내부구조는 목성과 유사하다. 토성의 특징은 적도면에 걸쳐 있는 얇은 고리이다. 이 고리는 1610년 Galilei가 발견하였으며 1659년 Hügens가 확인하였다.

고리는 수 cm에서 수 m에 이르는 얼음덩어리로 되어 있다. 고리의 폭은 약 6

만 km이며 두께는 100m 내외이다(그림 1-3-3).

토성의 고리와 고리 사이에 3,000km 폭의 틈이 존재하는데 이를 **캐시니간극**(Cassini division)이라 한다. 토성에는 57개의 위성이 확인되었다. 위성 중에 가장 안쪽에 있는 미마스(Mimas) 위성에는 거대한 운석공(직경 100km, 깊이 9km)이 존재하며 엔세라더스(Enceladus) 위성은 얼음으로 구성되어 있다. 토성의 위성 중 가장 큰 위성은 타이탄(Titan) 위성이다. 타이탄 위성에는 질소가 존재하며 표면온도는 90°K 정도 되는 것으로 알려져 있다.

캐시니간극

달

달은 지구에서 38.4만km 거리에서 약 27.32일 주기로 공전하고 있다. 달의 지각은 평균 60km 두께를 가지며 평균밀도 3,348/cm³이다.

아폴로 11, 15호와 루나 16호가 달에 착륙하여 달표면의 암석, 토양 및 기타 지질학적 정보를 직접 지구에 가져오면서 달의 수수께끼가 풀리기 시작하였다.

달표면은 어두운 부분인 평탄한 달의 바다와 다수의 크레이터로 이루어진 밝은 부분인 달의 육지로 구분된다. 바다는 주로 현무암질암으로 구성되어 있고 육지는 주로 사장암(anorthosite) 등으로 구성되어 있다. 달의 바다에서 가져온 현무암은 Ca-사장석, 단사휘석, 티탄철석, 감람석 등으로 구성되어 있다. 한편 육지

| 그림 1-3-3 | **허블우주망원경 NICMOS로 촬영한 토성** 목성처럼 선명한 무늬가 나타난다. 적도부근의 붉은색은 고층구름을 나타낸다(NASA, 1998).

의 암석은 각력암 중에 Ca과 Al이 많이 함유된 사장암질 암편으로 구성되어 있어 달의 바다의 현무암보다 반사율이 높아 밝게 보이고 있다. 달의 현무암은 지구의 현무암과 유사하나 지구의 암석과 달리 철이 Fe^{2+}의 금속철 상태로 존재하고 있음이 크게 다르다(표 1-2). 이는 달에서 마그마로부터 광물이 정출될 때 산소분압이 낮았기 때문이다.

즉, Fe^{3+} 철이 존재하지 않는다. 왜냐하면 대단히 환원적인 건조한 환경에서 달암석이 형성되었기 때문이다(Kushiro, 1984).

이들 달 암석의 절대 연령은 32~38억 년이 얻어졌으며 달의 바다에서 현무암 화산활동이 38억 년 전에서 부터 20억 년 전까지 활발하였던 것으로 생각하고 있다.

초기에 미행성이 달에 충돌하여 달표면 수백 km 두께까지 용융되어 소위 마그마오션(magma ocean)이 형성되었다. 이 마그마오션이 냉각될 때 사장석은 위로 뜨고 무거운 휘석은 가라앉아 달의 지각을 형성한 것으로 보고 있다.

달의 기원은 친자설, 형제설, 포획설, 거대한 외계 행성 충돌설 등의 가설이 제

표 1-2 대표적인 달 암석의 화학성분(Taylor, 1975)

구분	감람석 현무암 (아폴로 12)	감람석 현무암 (아폴로 15호)	석영 현무암	사장암	반려암질 사장암
SiO_2	45.0	44.2	48.8	44.3	44.5
TiO_2	2.90	2.26	1.46	0.06	0.35
Al_2O_3	8.59	8.48	9.30	35.1	31.0
FeO	21.0	22.5	18.6	0.67	3.46
MnO	0.28	0.29	0.27	–	–
MgO	11.6	11.2	9.46	0.80	3.38
CaO	9.42	9.45	10.8	18.7	17.3
Na_2O	0.23	0.24	0.26	0.80	0.12
K_2O	0.064	0.03	0.03	–	–
P_2O_5	0.07	0.06	0.03	–	–
S	0.06	0.05	0.03	–	–
Cr_2O_3	0.55	0.70	0.66	0.02	0.04
계	99.77	99.46	99.08	100.5	100.2

안되었다. 친자설은 달이 고온의 지구에서 분리되었다는 Darwin(1845~1912)의 주장이다.

형제설은 지구와 달은 대단히 가까운 위치에서 원시태양계 성운 물질에서 집적되었다는 것이다. 포획설(타인설)은 지구에서 멀리 떨어진 다른 곳에서 만들어진 달이 후에 지구에 근접하여 지구에 포획되었다는 가설이다.

최근 가장 신뢰도가 높은 가설은 거대 충돌설이다. 지구가 현재의 크기만큼 형성된 시기에 커다란 외계 행성이 지구에 충돌하여 지구와 충돌한 천체의 파편들이 급속히 집적되어 달을 형성하였다는 가설이다(Newson and Taylor 1987; Takahasi, 1993, 1994).

새로운 행성의 발견

영국의 천문학자인 F.W. Herschel(1738~1822)이 정원에서 천체를 관측하던 중 타우루스(Taurus) 성좌 주위에 새로운 천체를 발견하여 후에 천왕성(Uranus, 우주를 지배하고 있던 신)이란 이름을 붙였다.

토성이 태양계의 최외각이라고 믿고 있던 그 당시에 놀라운 발견이었다. 천왕성과 태양간의 평균거리가 보데법칙에 잘 맞았다. 화성과 목성 궤도 사이에도 보데법칙에 의하면 2.8 A.U.에 해당하는 곳에 공백이 있어 1801년 1월 1일 이탈리아의 천문학자 Piazzi(1746~1826)가 세레스(Ceres)와 파라스라는 소행성을 발견하게 되었다.

천왕성 관측에서 실제 관측치와 계산에서 얻은 관측치가 일치하지 않는 점에 착안한 프랑스의 Leuerrier(1811~1877)가 보데법칙을 이용하여 천왕성의 2배 거리에 미지의 행성이 존재할 것으로 예상하였다. 이를 독일 베르린 천문대의 Galle (1912~1910)에게 알려 해왕성(Neptune)을 발견하였다. 해왕성의 발견으로 천왕성의 궤도 이론치는 비교적 실측치와 잘 맞았으나 약간 차이가 있었다. 미국의 Lowell(1855~1916)은 해왕성 외측에 행성이 존재함을 사진으로 촬영하려고 노력하였으나 끝내 찾지 못하고 사망하였다. 그러나 그의 뜻을 이어 로우웰 천문대의 젊은 연구자 C. W. Tombaugh(1906~)가 1930년 2월 18일 사진 건판 위에서 명왕성을 발견하게 되었다. 1992년 8월 미국 하와이 대학의 D. Juite 박사가 천체망원경으로 명왕성 외측에서 직경 25km 정도로 작은 천체를 발견하였다.

천문학자들은 태양에서 44A.U. 떨어진 곳에 혜성과 유사한 1,440개의 무수히 많은 얼음으로 된 카이퍼벨트의 소천체군이 존재하고 있음을 확인하였다. 1951년 카이퍼 박사가 제안한 화성과 목성 사이에 회전하고 있는 소행성대의 존재가설을 입증한 것이다. 천문학자들의 노력으로 미지의 새로운 천체가 계속 발견되고 있다.

1.4 원시지구의 형성

원시지구는 어떻게 만들어졌을까? 거대한 성운이 중력에 의해 응축된 후 수축과 회전을 통하여 원반모양을 이루고 그 중심에 태양이 만들어지고 주변에 수성, 금성, 지구, 화성 등의 행성이 만들어졌다(그림 1-4). 지구를 포함한 내행성은 주로 규산, 산화철, 산화마그네슘 등의 산화물로 구성되어 있으며 감람석($(Fe, Mg)_2SiO_4$), 휘석($MgSiO_3$) 등과 같은 규산염광물이 대표적이다. 물론 원시태양계 주성

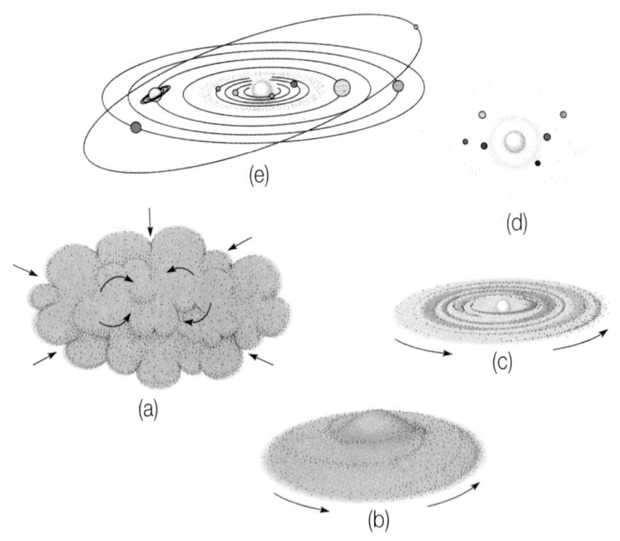

| 그림 1-4 | **태양계의 기원** (a) 태양계는 거대한 성운(nebula)이 중력에 의하여 응축된 후 (b) 수축과 회전을 통하여 (c) 디스크 모양으로 평평해지고 그 중심에 태양이 만들어지고 주위에 물질이 응축하여 여러 행성을 만들었다. 태양이 수축시에 빛을 발하게 되고 (d) 강렬한 태양 복사에너지가 원시대기와 먼지를 날라보냈다. 태양이 수소핵융합반응을 시작하면서 (e)행성들이 완전하게 만들어졌다(Monroe and Wicander, 2001).

분이였던 수소, 헬륨 등은 태양풍 등에 의해 사라지고 N_2, CO_2 등만이 남아 있게 되었다.

초기에 태양 성운가스와 먼지, 운석파편 등이 집적되어 원시지구를 형성하였다. 원시지구의 표면온도가 금속철이나 규산염의 용융온도보다 낮았기 때문에 미분화상태였다. 원시지구가 점점 커져감에 따라 수증기를 주로 하는 충돌 탈가스 대기가 형성되고 대기의 온실효과와 미행성의 집적에너지에 의해 마그마오션이 형성되었다(Matsui & Abe, 1986). 이때 마그마오션 내부에는 금속철과 규산염이 빠른 속도로 분리됨으로써 마그마오션 하부에 축적되어 핵을 형성하였다. 이때(45.5억년 전) 화성과 비슷한 크기의 원시행성 충돌(Jaint impact)에 의해 달이 형성된다(Hartmann et al., 1984). 막대한 충돌 에너지에 의해 원시지구가 과열되어 원시지구의 모든 현상이 이때 재조정(reset)되었을 가능성이 있다(松井 외, 1996).

지구의 집적 말기에 Cl 콘드라이트와 휘발성분 등이 원시 지구표층부에 퇴적되어 지구표층부에 백금족원소 등을 공급하였을 가능성이 있다. 마그마오션이 점차 냉각, 고화되면서 지구 내부에서 탈가스에 의해 휘발성분이 원시지구의 대기를 형성하고 점차 원시해양을 형성하였을 것이다. 뜨거운 용융상태의 지구 내부 물질중 밀도가 큰 철, 니켈 등은 점차 지구 중심부로 이동하여 핵을 형성하고 밀도가 작은 규소, 마그네슘, 칼륨, 칼슘 등은 상부로 이동하여 맨틀을 만들고 맨틀에서 점차 지각을 형성하게 되었다. 실제 지구의 평균 밀도는 5.52이며 지각의 밀도는 3.0~3.2 정도이므로 지구 내부에 밀도가 높은 물질이 존재하고 있음을 추정할 수 있다. 지진파 연구에 의하여 지구 내부는 지각, 맨틀, 외핵, 내핵 등의 동심원상의 층상구조를 이루고 있음이 밝혀졌다. 고체지구가 형성된 후에 판구조운동에 의해 지구물질은 계속 순환하게 된다.

고체지구가 형성된 후 적어도 40억 년간은 오늘날의 지구에서 일어나는 지구조운동과 유사한 구조운동이 진행되었을 것이다(丸山, 1993). 즉, 중앙해령이 형성되고 베니오프대의 화성작용으로 화강암질 대륙지각이 형성되고 상부맨틀에서 분화되어 지각이 만들어졌다. 차가운 해양지각이 상부맨틀 아래로 들어가 콜드프럼(cold plume)을 형성한 후 핵과 맨틀 경계로 들어간다. 반면에 이와 상호 보완적으로 하부 맨틀에서 뜨거운 거대한 슈퍼프럼(superplume)인 뜨거운 프럼(hotplume)이 상승하여 하와이와 같은 많은 열점(hot spot)기원 화산을 만들었다.

1.5 원시 대기의 형성과 진화

현재 지구의 대기는 주로 질소(78.1%), 산소(20.9%)로 구성되어 있으며 지구형 행성인 금성과 화성은 주로 CO_2와 소량의 질소로 구성되어 있다. 그러나 목성형 행성인 목성, 토성, 천왕성 등의 대기는 태양계 형성 초기의 대기와 유사하게 주로 수소와 헬륨으로 구성되어 있다.

이처럼 현재의 지구대기는 태양계에 존재하고 있는 초기 우주 가스 조성과 현저히 다르다. 또한 아르곤동위원소비($^{40}Ar/^{36}Ar$) 역시 태양계 초기 대기에 비해 지구 대기의 값이 훨씬 크다. 무엇 때문일까? 이 해답은 헬륨, 네온, 아르곤, 크립톤, 키세논 등의 영족기체동위원소(noble gas isotopes) 연구에서 얻을 수 있다.

영족기체는 화학적으로 비활성 원소로서 분자나 기타 원소와 화합물은 만들지 않는다. 지구 외의 태양계 성분가스 중에는 기타 원소와 같이 영족기체 원소도 일정한 양이 포함되어 있지만 탈가스(degas)로 지구에서는 이들 원소의 양이 대단히 적다. 암석광물 중의 ^{40}K에서 붕괴된 아르곤(^{40}Ar)은 지구 대기 중에 다량 포함되어 있지만 원래부터 존재하였던 ^{36}Ar은 대단히 적다.

이 같은 사실에서 지구의 대기는 지구가 탄생할 때의 초기 가스는 거의 잔존하지 않고 성운가스 중의 고체부분에 포획되어 있던 가스가 탈가스(degas)되어 형성된 2차 대기라는 것을 알 수 있게 된다. 초기에 존재하던 1차 대기는 타우리(Tauri)시기(태양계 형성 후 10^7년 지난 시기)에 강한 태양풍에 의해 없어지고 그 후 지구 내부에서 탈가스된 것이다. 대기 중에 ^{40}Ar이 비교적 많이 존재하는 이유는 화산활동이나 지각변동을 통하여 연속적으로 암석에 포함되어 있는 ^{40}K이 계속적으로 방사성 붕괴되어 만들어진 ^{40}Ar이 탈가스되고 있기 때문이다. 그러면 이 같은 대기는 언제 형성된 것일까?

이 역시 영족기체 정보에서 추정할 수 있다. 앞에서 설명한 원시 지구 형성 모델에서 보면, 초기 지구의 표면은 부분적인 용융상태인 마그마오션이었다. 이때 행성 조각들이 마그마오션 지표에 충돌하여 대량의 물과 지표 암석에 포함되어 있던 휘발성 물질 가스를 대기권으로 방출하였다. 즉, 충돌 탈가스작용(impact degessing)에 의해 대기가 만들어졌다. 38억 년까지는 거대한 충돌이 주기적으로 일어났을 것으로 추정하고 있다. 만일 직경 450km 덩어리가 지구에 충돌 한다면 현재의 해수를 증발시키기에 충분한 에너지가 발생한다. 이런 거대한 충돌 때문에 지구 탄생초기 40억 년 시기에는 생명이 탄생하기에 어려웠을 것으로 보고 있다. 실험실에서 탄산염암 표면에 고속 탄알 충격을 가했을 때 CO_2가 발생함이 확인되었다. 초기의 고온인 마그마오션에서 1차 대기 중에 존재하던 H_2에 의해 환원된 금속철(Fe)이 존재하는 환경에서 다음과 같은 감람석과 휘석의 반응을 통해 산소의 양이 조절되었다. 즉

$$2Fe_2SiO_4 \rightleftharpoons FeSiO_3 + 2Fe + O_2$$

감람석 휘석

그리고

$$H_2 + \frac{1}{2}O_2 = H_2O$$

$$CO + \frac{1}{2}O_2 = CO_2$$

$$CH_4 + 2O_2 = CO_2 + 2H_2O$$

$$2NH_3 + \frac{3}{2}O_2 = N_2 + 3H_2O$$

$$H_2S + \frac{3}{2}O_2 = SO_2 + H_2O$$

등의 반응에서 처럼 지표의 산소량의 변화에 의해 지구의 대기가 변화한 것으로 보고 있다.

마그마오션에서 탈가스가 진행될 당시 초기 금속철이 존재하였을 단계까지 탈가스의 조성과 양을 추정하여 보면 CH_4 NH_3 SO_2의 존재는 무시될 정도였으며 H_2, H_2O, CO, HCl, CO_2 등이 주를 이루었다(표 1-3). 그러나 마그마오션의 온도가 점차 낮아져 금속철이 침강한 후에 산소의 양은 $2Fe_3O_4 + 3SiO_2 = 3Fe_3FiO_4 + O_2$의 반응식에 지배되어 금속 철의 존재하였을 때보다 산소의 역할이 더 커진

표 1-3 금속철 존재 유 · 무에 따라 마그마오션에서 방출된 가스의 양(多賀, 那順 1994)

구분	금속철 존재 시(1600~1800K) 방출가스 (%)	금속철 침강 후(1500K) 방출가스(%)
H_2	67.75	0.076
H_2O	27.07	94.74
CO	3.72	0.009
HCl(NaCl)	0.78	0.78
CO_2	0.47	4.18
N_2	0.13	0.13
H_2S	0.076	–
SO_2		0.076

다(표 1-3). 마그마오션은 약 6억 년간 존속하였으며 2차 대기의 조성은 초기의 금속철이 존재하였을 때 방출된 가스로 추정된다(多賀, 那順, 1994).

지구가 점차 냉각됨에 따라 2차 대기 중의 CO와 CO_2에서 CH_4이 형성되고 수소분압이 높은 환경에서 NH_3가 형성된다. 또한 뜨거운 대기에서 H_2O가 응축해 HCl이나 NaCl을 녹여 원시 바다의 성분을 만들게 된다.

오늘날 대기의 주성분인 질소, 해수의 물, 해저에 퇴적된 탄산염암 등은 모두 원시대기에서 유래한 것이다. 즉, 초기의 원시대기 성분은 CH_4, H_2O, NH_3, H_2 등의 환원형 대기였다(그림 1-5). 이때 지구 대기권 상층부에 환원형 대기 상태인 지구표면에서는 아직 오존층이 형성되어 있지 않았으므로 태양 자외선과 에너지가 지구표면까지 도달해 강한 자외선에 의해 생물이 번성할 수 없는 환경이었다. 그러나 점차 자외선에 의해 탈가스된 수증기가 광분해되어 산소가 만들어지고 수소 가스는 대기권 밖으로 없어지게 되었으며, 산소가 점점 증가하여 오존층을 형성하게 되었다. 수증기가 광분해(H_2O+UV광전자 $\longrightarrow$ $H+OH^-$) 되고 CO_2 ($CO_2 \longrightarrow CO + O$)에서 만들어진 O와 OH^-가 반응($O+OH^- \longrightarrow O_2 + H$)하여 비가역적, 비생물학적 과정에 의해 O_2가 생성된다. 이렇게 해서 생긴 H는 H_2상태로 우주공간으로 사라진다. 산소와 함께 오존층이 다음과 같이 형성된다.

$$O + O_2 \longrightarrow O_3$$

지구표면 상층부에 두꺼운 오존층이 형성되어 태양 자외선이 지표면에 도달하지 못하고 태양에너지만 지구표면에 도달하게 되었다. 때문에 지구표면에는 에너지를 이용하는 어떤 기구(mechanism)가 필요하게 된다. 이 기구가 태양 에너

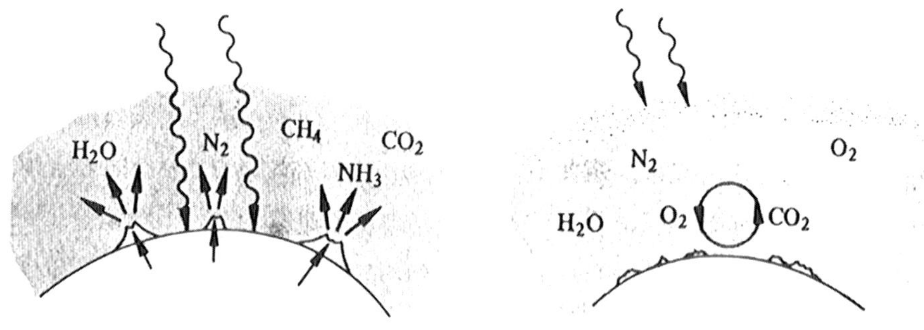

| 그림 1-5 | 원시지구의 환원형 지구 대기에서 산화형 대기로 진화(Field et al., 1978)

지만을 이용하는 광합성 작용(photosynthesis)인 것이다. 산소 O_2는 대부분 광합성에 의해 생성된다.

$$CO_2 + H_2O \longrightarrow CH_2O + O_2$$

광합성 작용에 의해 대기 중에는 $CO_2 \rightleftarrows O_2$ 간에 자발적 조절기능(self control)이 만들어지게 되었다. 또한 대량 만들어진 산소에 의해 다음과 같이 질소가 만들어 질 뿐

$$2NH_3 + \frac{3}{2}O_2 \longrightarrow N_2 + 3H_2O$$

$$CH_4 + 2O_2 \longrightarrow CO_2 + 2H_2O$$

만 아니라 행성조각에 포함된 질소함유 유기화합물과 암모니아 얼음 덩어리가 지표 충돌시에 많은 양의 질소(N_2)로 변환되기도 한다.

질소와 이산화탄소 등이 다량 형성됨으로써 지구대기는 점차 산화형 대기로 변화되어 지구상에는 산소를 이용한 생명체가 번성 진화하게 된다.

이와 같이 지구 대기도 표 1-4에서와 같이 단계적으로 진화한다. 제1단계 지구대기는 약 5억 년 동안 계속되었으며 산소는 지구 내부의 환원형 철을 산화시키는 데 사용되었다. 그후 화산가스에서 나온 H_2O, CO_2, N_2, SO_2 등이 지구대기에 추가 포함되었으며 CO_2는 주로 해수에 녹아 있었다. 그후 20억 년간 화산가스 중에 산화적인 2차 대기인 N_2, H_2O가 포함되어 있었으나 분자상태의 산소(O_2)는 존재하지 않았다(제2단계). 그러나 20억 년이 지난 이후 형성된 3단계 대기가 오늘날까지 존재하고 있으며 식물의 광합성 작용에 의해 생성된 산소가 대기 중에 포함되어 있다.

원시지구대기는 오늘날의 대기 중에 잔존하고 있지 않으므로 선캄브리아기의 호상철광층(banded iron formation : BIF)이라는 지층 중의 암석에서 원시지구 대기의 정보를 얻을 수 있다. 호상철광층은 세계철광의 60% 이상을 공급하는 주요 철광상을 형성하고 있다. 호상철광층은 약 20억 년 전 심해저에 퇴적된 철광층과 처트층이 호층을 이루는 암석으로 되어있다(그림 8-6 참조). 캐나다, 오스트레일리아, 인도, 브라질, 중국 등지에 분포하고 있다. 철광층은 주로 적철석(Fe_2O_3)과 자철석(Fe_3O_4)으로 되어 있어 이 당시에 대기 중에 유리산소가 대량 존재하였기 때문에 선캄브리아기의 환원적인 해수에서 철이 대량 산화되어 이 같은 철광층

표 1-4 지구 대기의 진화(Holland, 1962)

구분	제1단계	제2단계	제3단계
주성분 P 〉 10^{-2} atm	CH_4 H_2(?)	N_2	N_2 O_2
미량성분 10^{-2} 〉 P 〉 10^{-4} atm	H_2(?) H_2O N_2 H_2S NH_3 Ar	H_2O Ar	Ar H_2O CO_2
흔적성분 10^{-4} 〉 P 〉 10^{-6} atm	He	Ne He NH_3(?) SO_2(?) H_2S(?)	Ne He CH_4 Kr
지질시대(×10^9년)	46~41	41~26	26~현재

을 해저에 퇴적시킨 것이다.

이 외에도 스트로마톨라이트(stromatolite) 등의 조류화석에 의해서도 선캄브리아기의 고환경을 추정할 수 있다.

1.6 원시 해양의 형성

현재 알려진 지구표면의 최고기의 암석의 연령은 41~42억 년이다. 오래된 암석으로 캐나다의 북부의 슬레이브 지역의 35.6억년의 아카스타(Acasta) 편마암과 그린랜드의 이수아(Isua) 지방의 38억 년된 변성암(Moorbath, 1977)이 알려져 있다. 또한 오스트레일리아 서부 잭힐(Jack Hill) 역암 내의 규암 중의 저콘의 광물연령이 41~42억 년으로 얻어졌다.

물론 이들 변성암은 퇴적기원의 변성암이다. 그렇다면 이미 약 40억 년 전에 퇴적물이 퇴적된 바다가 존재하였음을 가리키고 있다. 46억 년 전에 지구가 탄생하고 42억 년 전에 바다가 만들어졌다면 지구형성 후 8억 년쯤 지난 후에 바다가 만들어졌다는 얘기가 된다.

원시지구는 뜨거운 마그마오션으로 덮여 있었다. 마그마오션이 냉각과 함께 탈가스에 의해 지구의 원시대기가 형성되었다. 원시해양의 형성은 초기 지구대기의 상태와 밀접한 관련이 있다. 즉, 원시대기에서 바다가 만들어지기 위해서는 다음 두 가지 조건이 구비되어져야 한다. 하나는 원시지구표면의 온도가 물의 임계온도 374°C 이하라야 한다. 이 온도에서는 지구표면의 모든 암석은 마그마오션에서 식어 완전히 고화되어 있게 되었다. 둘째 374°C에서 액상이 만들어지기 위해서는 원시 지구표면의 수증기압이 물의 임계압력의 2.21×10^7pa보다 높아야 한다.

이런 조건이 만족되는 환경에서 마그마오션의 수증기가 응축되어 액상의 물을 만들 수 있게 된다. 해수의 주성분은 Na와 Cl이다. Na^+이온은 암석의 풍화 침식에서 Cl^- 이온은 대기에서 유래된 것이다.

특히 초기 지구의 해수는 고온이었으므로 해저에서 암석-해수 사이에 상호반응이 쉽게 일어난다. 탈가스에 의해 형성된 원시 대기 중의 HCl 성분은 고온의 해수에 쉽게 녹아 들어가 해수-암석의 반응을 더욱 가속시켜 오늘날의 해수와 유사한 화학성분으로 진화하게 하였다.

해양이 형성된 후 10~15억 년 지난 후에 퇴적된 처-트(chert) 층의 산소동위원소 연구에서도 초기 해수가 고온이었음을 입증하여 주었다.

남아프리카 대륙에 분포하고 있는 약 31~37억 년 전에 퇴적된 처-트 중에 조류(藻類) 미화석(Eobacterium isolatum, Archaeosphaeroides basbetonensis 등)이 발견되어 이 시기에 이미 지구상에 생명체가 존재하였음을 알려 주고 있다. 이런 사실에서 보면 원시생명은 뜨거운 바다의 미립의 진흙속에서 탄생한 것으로 추측된다.

미국 캘리포니아 주에서 시추한 지하 2km 시추코아와 스웨덴에서 시추한 4km 깊이에서 얻은 코아의 암석에서 고온의 혐기성 박테리아가 발견되었다. 이 박테리아는 원시 미생물의 특징을 가지고 있는 아케오박테리아(Archaeobacteria)로 150°C 이상의 온도와 고압에서도 생존 가능한 미생물이다. 이 미생물을 화석에서 발견된 지구초기 생명체와 유사한 것으로 생각하고 있다. 지구는 46억 년간 운석의 충돌, 고지구자기의 변동, 태양 우주선의 조사, 고기후의 변동 등으로 수많은 생물이 멸종되어 왔다. 그럼에도 불구하고 심해저 진흙 속에서 원시 생명체가 어떻게 46억 년간 살아 왔을까의 의문은 풀리지 않고 있다.

1.7 운석이 가져다 준 이야기

운석(meteorite, 隕石)은 소행성 조각이 지구궤도에 진입하여 지구에 낙하한 외계물질(extraterestrial material)이다. 달이나 화성에서 온 것으로 생각되는 운석도 있다.

최고기의 운석은 1492년 11월 16일 프랑스 알자스지방 엔지스하임(Ensisheim) 마을에서 수집된 석질운석(127kg)으로 기록되어 있다. 과거 5만 년 기간 중에 지구표면에 낙하한 미국 애리조나 운석 크레이터는 대단히 유명하다(그림 1-5-1).

운석은 태양계 형성과 동시에 형성된 것으로 현재까지 용융되거나 분화되지 않고 태양계 형성 초기의 정보를 그대로 간직하고 있는 시원적 물질(始原的 物質)이기 때문에 지구를 포함한 태양계 형성기원 연구에 대단히 중요하다.

2006년까지 발견되거나 수집된 운석은 총 32,050개로 낙하확인운석(falls, 운석낙하가 확인되고 수집된 운석)이 1,050개, 발견운석(Finds, 낙하시기는 알 수 없지만 후에 발견된 운석)이 31,000개이다(Meteoritical Bulletin, 2006). 그후에도 세계 각지에서 많은 운석이 수집되었다. 2009년 1월 115개의 오만원석(Oman meteorite)이 등록되어 있다(Meteoritical Bulletin 95, 2006). 수집된 운석의 대부분이 석질운석과 철운석이다. 미국 애리조나주의 운석 크레이터(지름 1.2Km, 깊이 170m) 운석낙하에 의해 형성된 크레이터가 세계 도처에서 조사되었다. 2007년 한국해양연구원 극지연구소 남극대륙 운석탐사 팀이 남극대륙에서 운석을 수집하였다.

운석은 구성성분에 따라 크게 석질운석(stony meteorite), 석철운석(stony-iron meteorite), 철운석(iron meteorite)으로 구분된다(표 1-5).

석질운석

콘드률
콘드라이트

석질운석은 지구의 암석과 유사하게 대부분 규산염 광물로 구성되어 있다. 석질운석 내에는 직경 1mm 내외의 둥근 광물입자가 다량 관찰된다. 이 둥근 광물입자를 **콘드률**(chondrule)이라 부르며 콘드률을 가진 운석을 **콘드라이트**(chondrite)라 한다(그림 1-6). 콘드라이트는 수소나 희토류원소 등 휘발성이 강한 원소를 제외하고는 태양의 원소조성과 유사하기 때문에 미분화운석(undifferentiated

표 1-5 운석의 성인적 분류(矢内, 1994, Norton and Norton, 2007)

진화 구분	운석 종류	세분한 운석 종류			대표적인 운석명
시원적 운석 Primitive meteorite	석질운석 Stony- meteorite (75%이상 규산염 광물)	콘드라이트 (Chondrite)	보통콘드라이트(H, L, LL) Ordinary chondrite(OC) 탄소질 콘드라이트(C) 이브나 (Ivuna) (C1) 미게이 (Mighei) (CM2) 레낫죠 (Renazzo) (CR2) 오만스 (Omans) (CO3) 비가라노 (Vigarano) (CV3) 카룬다 (Karoonda) (CK3~6) R-콘드라이트 (Rumuti) (R3~6) 엔스타이트콘드라이트 (E-chondrite, E3-6,7)		Orgueil Murray Allende Soko-banja Modoc Forest City Abee
		에이콘드라이트 (Achondrite)	시원적 에이콘드 라이트	브라치나이트 Brachinite	소행성에이 콘드라이트
분화된 운석 Differentiated meteorite				안그라이트 (Angrite) 유크라이트 (Eucrite) 하워다이트 (Howardite) 디오제나이트 (Diogenite) 유레이라이트 (Ureilite) 오브라이트 (Aubrite) 샤고타이트 (Shergottite) 나크라이트 (Nakhlite) 샤시나이트 (Chassignate)	화성운석(SNC)
	석철운석 (Stony-iron meteorite 50 : 50 = 금속 : 규산염광물			로드라나이트 (Lodranite) 시데로파이어 (Siderophyre) 메소시데라이트 (Mesosiderite) 팔라사이트 (Pallasite)	Esthervile Brenham
	철운석(Iron meteorite) 90% 이상 금속			아탁사이트 (Ataxite) 옥타헤드라이트 (Octahedrite) 헥사헤드라이트 (Hexahedrite)	Hoba, Canyon Diablo, Navajo Gibeon

| 그림 1-5-1 | 미국 애리조나주 윈스로우 부근의 운석크레이터(운석공의 지름 1.2km 이며 깊이가 170m이다).(사진 Michael Coller, Earth Science; Tarbuck and Lutgens, 2006).

meteorite)이다. 따라서 태양계 기원물질 연구에 가장 많이 이용 · 연구되고 있다. 한편 석질운석 중에도 콘드률이 포함되어 있지 않고 일단 한번 융해되었거나 운석의 성분이 생성후 변한 운석을 **에이콘드라이트**(achondrite)라 한다.

에이콘드라이트

콘드라이트 : 운석 중에서 가장 시원적 운석(primitive meteorite)의 하나이다. 원시태양계 성운 중에서 탄생한 모천체(미행성 또는 시원행성)에서 온 것으로 철, 니켈 황화물, 트로이라이트, 감람석, 휘석 등의 규산염광물로 구성되어 있다.

콘드라이트는 화학성분과 철의 산화 환원 상태 등에 의해 보통콘드라이트(ordinary chondrite)의 탄소질콘드라이트(carbonaceous chondrite), 엔스타타이트 콘드라이트(E-chondrite)(그림 1-6), R-콘드라이트(bronzite chondrite)로 분류된다. 탄소질 콘드라이트는 탄소, 물 등의 휘발성 성분을 다량 함유하고 있다. 따라서 운석 중에서 가장 시원적 운석이다.

휘발성 원소의 양에 따라 C1(가장 많은), C2, C3, C4 콘드라이트 등으로 분류한다.

금속철은 존재하지 않고 철은 주로 규산염광물 중에 포함되어 있어 가장 산화된 상태의 운석이다. 그러나 엔스타타이트 콘드라이트 내에는 철이 주로 금속상과 트로이라이트로 존재하고 있어 규산염 광물 중에는 없는 환원상태의 운석이다.

C1 콘드라이트의 조성이 태양대기 조성과 유사하기 때문에 우주의 원소의 존재도, 희토류원소의 존재도, 동위원소비 등의 표준시료로 사용되고 있다(그림 1-7).

탄소질 콘드라이트의 하나인 알렌데(Allende) 운석(CV3 콘드라이트)이 1969년 2월 8일 심야에 멕시코의 티와와주 알렌데 마을에 떨어졌다. 알렌데 운석은 검은 기질 중에 콘드률과 흰덩어리가 불규칙하게 포함되어 있는 것이 특징이다. 이 흰 부분이 칼슘과 알루미늄이 풍부한 포유물(Ca, Al-rich inclusion, CAI)이다. 이 CAI 포유물은 스피넬 헤르시나이트, 네펠린, 아놀사이트, 페르브스카이트 등의 원시 태양계 성운 중에 가장 최초로 응축한 광물로 생각되는 고온광물이다. 한편 기질에는 저온에서 형성된 함수 규산염 광물이 포함되어 있어 알렌데 운석의 구성이 기이하기 때문에 학자들에게 홍미를 끌게 되었다.

이 CAI의 산소동위원소비가 기타 운석과는 다른 특이한 사실이 조사되었다. 산소동위원소 $\delta^{17}O$ - $\delta^{18}O$ 그림에서 지구의 시료는 동위원소 분별효과 때문에 모두 기울기가 0.5를 나타내는데 반해 탄소질콘드라이트 C2, C3 콘드라이트 중 CAI(고

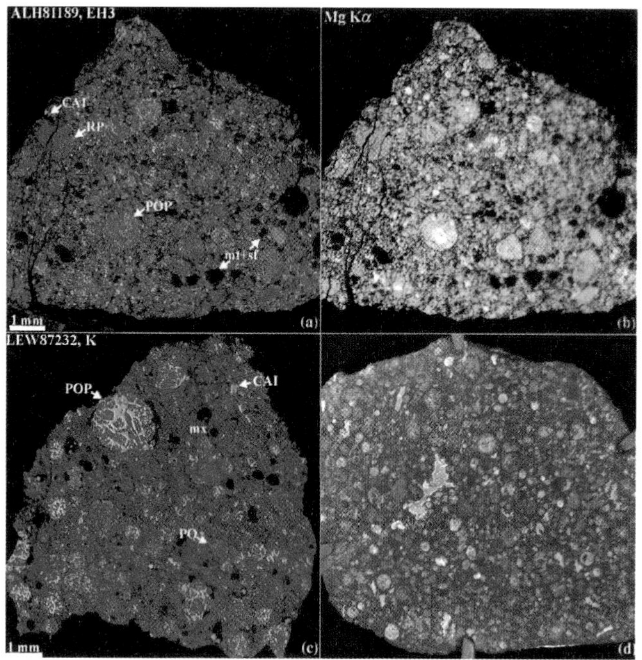

| 그림 1-6 | **EH3 엔스타타이트 콘드라이트 운석의 원소지도와 알렌데 콘드라이트 운석.** 사진 a, b에서 둥근 엔스타타이트 성분의 콘드률이 나타나며 사진 c, d에서 드물게 CAI가 보인다(Davis, A.M., 2004), Treatise on Geochemistry).

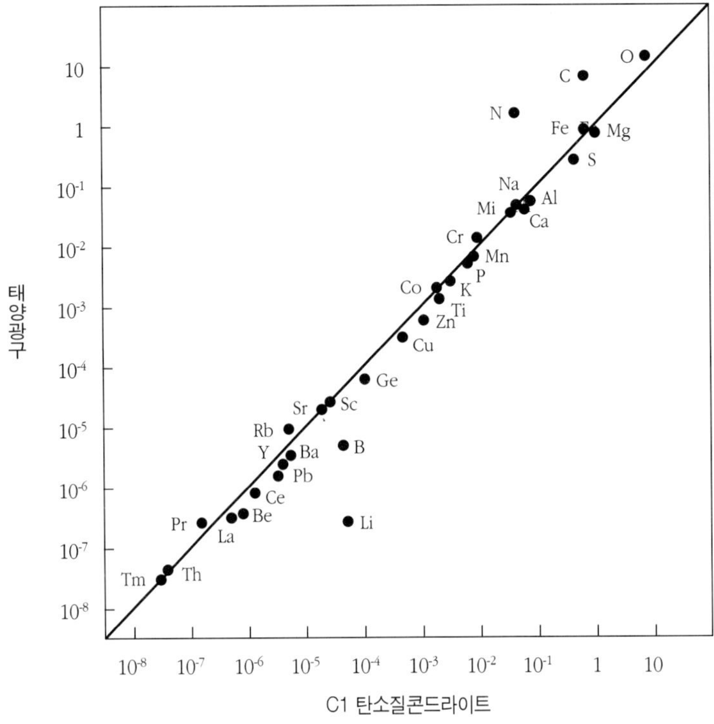

| 그림 1-7 | CI 콘드라이트와 태양 대기의 성분 비교, $S_i=10^8$으로 하여 계산된 상대값이다(Anders and Ebihra, 1982).

온광물)의 동위원소비는 기울기가 약 1.0이 얻어져 지구물질과 구별된다. 지구물질 분별선에 도시되지 않는 시료는 외계에서 온 운석을 가르킨다. 기울기 1을 나타내는 시료는 ^{16}O 산소가 첨가된 것이다. 즉, 원시태양계에 외부에서 이질물질이 유입된 사실이 밝혀져 원시태양계 성운이 개방계였음이 알려지게 되었다.

또한 원시태양계가 균질상태의 성운이 아니고 불균질한 성운임이 밝혀지게 되었다(그림 1-8). 더 나아가 최근 2차 이온 질량분석기(secondary ion mass spectrometer : SIMS)를 이용한 운석 내의 칼슘동위원소(δ^{48}Ca) 분석결과 동위원소이상(anomaly)이 조사되었다. 또한 운석 중의 다이아몬드에 포함된 키세논 동위원소($^{128}Xe/^{130}Xe$)비가 지구물질과는 다른 태양계 이전물질(presolar materials)의 존재가 확인되었다. 태양계 이전물질 SiC 입자와 흑연 입자(그림 1-9)의 질소와 탄소 동위원소비가 다른 유형의 SiC 입자가 확인되었다. 대부분의 SiC는 탄소별(carbon stars)에서 유래한 것으로 믿고 있다.

에이콘드라이트 : 콘드률을 포함하고 있지 않은 운석이다. 시원적 에이콘드라이트와 분화된 에이콘드라이트로 구분된다. Ca 함량에 따라 여러 종류의 운석으로 세분되고 있다.

에이콘드라이트 중 하워다이트(howardite), 유크라이트(eucrite), 디오제나이트(diogenite) 운석은 산소 동위원소비에서 동일한 모천체에서 온 것으로 해석되어 HED 운석으로 불린다. 샤고타이트(shergottite), 나크라이트(nakhlite), 샤시나이트(chassignite)는 결정분화 연대가 모두 13억 년이며 화성운석의 특징을 나타내고 있다. 운석 내의 극미량의 기체조성이 바이킹 탐사기가 측정한 화성대기와 유사해 화성기원 운석(SNC운석)으로 알려져 있다. 특히 유크라이트 운석은 감람석 휘석 광물 사이에 탄소질물질이 충진된 독특한 조직으로 다이아몬드가 포함되어 있는 운석이다.

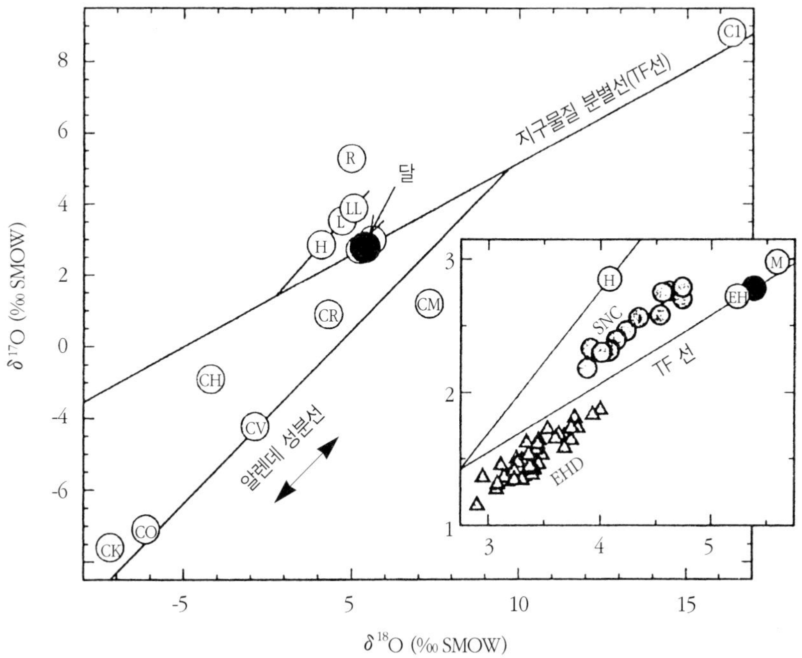

| 그림 1-8 | 콘드라이트 운석의 산소 동위원소 조성. 엔스타타이트 콘드라이트(EH, EL)는 지구물질 동위원소 분별(Terrestrial Fractionation, TF) 직선 위에 도시되나 탄소질콘드라이트는 TF 직선 아래에 도시된다. 가장 산화된 콘드라이트(CI)와 가장 환원된 콘드라이트(E) 역시 지구물질 분별선상에 도시된다. 태양계의 큰 천체들인 지구, 달, 화성(SNC), 베스타(EHD) 등은 지구물질 선상에 가깝게 도시된다 (Lodders and Fegley, 1997).

석철운석

철-니켈 합금과 규산염광물이 50%씩 섞여 있는 운석이다. 규산염광물의 종류에 따라 팔라사이트(pallasite), 메소시데라이트(mesosiderite), 시데로파이어(siderophyre), 로드라나이트(lodranite) 등으로 세분된다.

팔라사이트는 금속철 중에 감람석 결정이 반정으로 들어 있다. 이처럼 밀도차가 3배나 되는 2종류의 물질이 섞여 있는 광물은 지구상의 중력장에는 존재할 수 없다. 아마도 팔라사이트 운석의 모천체는 크기가 대단히 작았으며 중력이 낮은 조건에서 형성된 것으로 추정하고 있다.

철운석

주로 철과 니켈 합금으로 구성되어 있으며 소량의 트로이라이트(FeS)도 포함되어 있다. Ni 함량에 따라 헥사헤드라이트(hexahedrite, Ni, 4~6%), 옥타헤드라이트

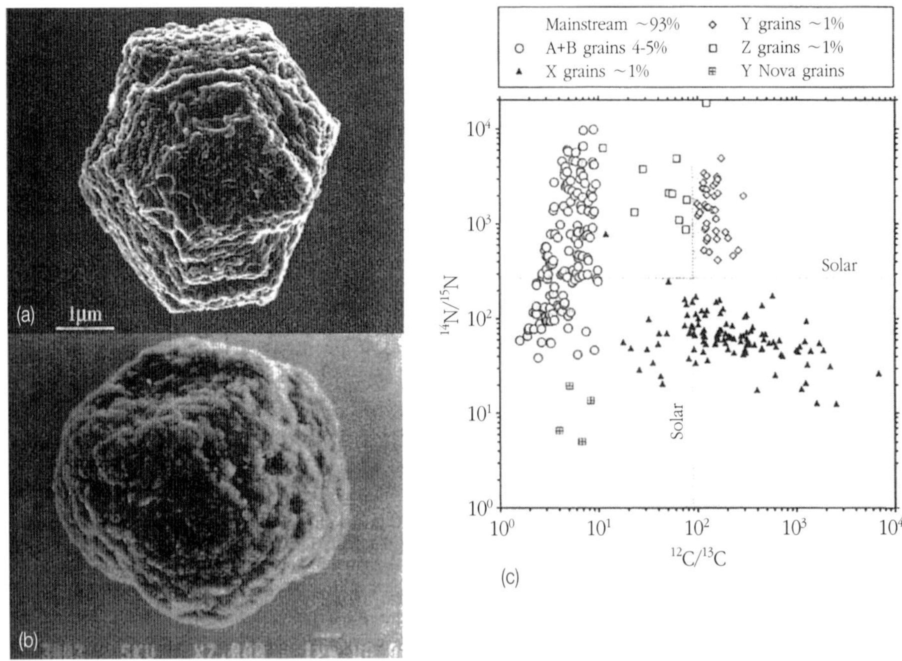

| 그림 1-9 | 태양계 이전물질(presolar material)의 SiC 입자(a)와 presolar graphite 사진 (b) (Sachiko Amari and Scott Messenger) Presolar SiC 입자의 탄소와 질소 동위원소비가 태양계 물질과 다르다(c)(Alexander, 1993; Hoppe at al., 1994; Amari et al., 2001).

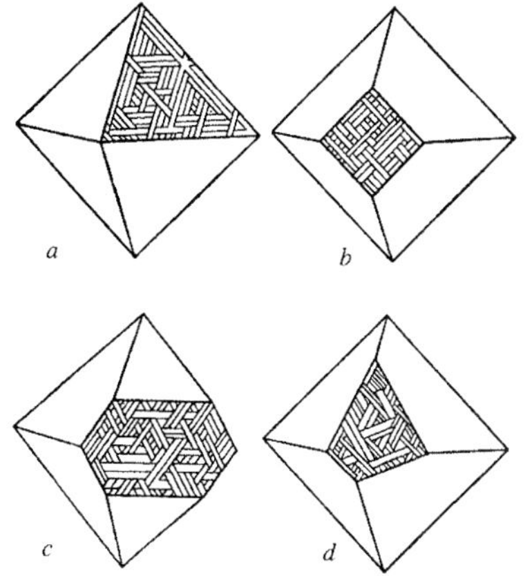

| 그림 1-10 | 옥타헤드라이트 철운석에 나타나고 있는 Widmanstätten 무늬구조(Heidead Wlolzka 「Meteorites」 Springer-Verlag, 1995)

(octahedrite, Ni, 6~13%), 아탁사이트(ataxite, Ni, 13% 이상)로 세분된다. 특히 옥타헤드라이트 단면의 무늬구조가 독특하여 비트만스타텐(Widmanstätten) 구조라 부른다(그림 1-10).

팔면체의 운석철의 무늬구조는 지구상에는 존재하지 않으며 이 구조는 운석철이 용융상태에서 1~100°C/10^6년의 대단히 느린 속도로 냉각되는 과정에서 만들어진 결과로 해석하고 있다(Goldstein and Ogilvie, 1965).

철운석 내에는 백금족 미량원소인 Ge, Ga, Ir 등 미량원소가 포함되어 있어 백금족 미량원소와 희토류원소의 연구에서 태양계 기원이 밝혀질지 모른다.

1.8 원소의 기원과 행성 물질의 응축모델

지금부터 150~200억 년 우주는 한 점에서 폭발 팽창하여 오늘날과 같은 거대한 우주가 되었다. 1946년 Gamow가 **빅뱅(big bang) 모델**을 발표하였다. 우주의 초기 물질은 무엇일까? 빅뱅은 우주초기에 일어난 폭발이다. 초기에 밀도 ~10^{96}gcm^{-3}, 온도 ~10^{32}K의 초고밀도, 초고온에서 초단기간에 현재의 우주가 만들어졌다는 모델이다. ^{4}He보다 무거운 원자핵이 만들어질 수 없음이 밝혀졌지만 많은 천문

빅뱅(big bang) 모델

학자들은 우주 팽창설을 지지하고 있다. 우주팽창 1초 지난 후 우주의 온도는 100억K였으며 주로 광자로 되어 있었고 전자, 양전자, 중성자, 양자, 뉴트리노 등으로 구성되어 있었다. 팽창 3분 후 양전자와 중성자가 충돌 원자핵융합반응이 시작되어 중수소 원자핵이 만들어지고 다량의 뉴트리노가 발생하고 α입자가 만들어졌다.

빅뱅에서 수소(^1H)와 헬륨(^4He)이 기본적으로 만들어진다. 그러나 우주에는 수소와 헬륨보다 무거운 원소가 많이 존재하는데 빅뱅 모델로는 설명할 수가 없다. 수소와 헬륨 이외의 무거운 원소는 빅뱅 이후에 별의 진화(stellar evolution)에서 만들어지는 것이 확인되었다.

즉, 핵반응에 의한 원소의 기원 해석 모델이 제안되었으며 1957년에 제안된

B2FH 모델

B2FH 모델(Burbidge, Burbidge, Fowler and Hoyle)이 있다. 이 모델은 별의 진화 단계에 따라 다양한 핵반응이 일어나 다양한 원소가 합성되는 과정을 설명하고 있다. 태양이나 태양보다 큰 별은 중력에 의한 수축으로 중심온도가 1×10^7K 정도 되어 수소가 열운동에 의해 He을 생성하게 되고 이때 방출된 에너지 때문에 중심온도는 더욱 상승해 1.7×10^7K 되어 중심에서 열핵반응($4^1_1H \rightarrow ^4_2He + 2e^+$

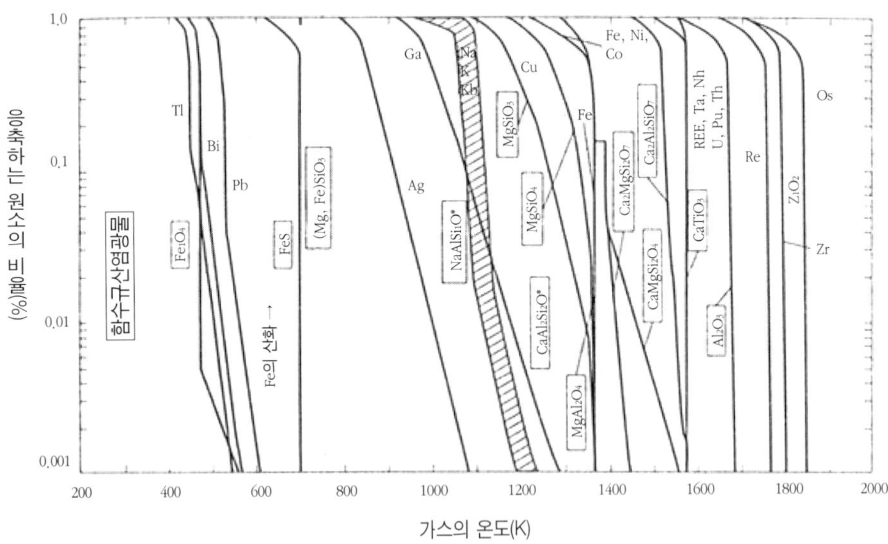

| 그림 1-11 | **원소의 응축과정**(Grossman and Larimer, 1974). 10^{-4}기압의 원시 태양성운가스로부터 원소의 응축과정. 원소와 원소를 포함한 응축광물상을 나타내고 있다.

Bethe 사이클
CNO 사이클

\+ 에너지)에 의해 ^{12}C, ^{13}C, ^{14}N, ^{15}N, ^{16}O 등의 원소가 생성된다. 이를 **Bethe 사이클** 또는 **CNO 사이클**이라 한다.

태양보다 질량이 큰 별은 CNO 사이클에 의해 방출된 에너지로서 중심온도가 1×10^8K가 되어 ^4_2He들이 상호충돌하여 $^{12}_6C$, $^{16}_8O$, $^{20}_{10}Ne$, $^{24}_{12}Mg$, $^{28}_{14}Si$, $^{32}_{16}S$, $^{36}_{18}Ar$, Ca, Ti 등이 생성된다. 중심온도가 계속 상승하며 $^{13}_6C + ^4_2He \rightarrow ^{16}_8O + ^1_0n$와 같은 반응에 의해 중성자가 생성된다. 이 중성자가 기존 핵종에 첨가되어(S-과정) $^{40}_{19}K$ 원소까지 생성된다. 중심온도가 계속 상승하여 $10^{10}K$되면 $^{56}_{26}Fe$가 합성되고 불안정한 핵은 분해된다.

이 단계까지는 핵융합 반응에 의해 막대한 에너지를 발생시키지만 이 이후에는 에너지를 흡수하게 됨으로써 별이 급속히 수축하여 대폭발이 일어난다. 바로 초신성의 폭발(super nova)이다. 이때는 급속한 중성자 부가반응(r-과정)이 일어나며 원자량 60 이상의 원소는 대부분 이 과정에서 만들어진 것이다. S과정과 P과정 이외에 양자 부가반응(P-과정)도 있다.

핵융합 과정에서 형성된 다양한 원소로 구성된 고온의 원시 태양계 성운이 냉각됨에 따라 가스 상태의 원소가 응축되어 고체입자의 화합물(먼지)을 만들게 된다. 예를 들면, 성운가스 성분 중에서 미량의 비휘발성 성분인 Os, Zr, Re이 응축온도 1800K 이상에서 응축된다. 응축온도 1679K에서 처음 강옥(Al_2O_3)광물이 형성되며 1571K가 되면서 성운가스 중의 Ca, Ti가 페로브스카이트(perovskite, $CaTiO_3$)와 메리라이트(melilite, $Ca_2Al_2SiO_7$) 광물로 응축된다. 1400~1500K에서 이미 응축된 강옥이나 페로브스카이트 광물이 주위의 성운가스와 반응하여 스피넬($MgAl_2O_4$)과 아놀사이트($CaAl_2Si_2O_8$) 광물을 형성하게 된다. 가스의 온도가 점점 낮아지면 1000~1400K에서 Fe-N 합금, 마그네슘 감람석(Mg_2SiO_4), 엔스타타이트($MgSiO_3$), 알칼리 사장석 등이 형성된다. 위와 같은 고온의 응축광물들이 많은 운석에서 발견되고 있다.

800K 이하 낮은 온도에서는 가스 중의 금속철이 수증기와 반응 산화되고 700K에서는 금속철이 H_2S 가스와 반응하여 트로이라이트(FeS)를 만든다. 더 낮은 응축온도인 400K에서는 자철석(Fe_3O_4)이 형성되고 350K에서 각섬석, 운모 등과 같은 함수규산염광물이 만들어진다. 이 같은 광물은 지구를 포함한 지구형 행성의 주요 구성물질이다. 온도가 더욱 낮아져 200K 이하가 되면 물(H_2O), 암모니아(NH_3), 메탄(CH_4), 비활성기체 등이 응축된다.

1.9 지구의 연구방법

자연과학의 모든 분야에서 연구방법론은 기본적으로 유사하다. 중요한 것은 문제의 유무를 인식하는 것이 중요하다. 문제가 없는 곳에서 답이 나올 수 없기 때문이다. 좋은 문제에서 좋은 답이 나온다. 물론 큰 문제에서 큰 답이 나온다. 평범하고 일상적인 사실과 현상에서 문제를 찾아내는 것이 대단히 중요하다.

자연 현상에서는 많은 문제들이 서로 상호작용하고 있다. 특히 지질학이나 지구과학의 모든 현상은 짧은 시간에 이루어진 것보다 긴 지질시대 또는 우주시대의 시간에 형성되었다. 그리고 많은 지질현상은 고온, 고압 등 우리가 알지 못하는 여러 복잡한 요인들에 의해 우리 인류가 지구상에 등장하기 전에 이미 만들어진 것이다. 우리는 지구가 만들어지는 과정이나 지구 내부를 볼 수 없었다. 따라서 지구상에 일어난 과거의 사건을 해석하기 위해 프랑스의 Cuvier(1769. 8. 23~1832. 5. 13)는 17세기 기독교 사상이 지배적인 시대에 **격변설**(catastrophism)을 주창하여 성서의 창세기에서 처럼 지구상의 모든 현상은 한순간의 사건에 의해 일어나고 만들어진 것으로 해석하였다.

격변설

반면에, Lyell(1797. 11. 14~1875. 2. 22)과 Hutton(1726. 6. 3~1797. 3. 26) 등은 진화론적인 개념인 **동일과정설**(uniformitarianism)을 주창하였다. 동일과정설은 현재 지구상에 일어나고 있는 모든 현상과 유사한 현상과 사건이 과거 지질시대에도 일어났다는 개념이다.

동일과정설

"*The present is the key to past*"란 표현이 자주 인용된다. Hutton의 동일과정설의 개념이 오늘날 지구의 역사를 해석하는 기본적인 하나의 철학이 되고 있다.

관찰

가설

자연 현상을 **관찰**(observation)하면서 문제를 인식한 후 문제해결을 위해 먼저 **가설**(hypothesis)을 설정하게 된다. 가설의 검증을 위해 자연현상을 관찰 · 분석하고 시험 · 연구하게 된다. 이를 위해 야외지질조사와 함께 현장에서 지구물리탐사, 현장측정 등을 실시한다. 필요시에는 시료를 채취하여 실험실에서 물성연구, 광물감정, 화학분석, 동위원소분석, 연령측정 등을 실시한다. 가설검증에서 과학적인 자료가 이를 입증하게 되면 **학설**(theory)이 된다. 예를 들면, 판구조론(plate tectonic theory)이 1960년대 초에는 가설로 제안된 후 많은 지질학적, 지구물리학적 자료가 이 가설을 입증하게 되어 오늘날 지구조운동 설명에 대단히 중요한 하나의 학설이 되었다.

학설

학설이 수식으로 표현되면 $E=mc^2$처럼 하나의 법칙(law)이 만들어지게 된다. 법칙은 항상 재검증(reexamination)을 받게 된다. 많은 과학자들은 자연과 우주의 신비한 현상에 도전하여 가설에서 법칙 유도의 꿈을 키우고 있다.

1.10 노벨과학상의 탄생

다이나마이트를 발명하고 유언에서 노벨상을 남긴 사람이 스웨덴의 Alfred Bernhard Nobel(1833. 10. 21-1896.12.10)이다. 그는 스웨덴의 수도 스톡홀름에서 태어났다. 아버지 엠마뉴엘 노벨은 건축가, 발명가, 기업가였으며 노벨은 그의 셋째 아들이었다.

스웨덴에서 사업에 실패한 아버지는 1837년에 러시아로 혼자 훌쩍 떠나고 작은 식료품가게를 하는 어머니 밑에서 Nobel은 차랐다. 8세에 학교에 다니기 시작하였다. 그후 아버지가 러시아에서 사업에 성공하여 1842년 가족이 함께 러시아의 페테르푸르크로 이사하였다. 17세 때까지 가정교사 밑에서 공부하였으며 가정교사 중에는 러시아의 유명한 화학자 지-닌 교수도 포함되어 있었다. 무엇보다도 Nobel은 아버지로부터는 창조성을 물려받아 우수하였다. 2년간 서유럽 북미등에 유학하여 화학지식을 습득하였으며 영어, 불어, 독일어, 러시아어, 스웨덴어 등 5개 국어에 능통할 수 있게 되었다.

1853년 제정 러시아가 흑해로 진출하기 위하여 터키, 영국, 프랑스, 사르디니아 연합군과 크리미아 전쟁을 일으켰을 때, 아버지의 사업을 도와 군수품 공장에서 열심히 일하였다. 그러나 1856년 러시아가 패망하므로 아버지의 공장은 파산에 들어가 결국 1859년에 스웨덴으로 다시 귀환하게 되었다. 그리고 니트로그리세린(glycerine sulphuric nitric acid) 폭발약 발명에 열중한 끝에 드디어 1863년

| 그림 1-12 | Alfred Bernhard Nobel(1833. 10. 21~1896.12.10)

10월 폭약 발명에 성공하여 특허를 얻어 공장을 설립하였다. 그런데 니트로그리세린은 폭발성이 있어 세계 각지로 이를 운송할 때나 저장 중에 가끔 폭발사고를 일으켜 격렬한 비판을 받게 되었다. 1864년 수차례 폭발사건이 일어났으며 폭발 때 그의 형 에밀을 포함 여러 명이 사망하기도 했다. 그래서 그는 니트로그리세린을 어떻게 안전하게 조작할 수 있을까라는 연구에 몰입하였다. 1867년 마침내 다이나마이트의 발명에 성공하였다. 그는 액체의 니트로그리세린에 규조토(silica) 등의 다공질 고체를 주입하고 뇌관을 사용하여 기폭되게 하는 다이나마이트(dynamite)를 만들어 예기치 않는 폭발을 막는 데 성공하였다. 그 후 다이나마이트는 세계 각지에서 생산되기 시작하였으며 그 후에 새로운 화약을 계속 발명해 막대한 부를 얻게 되었다. Nobel은 워낙 연구와 일에만 열심히 몰두하여 사생활을 거의 가지지 못하였다. Nobel의 나이 43세 때 성인으로서 눈을 뜨게 되어 부유하고 최고의 교육을 받은 신사가 비서나 가정주부 역할을 할 중년의 여성을 찾는다라는 신문광고를 냈다. 이때 자격을 잘 갖춘 오스트리아의 여성 Bertha Kinsky가 나타나 2개월 여간 노벨과 함께 일을 하였다. 그러나 그녀는 Nutner와 결혼하기 위하여 다시 오스트리아로 되돌아 가버렸다. 그럼에도 불구하고 Nobel과 Bertha는 친구로 남아 십여 년 이상 편지를 주고 받았다. 그러나 Bertha는 Nobel의 무기경쟁에 비판적이었다. 그녀는 『Lay down arms』라는 책을 저술하여 평화운동에 크게 공헌하였다. Nobel이 유언장을 쓸 때 큰 영향력을 주었음에 틀림이 없을 것으로 보인다. Nobel이 죽은 수년 후 1905년 그녀에게 노벨 평화상이 주어졌다.

Nobel은 1896년 12월 10일 이탈리아 San Remo에서 63세로 생을 마감하였다. Nobel은 22세 연하의 애인과 18년간 함께 살았으나 죽기 3년 전에 헤어져 둘 사이에는 아이가 없었다는 얘기도 있다. 그래서 3,300만 크로네 이상에 상당하는 막대한 재산의 대부분을 물리학, 화학, 의학, 문학, 평화의 5개 분야에서 매년 가장 인류에 공헌한 사람에게 주는 상의 기금으로 기부하기로 유언장에 남겨 노벨상이 탄생하게 되었다. 1901년 이래 노벨상은 이 기금으로 수상자들에게 주어지고 있다(알프레드 노벨전, 新評論, 1996; 노벨전, 白水社, 1968).

1.11 노벨과학상 수상 연구자들의 이모저모

독일의 Röntgen이 1901년 'X-선의 발견'을 시작으로, 1903년 프랑스의 Becquerel의 '방사능 발견', 영국의 Ramsay의 공기 중의 영족기체 발견, 1927년 미국의 컴톤의 컴톤 효과 발견, 등등. 또한 동양인으로는 1949년 일본인 유카와히데키(湯川秀樹)의 핵력의 이론적 연구에 의한 중간자 존재의 예언, 1957년 중국인 李政道, 楊振寧의 페러디 비보존에 관한 연구, 일본인 에사키레오나(江崎玲於奈)씨의 '반도체에 있어서 터널효과와 초전도 물질의 실험적 발견' 등의 수많은 노벨상 수상 과학자들이 탄생하였다. **모두가 그 시대에 요구되는 그러나 그 시대에는 실현되기 어려웠던 놀라운 꿈을 가지고 꾸준한 연구 끝에 그 꿈을 실현시켰다.** 일본 노벨 과학상 수상자의 한 사람인 노요리요오지(野依良治) 일본 나고야대학교 교수는 분자의 부제합성법을 현실화시킨· 업적으로 2001년 노벨화학상을 수상하였다. 효소의 한계를 넘어 다종다양한 분자의 좌 · 우를 만들어 나누는 인공적인 부제합성법을 창출 하는 것이 20세기의 화학자들의 꿈이었으며 20세기 최대의 중요 연구과제 중의 하나였다. 고시바마사도시(小紫昌俊) 일본 도쿄대학교 명예교수는 우주에서 날아오는 소립자, 뉴트리노를 일본 기후겐 가미오카쪼에 설치된 관측시설 '가미오칸데'에서 검출하는데 성공하였다. 이로써 뉴트리노 천문학의 새로운 학문분야를 구축하게 되었으며 소립자 이론에 큰 영향을 주었다. 1987년 세계 최초로 별의 종말인 초신성 폭발 시 발생한 소립자 뉴트리노를 관측하여 수수께끼였던 초신성의 폭발의 상세한 분석에 성공하였다. 빛이나 전파가 아닌 우주에서 날아온 뉴트리노 관측으로 천체의 성질을 해명한 뉴트리노 천문학을 창시한 연구자이다. 또한 다나카고우이치(田中耕一)씨는 세포 내의 단백질이 어떤 기능을 하는가를 조사하는 기술을 개발하여 신약개발에 큰 공헌을 하였다. 다나카씨는 1987년 단백질등의 생체고분자의 성질이나 입체 구조를 간편하게 해석하는 소프트 레이저(soft laser) 탈착법을 개발하여 신약 개발에 혁명을 가져다 주었다. 이 연구 결과는 유방암이나 전립선암의 조기진단의 가능성을 열어 주었다. 그래서 43세의 젊은 학사출신 연구자에게 노벨상이 돌아간 것이다. 그는 수상 이유가 된 연구성과에 대하여 화학실험과정에서 섞어서는 안 될 물질을 실수로 섞어 버린 것이 계기가 되어 일어난 반응이 계기가 되었다는 것이다. 그래서 속담에 "표주박에서 망아지가 나온다."라는 말로 뜻하지 않은 곳에서 뜻하지 않은 것이 나

모두가 그 시대에 요구되는 그러나 그 시대에는 실현되기 어려웠던 놀라운 꿈을 가지고 꾸준한 연구 끝에 그 꿈을 실현 시켰다.

타남을 비유하기도 하였다. 그는 노벨상 수상 소감에서 그의 실험 연구는 그가 어렸을 때 버리기에는 아직 너무 아깝다는 할머니의 '못다이나이' 라는 말씀에 크게 영향을 받아 실수로 썩어버린 시약이 너무 아까워 버리지 않고 그대로 실험한 것이 성공의 계기였다는 것이다. 즉 일본의 전통문화가 자기의 노벨상 연구성과를 얻게 하였다면서 그는 자기의 공적을 할머니와 국가에 돌렸다. 유명 과학자의 참 모습을 엿볼 수 있다.

이 모두가 실험을 통한 기초과학교육과 튼튼한 기초과학실험에서 나온 것이다. 무엇보다도 중요한 것은 바보같이 보일정도로 순진하게 실험 연구에 미친 연구자들의 집념과 연구에 대한 지독한 고집이다. 그리고 대학이나 국가의 지속적이고 집중적인 장기 연구지원이 이루어 저 연구자는 자유롭게 자유로운 주제의 연구를 할 수 있어야 한다. 현재로서는 상상할 수 없는 양자단위에서의 텔레포테이션 개발, 동물언어 해독, 식물성 프라스틱 개발, 로봇화된 스마트토양 개발, 초전도체 개발 등 미래의 꿈의 소제 창출이 새로운 노벨과학자 탄생을 기다리고 있다.

02
지구시스템 상호작용

대기권, 생물권, 수권, 암석권, 인간권의 상호작용

2.1 지구시스템 과학과 지구시스템의 구성

시스템

시스템(system)이란 용어는 물리화학에서 사용되는 계(系)라는 개념과 유사하게 기초과학에서보다 응용과학 분야에 많이 사용되어 왔다. 최근 지구시스템 과학(Earth system science)이란 용어가 보편적으로 사용되고 있다.

시스템이란 우리가 다루는 영역을 의미한다. 작게는 원자에서 크게는 우주까지 하나의 시스템이 될 수 있다. 지구시스템은 여러 서브시스템(subsystem)으로 구성되어 있다. 이 서브시스템 간에 시 · 공간(time and space) 상에서 끊임없이

상호작용

상호작용(interaction)을 하면서 물질의 운동, 확산, 이동, 화학반응, 생물의 물질대사 등의 과정을 통해 물질순환이 일어나고 있다. 이런 과정에서 지구 내 · 외부에서는 46억 년 동안 마그마의 생성과 소멸, 지구조운동, 지형변화, 생물과 기후변천 등 여러 지질학적 사건과 현상이 일어나고 있다.

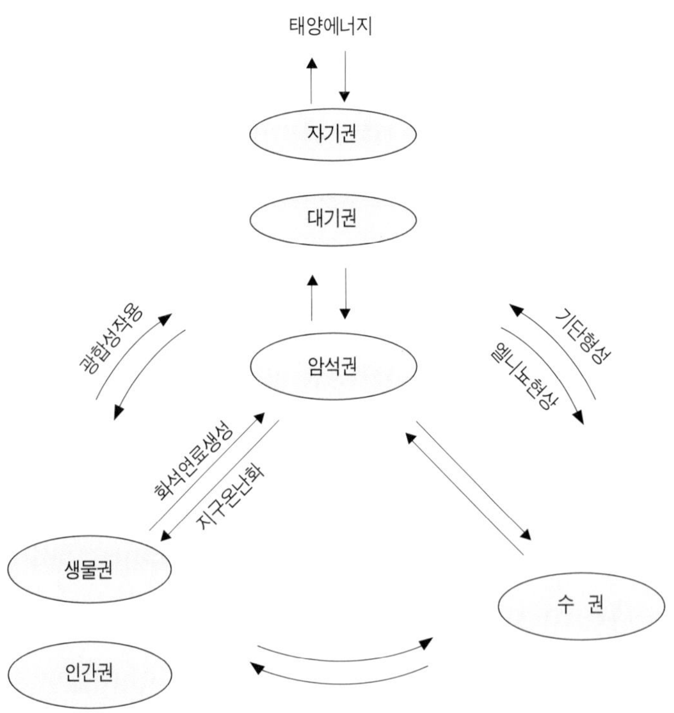

| 그림 2-1 | 지구시스템 상호작용

표 2-1 지구시스템의 구성

시스템 구분	특징	지질현상 및 자연현상
암석권	지각, 맨틀, 핵(주로 고체 물질로 구성) 주로 규산염광물	마그마생성, 화산활동, 지진활동 맨틀·핵 대류, 지구자장의 변동
수 권	해양(Na, Cl, SO_4)	해류, 조석, 물순환, 엘니뇨현상
생물권	생물(탄소, 산소, 질소, 수소)	광합성작용, 항상성(homeostasis), 탄소, 질소, 황의 순환, 영양단계
대기권	대기(N_2, O_2)	기상현상, 기후변동, 에너지순환, 온실효과
인간권	생물 구성물질, 철, 귀금속, 화석연료, 플라스틱, 핵연료에너지	지구환경오염, 지구온난화, 자원에너지고갈, 거대 운석충돌

암석권 수권 생물권 대기권 인간권

지구시스템은 **암석권**(lithosphere), **수권**(hydrosphere), **생물권**(biosphere), **대기권**(atmosphere)과 **인간권**(noosphere) 등의 서브시스템으로 구성되어 있다(그림 2-1). 여기에 우주공간의 경계영역으로 된 자기권을 추가하기도 한다. 지구시스템의 각 구성원 간의 물질과 에너지를 주고 받는 일을 하게 되며 이 과정에서 지구 내부에서는 맨틀대류, 지구 자기운동, 화산활동, 지진 등이 발생하고 지구표면에서는 생물의 발생과 진화, 소멸, 대기의 순환과 기상현상이 일어난다. 인간권에서는 이들 지질현상과 자연현상, 환경문제 등에 순응, 도전, 개발, 이용을 하면서 각 권과의 상호작용을 하고 있다.

지구시스템 내의 상호작용 : 지구시스템 내의 서브시스템 간에 일어나는 상호작용의 예를 들어보자. 만일 개방계일 경우 서브시스템 간에 물질의 교환과 에너지의 교환이 일어나면서 상호작용을 하게 된다.

암석권의 경우 석회암 지역에 화성암이 관입을 하면 접촉부에 물질과 에너지의 교환에 의해 본래 석회암과 화성암에 존재하지 않았던 규회석과 같은 새로운 광물이 형성된다.

예를 들면, $\underset{\text{석회암}}{CaCO_3} + SiO_2 \rightleftarrows \underset{\text{규회석}}{CaSiO_3} + CO_2$

위의 반응에서 만들어진 규회석이라는 광물을 스카른광물(skarn mineral)이라고 한다. 생물권에서는 대기, 해양, 토양(암석) 서브시스템에서 물(H_2O), 탄산가스, 질소 산화물을 이용하고 산소, 탄산가스, 질소가스 등을 대기권으로 내보낸다. 이러한 광합성작용 또는 물질대사과정에서 다양한 생물종이 만들어진다.

한편 또 다른 환경에서는 많은 생물종은 소멸되기도 한다. 이 같은 환경과 생물간에 상호작용이 끊임없이 일어난다. 지표환경에서도 각 권 사이에 다양한 원소들의 순환이 일어나고 있다(그림 2-2).

특히 인간권과 기타 서브시스템과의 상호작용(화석연료 사용에 따른 CO_2의 방출, 자원의 고갈, 원자력 에너지 이용과 폐기물 처리, 식량 부족과 인구증가에 따른 국제간의 갈등 등)은 이미 지구과학의 문제를 넘어선 사회학, 경제학, 정치학 등과 밀접히 관련된 사회 지구과학적인 문제가 되고 있다.

판구조운동과 지구조운동에 따라 발생한 거대 지진은 지구물리학적, 지질학적 문제이다. 지진 때에 발생한 지진재해는 사회학적, 의학적 문제로까지 전이된다.

대기권과 수권 서브시스템 간에는 해수의 증발에 따른 기단을 형성하고, 암석권 서브 시스템 사이에 강우 현상으로 물의 순환이 일어난다. 그러나 이들 간의

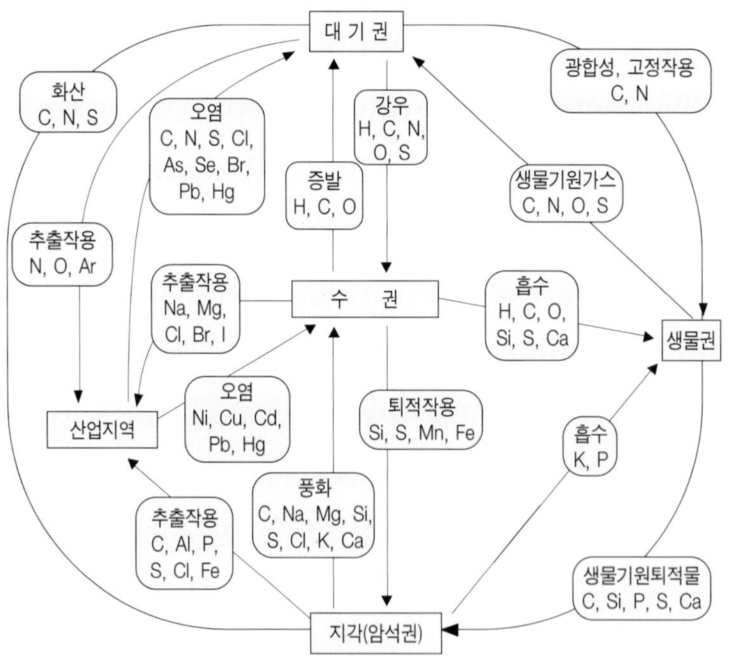

| 그림 2-2 | 지표 환경에서의 주요 원소의 순환(Cox, 1995)

순환속도의 변화와 물질 비평형에 따라 특정 지역에는 홍수 또는 가뭄을 야기시킨다. 이 같은 기후변동은 지표 온도변화에 영향을 주어 지구온난화와 사막화를 가속시키는가 하면 다른 한편에는 한랭화되어 빙하가 형성 해수면의 변동을 초래한다. 이 때문에 지구의 조석 변화와 지구자전에 의한 관성 모멘트를 변화시켜 지구 자전속도에 변화를 일으킨다. 액체 상태인 외핵과 맨틀 내에 작용하고 있던 관성 모멘트 변화에 따라 맨틀과 외핵에서의 대류운동에 변화를 주어 지구 자장의 변화를 일으키기도 한다.

2.2 보이지 않는 지구 내부

아폴로 11호가 달의 암석을 지구에 가져와 활발한 연구가 이루어졌다. 그럼에도 지구의 내부, 심부지각, 맨틀, 핵의 물질은 직접 관찰하기 어렵다. 미국에서 1960년경 모홀계획(Mohole-project)의 수립하여 지각을 시추할 계획이었으나 취소되었다. 1970년 러시아 북서부 코라반도에서 1984년 12km 깊이까지 굴착하고 1990년 13km까지 굴착하여 세계에서 가장 깊은 시추결과를 얻었다. 스웨덴에서도 심부시추 계획에 의해 지하 8km를 시추하였으며 일본에서는 석유시추를 위해 니이가다겐에서 6km를 시추하였다. 우리나라에서도 포항 제3기 지층에 석유탐사를 위해 약 1.8km 시추와 제주도 온천탐사를 위해 약 1km 정도 지각을 시추한 바 있다. 지구의 반경 6,371km를 고려하면 13km는 지각의 아주 얇은 일부분에 지나지 않는다. 대륙지각 50~80km, 해양지각 5~8km 두께이므로 심부시추에서 맨틀, 핵의 물질을 얻는 것은 불가능하다. 왜냐하면 지구 심부에는 5,000℃나 되는 고온이므로 다이아몬드 비트가 고온과 고압 때문에 진행하지 못하고 휘어지기 때문이다. 코라반도의 13km 깊이에서의 온도는 약 250℃ 정도였다.

태양계의 가원 물질이나 직접 확인할 수 없는 지구 내부의 구성물질 추정에는 운석을 이용하거나 간접적인 방법으로 지진파를 이용한다. 특히 지진파는 지구 내부의 구조나 물질의 상태연구에 유용하게 이용되고 있다.

지진파는 지진이 발생하였을 때나 발파 등에 의해 지각의 움직임에 의해 발생하는 탄성파이다. 지진파의 종류에는 **P파**(primary wave), **S파**(secondary wave), P파 S파

레이리파
러브파
실체파
표면파

레이리파(Rayleigh wave), **러브파**(love wave) 등이 있다. P파와 S파는 실체파(body wave)이고 레이리파와 러브파는 표면파(surface wave)이다. 실체파는 지구의 내부를 통과하는 파이며 표면파는 지구표면을 따라 전달되는 파이다.

P파는 음파와 같이 파의 진행방향과 평행하게 진동하면서 진행하는 종파로 진원지에서 지구 내부의 모든 매질을 모두 통과한다. S파는 파의 진동방향과 진행방향이 수직되게 진동하는 횡파이다. S파는 P파보다 속도가 느리며 액체상태의 매질은 통과하지 못한다. 빛은 S파의 양식으로 전파하고 있다.

진폭이 가장 큰 표면파가 가장 전파 속도가 느리다. 따라서 지진발생 시에 P파, S파, 표면파 중 P파가 가장 먼저 지구 내부를 통과 지진기록계에 기록되고 다음 S파 그리고 나중에 표면파가 기록된다.

P, S파의 속도는

$$V_\rho = \sqrt{\frac{k + \frac{4}{3}\mu}{\rho}} = \sqrt{\frac{\lambda + 2\mu}{\rho}} \qquad \left(k = \lambda + \frac{2}{3}\mu\right)$$

$$V_\rho = \sqrt{\frac{\mu}{\rho}}$$

로 표현한다. 여기서 λ는 라메상수(Lame's constant)로 μ는 강성률, K는 체적탄성률, ρ는 밀도이다.

화강암의 매질 내에서 P파의 속도는 5.5km/sec이고 S파의 속도는 3.0km/sec이다. 그리고 액상(물)에서는 $\mu = 0$이므로 매질이 액체 상태인 경우 S파는 통과하지 못한다. 또한 매질이 액상이거나 이에 가까운 상태일 경우 P파의 경우도 속도가 감소한다.

이와 같은 P파와 S파의 전파 속도비에서 매질의 상태(굳은 정도, 수분 함유정도, 결정구조의 차이(상전이), 구성광물의 차이, 지층의 종류(암석의 종류) 등의 정보를

표 2-2 화강암과 물에서의 지진파의 속도

구분	Vp(km/sec)	Vs(km/sec)	k(dynes/cm^2)	μ(dynes/cm^2)
화강암	5.5	3.0	27×10^{10}	1.6×10^{11}
물	1.5	0	2.0×10^{10}	0

얻을 수 있다.

지진파 S파가 지구 내부의 외핵을 통과하지 못하는 특징에서 외핵이 액체 상태임을 알게 되었다.

P파와 S파는 균질인 매질 중에는 서로 간섭없이 전파된다. 그러나 매질의 상태가 급변하게 되면 새로운 P파, S파가 만들어져 복잡한 파의 형태가 된다.

2.3 지진파에서 확인된 지구 내부 구조

지진파는 지구 내부의 구성물질, 매질의 상태에 따라 전파속도가 다르다. 지진파는 지구 내부의 매질을 통과할 때 스넬의 법칙(Snell' s law)에 따라 굴절 또는 반사한다.

굴절반사의 정도와 굴절파와 반사파의 속도는 지하 매질의 상태에 따라 다르다. 예를 들면, 지층 B가 지층 A보다 밀도가 커 지진파의 전파속도가 B층에서 빠르게 진행한다. P점에서 지진파가 발생하였을 경우 R지점의 지진기록계에는 지진파가 기록된다. 동일한 P파의 경우에도 표면파, 반사파, 굴절파에 따라 기록계에 지진파의 도달 시간이 다르다(그림 2-3).

지표면을 전파하는 직달파 $t = \dfrac{x}{v_A}$ 시간 후 지진기록계에 도달한다.

반사파 $t = \sqrt{\dfrac{4d^2 + x^2}{v_A}}$ 시간 이후, 굴절파 $t = \dfrac{x}{v_B} + \dfrac{2d\cos i_c}{v_A}$

시간 이후에 지진 기록계에 도달한다.

지진 발생지와 지진기록계 사이의 일정거리 이하에서는 반사파와 표면파가 지진기록계에 먼저 기록되지만 거리가 어느 정도 이상 먼 거리일 경우에는 굴절파가 먼저 지진기록계에 기록된다. 이 같은 사실은 굴절파가 지층 A에서와 달리 지층 B에서 빠른 속도로 전파되기 때문이다. 즉, 지층 A와 지층 B의 물질의 상태가 다른 A층과 B층 사이에 불연속면이 존재하기 때문이다.

만일 그림 2-3에서 2개의 파가 동시에 지진기록계에 도착하는 거리 x와 시간 t 사이의 주시곡선에서 지층 A의 두께(d)를 다음 식에서 구할 수 있다.

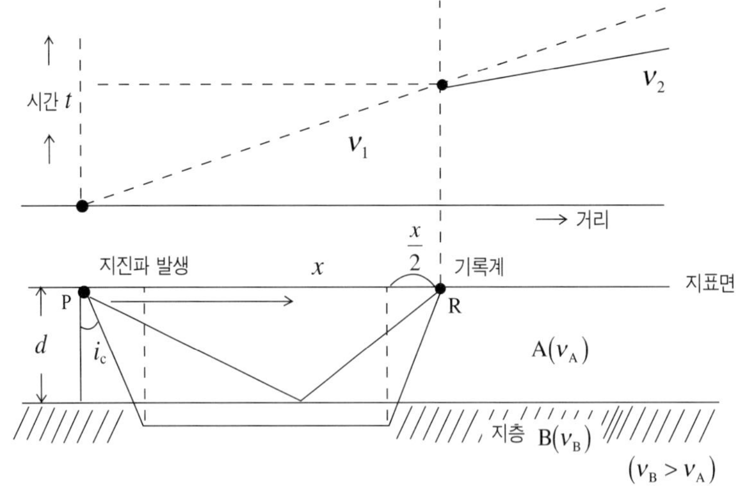

| 그림 2-3 | 수평지층 구조에서의 지진파의 주시곡선

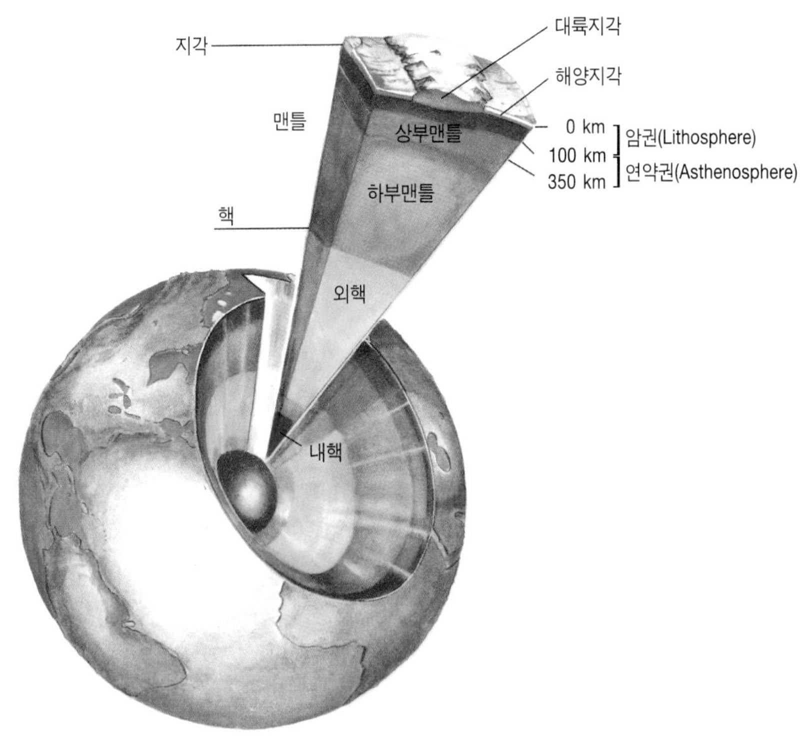

| 그림 2-4 | 지구의 내부구조(Chernicoff, 1995)

$$d = \left(t - \frac{x}{v_B}\right) \Big/ \left(\frac{x}{v_A^2} - \frac{1}{v_B^2}\right)^{\frac{1}{2}}$$

여기서 v_A, v_B는 지층 A와 지층 B에서의 P파의 속도이다. 어느 지역에 설치된 지진 기록계에서 구한 v_A = 65km/s, v_B = 8.0km/s, t = 25초라면 지층 A의 두께(d)가 30km로 계산된다.

이와 같은 지진파의 특성을 이용하여 지구의 동심원상 구조가 밝혀지게 되었다(그림 2-4). 1909년 옛 유고슬라비아 지진학자 **모호로비치치**(Mohorovicic, 1857, 1.23~1936, 1.21)는 지하 50km 부근에 지진파속도가 급증하여 동일한 진원에서 온 지지판 P파가 지진기록계에 빨리 도달한 것과 나중에 도달한 P파를 발견하여 지각과 맨틀 사이의 불연속면(모호면)을 설정하였다. 모호로비치치

그림 2-5에서처럼 지진파는 지구 내부에서 반사 또는 굴절하여 지진 기록계에 기록된다. 1900년 Oldham(1858, 7.30~1936, 7.15)은 진원지에서 각거리 103° ~ 142° 사이에서 지진파가 지진기록계에 기록되지 않는 사실을 확인하였다. 이 지역을 **음영대**(shadow zone)라 한다(그림 2-5). 음영대

1913년 Gutenberg(1889, 6.4~1960, 1.25)는 음영대의 원인을 지구심부 2,900km에 불연속면을 설정하여 설명하였다. 이를 구텐베르그 불연속면이라 하여 맨틀과 핵의 경계를 설정하였다.

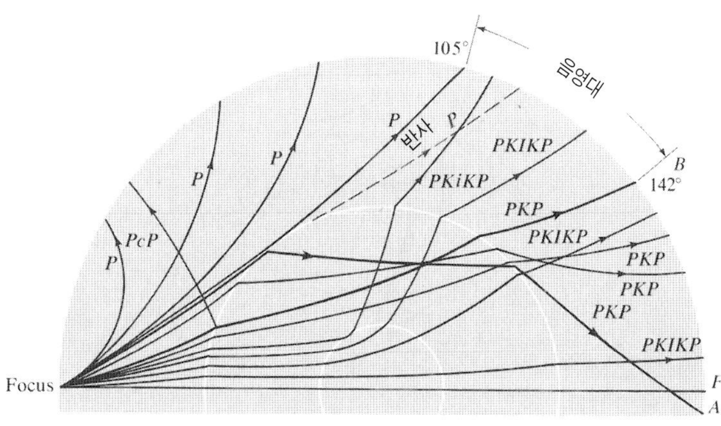

| 그림 2-5 | **지구 내부의 P파의 경로** 103° 와 142° 사이에 지진파의 P파 또는 S파가 관측되지 않는 음영대(shadow zone)가 나타난다.

| 그림 2-6 | Inge Lehmann 1928년 네덜란드 왕립 측지연구소의 지진연구부장, 음영대 내의 지진파 특성 연구로 지구의 외핵과 내핵을 구분한 여성 지진학자.

스웨덴의 왕립 지진연구소의 Inge Lehmann은 1935년 음영대 내에서도 드물게 P, S 파가 도달하는 사실을 확인하고 핵 내의 5,130km 심도에 불연속면을 설정하고 이를 해석하였다(그림 2-6). 즉, **외핵**(액상)과 **내핵**(고상)을 구분하였다.

외핵
내핵

이같이 지진파의 속도변화에 의하여 불연속면이 설정되어 지구의 내부구조가 지각, 맨틀, 외핵, 내핵으로 구분되었다(그림 2-7).

지구 내부에 지진파의 속도와 구조 모델은 Hergoltz-Wiechert 모델과 Jeffreys-Bullen, Gutenberg 모델 등이 잘 알려져 있다.

특히 Gutenberg는 지하 100~200km 위치에 지진파 속도가 감소하는 저속도층(low velocity zone)을 확인하여 오늘날 판구조의 해석에도 적용되고 있다.

1980년 이후에는 지진파 중 표면파, 실체파, 지구 진동자료 등을 이용한 새로운 PREM모델(Preliminary Reference Earth Model)이 제창되어 현재에 사용되고 있다.

또한 국제적 표준모델 IASP91이 1991년에 만들어져 사용되고 있다.

2.4 지각 · 맨틀 · 핵

그림 2-7에서처럼 지진파에 의해 지구의 내부구조가 지각, 맨틀, 외핵, 내핵으로 구분되었다.

지각 : 지각(地殼)은 지표에서 모호면까지를 말하며 대륙지각(continental crust)과 해양지각(oceanic crust)으로 구분한다. 대륙지각은 조산대에 따라 두께의 변화가 심하다. 대체로 30~40km이며 25~85km 내외의 두꺼운 지역도 있다. 구성암석은 주로 화강암질 암석으로 구성되어 있으며 밀도는 2.6~2.7g/cm³이다.

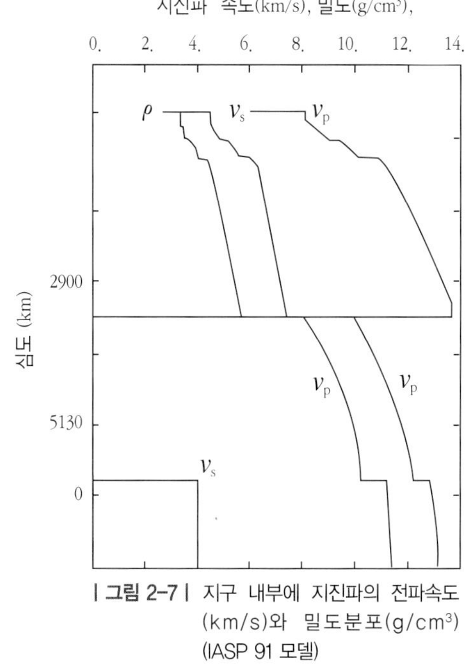

| 그림 2-7 | 지구 내부에 지진파의 전파속도(km/s)와 밀도분포(g/cm³) (IASP 91 모델)

지각은 지진파의 속도차에 의해 상부지각(P파 속도 6km/s)과 하부지각(6.8km/s)으로 구분된다. 상부지각은 화강암과 같은 산성암으로 되어 있고 하부지각은 반려암과 같은 염기성암으로 구성되어 있다. 호상열도 지역의 지각도 대륙지각에서와 유사하다. 한편 해양지각은 두께가 주로 5~10km 정도이며 5~25km 범위를 나타낸다. 주로 현무암질암, 반려암, 사문암 등의 염기성암으로 구성되어 있다. 밀도는 3.0g/cm³ 이상이며 P파의 속도는 6.18km/s 정도이다. 대륙지각과 해양지각의 경계는 아직 불명확하나 해양지각이 대륙지각 밑으로 연속 분포하며 대륙지각과 해양지각과의 경계면을 **콘라드 불연속면**(Conrad discontinuity)이라 제안한 학자도 있다. 하부지각은 화강암질 마그마의 근원지로 추정되고 있다. 콘라드 불연속면

맨틀 : 맨틀 내에 400~670km 부근에 지진파의 불연속면이 확인되었다. 이 부분은 감람석 광물의 스피넬로 상전이가 일어나는 압력(깊이)에 해당되는 심도로서 **전이대**(transition zone)라 한다. 이를 경계로 상부맨틀과 하부맨틀로 구분하고 있다. 전이대

상부맨틀은 주로 초염기성암인 감람석, 휘석, 석류석으로 구성된 감람암(peridotite)으로 구성되어 있으며 하부맨틀은 산화물(Mg, Fe) O과 페로브스카이

트(Mg, Fe)SiO_3 등으로 구성되어 있다. 하부맨틀 중 하부에서 200km 두께의 맨틀 부분에서는 지진파의 속도는 증가하지 않고 온도가 1000℃ 정도 상승한다. 이는 광물 상변화, 물질이동, 열적으로 불안정한 층이기 때문으로 생각하고 있으며 핵 내부의 대류, 맨틀대류, 지자기의 성인 등에 중요한 증거가 되고 있다.

그리고 모호면 하부 100~350km 깊이에 P파와 S파의 속도가 감소하고 있다. 이 지역을 **저속도층**(low velocity zone)이라 한다.

저속도층

지진파의 속도 감소 원인은 맨틀물질이 부분 융용되어 암석의 점성률이 낮아 유동성이 커지기 때문으로 생각하고 있다. 판구조운동에서 판이 이 부분에서 미끄러져 이동하고 있다.

핵 : 핵의 구성물질과 특성은 운석이나 지진파의 특성에서 추정하고 있다. 핵의 구성물질은 밀도가 크고 외핵은 액상인 유체로 되어 있다. 철운석이 Fe-Ni 합금으로 구성되어 있기 때문에 외핵은 융해된 Fe이나 Ni의 합금으로 되어 있다고 생각하고 있다. 만약 철 성분만으로 되어 있다고 가정하면 밀도가 너무 커지기 때문에 철과 가벼운 원소인 황의 합금으로 구성되어 있을 것이라는 추정도 있으나 증거가 아직 없다. 내핵은 고체상태로 지진파의 속도의 이방성으로 철이나 Fe-Ni로 된 고체 물질 상태임이 증명되었다.

2.5 지진파 토모그래피

지구의 내부는 직접 관찰할 수는 없으나 철-니켈이 풍부한 핵과 규산염광물이 우세한 지각 맨틀 부분으로 구분하고 있다. 지진파가 지구 내부로 굴절 반사하는 패턴과 속도 자료의 해석에 의해 얻은 결과이다.

지구물리학자들은 지진파 토모그래피(seismic tomography)라는 기술을 개발하여 지구 내부의 3차원 구조모델을 설정하게 되었다. 이는 방사선 연구자들이 x-선을 이용한 CAT(computerized axial tomography)스캔 방법과 유사하다.

지진학자들의 다양한 지진파를 연구하는 과정에서 그림 2-8에서와 같이 지진파가 느리게 또는 빠르게 지진기록계에 도달 기록되고 있는 사실을 확인하였다.

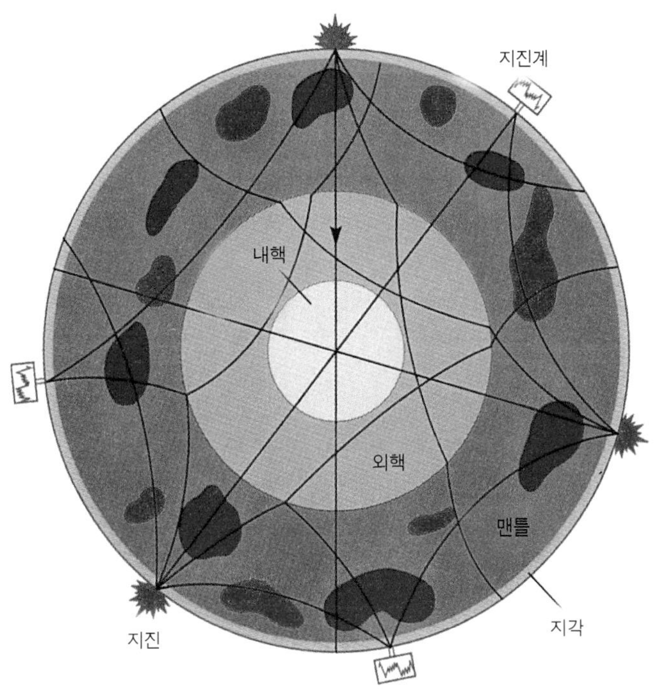

| 그림 2-8 | **지구 내부 통과 모습** 지진파가 주변지역보다 빠르게 또는 느리게 전파되는 사실이 지진파 토모그래피에서 조사되었다. 청색지역은 지진파 속도가 빠른 차가운 지역(cold region)이며 반대로 붉은색 지역은 지진파 속도가 느린 뜨거운 지역(hot region)이다.

지진파의 속도는 부분적으로 탄성(elasticity)에 의해 영향을 받는다. 차가운 암체는 탄성이 크므로 뜨거운 암체에서보다 지진파 속도가 빠르다. 약 150km 심부에 지진파의 속도가 예상보다 느린 사실을 지진학자들은 확인하였다. 이 지역이 화산지역이나 중앙해령지역 하부에 위치한 뜨거운 지역(hot spot)임을 알게 되었다. 그림 2-8에서와 같이 중앙해령지역은 맨틀대류에 의해 뜨거운 맨틀 암석이 상승하는 지역이었다. 반면에 수억 년이나 수십 억 년 동안의 긴 지질시대 동안에 지구조 운동이 정지된 고기대륙지각 하부에서는 차가운 지점(cold spot)이 확인되었다. 뜨거운 지점에서 뜨거운 플룸(hot plume)은 상승하고 차가운 지점에서 차가운 플룸(cold plume)이 하강하는 맨틀 내의 거대한 대류현상에 일어남을 조사하고 이에 의해 거대한 지판이 움직이고 있다는 것을 알게 되었다. 이같이 플룸운동으로 일어나는 지구조 운동을 **플룸텍토닉스**(plume tectonics)라고 한다 플룸텍토닉스

(그림 2-9). 지진파 토모그래피에서 핵과 맨틀의 경계가 불규칙하다거나 내핵이 외핵보다 약 20km/년 정도로 빠른 속도로 회전하고 있다는 사실을 또한 알게 되었다. 핵과 맨틀 경계부에서 발생한 슈피플룸이 거대한 화산활동을 일으키며 열점기원의 화산활동도 핵과 맨틀 경계부에서 유래하고 있다(그림 2-9A).

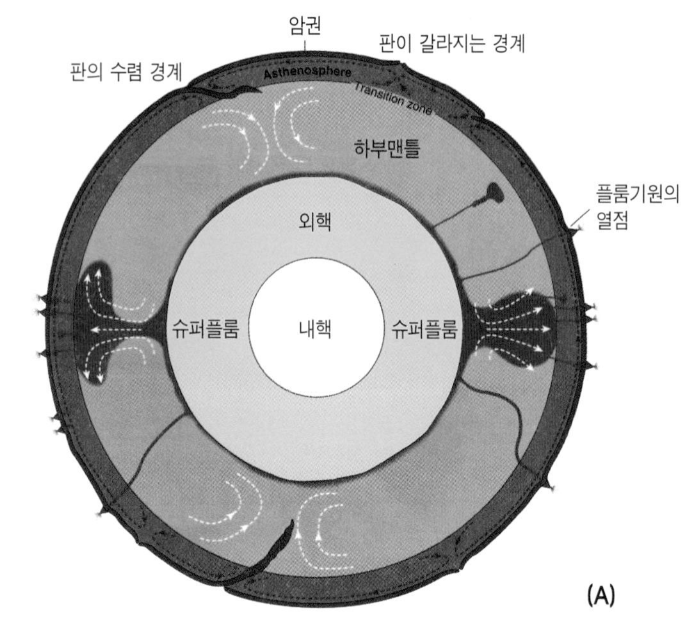

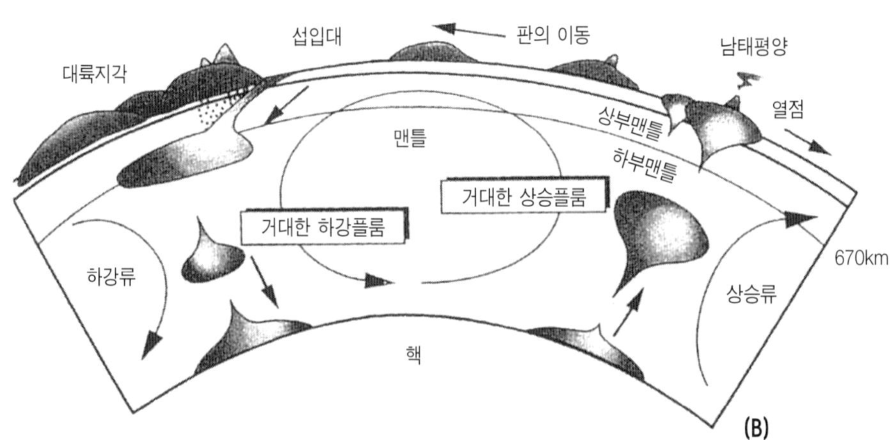

| 그림 2-9 | 맨틀 플룸과 열점의 기원(A)(Smith and Pun, 2006)과 토모그래피에 의해 해석된 플룸텍토닉스 (B) 丸山, 茂德「마그마와 지구」(주) (크바푸로, 1998)

03 지구의 구성물질

경상남도 언양 자수정 광산에서 산출된 자수정 결정
(한국지질자원 연구원 제공)

3.1 광물과 광물의 분류

고체 지구의 구성물질은 주로 규산염광물로 구성되어 있는 암석으로 되어 있다. 광물이 집합된 덩어리가 암석이다.

광물

광물(mineral)은 자연에서 산출되고 일정한 화학 성분과 특정한 결정구조를 가지는 고체 물질을 말한다. 지금까지 알려진 광물은 3,000여 종류이며 용도도 다양하다.

광물은 그 구성성분에 따라 규산염광물, 탄산염광물, 황화광물, 황산염광물, 산화광물, 인산염광물, 원소광물, 점토광물, 보석광물 등으로 분류된다.

규산염광물
탄산염광물

규산염광물은 SiO_4 사면체를 기본단위로 양이온과 기타 이온이 결합되어 광물을 이루고 있다. **탄산염광물**은 CO_3^{2-} 이온과 결합된 광물을 말한다. 예를 들면, Ca^{2+} 이온과 결합하면 $CaCO_3$ 성분의 방해석 광물이 된다.

황화광물
황산염광물

황(S)과 결합된 광물을 **황화광물**이라 하며 황철석(FeS_2) 황동석($CuFeS_2$) 등이 있다. **황산염광물**은 SO_4^{2-} 이온과 결합된 광물로 석고($CaSO_4 \cdot 2H_2O$), 중정석($BaSO_4$) 등이 있다.

산화광물
인산염광물

산화광물은 산화물의 형태로 된 광물로 자철석(Fe_3O_4), 적철석(Fe_2O_3) 등이 있다. **인산염광물**은 PO_4^{2-}와 결합된 광물로 $Ca_5(PO_4)_3(F,Cl,OH)$ 성분의 인회석이 있다.

광물은 보통 결정으로 산출되지만 비정질로 산출되는 경우도 있다. 결정형 광물은 결정학적 특성과 투명도, 색, 강도 등에 따라 보석, 연마제, 초전도체 등으

표 3-1 광물의 분류

분류	특징	광물 예
규산염광물	SiO_4 사면체와 결합	표 3-2 참조
탄산염광물	CO_3와 결합	방해석($CaCO_3$), 돌로마이트($CaMg(CO_3)_2$), 능망간석($MnCO_3$)
황화광물	S와 결합	황철석(FeS_2), 황동석($CuFeS_2$), 섬아연석(ZnS), 방연석(PbS),
황산염광물	SO_4와 결합	중정석($BaSO_4$), 석고($CaSO_4$ $2H_2O$)
산화광물	산화물 형태	자철석(Fe_3O_4), 적철석(Fe_2O_3), 강옥(Al_2O_3), 페리클레이스(MgO)
인산염광물	PO_4와 결합	인회석($Ca_5(PO_4)_3$ (F, Cl, OH)

로 사용되며 비정질광물인 오팔(opal)은 보석으로 이용되고 있다. 규산염광물의 일부는 고용체(soild solution)를 이루고 있다.

예를 들면, 감람석은 화학식이 $(Fe, Mg)_2SiO_4$이다. Fe와 Mg 이온이 중량비가 일정하게 들어 있다. Fe가 100%인 경우 Fe_2SiO_4(철감람석), Mg가 100%인 경우는 Mg_2SiO_4(마그네슘 감람석)이 된다. 사장석도 단성분 알바이트($NaAlSi_3O_8$)와 아놀사이트($CaAl_2Si_2O_8$)인 고용체로 되어 있다.

규산염광물

규산염광물(silicate minerals)은 지각과 맨틀의 주요 구성광물로 대부분의 암석이 규산염광물로 되어 있다. 규산염광물

규소(Si)와 산소(O)로 결합된 SiO_4 사면체가 기본 구조단위로 구성되어 있다(그림 3-1). SiO_4 사면체는 모서리의 산소 이온과 공유 결합하여 쇄상, 환상, 층상 구조를 만든다. 이와 같은 결합을 **중합**(polymerization)이라 하며 사면체의 음이온(주로 산소)을 점유하는 수가 감소할수록 중합도는 증가한다. 중합

예를 들면, 독립사면체형인 감람석은 중합도가 낮고 석영의 경우 SiO_4 사면체의 산소를 모두 공유결합하고 있으므로 중합도가 높다. 규산염광물은 구조에 따라 독립사면체형, 쇄상구조형, 층상구조형, 망상구조형 등으로 분류된다(표 3-2).

이와 같은 규산염광물의 구조는 광물의 결정형과 마그마의 점성에도 크게 반영되고 있다.

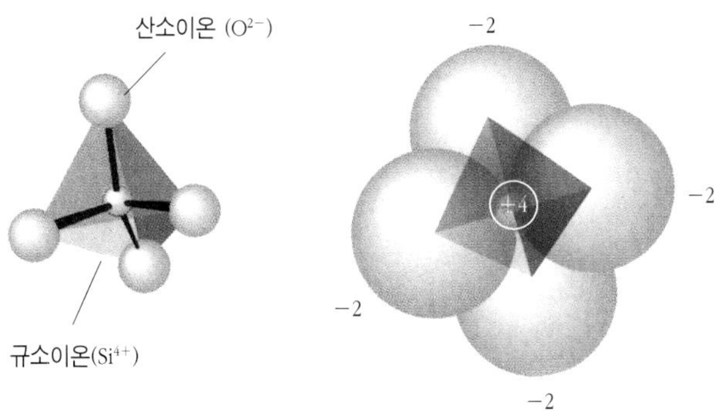

| 그림 3-1 | SiO_4 사면체 구조

표 3-2 규산염광물의 분류

분류	특성	대표적인 광물	구조
독립사면체형 (Nesosilicates)	SiO_4 사면체가 각각 독립적으로 위치하고 있다. 사면체 중심의 양이온 Z는 옆의 Z와 어떤 산소 이온과도 공유하지 않고 Si 원자 1개가 4개의 산소를 점유하고 있다. 기본식(ZO_4)	감람석$(Mg, Fe)_2 SiO_4$ 석류석 $(Fe^{2+}, Mg, Mn, Ca)_3 Al, Fe, Cr)_2 (SiO_4)_3$	
쇄상구조형 (Inosilicates)	단쇄형 : SiO_4 사면체가 한 줄로 길게 중합, 각각의 Z는 옆의 Z와 2개의 산소를 공유하고 Si 원자 1개와 3개의 산소이온($1+1+\frac{1}{2}+\frac{1}{2}$)을 가진다. 기본식($ZO_3$)	사방휘석 휘석족 $(Mg, Fe)SiO_3$ 단사휘석 $CaMgSi_2O_8$	
	복쇄형 : 단쇄형 사면체가 2줄로 연결되어 있다. 기본식(Z_4O_{11})	각섬석족 $Ca_2(Mg, Fe)_5(Si_8O_{22})(OH)_2$	
층상구조형 (Phyllosilicates)	SiO_4 사면체가 좌우상하로 연결되어 층상구조를 이룬다. 각각의 Z는 인접한 Z와 3개의 산소를 공유하고 Si 원자 1개는 1+1/2+1/2+1/2개 합계 2.5개의 산소 이온을 점유한다. 기본식(Z_2O_5)	녹니석 $(Mg, Fe)_3(Si, Al)_4O_{10}(OH)_2$ 백운모 $KAl_2(AlSi_3)O_{10}(OH)_2$ 활석 $Mg_3SiO_4O_{10}(OH)_2$ 사문석$(Mg, Fe)_6Si_4O_{10}(OH)_8$ 점토광물 고령토 $Al_2Si_2O_5(OH)_4$	
망상구조형 (Tectosilicate)	SiO_4 사면체가 좌우상하 전후로 연결되어 3차원적으로 중합, 망상구조를 이룬다. Z는 인접한 Z와 4개의 산소를 공유하여 Si 원자 1개가 2개의 산소 이온을 점유한다. 기본식(ZO_2)	석영 SiO_2 장석 $(K, Na)AlSi_3O_8$ 불석족, 아날사이트 $NaAlSi_2O_6 \cdot H_2O$	

점토광물

암석이 화학적 풍화를 받으면 점토로 변한다. 화강암은 주로 석영, 정장석, 사장석, 운모, 각섬석 등으로 구성되어 있다. 예를 들면, 정장석이 화학적 풍화에 의해 다음 식과 같이 고령토로 변화된다.

$$\underset{\text{(정장석)}}{KAlSi_3O_8} + CO_2 + 3H_2O \rightarrow \underset{\text{(고령토)}}{Al_2Si_2O_5(OH)_4} + K^+ + SiO_2$$

이와 같은 점토 광물로 이루어진 점토는 0.2~0.05 μm 의 미립자로 되어 있고 물을 첨가하면 가소성(可塑性)과 점착성이 있으며 가열하면 딱딱해진다.

화학성분은 주로 규산, 알루미늄, 물로 구성되어 있고 Fe, Mg, Ca, OH 등을 포함하고 있다. 점토광물은 층상구조를 이루고 있으며 층간에 원자나 이온, 물분자가 들어 있다. 점토광물의 층상구조가 점토의 특성을 나타내고 있다.

점토광물은 규산염광물이므로 SiO_4 사면체를 구조단위로 하고 있으며 SiO_4 사면체의 3곳의 정점(산소원자)에 연결되어 육각형의 망을 이루어 1매의 층을 이루고 있다. 이 격자층의 중첩 형식에 따라 1 : 1형 점토광물과 2 : 1형 점토광물로 구분하고 있다.

1 : **1형 점토광물** : 그림 3-1에서와 같이 1매의 사면체층과 1매의 팔면체층의 기본구조로 되어 있다. 격자층 사이에는 층간수 유무에 따라 세분하기도 한다.

카오리나이트, 딕카이트, 할로이사이트 등이 1 : 1형 점토광물의 예이다.

2 : **1형 점토광물** : 1 : 1형 점토광물 구조형에 사면체 1매가 더 중첩된 구조이다. 즉, 2매의 사면체층에 1매의 팔면체층이 샌드위치처럼 끼워져 있는 구조이다.

층간에 들어가는 이온의 종류나 층간수의 유무에 따라 세분된다. 백운모, 스멕타이트, 녹니석, 사포나이트, 버미큐라라이트 등이 있다.

점토광물은 옛날부터 토기, 도자기 등의 요업과 석유공업, 화학공업, 건축자제 등으로 많이 이용되어 왔다. 점토는 물을 첨가하면 분산과 응고되는 성질을 가진다. 또한 점토는 흡착, 수착(收着)의 특징이 있어 기체, 무기이온 유기화합물 색소 등을 가진다. 점토는 가소성이 있어 도자기 제작에 이용된다. 일부 점토는 팽

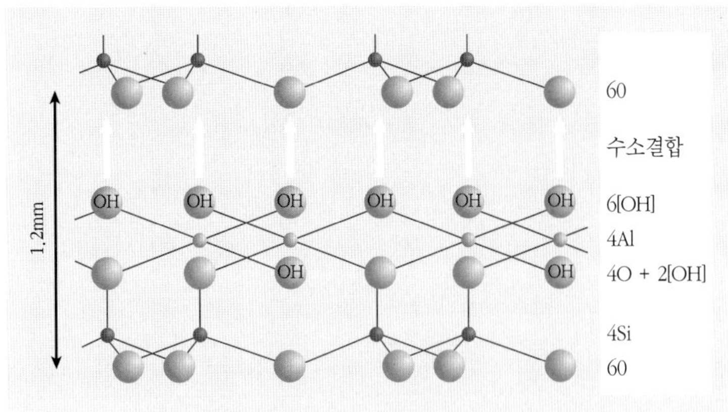

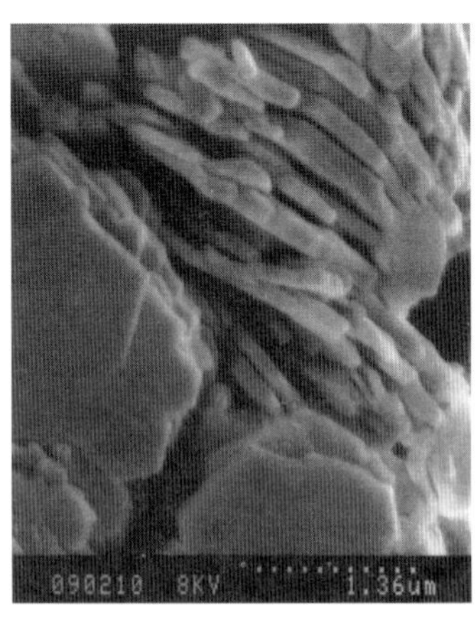

| 그림 3-2 | **층상 규산염의 구조 모식도** 사면체 층과 팔면체 층으로 만들어진 1:1형 카올리나이트 점토광물의 구조와 전자 현미경 사진(Andrews et al., 2004).

윤성이 커서 홍수 시에 산사태 등의 원인이 된다. 한편 댐의 누수방지를 위해 점토를 사용하기도 한다.

이와 같은 점토의 결정구조적 특성에 의해 여러 가지 용도로 사용된다. 점토광물 중의 활석은 광석의 품위에 따라 화장품의 원료, 농약, 비료, 도료 등으로 사용된다.

점토광물은 아주 작은 미립이기 때문에 광물감정과 물성실험을 위해서는 X-선 회절 분석, 시차열 분석, 전자현미경 분석, 적외선 흡수 스펙트럼 분석 등에 의해 광물을 연구한다.

보석광물

보석광물은 장식용 또는 재산으로 가치가 있으며 권력과 부의 상징이 되며 많은 여성의 꿈이기도 하다. 또한 보석은 아름답고, 희소가치가 있으며 내구성이 강하여야 한다. 보석의 아름다움은 색상과 빛에 의한 굴절률이 높을수록 커진다.

보석 중 1월에서 12월까지 월별 대표적인 보석이 옛날부터 지정되어 지정된 보석을 지닐 경우 행운, 행복이 온다는 탄생석의 보석도 있다.

1월 석류석(불변, 일편단심, constancy), 2월 자수정(성실, sincerity), 3월 남옥(용기, aquamarine), 적색반점함유 옥수(bloodstone), 4월 다이아몬드(순결, innocence), 5월 에메랄드와 비취(jade, 사랑, 성공), 6월 진주, 월장석

(moonstone)(건강, 장수), 7월 루비(만족, contentment), 8월 서드닉스(아게이트), 페리도트(결혼행복), 9월 사파이어(명철한 생각, clear thinking), 10월 오팔(희망), 11월 황옥(topaz)(충성, fidelity), 12월 터키옥(turquoise), 저콘(번영)이다.

대표적인 보석의 성질은 다음과 같다.

다이아몬드 : 광물 중에 강도가 가장 높은 경도 10, 밀도 3.5g/cm^3, 굴절률 2.417로 굴절률이 대단히 높다. 다이아몬드는 보석으로뿐만 아니라 연마제, 절단기 등에 사용되고 있다. 다이아몬드는 아프리카의 킴벌리 지역에서 산출되는 맨틀 기원의 킴버라이트(kimberlite)라는 암석 중에서 산출된다(그림 3-3). 다이아몬드를 포함한 킴버라이트는 다이아몬드 생산의 중요성뿐만 아니라 고압, 고온에서 생성된 맨틀기원의 초염기성 암석이므로 심부기원 암석 연구에도 이용되고 있다. 지구에서뿐만 아니라 운석 중에서도 다이아몬드가 발견되어 다이아몬드의 기상성장설(氣相成長說)이 제안되었다(松田, 1993).

1955년 미국 General Electric 연구소에서 처음으로 다이아몬드를 인공적으로 합성한 후 최근 보석뿐만 아니라 공업용으로 인공 다이아몬드가 생산되고 있다.

보석으로서의 다이아몬드는 색(color), 투명도(clearity), 가공(cutting)이 대단히 중요하다. 예를 들면, 다이아몬드 가공은 빛의 굴절반사가 최대가 되도록 하고 있다(그림 3-4).

수정 : 석영 결정 중 보통 SiO_2 순도가 높은 것은 반도체, 유리원료 등에 사용되거나 공예품으로 사용된다. 그러나 자색을 나타내는 자수정(amethyst)은 보석으로 사용된다. 연수정에 방사선 조사를 하면 인공적으로 자수정으로 변환도 가능하다. 자색의 색깔은 결정 내의 소량의 Fe 때문이다.

오팔 : 오팔(opal, SiO_2, 물 5～10% 함유)은 수정보다 강도가 약하고 열을 가하면 함유된 물이 빠져나가면서 금이 가기도 하지만 독특한 일곱 가지의 간섭색을 나타내기 때문에 보석으로서의 가치를 높이고 있다.

녹주석 : 녹주석(beryl, $Be_3Al_2Si_6O_{18}$) 중 녹색 투명 결정은 에메랄드(emarald), 투명한 핑크색계 결정은 모가나이트(morganite)라는 보석으로 이용된다. 불투명한

| 그림 3-3 | 남아프리카 킴벌리지역에서 산출된 킴버라이트 내의 다이아몬드 결정(크기 7mm)

결정은 베릴륨 원료로 공업용으로 이용된다.

강옥 : 강옥(corundum, Al_2O_3)은 굳기가 단단한 결정이며 Ti, Fe^{3+}에 의해 청색을 나타내며 청색 결정은 사파이어(saphire), 진홍색 결정은 루비(ruby) 보석이다. Cr^{3+}이 들어 있으면 적색을 나타낸다. 불순한 광물은 연마제로 이용되며 합성된 강옥은 인조보석이나 시계 등에 사용된다.

황옥 : 황옥(topaz, $Al_2SiO_4(F, OH)_2$)은 호박(amber)색이 좋지만 햇빛에 변색되는 경향이 있다. 황옥은 300~450℃ 온도를 가하면 핑크색으로 착색되는데 이를 핑크 황옥이라 한다.

연옥 : 강원도 춘천에서도 산출되며 트레몰라이트와 같은 각섬석 광물의 일종으

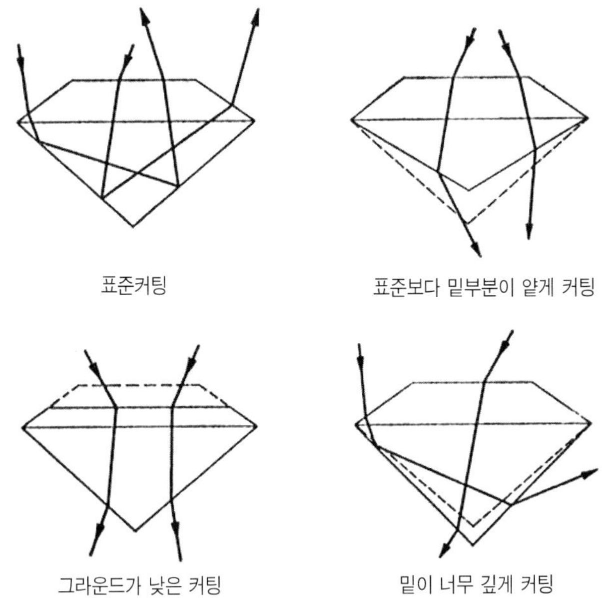

| 그림 3-4 | 다이아몬드 결정 내 빛의 입사광선의 거동

로 되어 있다. 연한 녹색으로 보석이나 공예품으로 이용되고 있다.

진주 : 천연산과 양식 진주가 있다. 아라고나이트($CaCO_3$)가 동심원상으로 성장한 것이므로 굳기가 약하고 변질되기 쉽지만 독특한 반사와 색상을 나타내는 것은 보석으로 많이 이용된다.

기타 저콘, 스피넬, 석류석, 터키석, 전기석, 비취휘석, 옥수, 미사장석, 페리도트 등의 보석도 있다.

광물의 감정

광물은 결정형, 쪼개짐, 색, 조흔색, 광택, 투명도, 굳기, 밀도, 자성, 굴절률, 효성(曉性), 형광색, 전기적 성질, 방사성 등에 의해 감정할 수 있다. 구체적으로는 광학적 성질을 이용한 편광현미경, 반사현미경 등이 광물 감정에 많이 이용되며 화학성분에 의해서도 구분한다.

최근 전자현미분석(electroprobe microanalysis : EPMA)법에 의해 현미경상의 광물 결정 내의 한 점에서의 화학성분이 정량될 수 있다. 또한 전자현미경에 의해 점토광물과 같은 미세광물 결정형을 확인할 수 있다. 많은 종류의 광물은 고유의 독특한 결정형을 가진다.

결정형의 구분은 결정축의 길이와 축 사이의 각도에 의해 등축정계, 정방정계, 사방정계, 육방정계, 단사정계, 삼사정계 등으로 구분한다. 이 중 등축정계의 광물에는 황철석, 형석과 같은 것이 있고, 육방정계의 광물에는 수정, 방해석과 같은 것이 있다. 광물의 결정면은 (100), (111)(010)와 같이 밀러지수(Miller index)로 표기하여 결정형을 구분한다.

밀러지수

광물 결정 중에 쪼개짐의 방향과 형태에 따라서도 광물은 쉽게 구분된다. 즉, 흑운모는 한 방향으로 쪼개짐이 발달하고 각섬석과 휘석은 두 방향으로 쪼개짐이 발달한다. 또한 자연에서 산출되는 광물은 고유의 색을 지닌다. 화학성분, 미량성분, 불순물함유, 내부간섭 등에 의한 색 등 다양한 원인에 의해 광물의 색이 다르다. 예를 들면, 황철석은 진황색, 황동석, 황색을 나타내며 섬아연석 (Zn, Fe)S은 Fe의 함량이 많아짐에 따라 투명색에서 검은색으로 변한다. 광물을 조흔판에 긁어보면 분말의 색이 광물에 따라 다르게 나타난다. 이를 조흔색이라 한다.

광물은 굴절률의 차이에 의해 금속광택(굴절률 30), 비금속광택(굴절률 2.6 이하) 등이 구별되며 진주광택도 나타난다.

광물은 굳기에 따라 구별될 수 있다. 굳기를 비교하는 표준척도로 모스굳기계가 사용된다. 모스굳기계 1은 활석으로 가장 무른 광석이며 석고(2), 방해석(3), 형석(4), 인회석(5), 정장석(6), 석영(7), 황옥(8), 강옥(9), 다이아몬드(10)로 다이아몬드가 가장 강하다.

밀도차, 자성 유무, 형광색, 방사성, 전기전도도 등의 차이에 의해 광물을 구별할 수 있다.

광물의 감정에는 위와 같은 광물의 물리적 성질에 의해 육안으로 감정한다. 그러나 암석을 구성하고 있는 광물 감정은 광학적 성질을 이용한 편광현미경(투명광물감정에 사용)과 반사현미경(불투명광물 감정에 이용) 등이 많이 이용된다.

3.2 암석과 암석의 분류

여러 광물이 집합된 덩어리가 암석이다. 지각에는 규산염광물의 집합체로 된 암석이 가장 많다. 단일광물이 집합된 암석도 있다. 금속광물이 집합된 것을 **광석**이라 한다. 광석

17C 기독교 사상이 지배적인 시기에는 암석의 성인론은 Werner를 중심으로 한 Werner 학파는 모든 암석은 물에 의해 침전되었다는 **암석수성론**(neptunism)이 중심적인 사상이었다. 암석수성론은 격변설(catastrophism)에 기원한 것이다. 그러나 Hutton과 Lyell 등은 진화론적인 개념인 **암석화성론**(plutonism)을 주장하였다. 암석화성론은 암석은 화성암과 같이 마그마 기원에 의해서도 형성된다는 것이다. 암석수성론 암석화성론

오늘날 암석을 성인적으로 화성암(igneous rocks), 퇴적암(sedimentary rocks), 변성암(metamorphic rocks)으로 크게 구분하고 있다.

화성암

하부 지각이나 맨틀 물질이 부분용융된 뜨거운 물질을 마그마(magma)라 하며 마그마가 식어서 된 암석을 **화성암**(火成岩)이라 한다. 마그마가 지표에 분출하거나(그림 3-5) 지표 부근에 관입 고결된 암석을 화산암(volcanic rocks)이라 하며 지하 심부에서 마그마가 서서히 냉각 고결되어 이루어진 암석을 심성암(plutonic rocks)이라 한다. 마그마의 냉각 속도와 마그마의 관입 환경에 따라 화성암의 광물입자 크기가 달라진다. 화성암

마그마가 급속히 냉각되면 유리질 또는 비현정질(aphanitic) 암석이 되며 심부에서 서서히 냉각된 심성암은 조립질 결정(현정질)으로 된다. 또한 마그마가 소규모로 암맥상으로 관입하거나 얕은 곳에서 비교적 빠른 속도로 냉각되면 초기 고온에서 정출된 광물(반정, phenocryst)과 빠른 속도로 냉각된 석기(groundmass)로 된 반상조직(porphyritic texture)의 반심성암이 만들어진다.

화산암에는 현무암, 안산암, 유문암 등이 있으며 심성암에는 반려암, 섬록암, 화강암 등이 있다. 반심성암에는 석영반암이나 장석반암이 있다.

화산의 정상 화구 부근에는 칼데라와 크레이터 등이 형성되며 이 곳에 백두산

| 그림 3-5 | **1973년 1월 23일(11:50 A.M.) 아이슬랜드의 열곡대에서 분출한 화산** 마그마의 온도 1,200℃ Vulcan 연구팀이 6m까지 근접 조사하고 있다(사진 Krafft, 1979, Volcanoes).

과 한라산 정상에처럼 크레이터호가 형성되기도 한다(그림 3-5-1).

화성암은 산출상태에 따라 저반(batholith), 암주(stock), 암상(sill), 병반(laccolith), 로포리스(lopolith), 암맥(dike) 등으로 구분된다. 저반은 관입암체의 규모가 큰 100km² 이상일 때를 말하며 이보다 규모가 작으면 암주라 한다(그림 3-6).

서울 지역의 화강암 관입체는 규모가 크므로 화강암 저반에 해당된다. 퇴적암의 층리와 평행하게 화성암이 관입하였을 때 **암상**이라 하고 위로 볼록한 버섯 모양 관입체를 병반, 깔때기 모양의 관입암체를 로포리스라 한다. 수cm에서 수m 두께 규모로 화성암체가 주위 암석의 구조와 사교하게 관입한 것은 **암맥**이라 한다. 이와 같은 암맥이 동심원상으로 관입한 것을 환상암맥(ring dike)이라 한다.

암상

암맥

세계적으로 유명한 로포리스형 관입암체는 그린랜드의 스케어가드(Skaergaard) 암체이다. 층상관입암체로 마그마의 분화경향이 잘 나타나는 암체로 잘 알려져 있다.

화성암의 분류

화성암은 광물 모드분석과 화학성분을 이용한 CIPW 노옴계산치에 의해 분류한다.

석영, 장석과 같이 무색광물로 Si, Al, Na, K 성분을 많이 함유한 규장질광물

표 3-3 화성암의 분류

산출상태 (occurrence)	많다 ← 유색광물(mafic minerals) → 적다 초염기성암	염기성암	중성암	산성암	세립 ↑ 결정의 크기 ↓ 조립	주 구성광물
	SiO_2함량 45%	52%	66%			
화산암 (volcanic rocks)	코마티아이트 (komatiite)	현무암 (basalt)	안산암 (andesite)	유문암 (rhyolite)		감람석(olivine) 휘석(pyroxene) 사장석 (plagioclase)
심성암 (plutonic rocks)	감람암 (peridotite)	반려암 (gabbro)	섬록암 (diorite)	화강암 (granite)		석영(quartz), 정장석(orthoclase), 사장석(plagioclase) 흑운모(biotite), 각섬석(hornblende)

| 그림 3-5-1 | 제주도 한라산 정상 화구호에 형성된 크레이터(Crater)(사진 Hwang, KIER)

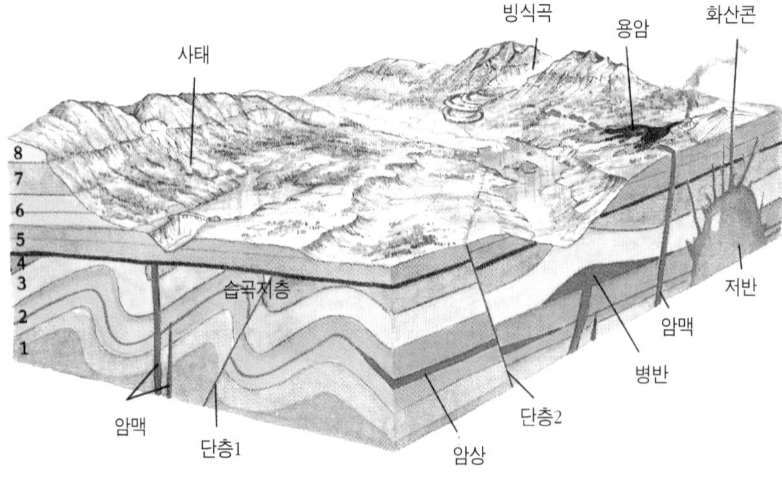

| 그림 3-6 | 화성암의 산출상태와 지질구조 및 지형(Chernicoff, 1995)

(felsic mineral)과 감람석, 각섬석, 흑운모 등 Mg, Fe 성분을 많이 함유한 고철질 광물(mafic mineral)의 상대적인 양에 따라 암석의 색깔이 달라진다. 유색광물의 함량 %를 **색지수**(color index)라 한다. 색지수에 따라 우백질(leucocratic, 0~35), 메소크래틱(mesocratic, 35~65), 메라노크래틱(melanocratic, 65~90), 초고철질(ultramafic, 90~100) 암석으로 구분한다.

색지수

SiO_2의 함량에 따라 산성암(63% 이상), 중성암(52~53%), 염기성암(45~52%), 초염기성암(45% 이하)으로 분류한다(표 3-3).

화강암질 암석(granitic rock)은 석영-사장석-알칼리장석 함량의 삼각 다이아그램에서 이들 함량에 따라 암석을 분류한다(그림 3-7).

화산암의 분류는 암석의 화학성분 중 SiO_2대 Na_2O + K_2O에 대하여 도시하여 IUGS 분류기준에 따라 분류한다. 화산암의 K_2O + Na_2O 함량이 높은 암석들을 **알칼리 암석**(alkali rock)이라 하고 이들 함량이 낮은 암석들은 **비알칼리 암석**이라 한다.

알칼리 암석

비알칼리 암석

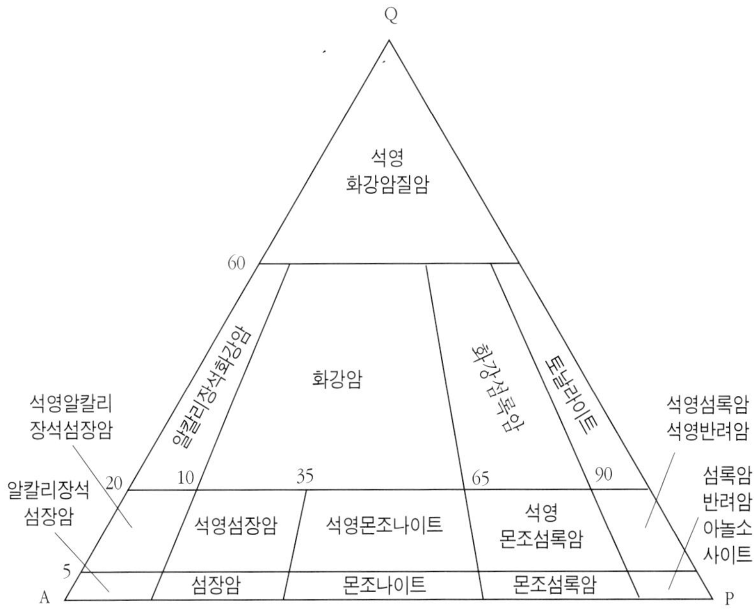

| 그림 3-7 | IUGS 심성암 분류(R. Lemaitre, 1989) Q : 석영, A : 알칼리장석, P : 사장석
Q-A-P 3 성분도에서 석영 20~60% 함유한 화강암으로 표시된 마름모꼴 내의 광물조성을 가지는 암석은 화강암이 된다.

최근 화강암질 암석에 대하여 I형, S형, A형, M형 화강암으로 분류하기도 하고 자철석계(magnetite series) 화강암, 티탄철석계(illmenite series) 화강암으로도 분류한다(石原, 1977). 우리나라의 화강암은 대다수 I-형 화강암에 속한다.

White와 Chappell(1983)에 의하여 분류된 I형 화강암은 지각을 구성하고 있는 화성암이 재용융되어 만들어진 화강암을 말하며 S형 화강암은 퇴적암이 부분용융되어 만들어진 퇴적기원의 화강암을 말한다. A형 화강암은 비조산대에서 산출되는 알칼리 화강암을 말하며 M형 화강암은 맨틀기원 화강암으로 베니오프대의 지각물질의 용융 산물로 Na_2O 함량이 높고 K_2O가 낮은 암석을 말한다.

자철석계 화강암은 자철석, 티탄철석 등 불투명 광물을 0.1%(체적) 이상 함유한 화강암을 말하며 티탄철석계 화강암은 0.1% 이하의 불투명 광물을 함유하고 자철석은 함유되지 않고 티탄철석만 포함되어 있는 암석이다.

마그마의 기원

상부맨틀 물질이나 하부지각 물질이 부분용융되어 만들어진 마그마는 결정분화작용, 주위 암석과 동화작용, 상이한 마그마의 혼합 등에 의해 다양한 화성암이 만들어진다.

초생 마그마의 생성은 맨틀물질의 융점보다 상대적으로 고온이 된 지점에서 시작된다. 이런 조건이 되려면 (1) 맨틀지점에서 온도가 상승하며 융해가 시작되는 경우와 (2) 맨틀 중의 어느 지점의 물질이 상승하거나 그 상위의 물질이 제거되어 압력이 상대적으로 낮아져서 솔리더스와 겹쳐 마그마가 생성되거나 (3) H_2O나 CO_2 등의 휘발성분이 공급되어 솔리더스의 온도가 낮아졌을 때이다. 섭입대(베니오프대)에서도 현무암의 부분용융에 의해 마그마가 생성된다.

Bowen

Bowen은 현무암질 마그마로 된 본원 마그마(parent magma, 일단 하부지각이나 상부맨틀에서 만들어진 마그마가 냉각, 고결 과정에 의하여 변화되지 않은 마그마를 말함)에서 감람석 → 휘석 → 각섬석 → 흑운모로 사장석은 Ca-사장석 → Na 사장석 순으로 정출되면서 점차 SiO_2 함량이 높은 안산암질 마그마 → 유문암질 마그마(화강암질 마그마)로 분화된다고 생각하였다.

이같이 마그마가 결정화되면서 결정이 중력이나 기타 원인에 의해 마그마에서 제거되면 잔액의 마그마의 화학성분이 변화하여 성분이 다른 마그마가 형성되는

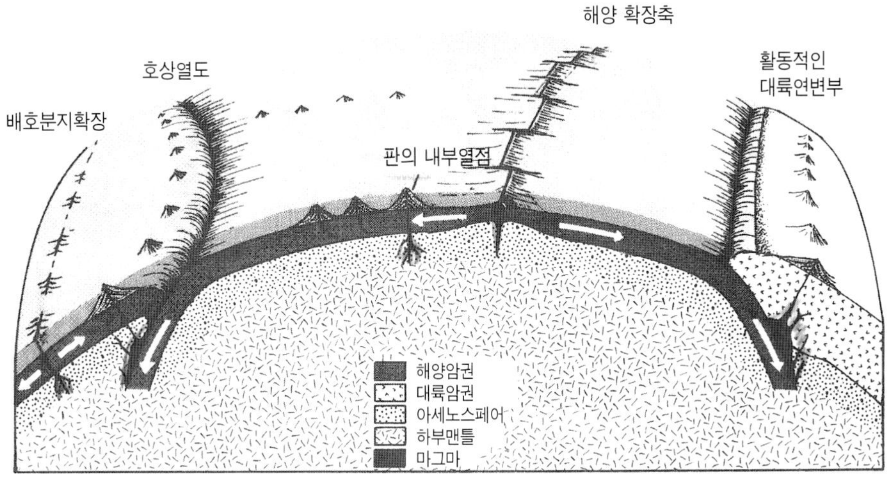

| 그림 3-8 | 마그마 생성의 지구조 모델(McBirney, 1993)

과정을 **결정분화작용**(fractional crystallization)이라 한다. 결정분화작용은 다양한 화성암이 형성되는 주요원인 중의 하나이다.

결정분화작용

보엔의 반응원리는 화성암의 광물 정출과정 설명에 대단히 유용하지만 대규모의 화강암체가 현무암질 본원 마그마에서 안산암질 마그마를 거쳐 화강암질 마그마로 분화되었다는 이론은 현재 받아들여지지 않고 있다. 왜냐하면 현무암질 마그마 90% 정도가 결정화될 때까지 SiO_2 함량이 높은 유문암질 마그마는 만들어지지 않고 최후에 소량의 잔액 정도 남는 정도이기 때문이다. 그러므로 지각에 대규모로 분포하고 있는 화강암체의 형성은 불가능한 것이다. 따라서 현재에 많은 암석학자가 받아들이고 있는 마그마의 기원은 처음부터 현무암질 마그마, 안산암질 마그마, 유문암질 마그마가 판구조론적으로 지질학적 조건과 장소가 다른 곳에서 생성되는 것으로 생각하고 있다(그림 3-8). 그러나 특수한 지질 조건에서 소규모의 화강암질 암석은 현무암질 마그마에서 분화된 화강암질 마그마로부터 형성된다.

현무암질 마그마 : 현무암질 마그마는 주로 상부 맨틀에서 부분용융되어 해령이나 열점(hot spot) 등에 산출되며, 약 40km 깊이에서 감람암, 페리도타이트 등의 맨틀 물질이 약 1,300℃에 부분용융되어 형성된다. 부분용융은 용융이 시작되는 온

도인 고상선(solidus)와 완전히 액상이 되는 온도인 액상선(liquidus) 사이에서 일어나는 것으로 온도 압력에 따라 지배받으며 온도 압력에 따라 다양한 초생본원 마그마가 생성된다. H_2O와 CO_2와 같은 휘발성분의 유무에 따라 부분용융의 압력과 온도조건이 변화된다.

중앙 해령에서는 판이 갈라져 양쪽으로 이동하기 때문에 이동해 가버린 질량만큼은 해령의 심부에서 물질이 상승되어 물질 질량평형이 이루어진다. 즉, 맨틀 내의 상승류가 형성되고 심부물질이 상승하게 되면 주위보다 온도가 높아지므로 밀도차가 생겨 더욱 상승류가 활발해진다.

상승하는 맨틀물질은 맨틀의 임의의 깊이에서 고상선 온도보다 고온이 되거나 압력이 감소하는 과정에서 부분용융이 일어나 현무암질 마그마가 생성된다. 또한

맨틀프럼

열점에서는 상승하는 **맨틀프럼**(mantle plume)에 의해 감압현상으로 현무암질 마그마가 발생한다. 중앙해령이나 열점기원 화산섬에서 처럼 판구조운동 과정에서 뜨거운 연약권 맨틀이 상승하여 높은 온도를 유지한체 압력이 감소되어 부분적으

감압용융

로 맨틀 감람암이 녹아 마그마가 생성된다. 이를 감압용융(decompression melting)이라고 한다. 비교적 천부인 상부맨틀 기원의 하와이형 열점과는 다른 다비치형 열점(폴리네시아의 섬이름에서 유래)형 현무암 마그마 발생도 알려져 있다.

특히, 다비치형 열점은 현무암 용암의 분포 규모가 거대한 특징을 가진다. 예를 들면, 서태평양 해저 대지와 인도의 데칸 고원 현무암체(250만 km^3 체적의 현무암)에서처럼 규모가 크다. 이는 핵과 맨틀 경계에서 시작되는 슈퍼프럼 모델(super plume model)로 설명하고 있다.

안산암질 마그마 : 안산암질 마그마와 현무암질 마그마의 일부는 판의 섭입대에서 형성된다. 판의 섭입대는 주위 맨틀에 비해 온도가 낮고 그 현무암질 해양지각과 그 위에 분포하는 함수 해양 퇴적물로 구성된 차가운 판이 섭입 됨에도 불구하고 활발한 화산활동, 지진활동과 함께 뜨거운 마그마가 생성되고 있다.

다쯔미(1995)에 의하면 섭입대(800℃ 이하에서)에서는 그림 3-9에서와 같이 가

탈수분해변성 작용

장 얕은 부분의 섭입대에서 사문석이 다음과 같은 **탈수분해변성작용**(dehydration metamorphism)에 의해 H_2O를 방출한다.

$$Mg_3Si_2O(OH)_4 \rightarrow Mg_2SiO_4 + MgSiO_3 + 2H_2O$$

(사문석)　　　(감람석)　(사방휘석)

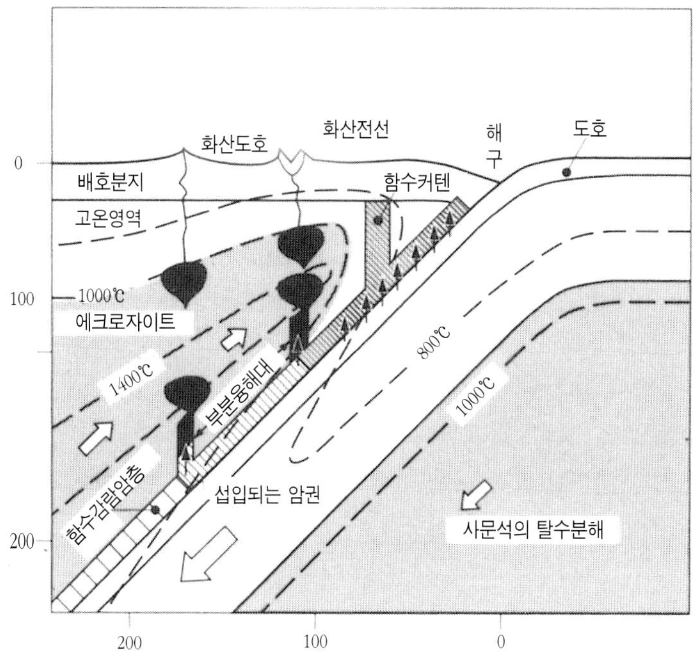

| 그림 3-9 | 섭입대(베니오프대)에서의 마그마의 발생 모델(다쯔미, 1995)

방출된 H_2O는 더욱 고온에서 안정한 광물을 형성하면서 상부로 이동하여 고온의 함수광물과 함께 커텐상의 구조를 형성함으로써 H_2O가 포화상태에 이르게 된다. 판의 섭입대지역인 맨틀웨지(mantle wedge)에서 가수용융(wet melting)에 의해 마그마가 생성되어 화산도호를 따라 상승한다. 이 지역에서도 저압형 부분용융에 의해 석영 성분이 많은 Mg-안산암이나 현무암질 코마타이트 등이 형성된다. 보통 호상열도의 섭입대의 110km와 170km 깊이에서 2열의 마그마가 발생하는데 110km에서는 각섬석, 녹니석이 탈수분해되고, 170km에서는 금운모가 탈수분해되어 H_2O를 공급 부분용융이 일어나 마그마가 발생한다.

가수용융

보통 110km에서 형성된 화산대가 화산의 수가 많고 액상에 농집되기 쉬운 K_2O와 같은 불호정원소(incompatible elements)의 농도가 낮다. 또한 해령(MORB)이나 열점형 마그마에 비해 방사성 기원의 Sr, Nd, Pb 함량이 높고 $^{87}Sr/^{86}Sr$, Rb/K비가 높은 특징을 나타낸다.

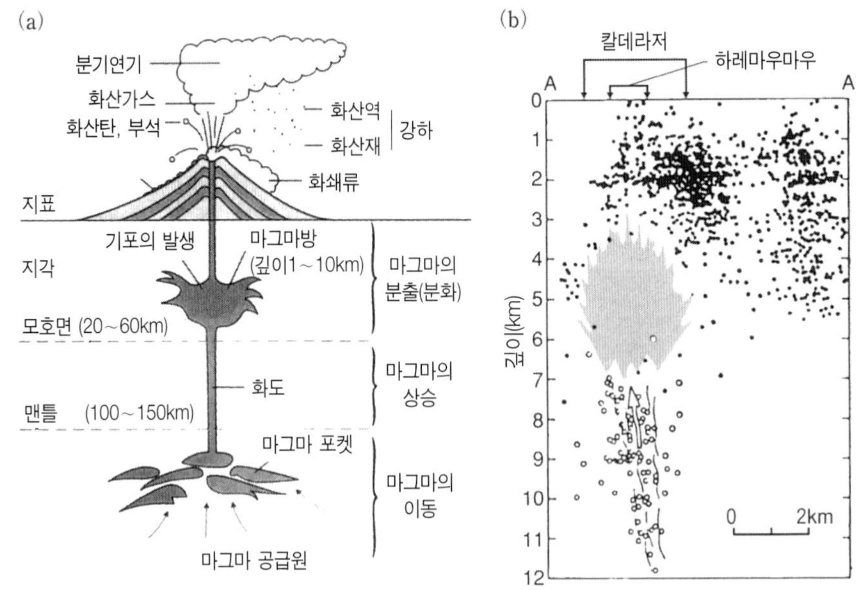

| 그림 3-10 | (a) 마그마의 생성, 상승, 분출과정(최신 도표지학, 浜島書店, 2002)
(b) 하와이 킬라우에 화산지역 진원분포. 지진발생이 없는 지역이 마그마방임(Koyanagi et al., 1976)

유문암질 마그마 : 지각물질(특히 하부지각 물질)이 부분용융되어 형성된다. 화강암의 용융실험에서도 화강암은 600℃ 정도 낮은 압력에서 용융된다. 화강암 내에는 흑운모, 각섬석과 같은 함수광물이 포함되어 용융온도가 낮다. 화강암은 대부분 대륙지역에 분포하고 있다. 특히 화강암질 마그마 활동과 주요 금속광상과의 관련성이 깊다.

화강암질 마그마의 기원은 맨틀물질의 부분용융, 하부지각 물질의 부분용융기원 등이 제안되고 있다. 우리나라에서도 Kim 등(1992, 1996)의 Nd, Sr, O 동위원소 연구에서 쥬라기의 대보 화강암은 고기 하부지각물질의 부분용융 결과에서, 백악기의 불국사 화강암은 맨틀기원 마그마에서 유래된 것으로 해석하고 있다.

최근 마그마의 기원연구에 $^{143}Nd/^{144}Nd$, $^{87}Sr/^{86}Sr$, $^{206}Pb/^{204}Pb$, $^{18}O/^{16}O$ 동위원소비 분석과 REE, 미량원소 등의 연구가 활발하게 이루어지고 있다.

결정분화작용
혼합작용

마그마는 생성 후 마그마방에서 **결정분화작용**, **혼합작용**을 거치면서 상승하며 관입 후에도 열수변질작용을 받기도 한다(그림 3-10).

퇴적암

퇴적암(sedimentary rocks)은 지표의 기존 암석이 풍화, 침식, 운반, 퇴적된 후 속성작용(續成作用, diagenesis)을 받아 퇴적암이 되는 (1) 육성쇄설성 퇴적암, (2) 바다나 호수 등에서 생물체가 퇴적되어 이루어진 생물기원 퇴적암(biogenic sedimentary rock)과 해수 중의 용존 화학성분이 침전된 화학적 퇴적암, (3) 화산쇄설암으로 대분할 수 있다.

퇴적물은 퇴적환경의 변화에 따라 선상지, 범람원, 호수, 해저, 만 등에 퇴적된다. 퇴적된 퇴적물은 미고결 상태이므로 매몰된 후 물리화학적 변화를 받아 고결된다.

퇴적물이 다져짐(compaction), 교결작용(cementation), 재결정작용(recrystallization)을 받아 굳어져서 단단한 암석이 되는 과정을 **속성작용**이라 한다. 퇴적물이 매몰되면 하중의 압력에 의해 퇴적물 입자 내의 간극수가 탈수되어 공극이 30% 정도 감소한다.

속성작용

공극(간극) 수에서 침전된 방해석($CaCO_3$), 돌로마이트[$CaMg(CO_3)_2$], 능철석($FeCO_3$), 탄산망간석($MnCO_3$) 등과 석영(SiO_2), 옥수(calcedony, SiO_2), 녹니석, 불석의 교결물질들이 입자들을 교결한다.

온도와 압력이 증가하면 퇴적물 중의 아라고나이트는 방해석으로 변화하고 비정질 실리카로 된 방산충(radiolaria) 껍질은 크리스토바라이트에서 석영으로 변화하는 재결정작용이 일어난다. 속성작용에서 온도, 압력이 높아지면 변성작용(metamorphism) 단계로 넘어간다.

쇄설성 퇴적암 : 쇄설성 퇴적암은 기존 암석이 풍화침식 · 퇴적 후 속성작용에 의해 만들어진 암석이므로 퇴적물의 입자 크기에 의하여 암석이 분류된다. 퇴적물의 입자의 크기는 Wentworth 스케일을 이용한다. 입자의 크기가 자갈, 모래, 점토 등의 크기에 따라 각각 고결된 암석을, 역암, 사암, 셰일, 이암(실트스톤, 클레이스톤) 등으로 구분한다(표 3-4).

역암 : 역암 중 각력으로 구성된 암석은 각력암이다. 역의 종류가 동일 종류의 역들로만 구성된 역암을 단원역암(單源礫岩), 여러 종류의 역들로 구성된 역암을

표 3-4 쇄설성 퇴적물의 분류

입자지름(mm)	입자	암석		
256 이상 64~256 4~64 2~4	표력(boulder) 왕자갈(cobble) 잔자갈(pebble) 왕모래(granule)	역암(conglomerate), 각력암(breccia)		
1/16~2	모래(sand)	사암(sandstone)		
1/256~1/16	실트(silt)	실트스톤(siltstone)	이암	셰일
1/256 이하	점토(clay)	클레이스톤(claystone)	(mudstone)	(shale)

다원역암(多源礫岩)이라 한다.

역암 중의 역의 종류, 역의 크기, 원마도 분급도 기질 물질의 특징과 역의 배열 방향에 따라 역암의 기원, 고수류(paleocurrent)의 방향 등 퇴적환경(sedimentary environment)을 해석할 수 있다. 연흔, 건열, 사층리 등의 퇴적암 내에 기록된 퇴적구조나 화석연구로 고퇴적환경을 연구한다.

우리나라에서도 대동누층군의 반송층(그림 3-11)과 평안누층군, 경상누층군에 다양한 종류의 역암층이 분포하고 있다.

사암 : 2~1/16mm 입자의 크기가 굳어진 암석이 사암이다. 사암은 기질의 종류에 따라 니질사암, 실트질사암, 점토질사암, 석회질사암, 규질사암, 철질사암, 탄질사암, 응회질 사암 등으로 구분한다. 사암의 입자 조성(광물조성)에 의해 퇴적환경의 정보를 얻을 수 있다. 사암은 구성광물 중 석영, 장석, 기타 암석 조각과 기질에 의해 분류하며 기질(입자지름 0.03mm 이하의 물질)의 함량에 따라 기질이 15% 이하인 아레나이트(arenite)와 15% 이상의 와케(wacke)로 구분한다.

사암은 알코스사암(arkose)과 그레이와케(greywacke)로 구분하기도 한다. 알코스사암은 화강암질 기원의 석영, 장석질 사암을 말하며 그레이와케는 분급도가 낮은 니질 기질이 많이 포함된 사암을 말한다. 이들 사암은 특수한 지구조적 퇴적기후 환경에서 퇴적한다.

이암 : 입자의 크기에 따라 실트스톤, 클레이스톤으로 세분한다. 실트암은 천해성 퇴적기원이 많다. 실트스톤 중 변동대의 심해성으로 방향성 구조가 나타나는 것은 셰일(shale)이라 한다. 클레이스론은 분급이 양호한 호소성 퇴적물이 많다. 화산재층을 포함하거나 식물화석이 포함되는 경우가 많다. 강원도 상동지역의 세송층은 셰일층이 석회암층과 호층을 이루고 있다(그림 3-11). 포항지역의 제3기 이암 층에서도 많은 식물화석이 포함되어 있다.

우리나라의 평안누층군의 사동통지층에서 무연탄층과 같이 흑색셰일, 탄진셰일이 산출된다.

생물 · 화학적 퇴적암 : 유공충, 규조, 산호, 연체동물의 패각 등 생물체의 유해가(그림 3-12) 퇴적되어 이루어진 생물기원 퇴적암과 해수 중의 용존성분이 침전된 화학적 퇴적암이 있다(표 3-4). 주로 탄산염, 황산염, 실리카를 주로 하는 탄산염암(석회암, 돌로마이트), 증발암(석고, 무수석고), 처트 등이 있다(표 3-5).

탄산염암 : 주로 해성석회암으로 구성되어 있으며 드물게 호소성 석회암과 온천 침전물 기원의 석회화와 트라버틴(travertine)이 있다. 탄산염암은 방해석($CaCO_3$), 아라고나이트($CaCO_3$), 돌로마이트($CaMg(CO_3)_2$), 능철석($FeCO_3$), 탄산망간석($MnCO_3$), 앤카라이트($Ca(Mg, Fe)(CO_3)_2$) 등의 광물로 구성된 암석이다. 해수에서 침전된 무기기원의 석회암과 생물기원의 석회암이 있다(표 3-4).

표 3-5 생물 · 화학적 퇴적암

구분	조직	성분	암석
화학적 퇴적암	결정질	방해석($CaCO_3$) 돌로마이트[$CaMg(CO_3)_2$] 석고($CaSO_4$ $2H_2O$) 암염(NaCl)	석회암(limestone), 돌로스톤(dolostone)] 탄산염암 carbonates 석고, 암염] 증발암 evaporites
생물학적 퇴적암	쇄설성 결정질	$CaCO_3$ 패각 SiO_2로 구성된 변질된 패각 변질된 식물 잔해의 탄소	석회암(limestone) 처트(chert) 석탄(coal)

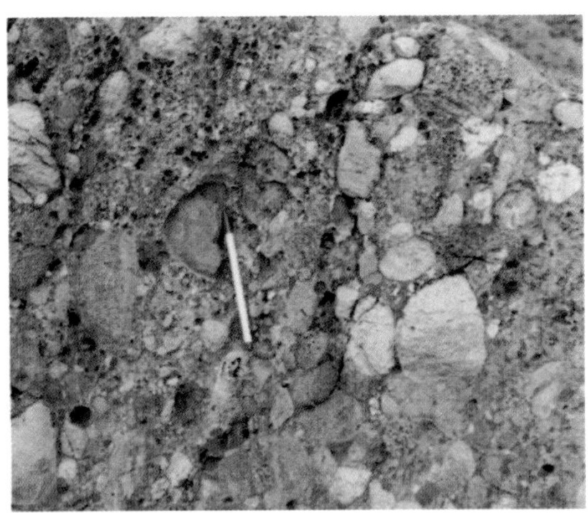

| 그림 3-11 | 단양지역 중생대 대동계 반송층의 역암층(좌)과 상동지역 세송층의 셰일층(우)

석회암은 해수 중의 Ca^{2+}과 HCO_3의 평형반응에서

$$Ca^{2+} + 2H_2CO_3 \rightleftarrows CaCO_3 + CO_2 + H_2O$$

처럼 CO_2가 감소하는 환경에서 $CaCO_3$가 침전된다. 파도에 의해 해수 중에 용존하고 있는 CO_2가 대기로 쉽게 방출되는 비교적 천해 환경에서 $CaCO_3$가 침전되기 쉽다. 석회암이 퇴적되기 쉬운 환경은 광합성이 가능하고 비교적 따뜻하여 CO_2 손실이 많은 천해 환경이다.

우리나라에는 고생대 캄브리아기~오도뷔스기의 해성 석회암이 강원도 영월, 정선, 삼척, 제천 지역에 광범위하게 분포하고 있다. 일반적으로 해저 경사면 지형에서 육지에 가까운 곳에서 심해로 감에 따라 산화물(oxides), 적철석(처트), 황화물(sulfides) 순으로 퇴적된다.

처트는 보통 심해퇴적환경에서 퇴적된다. 환원환경인 심해저에서는 황환원 박테리아에 의한 황화물(황철석, F_eS_2)이 침전된다. 우리나라의 옥천지향사대 분포하는 창리층 중의 탄질셰일층에 환원환경에서 퇴적된 황화광물과 우라니나이트 등의 우라늄광물이 다량 함유되어 있다.

처트 : 처트(chert)는 90% 이상의 SiO_2로 구성되어 있다. 처트는 선캄브리아기의 대륙지역에도 층상 처트층이 분포하고 있으며 고생대 중생대 지층에서도 석회

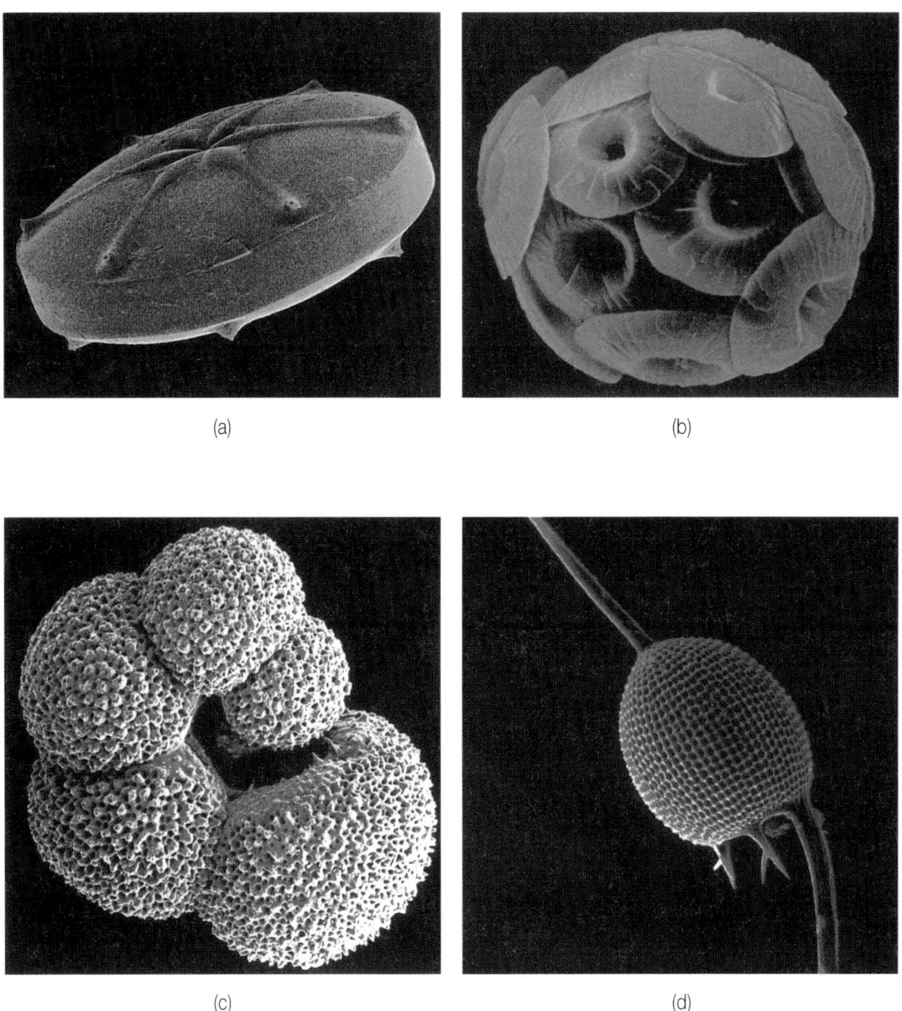

(a) (b) (c) (d)

| 그림 3-12 | **플랑크톤들의 껍질** (a) 규조(diatom, SiO_2 크기 50㎛폭) (b) 코코리소포리드($CaCO_3$, 10㎛직경) (c) 유공충 (foraminifer, $CaCO_3$, 600㎛직경) (d) 방산충 (radiolarian, SiO_2 50㎛폭) (Kump et al., 2004. Bernstein, Univ. of South Florida.)

암, 세일 처트 등이 호층으로 산출되고 있다. 중생대와 고생대의 처트층은 주로 해면골침, 방산충 껍질, 미립의 석영 등으로 각각 구성되어 있는 경우가 많다.

처트층은 보통 탄산염보상심도(carbonate compensation depth)보다 심해저에서 퇴적된다. 처트는 보통 이질암과 호층을 이루는 층상구조를 나타내나 괴상처트는 녹색암과 함께 수반된다. 선캄브리아기의 호상철광층 내의 처트는 유기물

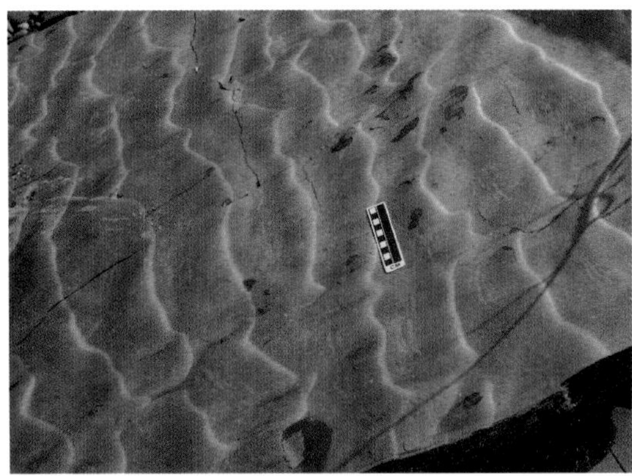

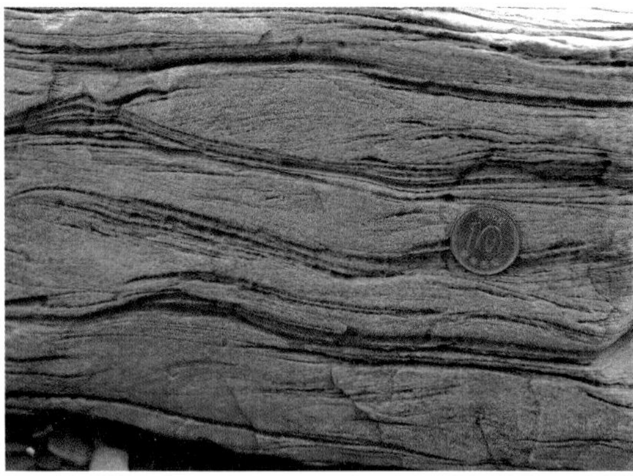

| 그림 3-12-1 | 퇴적암에 형성된 연흔구조(왼쪽)와 사층리 구조(오른쪽)

의 기원이나 지구 초기의 환경연구에 주요 대상이 되고 있다.

증발암 : 증발암(evaporite)은 대륙의 건조지역이나 사막지역과 같은 건조기후지역에 있는 호수나 해수에서 증발작용이 일어나 물속의 가용성 염류가 침전된 암석이다. 해수의 용해도에 따라 암염(NaCl), 석고($CaSO_4 \cdot 2H_2O$), 무수석고($CaSO_4$), Mg, K-염화물 등이 침전된다.

퇴적작용과 퇴적구조

풍화침식된 퇴적물은 위치에너지의 변화에 따라 운반되어 범람원, 선상지, 삼각주, 호수, 만, 대륙붕, 심해저 등지에 퇴적된다. 하천에 의해 퇴적물이 운반되어 하상에 퇴적되거나 바다에 유입되어 해저에 침전된다.

퇴적된 지층은 퇴적물의 운반방식과 퇴적장소에 따라 특징적인 퇴적구조를 남긴다. 예를 들면, 유속에 따라 연흔구조나 수평적 층리구조가 형성된다(그림 3-12-1). 또한 해수 중의 저탁류의 밀도차와 중력, 지구조운동 등에 의해 모래 퇴적물이 운반되면 보통 이질퇴적물이 퇴적되는 장소에 모래가 퇴적되어 터비다이트(turbidite)층을 이룬다. 우리나라 옥천층군 중 황강리층의 함역천매암질암은 포함된 역의 분급도와 원마도가 낮은 특징으로 터어비다이트암 또는 빙하기원의 틸라이트암(tillite)으로 해석되고 있다.

일반적인 퇴적구조는 수평적인 층리 구조이지만 퇴적환경에 따라 사층리, 분

| 그림 3-13 | 경상퇴적분지 내의 중생대 퇴적층에서 산출되는 연체동물(mollusk) 화석(Yang, 1982)

급층리, 연흔, 건열, 저서생물에 의한 구조 등의 퇴적구조가 나타난다.

이와 같은 퇴적구조는 퇴적지층의 상하 판별뿐만 아니라 퇴적 당시의 유로, 유속 등 퇴적환경해석에 대단히 중요하다. 퇴적암 지층 내에는 퇴적 당시의 서식하던 생물이 화석으로 산출되기 때문에 화석의 연구에 의해 퇴적환경이 더욱 자세히 연구될 수 있다. 경상퇴적분지의 경상누층군의 지층에서 담수성 연체동물화석이 산출되고 있다(그림 3-13). 최근 퇴적암의 지구화학적 연구와 동위원소 지구화학적 연구에 의해서도 퇴적물의 공급지, 기후변동 퇴적속도, 퇴적연대 등이 연구되고 있다.

퇴적물의 순환

지구에서의 물질순환은 크게 암석권-수권-대기권을 통하여 물질이 이동되어 물질간의 질량평형(mass balance)을 이루고 있다.

하천에 의해 바다로 운반된 퇴적물은 하천퇴적물+하천에 용해된 물질=퇴적암(셰일)+원양성 퇴적물 사이에 질량평형 관계가 성립된다. 퇴적물의 화학성분에 의해 질량평형을 검토한 결과 Na, Mg, Cl, Zn, Pb, S, P 등은 평형이 잘 유지되지 않는다는 결과가 얻어졌다. 이는 해수염분의 바람에 의한 이동과 인공오염 때문으로 생각되고 있다.

판구조 운동에 의해 섭입대(베니오프대)의 해양지각 판 위에 퇴적된 해양퇴적물은 베니오프대에서 지각하부 또는 맨틀로 들어간다. 이와 같은 것은 호상열도 등의 화성암류의 ^{10}Be 동위원소 연구에서도 입증되고 있다. 최근 스트론튬 동위원소 연구 등에 의해서도 순환물질의 기원, 퇴적속도 등이 연구되고 있다. 예를 들면, 태평양 심해저 퇴적물 중의 Sr 동위원소비 연구에서 육성기원 퇴적물이 바람에 의해 이동되어 태평양 심해저에 퇴적되었음이 알려지게 되었다(그림 3-14).

그리고 지질시대 해양 탄산염 퇴적물 내의 Sr 동위원소비($^{87}Sr/^{86}Sr$)가 변동하고 있다(그림 3-15). 지질시대를 통한 스트론튬 동위원소비($^{87}Sr/^{86}Sr$)의 변화는 대륙의 성장과 관련된 화산암기원, 고기대륙지각, 해양탄산암 기원의 혼합비의 변화와 해양판의 이동과 관련이 있는 것으로 해석되고 있다.

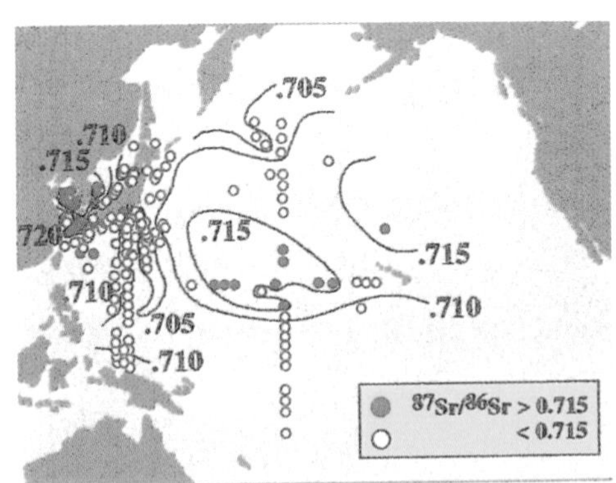

| 그림 3-14 | 태평양 해양 퇴적물의 Sr 동위원소비 (Asahara, 1996)

또한 해양퇴적물 중의 유공충과 같은 미화석의 $^{18}O/^{16}O$ 비 등에 의해 고기후변동과 해수온의 변동 등이 연구되고 있다. 지구상의 최고기의 암석 역시 퇴적암 기원의 변성암이다. 그린랜드의 이수아지방의 변성암, 그리고 기타 선캄브리아기 처트층 등은 지구 초기의 환경 및 유기물 기원, 생명 기원 연구의 대상이 되고 있다.

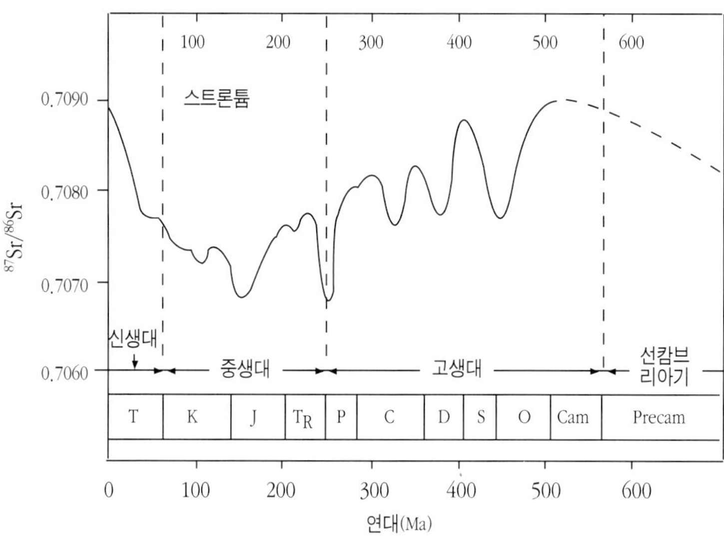

| 그림 3-15 | 해양 탄산염 퇴적물 중의 Sr 동위원소비 변화 곡선(Burke et al., 1982)

변성암

변성암은 보통 기타의 암석보다 생성연대가 오래되고 대륙의 기반이 되고 있다. 우리나라에도 경기도 일대에 분포하는 경기변성암 복합체 시흥층군과 소백산 지역에 주로 분포하는 소백산 변성암 복합체가 우리나라의 최고기의 암석으로 한반도의 기반이 되고 있다.

변성암은 기존의 화성암, 퇴적암 등이 고온 고압하에서 재결정 또는 기타 변성광물을 만들어 기존의 암석과 다른 구성광물과 조직을 나타내는 암석이다. 이와 같이 고압, 고온 하에서 암석에 변화를 일으키는 현상을 **변성작용**(metamorphism)이라 한다.

변성암

변성작용

변성작용은 긴 지질시대 기간 동안 광범위한 지역에서 일어나는 광역변성작용(regional metamorphism)과 화성암과의 접촉부에서 소규모로 일어나는 접촉변성작용(contact metamorphism)으로 구분할 수 있다.

광역변성작용 : 광역변성작용에 의해 형성된 변성암은 변성작용 시의 압력 등에 의해 광물이 재배열되어 유색광물 줄무늬의 엽리구조(foliation), 편리구조

(schistosity) 등이 나타난다.

대표적인 암석은 편마암, 편암, 미그마타이트, 천매암, 슬레이트, 규암 등이 있다. 변성작용 시에 광물이 재결정, 새로운 결정의 형성, 성장 등에 의해 당시의 온도 압력 조건에 따라 다양한 종류의 변성광물이 형성된다. 변성광물이 크게 성장하면 반상변정(porphyroblast)이 형성되어 칼리장석변정을 가지는 안구상편마암이 되기도 한다.

변성암의 온도압력에 따라 온도압력이 낮은 조건에서 형성된 변성광물인 녹니석 → 흑운모 → 십자석 → 석류석 → 남정석 → 규선석 등의 고온고압에서 형성되는 광물 등으로 변화한다.

접촉변성작용 : 접촉변성작용은 기존 암석과 화성암의 접촉부에서 물질의 교대 등에 의해 일어난다. 예를 들면, 셰일이나 석회암이 화성암과 접촉한 접촉대에서는 화성암의 열과 이들 암석 사이에 물질의 이동에 의해 새로운 변성광물이 형성된다. 예를 들면, 석회암과 화성암의 접촉대에서는 다음과 같은 탈탄산가스반응(decarbonation reaction)이 일어난다.

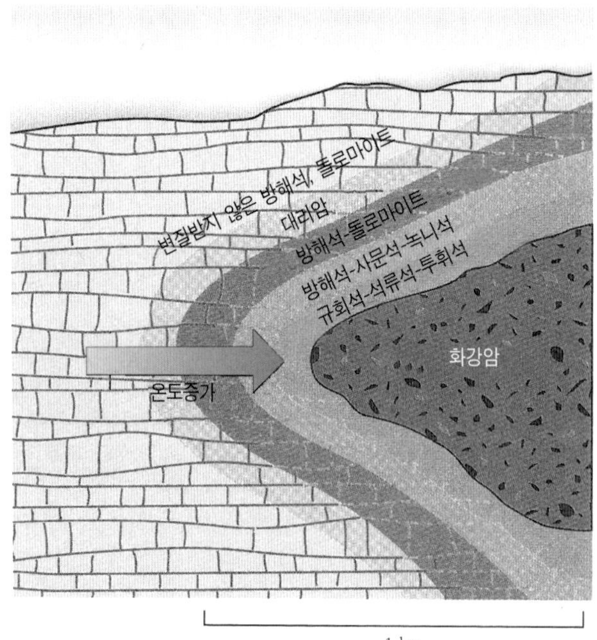

| 그림 3-16 | 화성암과 퇴적암의 접촉대에서 일어나는 접촉변성작용

$$CaCO_3 + SiO_2 \rightarrow CaSiO_3 + CO_2$$

(방해석) (석영) (규회석)

또한 접촉대에서 일어나는 변성반응에는 다음과 같은 H_2O 방출 반응도 일어난다.

$$KAl_3Si_3O_{10}(OH)_2 + SiO_2 = Al_2SiO_5 + KAlSi_3O_8 + H_2O$$

(백운모) (석영) (홍주석(규선석)) (K장석)

따라서 접촉변성대에는 규회석, 규선석, 석류석, 녹염석, 녹니석 등의 변성광물이 형성된다(그림 3-16). 특히 탄산염암과의 반응에서 형성된 규회석, 석류석, 녹염석 등의 석회규산염광물을 **스카른광물**(skarn mineral)이라 한다. 스카른 광물과 수반되어 접촉변성대에는 Au, Ag, Cu, W, Mo, Fe 등과 같은 유용금속이 다량 함유된 열수기원의 광화용액(ore fluid)에서 유래된 금속광물이 다량 교대·침전되어 광상(ore deposit)을 형성하기도 한다. 우리나라의 강원도 영월의 상동중석광상, 신예미 철, 연, 아연 광상, 봉화지역의 연화 연, 아연 광상 등이 대표적인 접촉교대광상이다. 스카른광물

화성암과 퇴적암의 접촉대에서 산출되는 변성광물은 접촉대에서는 보통 고온고압이므로 고온고압에서 형성되는 규선석, 규회석, 석류석 광물이 다량 산출되고 그 다음 떨어진 거리에서 코디어라이트(cordierite) 광물, 홍주석, 녹니석 순으로 광물의 분대가 뚜렷이 나타난다.

변성상

변성광물은 생성당시 온도와 압력에 따라 생성광물이 달라지며 광물조합도 유사한 온도 압력 조건에서 형성된 변성광물이 **광물조합**(mineral assemblage)으로 산출된다. 따라서 유사한 조건(온도, 압력)에서 형성된 변성광물은 동일한 **변성상**(metamorphic facies)으로 구분한다. 광물조합 변성상

예를 들면, 고온고압에서 형성되는 그래뉴라이트(granulite) 변성상, 고압저온에서 형성되는 에크로자이트(eclogite) 변성상, 저온저압에서 형성되는 불석(zeolite)상과 300~400℃ 2~8 kbar에서 형성되는 녹색편암상(greenschist facies) 등으로 구분된다(그림 3-17). 변성광물의 조합, 변성 반응식을 이용하면 변성작용

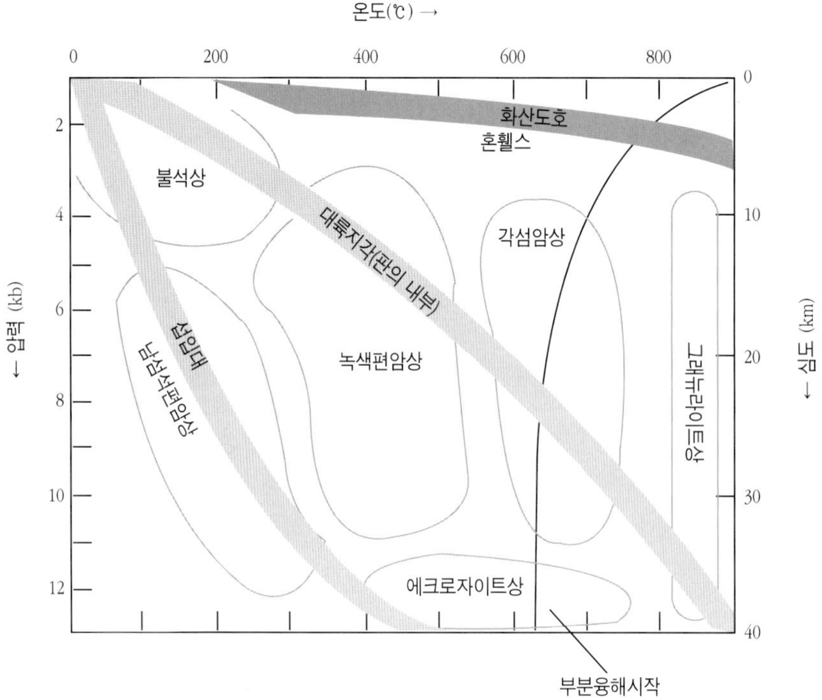

| 그림 3-17 | 변성상 구분(Spear, 1994)

시의 온도 압력조건을 알아낼 수 있다(그림 3-18).

변성반응은 온도, 압력, H_2O 유체, CO_2 유체 등이 중요한 역할을 하지만 온도, 압력 의존성이 크다. 화학성분이 Al_2SiO_5인 광물은 온도 압력 조건에 따라 홍주석, 남정석, 규선석 등의 결정구조가 다른 동질이상(polymorphs)의 변성 광물이 형성된다.

이와 같은 변성광물의 조합에 따라 변성작용 당시의 온도와 압력을 알아낼 수 있다. 예를 들면, 어떤 변성암 내에 홍주석 + 남정석 + 규선석 광물이 공존하고 있다면 그 변성암의 변성 당시의 온도는 약 600℃ 압력은 3.6 Kbar임을 알 수 있다(그림 3-18 참조). 압력을 알면 P = pgh(P : 압력, p : 밀도(g/cm^2), g : 중력가속도($9.8m/s^2$), h : 깊이) 식에서 심도를 계산할 수 있다. 석류석과 흑운모가 공존하는 경우에도 Mg-Fe 교환반응이 다음과 같이 일어난다.

$$Mg_3Al_2Si_3O_{12} + KFe_3AlSi_3O_{10}(OH)_{12} = Fe_3A_{12}Si_3O_{12} + KMg_3AlSi_3O_{10}(OH)_2$$

(석류석) (흑운모) (석류석) (흑운모)

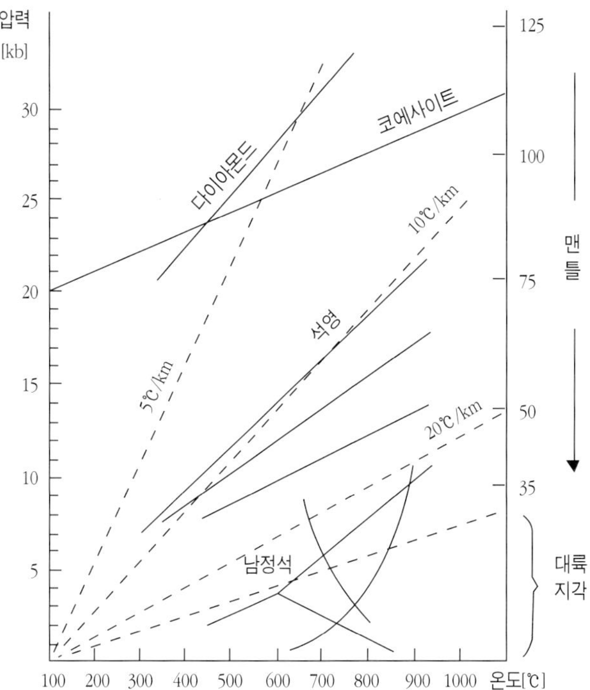

| 그림 3-18 | 주요 변성반응의 온도 압력 그림

공존하는 석류석과 흑운모 내의 Fe/Mg 분배계수 K_D는

$$K_D = \frac{(Fe/Mg)_{석류석}}{(Fe/Mg)_{흑운모}}$$ 이며

$$\ln K_D = \frac{-\triangle G^0}{RT}$$ 관계식에서

K_D가 온도의 함수이므로 흑운모-석류석의 Fe/Mg 분배실험(Ferry ard Spear 1978)에서 $\ln K_D = 2109/T(°K) - 0.782$가 얻어져 흑운모와 석류석 내의 Fe, Mg 성분 분석으로 변성온도를 계산할 수 있다. 이와 같은 것을 **지질온도계**(geothermometer)라 한다. 지질온도계

변성대의 유형

광역변성대에는 다양한 변성상이 존재할 수 있다. 세계 각지의 조산대(orogenic belt)에 형성된 변성대에는 (1) 경옥(jadeite)-남섬석형, (2) 남정석-규선석형, (3) 홍주석-규선석형으로 크게 구분된다.

경옥-남섬석형은 현재 판의 섭입대인 해구 부근에서 형성된다. 북미의 프랜시스칸 변성대와 일본의 호카이도의 카무이고단(神居古潭) 변성대가 대표적인 예이다.

남정석-규선석상은 북미 애팔래치아 변성대, 칼레도니아 변성대, 인도대륙과 유라시아대륙이 충돌하는 히말라야산맥에서도 남정석-규선석 상이 산출된다. 이 지역의 변성상은 녹색편암상-각섬암상이다.

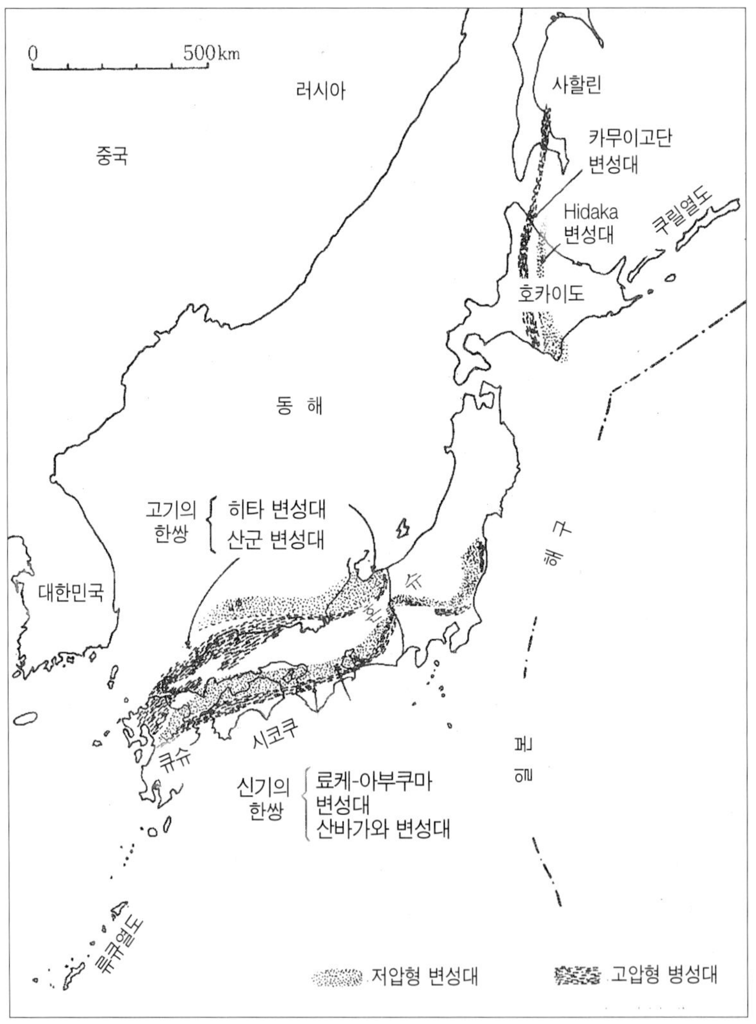

| 그림 3-19 | **호상열도 일본에서 구분된 한 쌍의 변성대** 고기(古期)와 신기(新期)의 두 벨트가 있다(Miyashiro, 1961). 쌍변성대는 태평양판이 일본열도 밑으로 섭입되면서 만들어졌다(그림 5-4 참고).

홍주석-규선석대는 북미 애팔래치아 변성대 북부, 일본의 료케변성대(領家變成帶), 우리나라 옥천 변성대가 이 유형에 속한다. 이 같은 유형의 변성대는 고온의 영역이 지하 얕은 곳에 존재하고 있는 조산대의 변성작용으로 형성된다. 즉 고온의 화산활동이 활발한 호상열도, 배호분지, 해령의 하부에 발견된다. 일본의 경우, 저압고온형 변성대(일본의 료케아부쿠마 변성대, 히다카변성대, 히다변성대)와 고압저온형 변성대(산군변성대, 삼바가와변성대)의 **쌍변성대**(paired metamorphic belt)가 알려져 있다(그림 3-19). 우리나라에는 경기변성대, 영남변성대, 옥천변성대 등이 구분되어 있다.

쌍변성대

암석의 순환

성인적으로 생성환경이 다른 화성암, 퇴적암, 변성암은 서로 독립되어 있지 않고 상호 밀접하게 연관되어 있다. 퇴적암은 기존 화성암이나 변성암이 풍화 침식 운반되어 퇴적지에 퇴적되어 굳어진 암석이다. 변성암은 기존 화성암이나 퇴적암이 높은 압력이나 높은 온도에서 재결정되거나 변형되어 만들어진 암석으로 변성암의 원암은 화성암이나 퇴적암이다. 한편 화성암은 기존의 퇴적암이나 변성암이 판구조운동과 같은 지구조운동으로 상부 맨틀로 되돌아가 재용융되기도 하

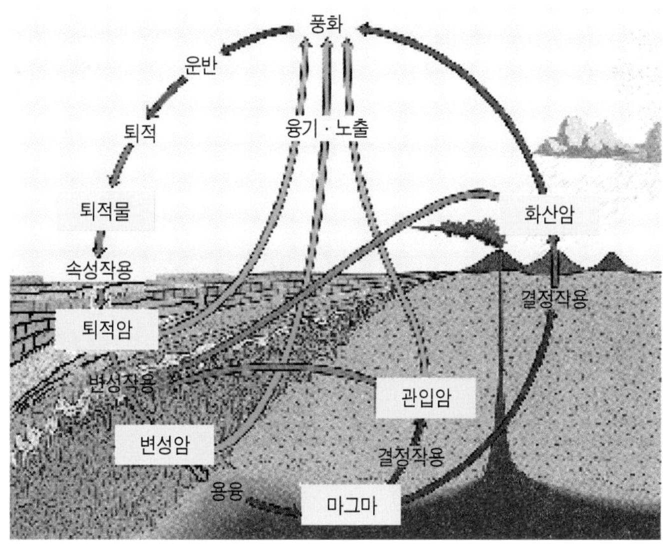

| 그림 3-20 | 암석의 순환(rock cycle)

고 하부지각에서 높은 온도와 압력에서 부분적으로 녹아 마그마를 형성한다. 이 마그마가 지표로 분출하거나 관입하여 화성암체를 만든다. 이처럼 성인적으로 다른 3종류의 암석이 서로 밀접하게 연계되어 암석 물질이 순환하고 있어 **암석의 순환**(rock cycle)이라 부른다(그림 3-20).

암석의 순환

암석의 순환개념은 암석의 생성과정과 그 결과로 만들어진 암석간의 성인적인 연결(link)을 이해하므로 암석의 생성과정을 이해하는 데 중요하다. 흰색의 재결정된 석영으로만 구성된 규암을 생성과정을 알지 못하면 어떻게 규암이 만들어졌는지 알기 어렵다. 즉, 석영 입자로 구성된 퇴적암이 변성작용을 받아 재결정된 석영입자로만 된 변성암인 규암이 만들어지기 때문이다.

암석의 순환개념의 중요성은 끊임없이 변화하고 있는 동역학적인 지구(Dynamic Earth)를 연상케 하는 점이다. 지구 전체의 성분에는 큰 변화가 없이 물질 평형이 이루어지면서 성인적으로 다른 암석 유형으로 계속 변화 순환하고 있다는 점이다. 이 같은 암석의 순환은 지구 규모에서 판구조운동과 밀접하게 연관되어 일어나고 있다.

지구는 성인적으로 다른 3종류의 암석이 판구조운동과 같은 거대한 지구조운동과 함께 연계되어 열점이나 판의 섭입대에서 화성암이 만들어진다. 호상열도나 조산대의 암석은 풍화 침식되어 퇴적분지로 이동 퇴적암을 만든다. 판의 섭입대나 충돌대에서는 변성암이 만들어진다. 이 같은 지각의 암석은 주로 지각과 상부 맨틀에서 거대한 물질 순환 과정에서 화성암, 퇴적암, 변성암이 지하에서 계속 만들어지고 있다. 암석의 순환은 자연계의 모든 물질이 순환하는 자연법칙의 한 과정이다. 자연계의 물질순환을 일으키는 원인, 결과를 생각해 보고 인간의 세계도 한번쯤 생각해 보자. Where are you and where are you going?

04
지질구조와 산맥의 형성

전라북도 군산시 고군사열도 해안가의 습곡구조
(한국지질자원연구원 제공)

지구표면에서 해저산맥과 해구, 습곡산맥 등 지표면이 평탄하지 않고 다양한 형태의 지형이 발달하고 있다. 판구조론이 제안되기 이전에는 지표의 지형의 형성을 지구수축설(contraction theory)로 설명하였다. 뜨거운 지구가 식으면서 마치 사과가 마르면 껍질이 쭈글쭈글하여지는 모습처럼 지표의 산맥과 같은 지형이 형성된다는 것이다.

그러나 지형의 윤회설과 함께 지구 수축설은 현재는 받아들여질 수 없는 이론이 되었다. 지표의 지층이나 물체에는 **힘**(stress)이 가해진다.

힘

압축스트레스
장력스트레스
쉬어스트레스
스트레인
후크법칙

스트레스에는 세 가지 유형, 즉 **압축스트레스**(compressive stress), 잡아당기는 **장력스트레스**(tensile stress)와 서로 뒤틀리게 작용하는 **쉬어스트레스**(shear stress)가 있다. 이 같은 스트레스가 물체에 주어지면 물체에는 변형이 일어난다. 이를 **스트레인**(strain)이라 하며 스트레스와 스트레인은 비례하는 관계에 있으며 이를 **후크법칙**(Hooke' s law)이라 한다.

4.1 단층과 습곡

압축스트레스가 주어지면 지층은 습곡(fold)이 일어나거나 절리(joint), 단층(fault)이 일어난다. 장력스트레스가 주어지면 지구(graben)와 같은 지질구조가 형성될 수 있다. 지층이 습곡이나 단층과 같이 변형된 구조를 **지질구조**(geologic structure)라고 한다.

지질구조

지층이 습곡되면 배사구조(anticline)와 향사구조(syncline)가 형성된다. 습곡된 지층의 노두가 지표면에 노출된 형태에서 지하의 습곡구조를 해석할 수가 있다. 지층이 지표에 나타난 노두의 분포 특징에서 습곡축이 기울어진 것(plunge)인지 수평인지 등을 알아 낼 수도 있다(그림 4-1).

단층에도 여러 종류가 있다. 단층의 상반과 하반의 운동양식에 따라 정단층, 역단층, 주향이동단층, 충상단층 등이 만들어진다(그림 4-2). 우리나라에서도 경상남도 양산부근에 발달하고 있는 양산단층은 주향이동단층으로 단층운동이 역사시대에 일어난 **활단층**(active fault)으로 알려져 있다. 활단층운동 지역은 지진의 발생과 밀접한 관련이 있어 지진연구, 지질구조 연구자들이 많은 흥미를 가지

활단층

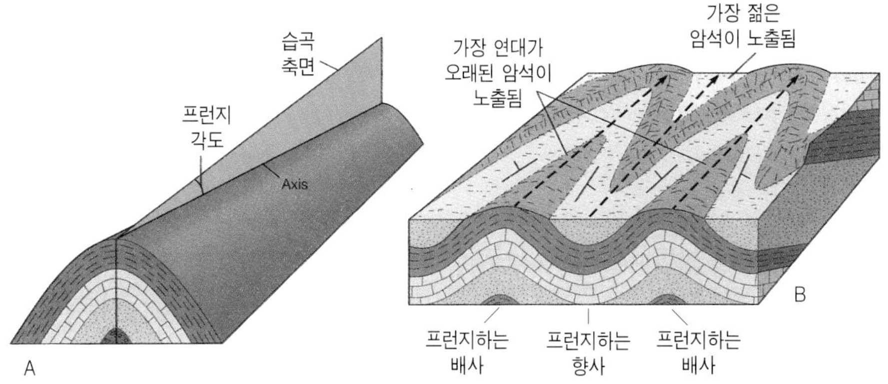

| 그림 4-1 | 프런지 된 습곡의 모식도와 실제 현장인 미국 와이오밍 주 Sheep mountain의 지형(Monroe and Wicander, 2001)

고 연구하는 지역이다.

3차원 공간상에 형성된 각종 지질구조, 지층의 분포 등을 입체적으로 표현하기 위해서는 공간 좌표계 도입이 필요하다. 지질학에서는 브란톤콤파스나 클리노메터로 지층의 **주향**(strike)과 **경사**(dip)를 측정하여 지층이나 지질구조의 정치위치를 표시한다. 지층의 주향과 경사 자료만 얻어지면 지표에서는 알 수 없는 지층의 지하 지질구조가 도시되어 땅속의 지층의 구조를 추론 해석할 수 있다.

주향
경사

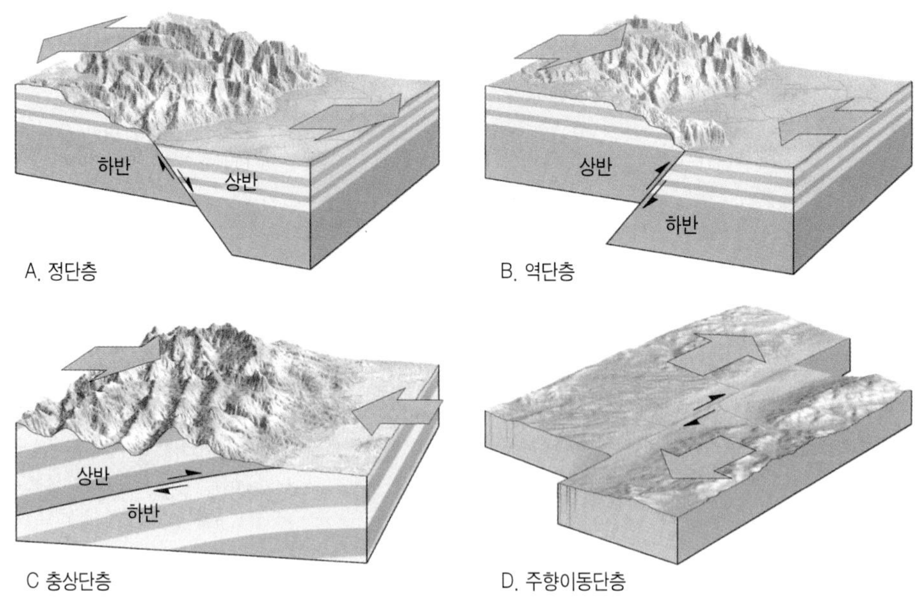

| 그림 4-2 | 단층의 종류(정단층, 역단층, 충상단층, 주향이동단층의 모식도)

주향이란 지층의 경사면과 수평면의 교차지점에 만들어진 선의 방위각으로 북쪽을 기준으로 N30° E(교선의 방향이 북쪽에서 동쪽으로 30° 각도를 이룰 때) 또는 N50° W(교선이 북쪽에서 서쪽으로 50°를 이룰 때) 등과 같이 표기한다.

경사는 지층이 수평면과 경사면이 이루는 최대 각도로 보통 주향에 직교한 방향에서 실제 방향의 경사각을 측정한 것이다. 경사 각도의 표기방법은 주향이 N( )° E일 경우 ( )° SE 또는 ( )° NW로 표기되며 N( )° W일 때는 ( )° NE 또는 ( )° SW로 표기된다. 주향이 N-S일 때는 경사는 ( )° E 또는 ( )° W, 주향이 E-W일 경우에 경사는 ( )° N 또는 ( )° S로 표기된다(여기서 ( )°는 브란톤콤파스나 클리노메터로 실제 측정한 각도이다).

4.2 지질도의 해석

특정 지역의 암석의 분포와 지질구조 등 각종 지질정보를 조사하여 지형도상에 기록한 도면을 **지질도**(geologic map)라 한다. 지질 도면상의 각종 지질정보를 이

지질도

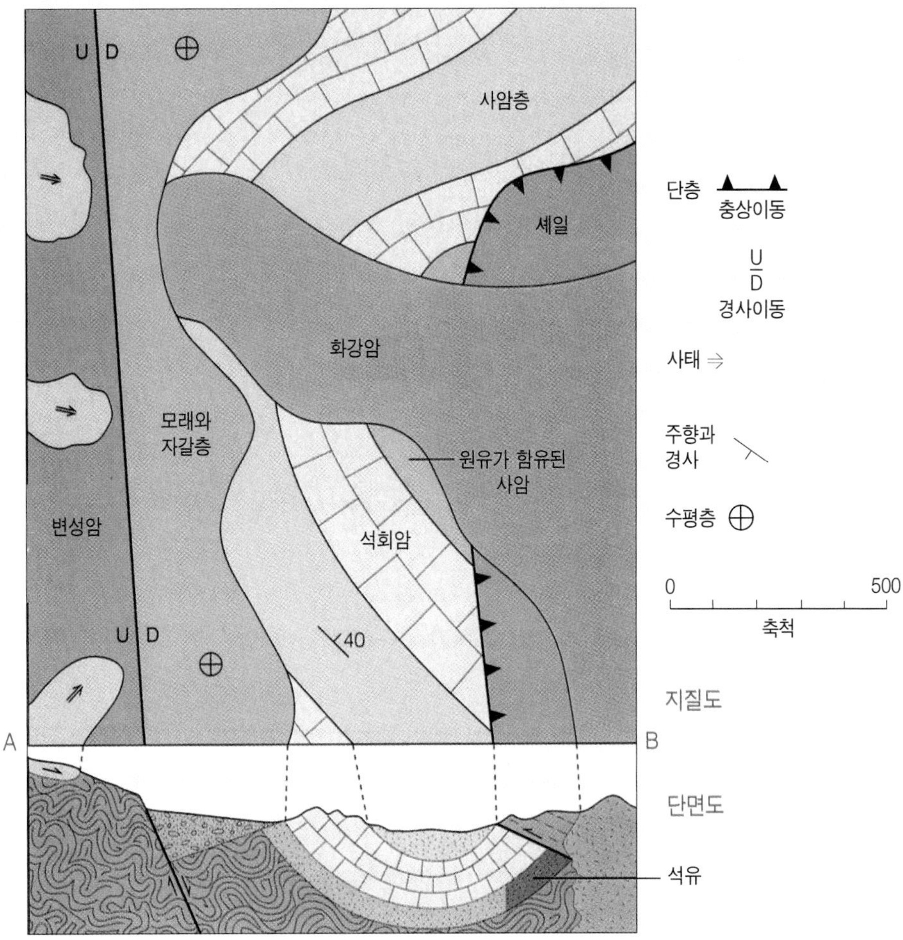

| 그림 4-3 | **지질도와 A-B 간의 지질단면도**(Monroe and Wicander, 2001)

용하여 평면상에서 또는 지질 단면도 상에서 지하의 입체적인 지질구조를 해석할 수 있다. 이와 같은 지질도 상의 각종 지질정보는 자원개발, 토지이용 등 각종 목적에 따라 유용하게 활용될 수가 있다.

그림 4-3의 가상의 지질도에서 지질의 특징과 지질구조, 층서, 지사를 해석하여 보자.

지질구조는 지역적인 소규모 구조에서 범지구적인 대규모의 지질구조까지 형성 발달되고 있으며 지질구조 운동이 계속됨에 따라 각종의 새로운 지질구조 유형이 형성 발달하게 된다. 뒷장에서 설명한 판구조운동과 같이 광범위한 지구상의 지판의 운동에 의해서 거대한 지질구조가 형성된다.

인도지판이 유라시아 대륙에 충돌하여 알프스 히말라야 습곡산맥이 형성되며 태평양판과 북미판 밑으로 섭입하는 과정에 북미코디레라(North America Cordillera)가 형성된다. 해양에는 중앙 해령에서 해저 산맥이 형성된다.

환태평양 조산대 알파인-히말라야 조산대 등의 거대한 지구조의 발달은 맨틀대류 또는 뜨거운 플룸(hot plume)과 차거운 플룸(cold plume)이 이동에 의한 지판의 이동으로 형성된 것이다.

4.3 산맥의 형성

지표에는 해발 8,000m 이상 높이의 히말라야 알프스와 같은 높은 산맥과 마리아나 해구와 일본해구 같은 깊은 해저 골짜기가 분포하고 있다. 육지뿐만 아니라 해저에도 대서양 중앙 해령이나 태평양 중앙 해령과 같은 높은 해저 산맥이 연속적으로 발달하고 있으며 해산, 기요와 같은 해수면 아래에도 많은 해저 산들이 분포하고 있다. 1830년경 프랑스의 엘리트 버몬과 미국의 J. D. Danner 등은 지표의 습곡단층을 포함한 산맥과 같은 지형이 뜨거운 지구가 냉각되면서 수축과정에 의하여 형성되었다는 **수축설**(contraction hypothesis, 收縮說)의 가설을 내놓았다. 판구조론이 나오기까지 수축설이 산맥의 형성 가설로 믿어 왔다. 그러나 1960년대 이후 판구조론이 소개되면서 지구상에 산맥과 화산의 분포, 지진대의 분포 등이 특정지역에 편중 분포하는 현상이 지질학적으로 잘 설명이 될 수 있게 되었다. 특히 비교적 젊은 시기의 산맥인 록키 산맥과 안데스 산맥을 중심으로 한 미국의 코디레라(Cordillera)와 지중해에서 이란과 인도북부를 거쳐 인도네시아까지 있는 알파인-히말라야 산맥, 일본, 필리핀, 수마트라와 같은 서태평양 지역에 발달하고 있는 수많은 산맥들의 생성과정이 밝혀지게 되었다. 이들 산맥들은 1억 년 전 이후에 형성되었으며 히말라야 산맥은 4,500만 년 전부터 만들어지기 시작하였다. 지금도 해저 화산 분출 등으로 새로운 지형이 해저에 만들어지고 있다. 아팔래치아 산맥이나 우랄 산맥은 형성시기가 좀 오래다. 산맥이 형성되는

수축설

원인과 과정은 다음과 같다.

4.3-1 해양지판과 대륙지판이 수렴하는 지역

산맥은 지판과 지판이 서로 마주쳐 수렴하는 지역에서 만들어진다. 해양지판과 대륙지판이 수렴하는 안데스형 섭입대(Andean-type subduction zone)와 해양지판끼리 수렴하는 알루샨형 섭입대(Aleutian-type subduction zone)로 구분된다(그림 4-4).

그림 4-4(A)에서처럼 해양지판끼리 수렴하는 섭입대에서 마그마가 형성 상승하여 **화산도호**(volcanic island arc)를 만든다. 알래스카 부근지역의 화산도호가 그 예이다. 화산도호

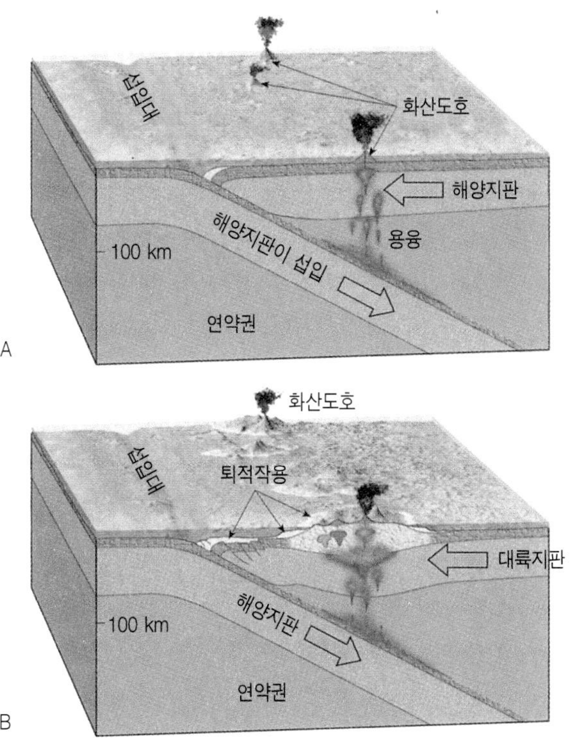

| 그림 4-4 | **지판들이 수렴하는 지역에서 형성되는 화산도호 지형** 해양지판과 해양지판이 수렴하여 알래스카 지역의 알류샨 화산섬 지형이 형성(A), 해양지판과 대륙지판이 수렴하여 안데스형 대륙 화산대가 형성(B)

그리고 해양지판과 대륙지판이 만나는 안데스산맥이나 일본 열도에서처럼 대륙화산대(cotinental volcanic arc)가 형성된다(그림 4-4(B)).

대륙지판의 가장자리 경계에는 사암, 석회암, 셰일과 같은 두터운 퇴적암층이 퇴적된다. 해양지판이 대륙지판 밑으로 섭입되면서 마그마가 형성되고, 화산활동과 함께 화산대가 형성된다. 계속적인 지판의 섭입에 의해 지각부분은 두터워져 화산활동을 수반한 산맥이 형성되어 조산대를 이루게 된다. 그리고 퇴적층은 대륙 연변부에 계속 부가(accretion)되어 대륙이 점점 성장하게 된다(그림 4-5). 이 지역은 퇴적층과 대륙지각 지층이 판운동 때문에 혼재되어 복잡한 지층을 이루며 이 부분 혼재된 지층으로 된 지각부분을 **부가웨지**(accretionary wedge)라 한다.

부가웨지

4.3-2 대륙지판과 대륙지판이 수렴하는 지역

대륙지판이 이동하여 대륙지판에 충돌하는 대표적인 지역은 히말라야 티베트지역이다. 대륙지각 물질은 밀도가 낮아 대륙지각은 쉽게 이동된다. 판게아 대륙에서 분리된 인도 대륙이 북쪽으로 수천 km 이동하여 유라시아판에 충돌하여 히말라야 산맥과 티베트 고원을 만들었다.

그림 4-6(A)에서처럼 인도대륙 지판이 이동하여 해양지판이 대륙지판(유라시아판) 밑으로 섭입되면서 화산활동과 지진을 일으키며 조산대를 만들게 된다. 중국 쓰촨(四川)성 대지진도 두 지판 충돌대의 동남단 룽먼산 단층대에서 일어났다. 인도대륙이 계속 북쪽으로 이동하면서 마침내 대륙과 대륙이 충돌하게 된다(그림 4-6(C)). 물론 해양지각 부분도 충돌과정에서 히말라야 산맥 중에 혼재하고 있다. 히말라야 정상을 등정하고 가져온 정상의 암편이 석회암이었다. 이런 판운동 과정에 해발 8,000m 이상의 높은 히말라야 습곡산맥과 티베트고원, 간지스평원의 지형이 만들어지게 되었다. 히말라야 습곡산맥의 서남단의 티베트, 중국의 대긴(德欽)지역에서 고도 4,000m 이상 높이에 습곡된 석회암지층이 분포하고 있다. 하안단구 지형에서 이지역이 계속 융기하고 있음을 확인할 수 있다.

유럽대륙이 아시아 대륙과 충돌한 우랄 산맥도 이와 유사한 과정으로 만들어졌다. 그러나 우랄 산맥은 히말라야 산맥보다 훨씬 오래 전에 형성되었다. 애팔래치아 산맥도 대륙 지판의 충돌로 만들어진 하나의 예이다.

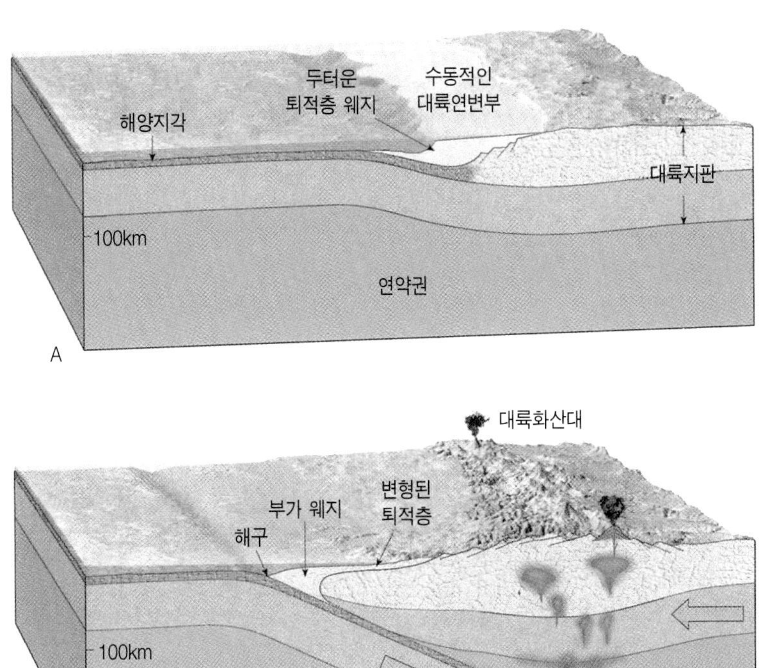

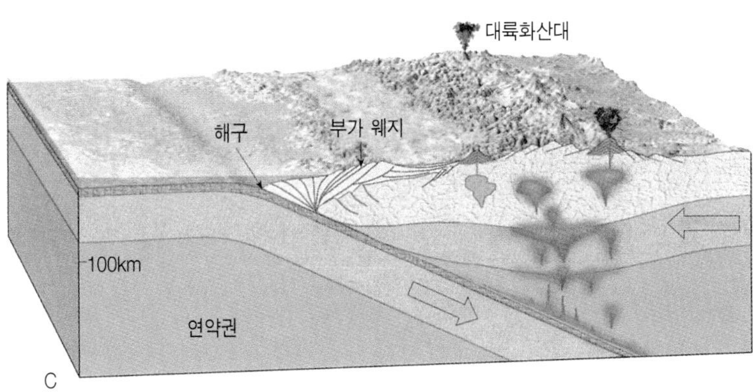

| 그림 4-5 | 안데스형 섭입대에서 일어나는 조산운동(Lutgens and Tarbuck, 2002)

A. 대륙연변부에 광범위한 퇴적지 형성

B. 해양지판의 섭입으로 베니오프대에 마그마의 생성과 대륙화산대 형성

C. 계속된 판의 섭입으로 화성활동이 일어나며 퇴적층이 부가되고 변형되어 대륙연변부가 성장하면서 융기하여 조산대를 형성함

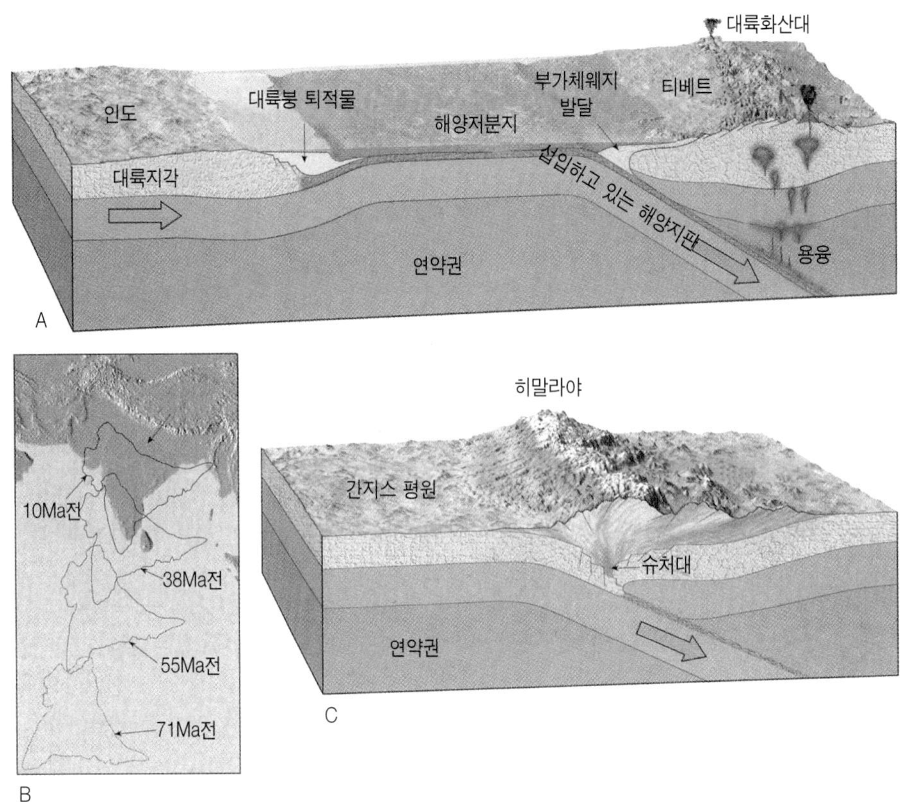

| 그림 4-6 | 인도판이 북쪽으로 이동하여 유라시아판에 충돌
A. 인도판이 이동 유라시아판 밑으로 섭입. 섭입대에서 화성활동이 일어나며 부가체가 발달
B. 시대별 인도대륙이 이동한 위치
C. 인도대륙과 유라시아 대륙이 충돌 히말라야 산맥 형성. 부가체웨지가 변형되고 융기되어 복잡한 지질구조의 높은 산맥을 형성함

4.3-3 대륙의 부가

부가

해양지판이 대륙지판 밑으로 섭입되면서 대륙 주변부에 퇴적층 등이 **부가**(accretion)된다. 뿐만 아니라 작은 대륙 조각이나 해양대지와 같은 작은 지각조각들이 해양지판과 함께 이동하여 판의 경계 부근에 부가되기도 한다. 이 같은 지각 조각들을 **테레인**(terrane)이라 부른다. 이들 테레인들이 이동 부가되어 대륙이 점점 커지게 되어 산맥을 만들고 대륙이 성장한다고 보고 있다. 북미 대륙의 서부지역은 과거 2억 년간 서쪽으로 이동하여 태평양 분지 지역이 이 위를 덮었다. 태평양 연안지역에 이처럼 작은 테레인 조각들이 부가되어 오늘날의 새로운

테레인

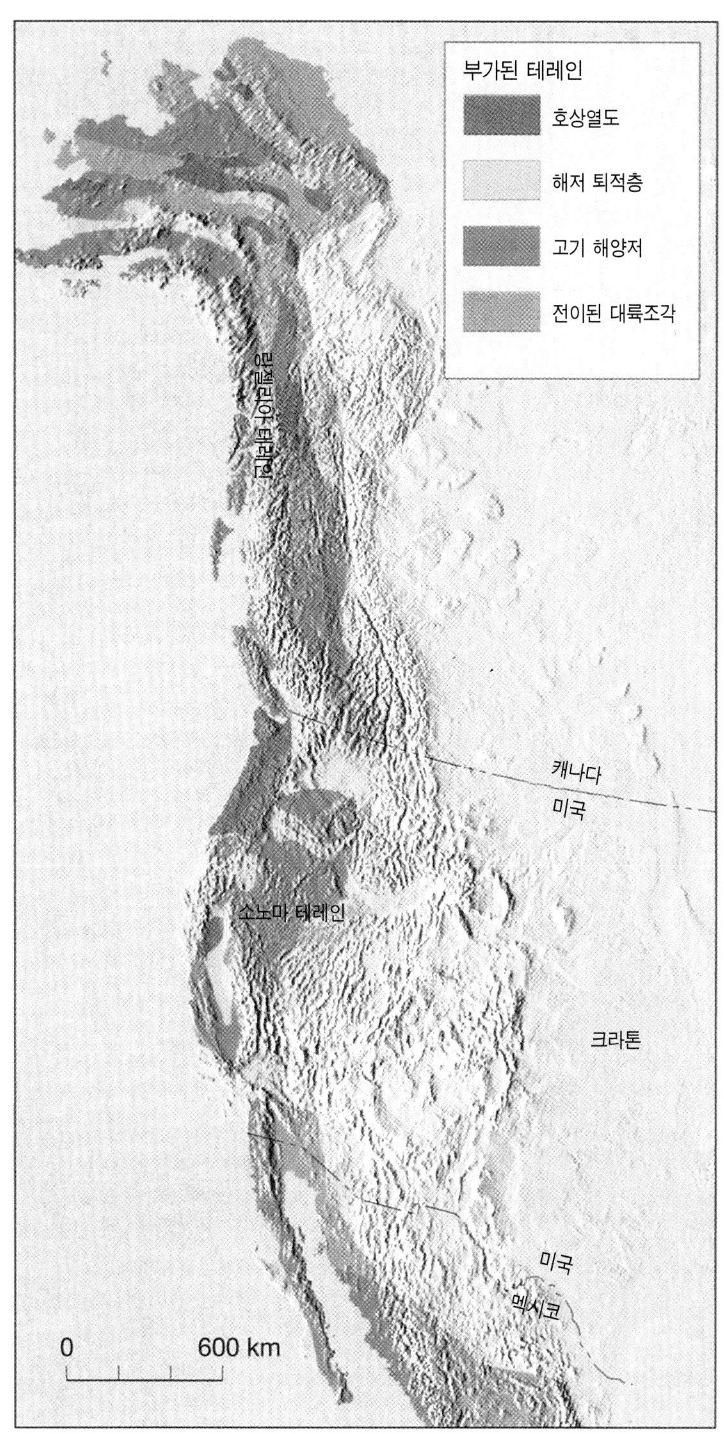

| 그림 4-7 | 북미 서부지역에 지난 2억 년 동안 부가된 테레인(Lutgens and Tarbuck, 2002)

산맥지형을 만들고 있다(그림 4-7).

이와 같은 현상은 일본열도의 태평양 쪽에서도 일어나 오늘날의 일본열도를 만들었다. 태평양판이 섭입과정에 일본열도에 충돌하면서 서남 일본지역에 부가체에 의해 일본열도가 조금씩 성장하였다.

일본열도의 골격은 부가체, 변성대, 화강암류, 화산암류 등으로 이루어져 있다.

부가체는 태평양판의 섭입과정에서 변성작용을 받기도 하고 변성작용을 받지 않은 채로 붙어 있는 곳도 있다. 이와 같이 판의 섭입과정이 일어나고 있는 부가체 지역은 온도 압력 조건의 다른 변성작용이 일어나 쌍변성대를 만들기도 하였다.

한반도와 동해 그리고 일본열도 주변의 해저 지형을 조사하고 앞으로 어떻게 변해 갈 것인지 토론하여 보자(그림 4-8).

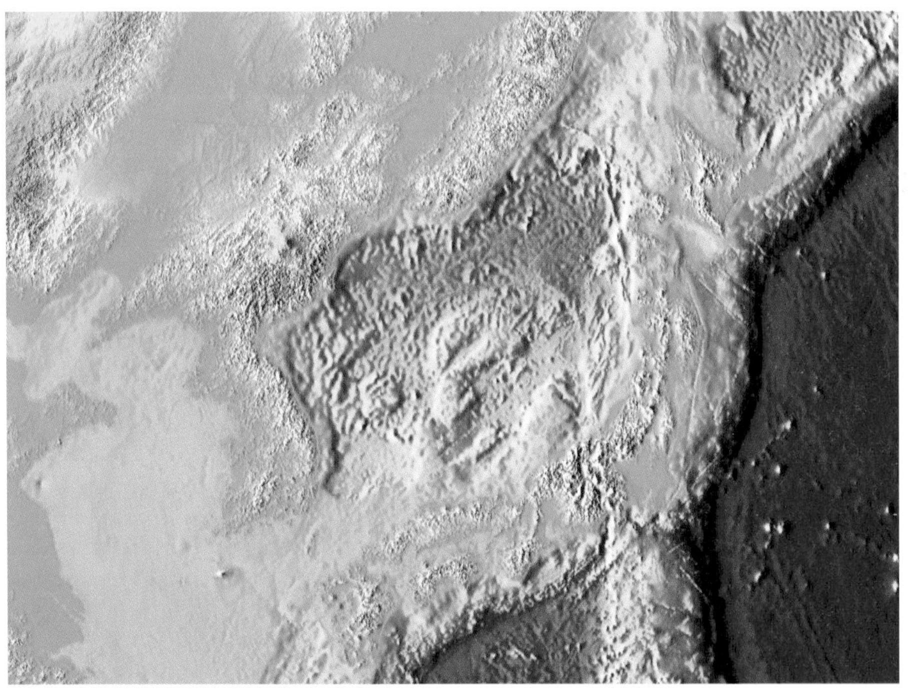

| 그림 4-8 | 한반도, 동해, 일본열도 주변의 해저지형

05
움직이는 대륙

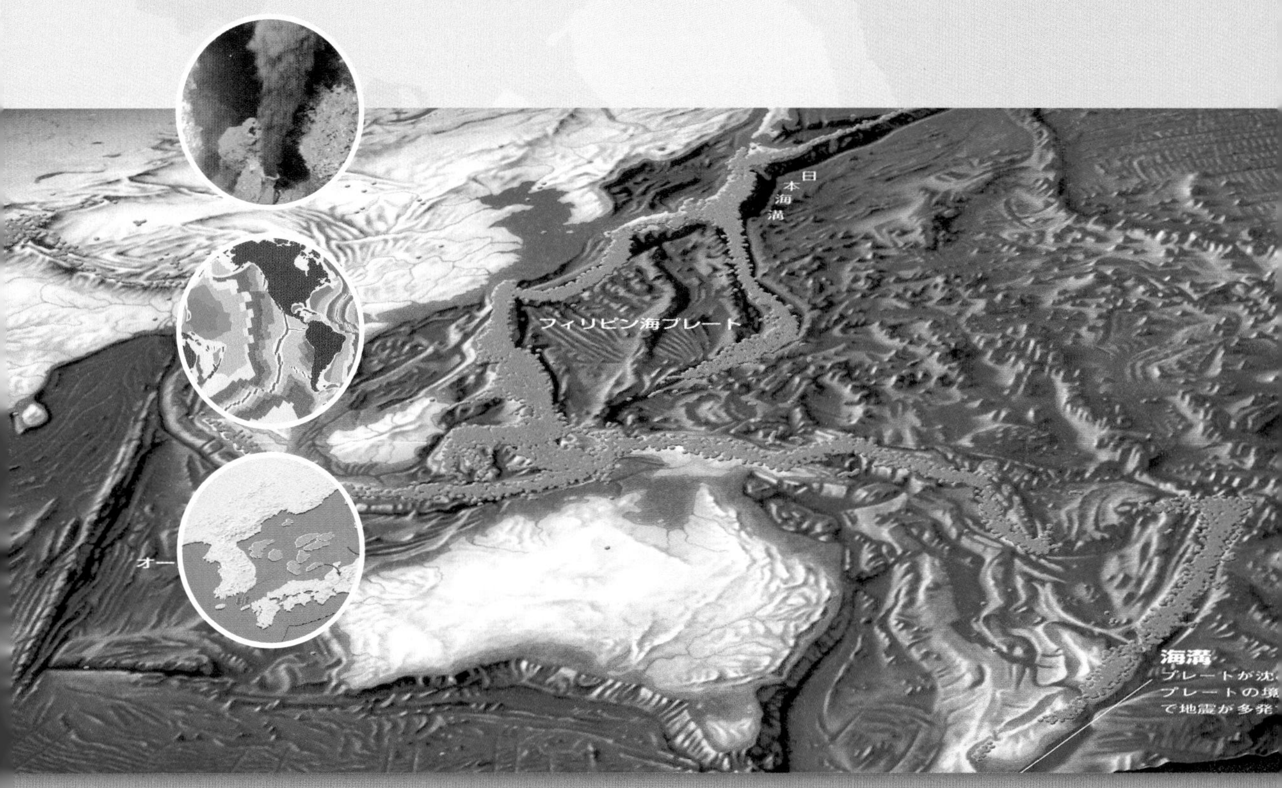

해구, 중앙해령, 해산 등의 해저지형

판게아

오늘날의 각 대륙이 석탄기 이전까지는 하나의 거대한 범대륙(**판게아**, pangaea)이었으며 석탄기 이후 각 대륙이 분리 이동하여 현재의 분포를 나타내고 있다고 설명하고 있다. 대서양 양안의 해안선의 일치, 대서양 양안 대륙에서 산출되는 글로솝테리스(glossopteris) 식물화석, 석탄기와 페름기의 빙하지층의 분포, 양안의 지질구조의 연속성 등에서 대서양 중앙해령을 중심으로 미국대륙과 아프리카와 유럽대륙이 분리되었음을 잘 보여 주고 있다. 자극 이동곡선(Runcorn, 1955)과 Vine외(1963)의 **해양저 확장설**, 1960년대 이후에 판구조론의 등장과 함께 지각은 정적이 아니라 동적인 지각(dynamic earth crust)임이 더욱 확실해졌다.

해양저 확장설

5.1 판구조론과 판의 경계

판구조론의 개념은 1960년대의 해양저 확장설과 함께 Wilson(1965), Bullard 외(1965), Morgan(1967) 등에 의해 전개되었으며, 판구조운동 원리의 전개와 함께 판이란 이름은 Mckenzie 외(1967)에 의해 처음 사용되었다. 지구 전체에 대한 일반적인 판구조운동 전개는 Pichon(1968)에 의해 이루어졌고 **판구조론**(plate tectonics)이라는 말은 Vine 외(1968)에 의해 처음 사용되었다.

판구조론

지구 표면에서 100~350km 심부에 지진파의 저속도층(low velocity zone)이 조사되어 저속도층 상위의 부분을 **암권**(lithosphere)이라 하며 저속도층을 **연약권**(asthenosphere)이라 부른다.

암권
연약권

지구전체 표면의 암권은 여러 조각(판)으로 나누어져 이들 판이 모자이크상으로 결합되어 있어 이들 모자이크상의 암권의 판이 서로 갈라지기도 하고 충돌하기도 하여 지진, 화산활동, 조산운동 등의 여러 지질학적 현상이 일어난다는 거대한 지구조운동 이론이다.

지구의 판은 태평양판, 미국판, 유라시아판, 아프리카판, 인도판, 남극판, 필리핀해판 등의 여러 판으로 구성되어 있다(그림 5-1).

이들 판들 경계는 크게 세 가지 유형으로 나눌 수 있다.

(1) 판과 판이 갈라지는 경계(divergent plate boundary) : 중앙해령, 열곡대, 현무암질 화산활동, 천발지진 발생

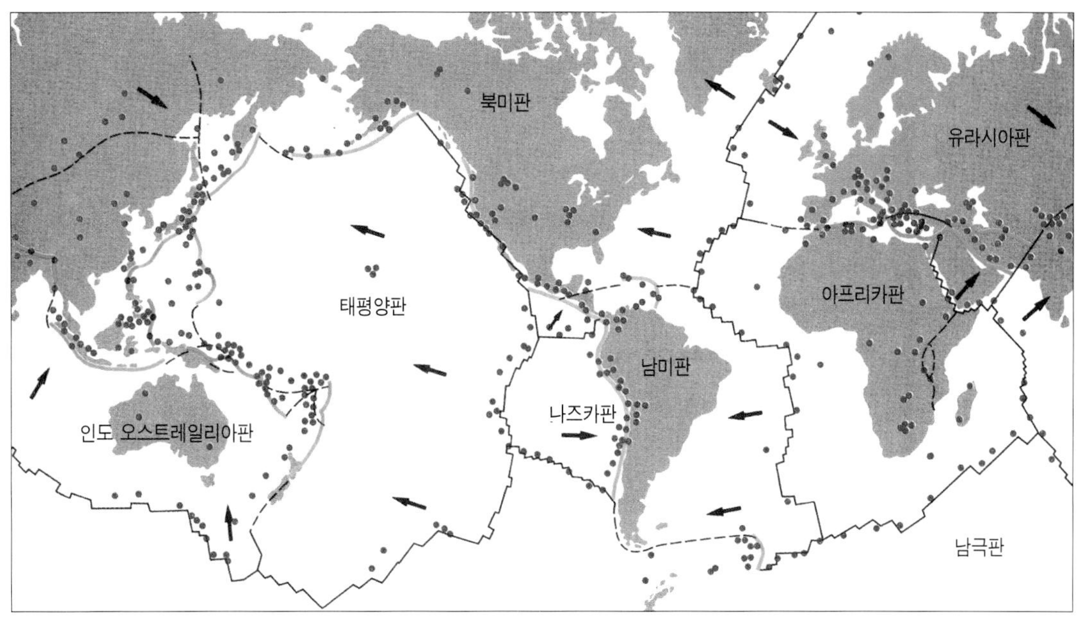

| 그림 5-1 | 지진의 분포와 판의 구분(Katia and Krafft, 1979)

(2) 판과 판이 마주치는 경계(convergent plate boundary) : 베니오프대, 안산암질 화산활동, 심발지진 발생

(3) 변환단층경계(transform fault) : 천발지진을 발생하나 화산활동 없음

판과 판의 이동양식의 한 예로 유라시아 대륙에서 남미 대륙까지의 단면도에서 판의 이동과 수반되어 일어나는 지질현상을 알아보자(그림 5-2).

태평양 중앙해령에서는 맨틀대류에 의해 해령에서는 판이 양쪽으로 갈라지며 상부맨틀의 현무암질 마그마가 상승하여 계속적으로 새로운 해양지각(mid-oceanic ridge basalt : MORB)을 만든다(그림 5-3). 만들어진 해양 암권의 판은 수 cm에서 10cm 정도 이동하기도 한다.

이동하여 온 해양 암권판은 일본 열도 대륙쪽이나 남미 대륙의 안데스 산맥 밑으로 30~40° 각도로 섭입(subduction)된다. 해양 암권판이 대륙 암권판 밑으로 섭입되면서 충돌에 의한 압력과 온도 등에 의해 사문석 및 각섬석 등이 탈수반응이 일어나면서 마그마가 생성 지표로 분출되어 화산활동이 일어난다(그림 5-4).

한편 판의 충돌에 의해 이 지역에서는 진원의 심도가 얕은 천발 지진에서 심발

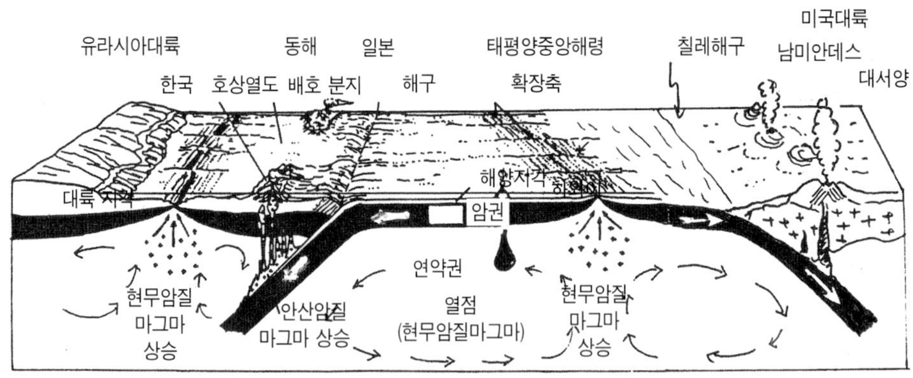

| 그림 5-2 | 판 운동에 의해 형성되는 여러 지형과 화산 활동의 모습

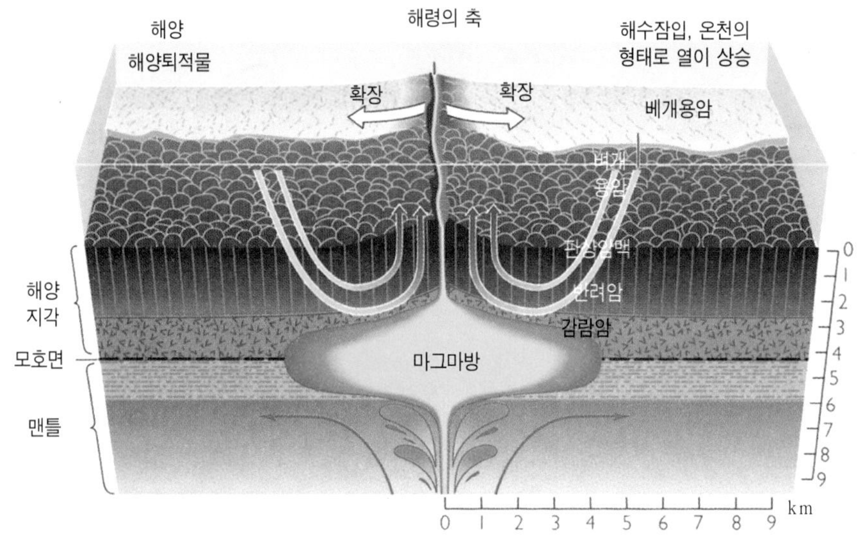

| 그림 5-3 | **새로운 해양지각의 형성** 해령의 축을 중심으로 해양저가 확장되면서 현무암질 마그마가 상승한다 (Bass, 1982).

지진까지 지진이 빈번하게 발생한다. 진원의 심도가 해양에서 대륙으로 감에 따라 깊어지는 사실을 베니오프(Benioff)가 연구하여 **베니오프대**라 부르기도 하며 **섭입대**(subduction zone)라 부르기도 한다. 베니오프대에서는 지진, 화산, 조산운동 등이 활발한 지역이다. 이와 유사한 현상이 태평양판이 일본 열도 밑으로 섭입되는 곳에서도 일어나고 있어 일본 열도에는 지각 열류량도 높고 화산과 지진

베니오프대

섭입대

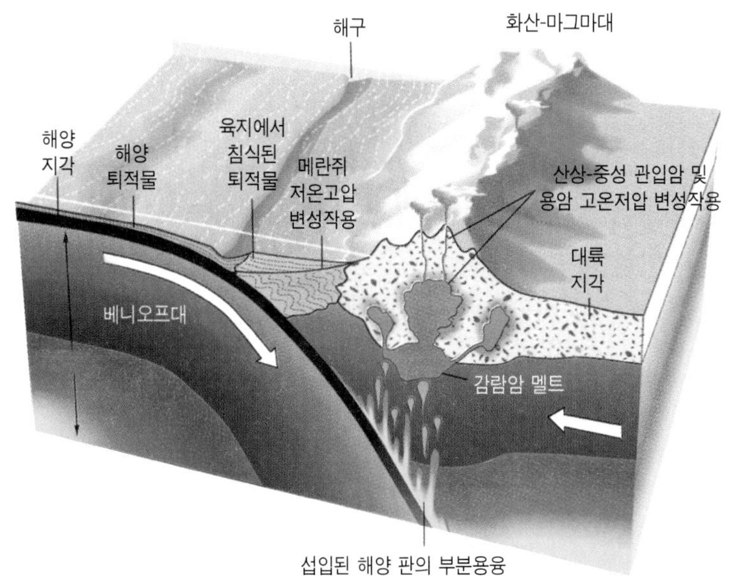

| 그림 5-4 | **해구 부근에서 해양판이 대륙판 밑으로 충돌 섭입** 해구, 메란쥐(melange) 퇴적물, 화산작용, 변성작용, 마그마가 형성된다(Press and Siever, 1993).

이 빈번하게 발생하고 있다(그림 5-5, 5-6).

한반도에서도 쥬라기와 백악기에는 화성활동이 격렬하였으며 백악기에는 서남 일본에서와 유사하게 화강암의 관입과 안산암 화산활동이 활발하였다. 그러나 신생대 제3기에 오면서 화산활동이 백두산, 제주도, 울릉도, 독도 등지의 국부적인 지역에서만 일어나면서 제4기 초 이후부터 대다수 화산활동이 정지되었다. 이는 한반도의 위치가 태평판과 상당히 먼 거리에 위치하기 때문으로 보인다.

판의 경계와 수반되는 지질학적 현상

판들이 상호 상대적으로 운동하는 운동양식은 앞에서 설명한 것과 같다. 크게 세 가지 형태이다. 즉, (1) 판이 서로 갈라지는 경계, (2) 판이 서로 마주치는 경계, (3) 판이 옆으로 서로 이동한 변환단층 경계이다.

판이 서로 갈라지는 경계는 중앙해령이나 열곡이 만들어진다.

중앙해령은 수심 2.5km 위치에 연속적으로 형성된 해저산맥으로 해령의 중심축에서는 맨틀에서 형성된 현무암질 마그마가 상승하여 새로운 해양지각이 해저

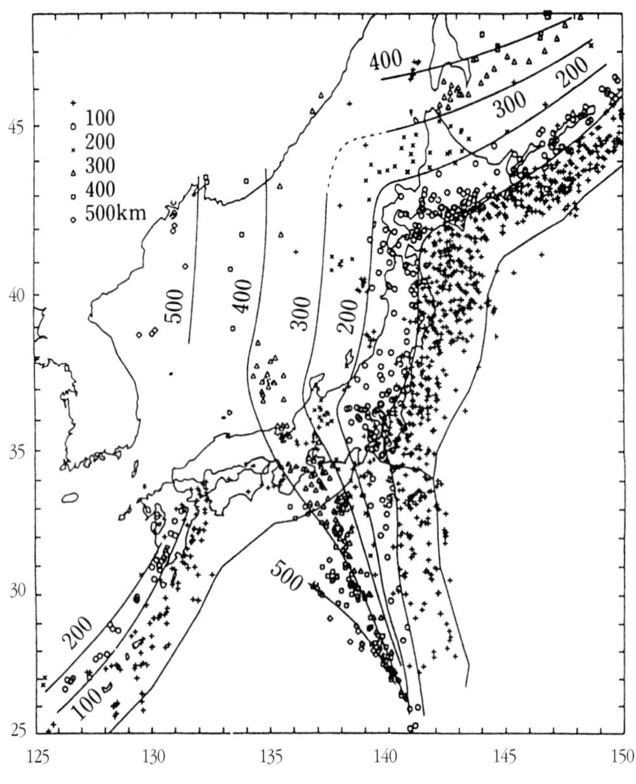

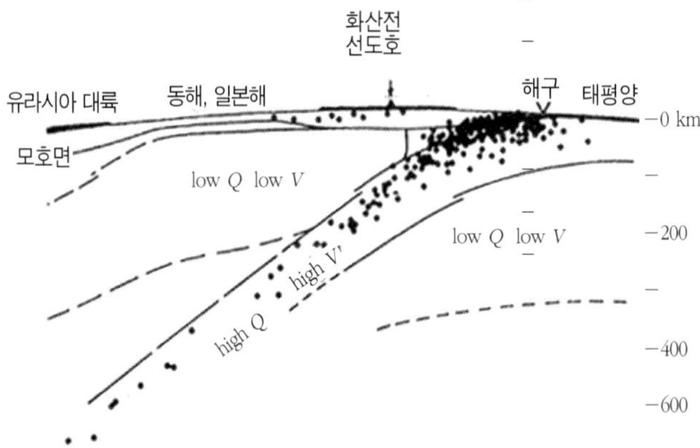

| 그림 5-5 | **한반도-일본 부근의 진원의 심도(宇津, 1976)** 등심선의 간격 100km임, 태평양판과 필리핀해판이 유라시아판 밑으로 섭입됨에 따라 진원의 심도가 깊어진다.

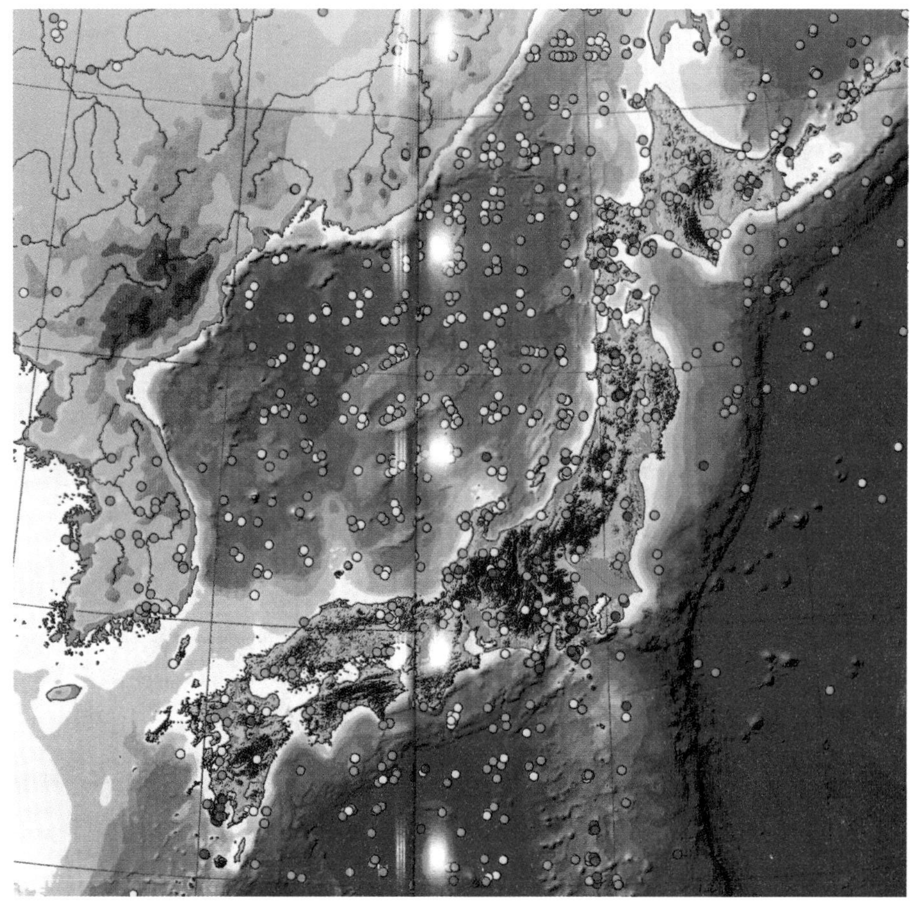

| 그림 5-6 | **배호분지, 한반도, 일본열도 부근의 지각 열류량** 붉은 점이 지열류량이 높은 지역임(일본지질조사소)

에 생성된다. 해령의 축을 중심으로 해양지각이 갈라지기 때문에 중앙 해령 현무암이 분출할 당시에 자화된 자극의 정·부의 방향이 해령의 축을 중심으로 대칭적으로 잘 나타나고 있다(그림 5-13, 그림 5-14 참고).

이와 같은 지자기의 정자기와 역자기의 대칭적인 패턴과 암석 절대연령측정 결과를 이용하면 해령에서 해양지각이 갈라져 이동하는 속도를 알 수 있다. 이동속도가 빠른 곳은 12cm/년이며 보통 5~8cm/년으로 이동하고 있다.

또한 아프리카의 열곡대에서처럼 대륙지각이 상호 갈라지는 부분도 있다. 판이 갈라지는 경계에서는 진원의 심도가 얕은 천발지진이 수반된다. 특히 해령에서는 맨틀에서 상승한 현무암질 마그마의 분출과 함께 블랙 스모커(black smoker) 또

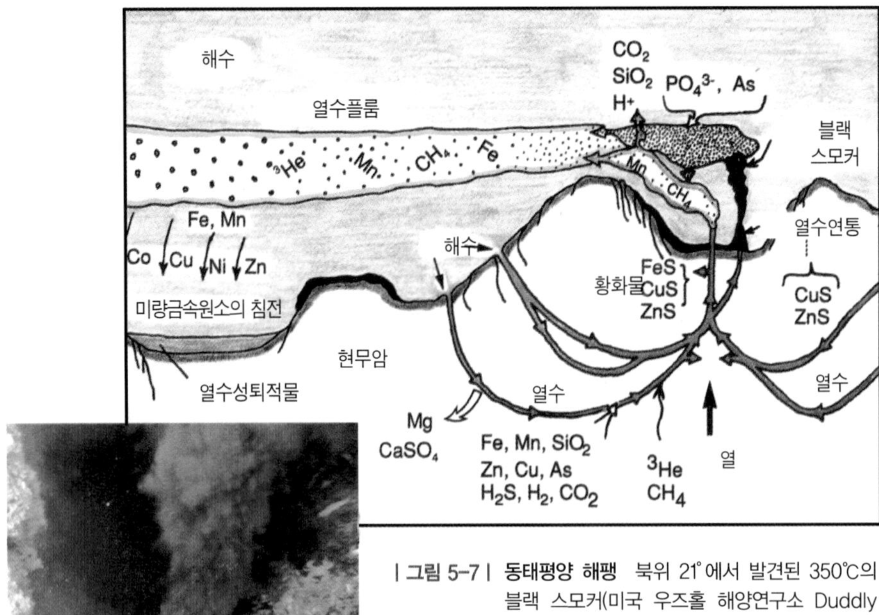

| 그림 5-7 | **동태평양 해팽** 북위 21°에서 발견된 350℃의 블랙 스모커(미국 우즈홀 해양연구소 Duddly Foster 촬영) 사진과 심해저 열수순환 모식도 (Massoth 그림에 의함)

는 화이트 스모커(white smoker)라 불리는 뜨거운 해저 수중 연기가 솟아오르고 있는 곳도 있다(그림 5-7).

이 뜨거운 연기에서 금, 은, 동, 연 등의 금속성분을 다량 함유한 황화광물들이 다량 침전되고 있어 유용금속광물이 형성되고 있는 현장으로 지질학자들과 광상학자들은 흥미를 가지고 있다.

판이 서로 마주치는 경계로는 해양판이 대륙판 밑으로 섭입되는 남미 안데스, 일본열도 등을 들 수 있다.

나즈카 판이 남미판 밑으로 섭입되는 남미 안데스의 섭입대(베니오프대)에서는 해양에서 대륙으로 감에 따라 진원의 심도가 점점 깊어져 700km까지 이르고 있다(그림 5-4). 이 같은 판의 충돌 섭입으로 인하여 사문석 및 각섬석 등의 탈수반응과 수반되어 부분용융이 일어나 현무암질 마그마와 안산암질 마그마 등이 형성되어 지표로 상승하여 섭입대에서 활발한 화산활동이 일어나고 있다. 또한 판의 충돌에 따라 지진이 빈번하게 발생하고 있다. 해양에 가까운 지역에서는 진원의 심도가 얕은 천발지진이 내륙쪽으로 감에 따라 심발지진이 발생하고 있다.

섭입대의 지표에서는 화산활동, 지진활동, 조산운동, 변성작용 등이 판의 섭입과 관련되어 활발하게 일어나고 있다.

태평양판이 유라시아판 밑으로 섭입되는 한반도와 일본열도 하부에서도 안데스에서와 유사한 현상이 일어나고 있다(그림 5-2).

이 같은 판의 섭입으로 일본열도에서는 지진, 화산 활동이 활발히 일어나고 있다. 진원의 심도 역시 유라시아 대륙판 쪽으로 감에 따라 깊어진다. 그러나 백악기에 동해가 열리기 전에는 서남일본과 한반도 동남부 경상분지 지역에서 일어난 화성활동은 백악기 시기의 이자나기해양판(Izanagi oceanic plate)의 섭입운동에 따른 것으로 생각하고 있다.

약 20Ma경에 태평양 판이 유라시아 대륙 밑으로 섭입될 때 동해와 같은 **배호분지**(back arc basin)가 형성되었다. 배호분지

대륙과 대륙이 마주치는 경계에서는 히말라야 알프스 지역에서와 같이 인도판이 유라시아판에 충돌되어 히말라야 알프스의 습곡산맥과 조산운동을 일으키게 된 것이다.

변환단층경계는 판이 서로 미끄러지는 경계로 중앙해령이 무수히 갈라져 서로 이동하여 어긋나 있다. 변환단층경계에서는 화산활동은 없으며 천발지진은 기록되고 있다.

지진활동이나 화산활동은 대부분 위에 설명한 판의 경계에서 일어나고 있다. 그러나 아프리카 대륙의 내부에서나 화와이섬에서와 같이 판의 경계가 아닌 판의 내부(intraplate)에서 규모가 큰 화산활동이 일어나고 있다. 태평양과 대서양에서도 해수 표면에 나타나지 않은 해저의 화산이 판의 중심부에 다수 분포하고 있다.

이 같은 화산을 윌슨(1965)은 **열점**(hot spot)이라 불렀다. 열점은 판의 경계부의 화산에 비하여 심부 맨틀기원에서 유래하며 하와이에서와 같이 화산체의 규모도 크고 판의 이동에 따라 화산섬이 연속적으로 분포하고 있다. 해양섬과 화산열도 암석의 K-Ar 등 암석 절대연령측정에 의하면 화산섬의 분출시대가 7000만 년에서 현재까지 연속적으로 나타난다. 핵과 맨틀 경계부에서 발생한 열프럼(thermal plume)에 의해 형성된 열점은 고정되어 있고 태평양판이 일본 열도 쪽으로 이동함에 따라 화산섬의 형성 연대가 현재의 하와이섬에서 멀어짐에 따라 오래 나타 열점

난다. 우리나라 백두산, 한라산의 화산도 열점기원으로 해석하는 학자도 있다. 그러나 최근 태평양판 섭입과 관련되어 연약권 맨틀 웨지부분이 부풀어 오름(mantle upwelling)으로 인한 맨틀 물질의 부분용융 결과로 해석하고 있다(Kim et al., 2005).

판운동의 원인

판운동을 일으키는 원동력 설명은 쉽지 않다. 판운동을 구의 중심을 통하는 회전축의 주위가 회전함에 따라 일어나는 오일러의 정리를 이용하여 구면상에서의 강체의 이동으로 설명하기도 한다. 이 회전축과 구면과의 교점을 **오일러극**(ω)이라 한다.

오일러극

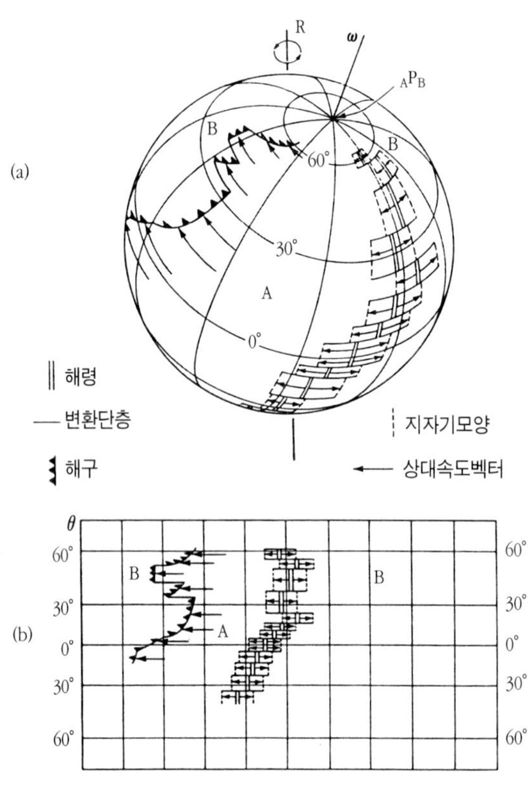

| 그림 5-8 | **판의 회전** 우측은 중앙해령, 좌측은 해구 APB는 회전중심(Euler극), R은 지구자전축 화살표시는 상대속도 벡터이다.

그림 5-8에서 A판과 B판의 상대운동의 방향(변환단층의 방향)은 오일러 극의 주위의 작은 원과 평행하며 상대운동 속도의 크기는 극에서 각거리(θ)로 표현된 $\sin\theta$에 비례한다.

힘

또 다른 해석으로 판운동의 기본적인 힘의 근원을 판자체에 두고 그림 5-9에서처럼 해령에서 낮은 곳으로 누르는 **힘**(F_{RP}), 섭입대의 판(slab)이 끌어당기는 **힘**(F_{SP}) 등에 의해 판이 이동하는 것으로 생각하고 있다(그림 5-9). 섭입대의 경우 해양지각이 냉각되면 연약권보다 밀도가 크게 되어 중력적으로 불

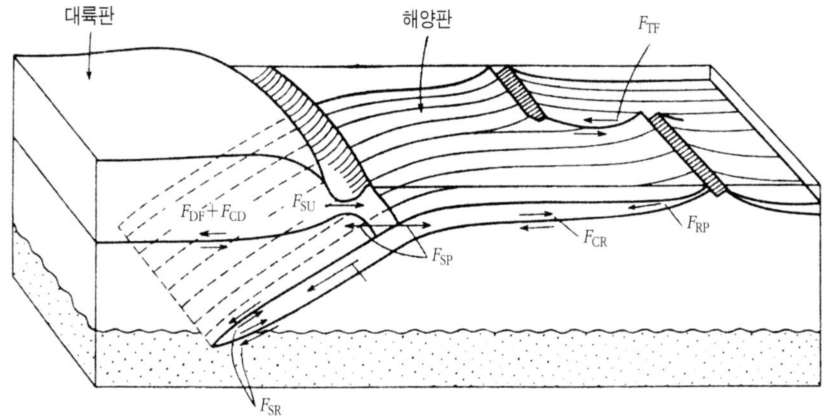

| 그림 5-9 | 판을 이동시키는 각종의 힘(杉村外, 1996)

안정하게 되어 무거운 판을 가라앉게 하는 힘(연약권과 밀도차에 의해 생긴 부의 부력)이 생긴다.

그리고 맨틀대류에 의해 맨틀대류가 상승하는 해령에서는 판이 갈라지는 모델과 플룸텍토닉스(plume tectonics)도 제안되고 있다(그림 5-10). 그러나 판을 움직이는 원동력의 설명에는 아직도 많은 문제점이 남아 있다.

5.2 고지자기와 해양저 확장

지구는 하나의 거대한 자석과도 같다. 그림 5-11에서와 같이 지구표면에는 눈에 보이지 않는 자장이 자북의 축을 중심으로 형성되어 있다.

암석 내에도 자철석, 적철석과 같이 자성을 띠는 광물이 존재하고 있다. 마그마에서 화성암이 분출할 때 화성암(용암) 내에 포함된 자성광물이 퀴리온도 이하에서 자화된다. 이를 **열잔류자기**(thermal remnent magnetism)라 한다(그림 5-12). 열잔류자기

퀴리 온도(Curie temperature)란 자성광물이 어느 온도에서 자성을 잃게 되는 온도를 말한다. 예를 들면, 자철석의 퀴리 온도는 578℃이고 적철석은 675℃이다. 퀴리 온도

1906년 프랑스의 Brunhes는 어느 용암이 현재의 지자기의 자극이 방향과 반대

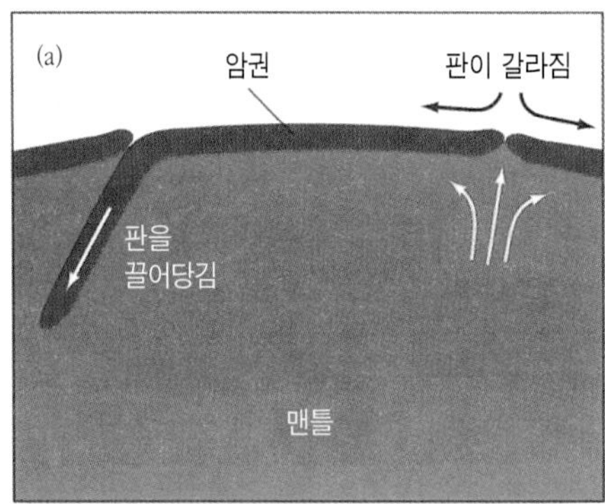

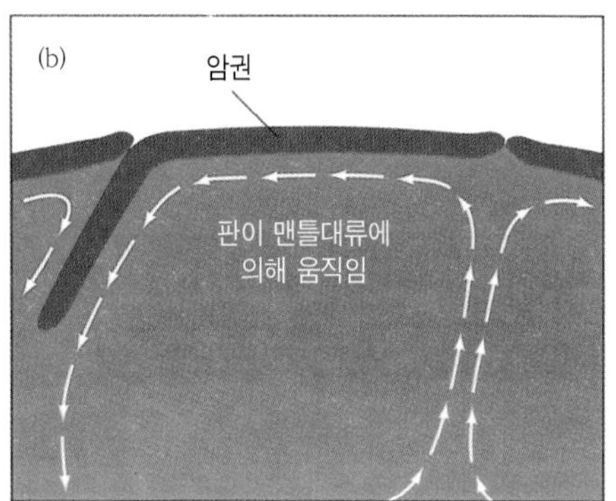

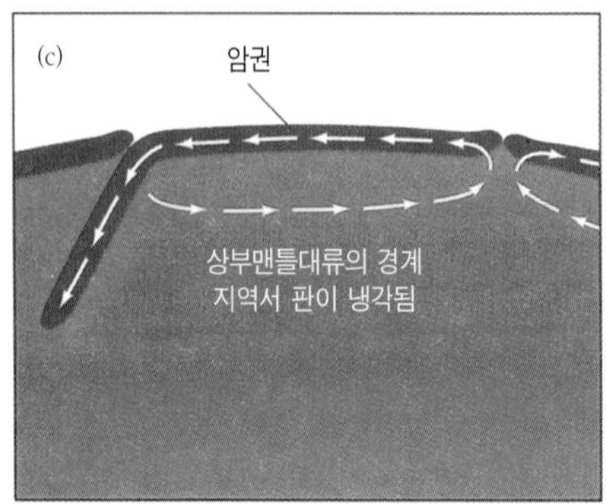

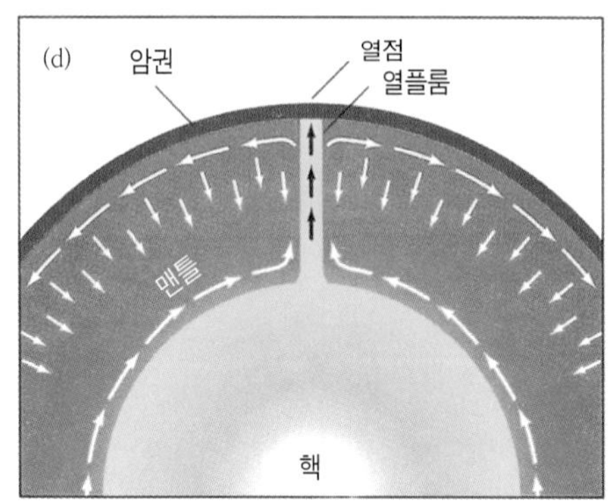

| 그림 5-10 | **판운동을 일으키는 메커니즘**(Press and Siever, 1994)
(a) 확장 축에 형성된 해령의 무게에 의해 밀려지거나 차갑고 무거운 섭입대의 Slab가 끌어 당기는 작용이 동시에 일어날 때 판이 이동됨
(b) 맨틀 대류에 의해 판이 이동
(c) 뜨겁고 연성이 있는 상부 맨틀에서 일어난 맨틀대류의 윗 부분이 냉각
(d) 핵에서 제트류 같은 열플룸(thermal plume)이 상승. 판을 옆으로 이동시킴. 하강하는 유체의 이동이 맨틀 전지역에서 일어남.

역자기
정자기

로 자화된 사실을 발견하여 이를 **역자기**라 하였다. 현재의 자화방향과 일치하는 경우를 **정자기**라 한다.

분출시기가 다른 여러 용암층에서 자화방향을 측정한 결과 무수히 자극이 역전된 현상을 발견하게 되었다. 이 같은 사실은 용암뿐만 아니라 퇴적암 지층에서도 같은 현상이 조사되었다. 자극의 반전의 이유를 조사하여 보자.

퇴적잔류자기

퇴적물 입자 내의 자성광물은 퇴적지에서 퇴적될 때 그 당시 지구의 자화방향에 따라 자화되어 퇴적된 후 속성작용으로 퇴적암이 된다. 이를 **퇴적잔류자기**(depositional remnant magnetism)라 한다.

현재는 물론 정자기시기이며 0.73Ma에서 현재까지 정자기 시기를 브른스(Brunhes) 정자기, 0.73~2.48Ma 시기 역자기가 우세하였던 시기를 마쯔야마(松山) 역자기 시기, 2.48~3.40Ma의 정자기 시기를 가우스(Gauss) 정자기 시기, 3.40~4.5Ma 시기를 길버트(Gilbert) 역자기 시기라 한다(그림 5-13). 이 같이 **자기층서**(magnetostratigraphy)가 수립되어 지질시대 대비에 이용되고 있다.

자기층서

남미 대륙과 아프리카 대륙이 여러 지질시대에 형성된 암석의 자화 방향 측정에서 자극의 위치를 조사한 결과 자극이 이동하는 커브(polar wandering curve)가 두 대륙에서 유사한 패턴으로 얻어져 대륙이동 현상을 잘 설명하여 주었다. 중앙해령의 경우에도 해령의 축을 중심으로 대칭적으로 정자기, 역자기의 자화가 반복된 사실을 알게 되었다.

이 사실에서 해양저가 해령을 중심으로 확장되어 가고 있음을 알 수 있게 되었다(그림 5-14) 이를 **해양저 확장설**(sea floor spreading theory)이라 한다. 이 같이

해양저 확장설

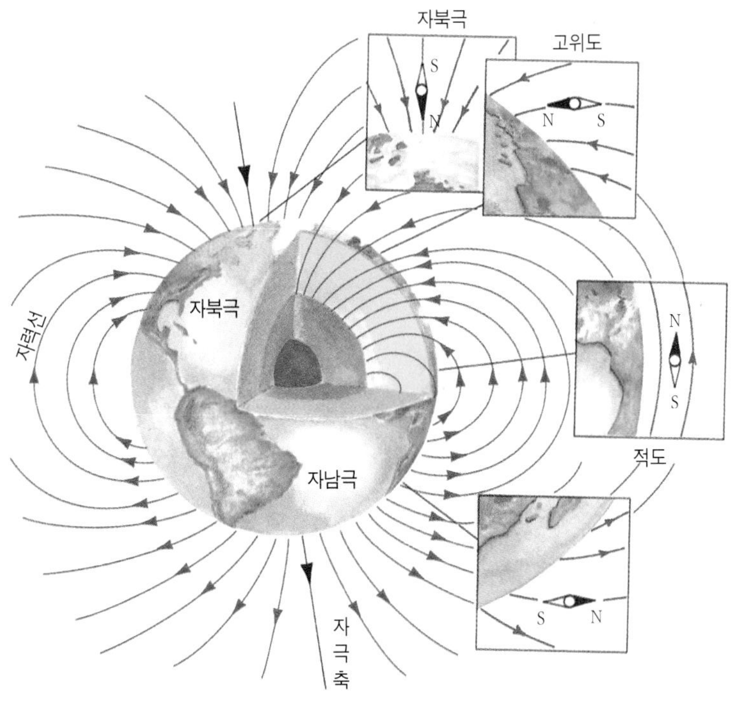

| 그림 5-11 | **지구의 자장** 막대 자석에서 N에 나오는 자력선에 의한 지구자장과는 달리 자력선이 남극(McMurdo Sound 부근)에서 나와 지구 자북으로 들어간다. 자력선이 극에서는 수직, 적도에서는 수평으로 배열되어 위도에 따라 자력선의 배열 방향이 다르다(Chernicoff, 1995)

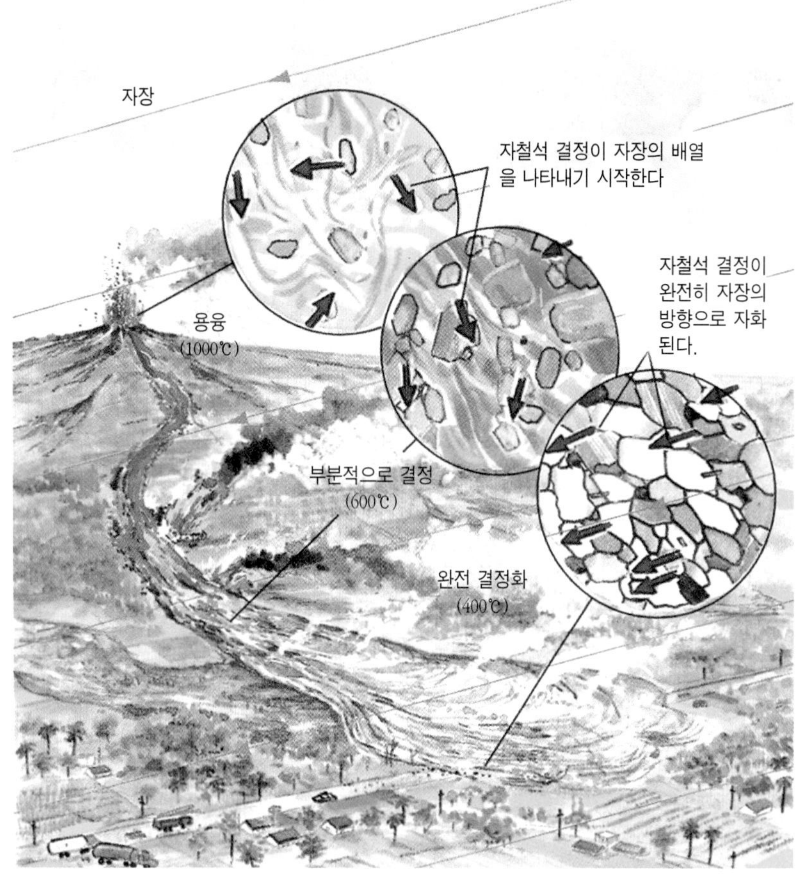

| 그림 5-12 | 현무암 용암이 퀴리 온도 이하에서 그 당시 자력선의 방향으로 자화된다. 퇴적물이 퇴적될 경우에도 유사하게 퇴적암 내에 자성광물의 자화가 일어난다.

고지자기의 연구가 대륙의 이동, 지질시대 대비, 판의 이동속도 등의 연구에 활용되고 있다.

지구자장의 역전 리듬의 빈도를 보면 평균 수십만 년에 한 번씩 역전이 일어났다. 그러나 중생대 백악기에는 4,000만 년 기간 동안 한 번도 역전이 일어나지 않은 시기도 있다.

임의의 기간 중의 극성이 정자기 시기였던 기간의 비율을 시간의 함수로 계산한 극성 바이어스 값의 지질시대에 따른 변화를 보면 약 3억 년을 주기로 정자기와 역자기의 주기성을 나타낸다. 이 주기성은 생물의 대량 절멸 주기와 일치하고 있다. 또한 자장의 장주기 변동은 맨틀과 핵 사이의 경계면의 열적 상태변화에

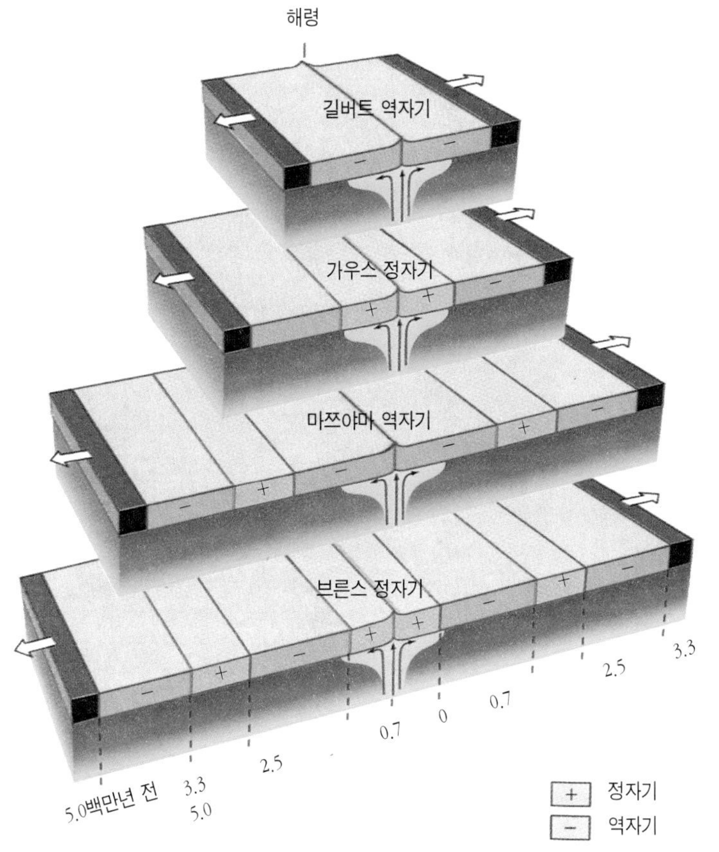

| 그림 5-13 | 해양저 확장에서 새로운 해양지각이 형성될 때에 형성된 정자기, 역자기 자화 (+ 정자기, - 역자기)

원인이 있다는 제안도 있으나 이들의 상호관계는 아직도 잘 알려져 있지 않다.

최초의 여성 노벨과학자 Curie

세계 최초의 여성 노벨과학상 수상자는 폴로니움과 라듐을 발견한 폴란드 태생의 Naria Sklodowska Curie(1867.11.7~1934.7.4)이다.

그녀는 러시아 지배하의 폴란드의 고교 물리교사의 막내딸로 태어나 1883년 16세 때 여고 졸업하였다. 당시 여성을 위한 대학입학의 길은 제한되고 경제적으로 어려워 졸업과 동시에 대학 진학을 하지 못하고 바르샤와에서 가정교사를 하

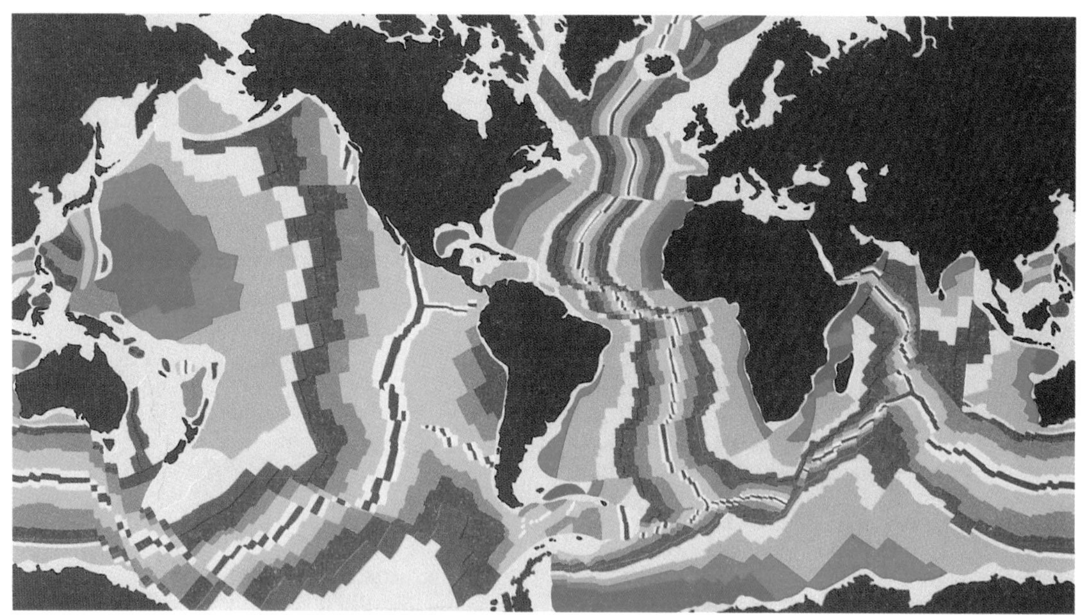

| 그림 5-14 | **심해저 시추자료 에서 얻어진 해저 암석의 연대** 지판이 갈라지는 중앙해령의 축을 중심으로 양쪽으로 대칭적으로 정자기, 역자기의 자화기록이 대칭적으로 나타나고 있다. 연령이 중앙해령에서는 젊고 해령에서 멀어질수록 점점 연령이 오래된다.

였다. 가난한 가정에서 태어났지만 향학심이 강하여 파리로 유학을 떠나게 된다. 언니가 파리에서 유학 결혼한 것을 기회로 1891년 24세 때 나이든 폴란드의 한 여대생이 20세 젊은 소르본느 대학생들 틈에서 유학하였다. 그리고 1898년 파리대학 물리학과를 졸업 한 후 1895년 이화학연구실 실험주임이였던 8살 위의 Pierre Curie(1859.5.15~1906.4.19)의 청혼으로 결혼하여 프랑스에 결혼생활을 시작하여 1897년 맏딸 Irene를 낳았다.

Marie Curie(1867. 11. 7~1934. 7. 4)

Curie는 방사능을 발견한 Becquerel 교수의 지도로 피치브렌드 광석에서 우라늄보다 강한 방사능을 가진 물질을 분리하는 연구에 몰두하였다. 수십 킬로그램이나 되는 무거운 광석을 불에 녹여 목적하는 불순물을 분리하는 일은 대학원생이던 그녀로서는 대단히 힘든 작업이었다. 마침내 광석에서 두 종류의 원소를 발견하여 한 원소는 조국 폴란드 이름을 딴 폴로니움(Po)과 또 다른 원소는 방사성 원소라는 이름인 라듐(Ra)이라 붙여 1903년에 노벨물리학상을 수상했다.

그녀는 어떻게 하여 미지의 라듐을 발견하게 되었을까? 그녀에게 실험연구 주제를 준 것은 Becquerel 교수였다. 그녀 남편의 도움을 받아 Becquerel 교수에서 받은 광석 속에서 천만 분의 1의 회수율인 라듐을 분리하는데 성공하였다.

Curie는 Pierre와 함께 우수한 물리학자로 1880년에 〈폐죠압전기에 관한 법칙〉을 발견하고 자성체는 어느 온도(퀴리온도) 이상에서 자성을 잃게 되는 것을 발견하였다. 결혼한 그 해에는 〈자성에 관한 퀴리의 법칙〉을 발견하였다. 불행하게도 1906년 남편이 교통사고로 목숨을 잃었다. 남편이 죽은 후 소르본느 대학 교수가 되어 라듐성질을 연구하여 1911년에 단독으로 노벨화학상을 수상하였다.

라듐 발견과 라듐의 놀라운 성질을 밝힌 것도 노벨상의 가치가 있다. 그러나 라듐발견 자체는 지적 활동보다 육체적 노동이며 라듐성질을 밝힌 것은 그녀가 지적이었다기보다 라듐 자체가 놀라운 성질을 가지고 있었기 때문이라는 얘기도 있다. 총명한 두뇌보다 철 같은 연구 의지가 있으면 당신도 노벨과학자가 될 수 있을지 모른다는 믿음을 주고 있다. 그렇지만 Curie는 미지의 방사성 원소를 분리하고 그 양을 간단히 측정하는 방법을 고안하였다. 미지의 내용이라 정량법은 결코 쉬운 일은 아니다.

그녀는 1914년 7월 파리에 라듐연구소를 설립하였다. 그러나 그 달에 유럽전쟁(제1차 세계대전)이 시작되었다. 그때 마리 퀴리는 X-선 치료반을 조직하여 각지 야전병원을 순회하며 병사들을 치료하였다. 전후 1920년에는 라듐 연구 사업을 지원하기 위하여 〈퀴리재단〉을 만들었다. 장기간 방사능 실험 때문에 1934년에 방사능 장해로 결국 그녀는 사망하였다.

Curie는 자기의 가장 우수한 조교 John Federick Zorio 박사와 큰딸 Irene Joliot-Curie(1897~1956)를 결혼시켜 당시 가장 최대 연구과제인 원자핵을 해명하는 연구에 같이 도전하게 하였다. 이 연구는 아무리 두껍고 딱딱한 판이라도 베릴륨 방사선의 강한 투과성을 막을 수 없다는 데 주목하여 우선 방사성의 특성보다 방사성 투과를 정지시키는 방법을 찾는 데 고민하였다. 어느날 딱딱한 물질이 안 된다면 말랑한 물질은 어떨까 생각하였다. 역전의 발상이었다. 거기에 방사성을 쪼였는데 방사선은 정지되고 그 대신 양자가 튀어나오는 것을 발견했다. 이것이 인공방사능 발견이다. 인공방사능 발견으로 1935년 부부가 노벨화학상을 수여했다. 이로서 Curie 가문은 전부 5개의 노벨상을 수상하게 되는 영광을

안게 되었다(板倉聖宣 저, 과학자 전기 소사전, 2000; 딸인 Eve Curie 저, 가와구찌 외 역, 퀴리부인전, 1938; 부인인 Mari Curie 저, 渡邊慧 역, 피에르 퀴리전, 1938).

5.3 동해의 형성

약 17Ma년(Kaneoka et al., 1990) 이전에는 한국과 일본이 유라시아 대륙의 일원으로 함께 붙어 있었다. 이 같은 사실은 일본열도와 한반도의 지질이 대비되는 사실과 현재 동해 해저에 남아 있는 화강암질 대륙지각의 조각이 산재하는 사실 등에서 추정할 수 있다. 특히 경상분지 지역의 중생대 화산활동 특징이 서남 일본 내대의 화산활동 특징과 대단히 유사하다.

그리고 현재 일본열도의 육지의 형태가 고지자기 연구에서 서남 일본에서는 1,500만 년 전, 동북 일본에서는 2,000만 년 전의 암석에 기록된 잔류자화의 편각이 현재의 지구자장 방위와 차이가 있음에 착안하여 이 시기에 서남 일본은 시계 방향으로 동북 일본은 반시계 방향으로 휘어져 오늘날처럼 휘어진 모습을 나타냄을 알게 되었다(그림 5-15).

이 같이 마이오세에 일본열도가 한반도에서 떨어져 나가면서 동해가 형성되기 시작한 것이다(그림 5-16). 동해지역이 갈라지면서 동해에 배호분지(back arc basin)가 형성되고 일본의 화산도호(volcanic arc)를 만들었다.

일본열도 쪽에서는 화산성 퇴적물이 동해로 유입되고 한반도에서 대륙지각성 퇴적물이 동해에 유입되기 시작하여 배호분지 퇴적층을 퇴적시키게 되었다. 동해가 갈라지면서 맨틀이 위로 부풀어 오름(mantle upwelling)으로 생성된 알칼리 현무암질 마그마가 상승해 동해저의 해양지각의 일부를 이루었고 울릉도, 독도와 같은 화산섬도 동해 형성과 함께 일어난 화산활동의 결과이다.

그러면 일본열도를 떨어져 나가게 한 힘은 무엇일까? 한 원인은 태평양판이 유라시아대륙 밑으로 섭입되면서 형성된 국부적인 맨틀 대류에 의해 중앙해령에서와 유사하게 유라시아 대륙의 일부였던 일본열도가 갈라져 나가기 시작한 것이다(그림 5-17).

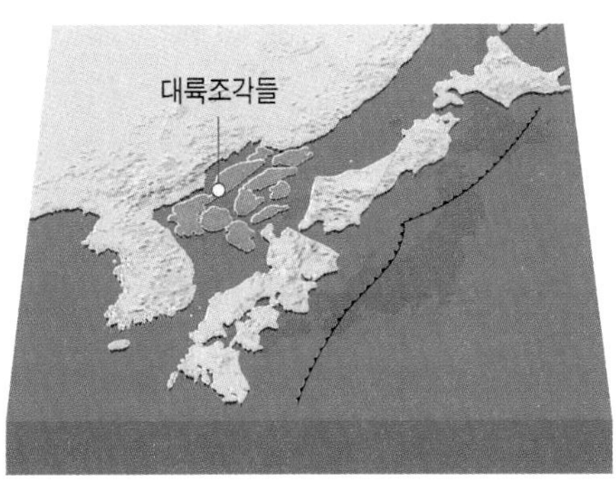

(a) 약 2,500만 년 이전까지 한반도와 일본열도는 붙어 있었다.

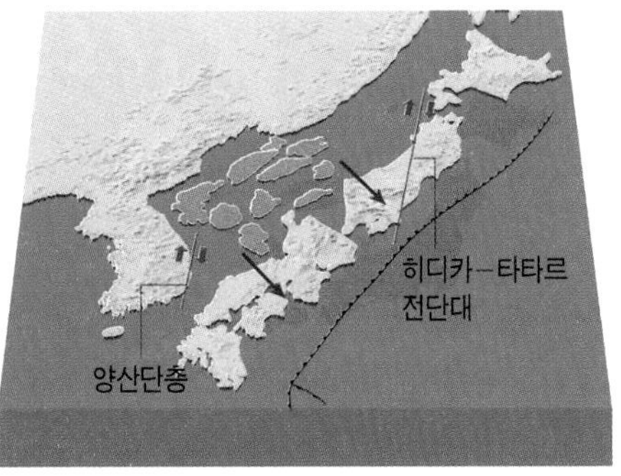

(b) 약 1,500만 년경 일본열도가 서남쪽으로 평행하게 떨어져나가면서 동해가 만들어지기 시작하였다.

(c) 약 1,500만 년 전 필리핀해 판이 서남 일본과 충돌하면서 일본열도가 회전하여 현재처럼 휘어졌다.

| 그림 5-15 | 고지자기 연구에 의해 추정된 일본열도의 회전운동과 동해와 일본해의 형성과정(山中, 1995; 박찬홍, 이윤수, 2004)

또 다른 원인은 섭입되는 태평양판이 중력에 의해 아래로 끌어당김으로 생긴 장력(tensional stress)에 의해 유라시아 대륙의 일부가 그림 5-17에서처럼 떨어져 나가게 된 것이다. 위의 두 가지의 경우 모두 섭입대 위의 판을 갈라지게 하고 갈라진 부분으로 맨틀에서 현무암질 마그마가 상승하여 새로운 해양지각을 만들게 되면서 배호분지 확장(back arc spreading)이 일어나게 된 것이다.

배호분지 확장에 따라 판은 얇아지고 연약권 맨틀이 부풀어 오르고 열류량이 높아지며 정단층이 형성, 지진이 빈번히 발생하고 울릉도, 독도와 같은 알칼리 현무암질 화산활동이 일어나게 된 것이다. 위의 설명은 판구조론적 개념에서 동해는 수평적으로 일본열도가 갈라져 나가면서 동해가 형성된 소위 동해 확장설(Opening of the East Sea)이다. 한편 牛來(1960), 湊正雄(1973), 藤田(1978,

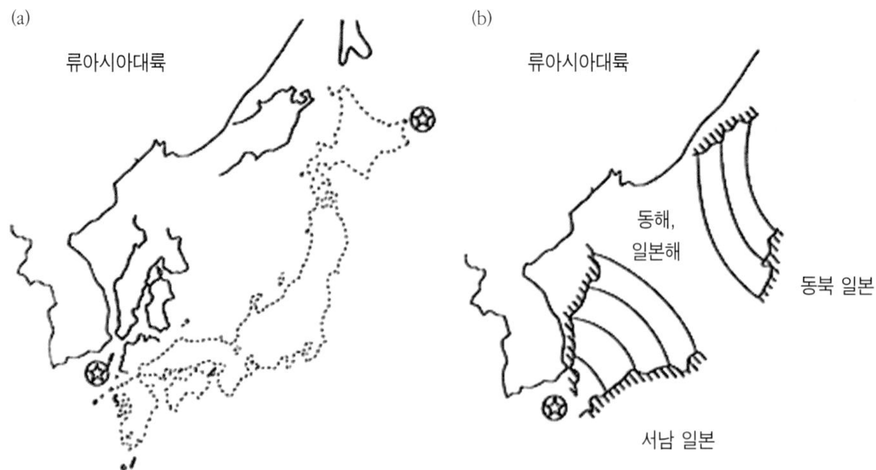

| 그림 5-16 | 동해와 일본해의 확장모델(乙藤外, 1985)
(a) 일본열도가 한반도에서 분리되기 전(2,100만 년 이전)
(b) 동해, 일본해의 확장 양식, 별표시 지점을 기점으로 동북 일본과 서남 일본이 각각 반대방향으로 회전(2,100~1,100만 년 사이)

1986), 윤선(2000) 등의 일부 학자들은 동해함몰설(Depression of the East Sea)을 제안하였다. 이들에 의하면 동해 지역이 불국사변동(일본 히로시마 변동)시기에 대규모 화성활동과 함께 대규모 융기 침식이 일어나고 그 후 마이오세 초기에 단층운동으로 침강한 것으로 생각하고 있다. 즉 동해는 백악기 중기에 함몰되어 처

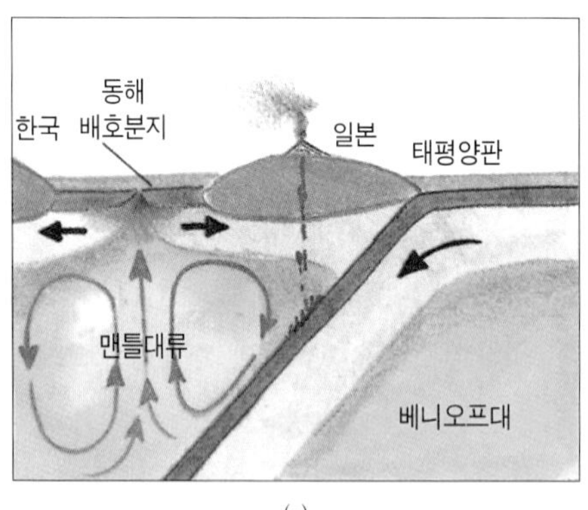

(a)

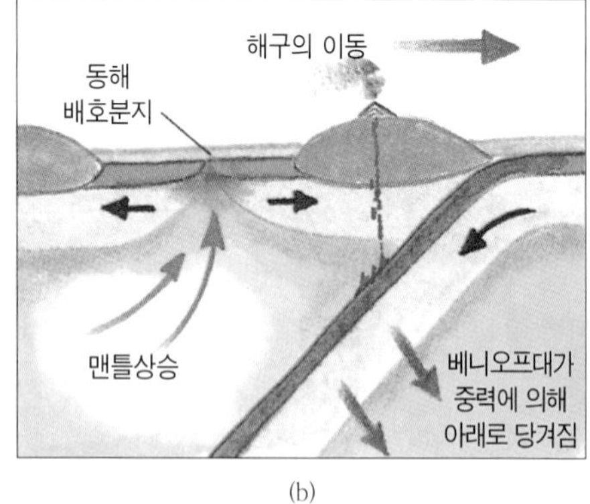

(b)

| 그림 5-17 | 동해의 형성 모델(Chernicoff, 1995; Geology, Worth)
(a) 판의 섭입으로 인해 형성된 맨틀대류에 의해 동해가 확장됨.
(b) 판의 섭입시 중력에 의해 베니오프대가 아래로 끌어당겨짐으로 동해가 확장됨

음에는 담수호였으나 마이오세에 해수가 침입되었다. 이어 도호변동에 따라 오늘날과 같은 심해를 형성하였다(藤田, 1986). 특히, 윤선(2000)은 대륙지각의 지괴단층운동과 함몰에 의해 동해와 일본해가 형성된 것으로 해석하였다.

5.4 대륙의 이동

판구조론, 해양저확장설, 고지자기 등의 내용을 알고 보면 1910년경 베게너가 제안한 대륙이동설이 과학적으로 입증되어가고 있음을 알 수 있게 될 것이다. 그러나 대륙이동설도 1930년대에는 대륙고정설에 밀려 덮혀진 시기가 있었다. 그 후 1960년대에 와서 고지자기학의 발전과 해저 관측자료가 대량 축적됨에 따라 판의 이동속도가 밝혀지게 되었다.

대륙 이동속도는 1cm/년에서 10cm/년 정도로 동서방향과 남북방향으로도 이동하고 있음을 알게 되었다. 대륙이 이동되기 전의 초대륙 판게아에서 지질시대에 따라 점점 이동하여 현재의 대륙의 분포를 나타내고 있다.

이 같은 이동속도에 의하면 앞으로 5,000만 년 후의 대륙의 모습은 현재와 상당히 다르게 남미 북미의 파나마 운하가 바다로 연결되고 홍해가 지중해로 완전 개방 연결되며 오스트레일리아는 동남아시아에 상당히 가까운 거리에 위치하게 되며 아프리카 열곡대가 분리되기 시작한다. 또한 현재의 많은 화산섬이 해수면 밑으로 침강하는가 하면 새로운 화산섬이 형성되어 대륙과 지구의 표면의 모습은 현재와 달라지게 될 것이다(그림 5-18).

5.5 대륙이동의 증거

Wegener(1880. 11. 1～1930. 11)는 아프리카 대륙과 미국대륙의 대서양 양해안선의 경계가 잘 일치하고 있다는 점에 착안하여 대륙이동(continental drift)의 가설을 제창하였다. 1965년 영국의 지구 물리학자 E. Bulland와 두 연구자가 수심 2,000m 깊이에서 해안선이 가장 잘 일치함을 확인하였다.

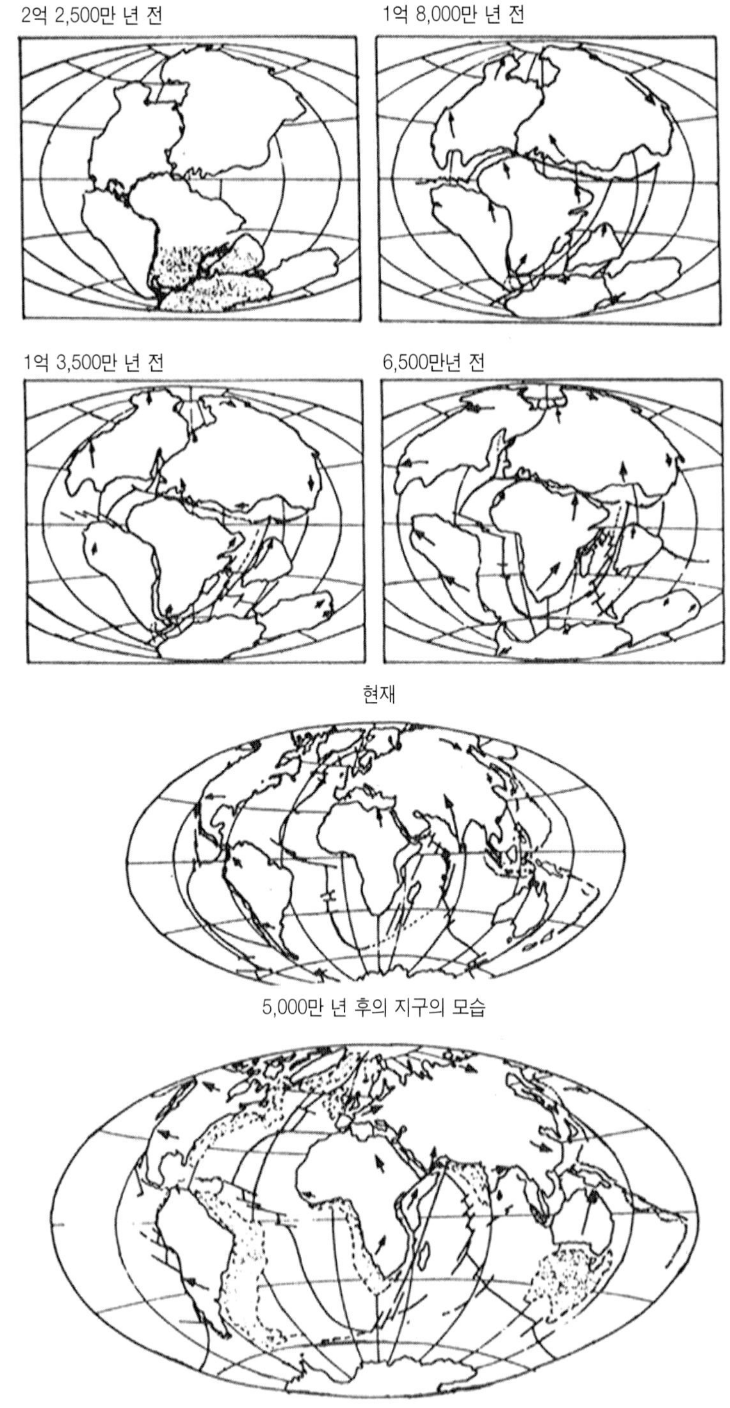

| 그림 5-18 | 판구조운동에 의한 대륙이동의 모습

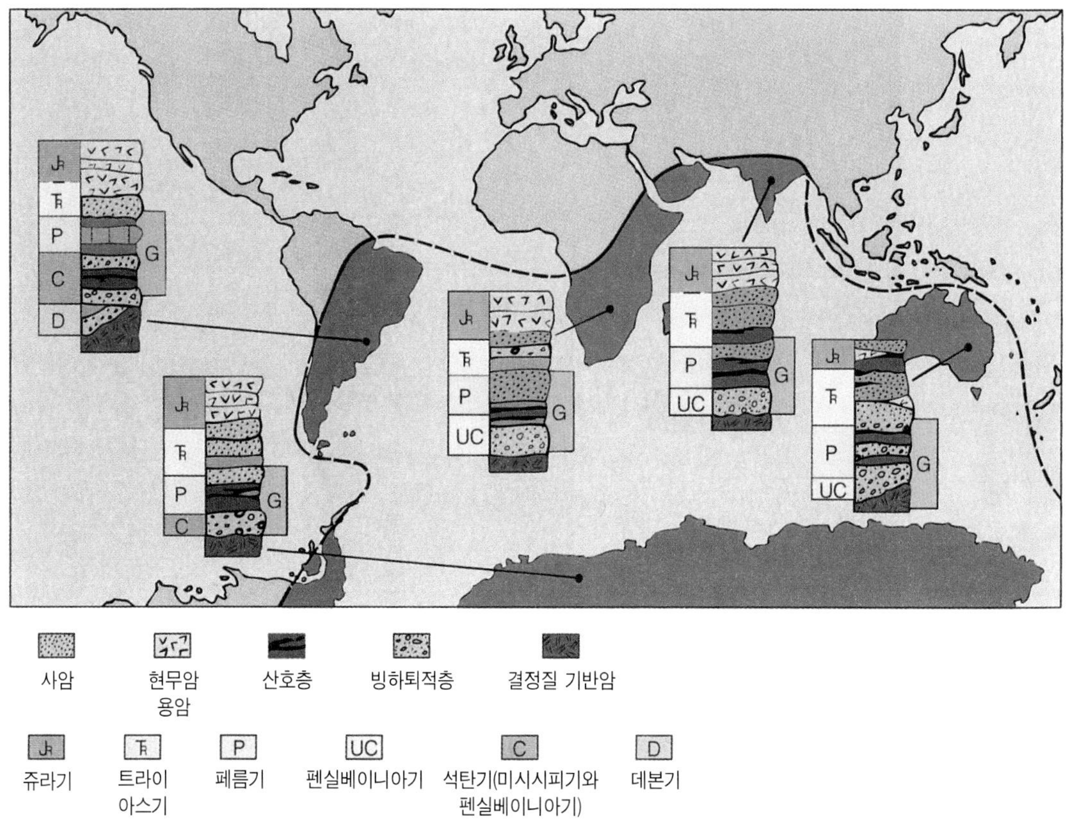

| 그림 5-19 | 곤드와나 대륙의 석탄기~쥬라기의 해성, 비해성 및 빙하 퇴적지층의 층서가 동일함(Monroe and Wicander, 2001) 이 같은 층서의 유사성이 한때 대륙이 하나로 붙어 있었음을 의미한다. 층준 G는 식물화석 글로솝테리스(Glossopteris flora) 산출 층준이다.

대륙이동의 증거는 대서양 양안 해안선 일치 외에도 남미 대륙과 아프리카 대륙, 인도대륙 등지의 산맥과 지질층서의 유사성, 방하퇴적층 분포, 화석, 고지자기의 자극이동곡선 등을 들 수 있다.

그림 5-19에서처럼 곤드와나 대륙에서 쥬라기~석탄기에 퇴적된 해성층, 비해성층, 빙하퇴적층들의 층서가 잘 대비되며 각 대륙에서 층서가 동일하다. 그리고 북미대륙의 애팔래치아 습곡산맥이 미동부와 캐나다를 지나 뉴파운드랜드 해안에서 끝나게 된다. 동시기의 산맥이 그린랜드 동부 영국, 노르웨이까지 연장되고 있다.

고생대 말 거대한 빙하가 남반구의 대륙들을 덮고 있었다. 이 같은 증거는 빙

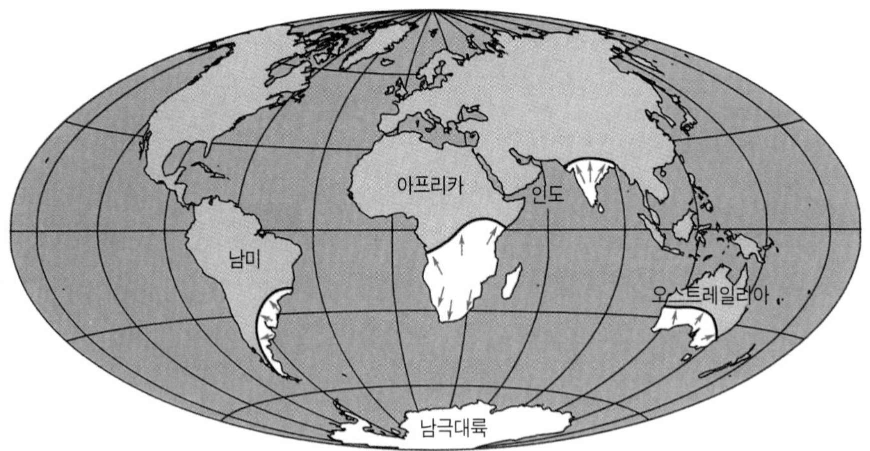

| 그림 5-20 | 대륙이동 전후의 빙하지층의 분포

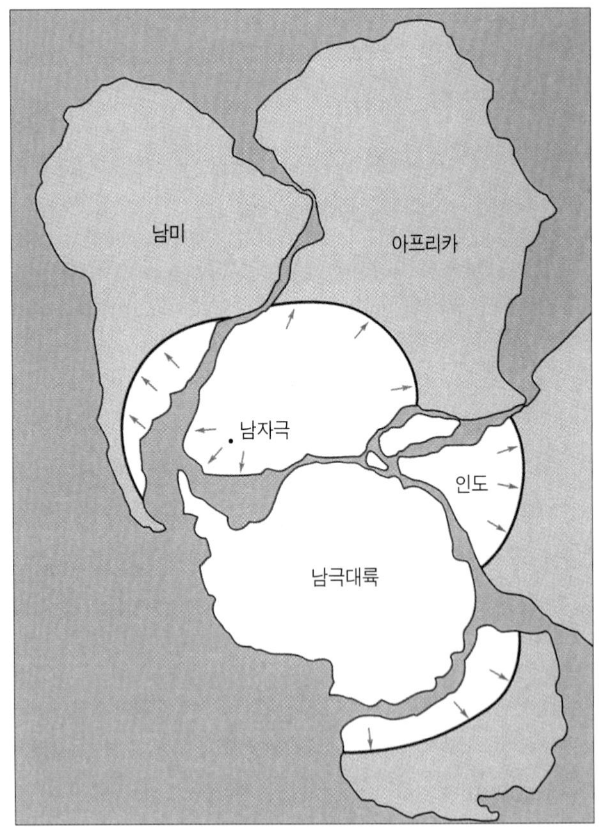

| 그림 5-21 | 대륙이동 전후의 빙하지층의 분포

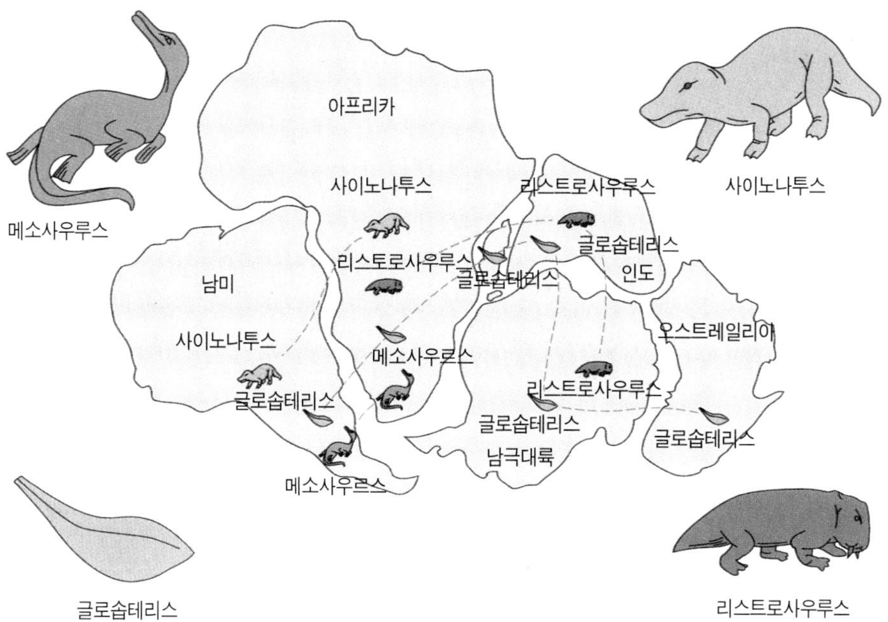

| 그림 5-22 | **동일한 동식물의 화석종이 각대륙에서 발견되고 있다** 석탄기의 식물화석 글로솝테리스와 담수성 파충류인 Mesosaurus, Cynognathus, Lystrosaurus 등이 각 대륙에서 발견되고 있다(Monroe and Wicander. 2001).

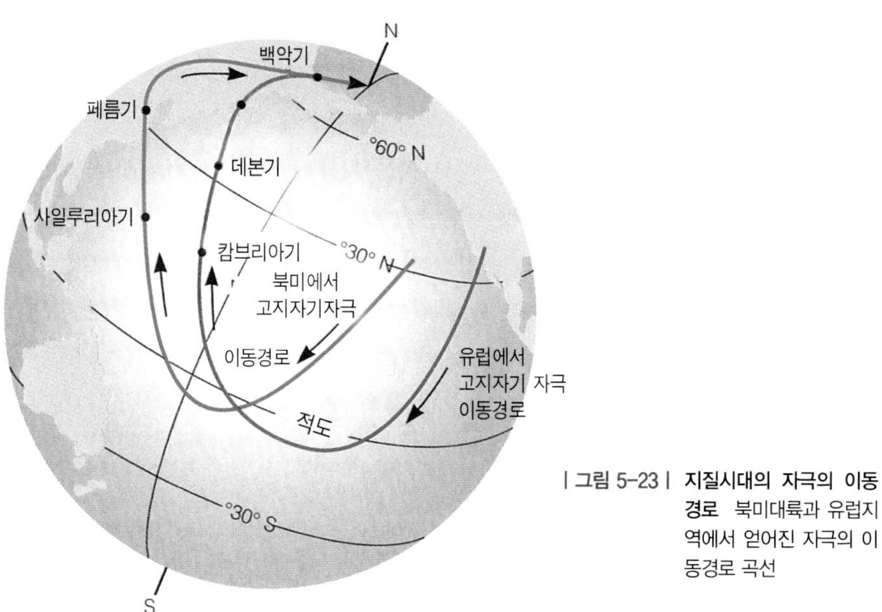

| 그림 5-23 | **지질시대의 자극의 이동경로** 북미대륙과 유럽지역에서 얻어진 자극의 이동경로 곡선

하퇴적층의 분포나 거대한 빙하가 이동할 때 생긴 빙하퇴적층 밑의 기반암 표면에 글킨 자국 구조에서 나타나고 있다. 빙하에 의해 글켜서 생긴 줄무늬의 구조 방향에서 남극대륙에서 각 대륙쪽으로 빙하가 이동하였음을 알 수 있게 해 주었다(그림 5-20).

만일 대륙이동이 일어나지 않았다라고 가정하면 고생대말 오스트레일리아 인도, 남미대륙에서 빙하가 열대~아열대기후의 해양에서 육지로 이동하게 되는 모순이 발생한다. 그러나 만일 곤드와나 대륙에 그림 5-21에서처럼 하나로 붙어 있었다면 남극은 남아프리카에 위치하고 이 남극점을 중심으로 방사상으로 이동한 것이 되며 극지방의 기후 하에 있게 되어 합리적으로 해석이 된다.

그림 5-22에서 동일한 동식물의 화석종이 각대륙에서 발견되고 있다. 석탄기의 식물화석 글로숍테리스와 담수성 파충류인 Mesosaurus, Cynognathus, Lystrosaurus 등의 화석이 각 대륙에서 발견되고 있다.

그리고 석탄기 지층의 석탄층에서 발견되는 식물화석 글로숍테리스(Glossopteris Flora)가 각 대륙에서 발견되고 있다. 담수성 파충류인 Mesosaurus 화석이 브라질과 남아프리카 페름기 지층에서 발견되었다.

트라이아스기에 서식하였던 Lystrosaurus와 Cynognathus 등의 파충류도 곤드와나 대륙에서 화석으로 발견되고 있다. 뿐만 아니라 대륙이동의 과학적인 증거가 고지자기 측정연구에서 밝혀진 자극이 이동곡선에서도 알 수 있다(그림 5-23). 자극 이동곡선이 대륙이동과 어떤 관계인지 생각하여 보자.

5.6 최초의 대륙이동설 제창자 Wegener

Wegener는 프로테스탄트 교회 목사의 막내아들로 베를린에서 태어났다. 아버지는 아들이 교사가 되기를 기대했으나 그는 과학에만 홍미를 가져 학교에서는 천문학에 몰두 했다. 학생시절에 독일의 다른 많은 학생들처럼 하이델베르그, 인스부르크, 베를린의 3대학에서 공부하였으며 1904년 11월 베를린 대학에서 학위를 받았고 극지 기후학을 연구하게 되었다. 그는 탐험을 대단히 즐겼으며 1906년 4월 형과 함께 기구를 타는 경쟁에 도전해 체공 52시간의 기록으로 제1위의 기록

Wegener(1880. 11. 1~1930. 11)

| 그림 5-24 | **Wegener와 판게아 대륙**

을 세웠다. 덴마크 탐험대가 그린랜드 탐험 예정이라는 소식을 듣고 기상학자로서 탐험에 참가 신청, 그해 6월부터 2년간 탐험 여행을 하였다. 1908년 귀국하여 탐험기록을 정리하면서 독일 마르브르크 대학의 강사로 천문학과 기상학을 가르치고 『대기권의 열역학』이라는 교과서를 쓰기도 했다.

1911년 1월 그는 친구와 같이 새로운 세계지도가 완성된 것에 감동해 세계지도를 여러 시간 바라보던 중 언뜻 생각이 들었다. 남미대륙의 동해안이 아프리카 대륙의 서해안과 일치하는 형태에 착안하게 되었다(그림 5-24). 그래서 해안 부근의 수심에도 주의를 기울여 보니 점점 양자가 잘 일치하고 있음을 알게 되었다. 이 같은 사실은 옛날 여러 사람이 알고 있었지만 지구물리학자인 그는 '이것을 그냥 간과할 수 없다' 라고 생각하고 사리에 맞는 사실을 몇 가지 찾아냈다. 그래서 다음해 12년 1월 '지구의 지각의 대규모적인 전개에 관한 지구물리학의 기초' 라는 주제의 강연을 하였다. 그 후 고생물학적 증거에서 '브라질과 아프리카는 과거에 연결되어 있었다.' 라는 생각을 하는 사람이 있음을 알게 되었다. 그래서 1915년에는 『대륙과 해양의 기원』이라는 책을 정리해 '오늘날의 대륙은 옛날에 붙어 있었던 것이 이동하여 된 것이다.' 라는 대단한 가설을 공표하게 되었다.

그전에도 그는 1912년 7월과 1913년 9월에도 그린랜드 탐험에 참가하였으나 1914년에 유럽전쟁－제1차 세계대전－이 시작하자 장교로서 전선에 나가 부상해 일시 귀국하여 군복무를 계속하였다. 1918년 11월 독일이 패전으로 종전되었다. 전쟁에서 돌아오자마자 함브르크의 독일 해양기상대의 이론기상 부분의 책임자로 일을 하였다.

| 그림 5-25 | 현재 발달하고 있는 수렴형 경계부의 예 나즈카판이 남아메리카판의 서쪽 경계부 밑으로 가라앉는 섭입대 상부인 에쿠아도르(Ecuador)에 안산암질 성층화산으로 구성된 산맥이 발달하고 있다. 눈으로 덮혀 있는 화산들이 항공사진에 의하여 나타난다.

1923년 4월에는 오스트리아의 그라쯔 대학 교수가 되어 기상학과 지구물리학을 가르치게 되었다. 1930년 4월에 독일 그린랜드 탐험대 대장이 되어 그린랜드 탐험에 나섰다. 그러나 그 해 11월 1일 그의 소식은 끊어졌고 조난사한 그의 유해가 다음해 5월에 발견되었다.

그 이전 1929년에 그의 『대륙과 해양의 기원』의 4판이 출판되었고, 1924년에 양부인 겟펜과 공저로 『지질시대의 기후』라는 책을 저술했다. 그는 대륙이동설을 계속 주장하였으며 일부 지구물리학자들과 토의를 가졌으나 대부분의 지질학자들로부터 '단순한 공상에 지나지 않는다' 라고 오랫동안 무시당해 왔다. 그렇지만 그가 죽은지 50년 이상 지난 후 대륙이동설은 다시 부활하게 되었다. 암석에 잔류하고 있는 지구 자기의 연구 결과가 대륙이동설이 공상이 아님을 분명하게 해주었다. 그 후 '대륙은 어떻게 이동하여 왔을까?' 라는 그의 이동원인을 설명해주는 판구조론(Plate tectonic theory)이라는 학문이 탄생하여 학계의 다수파를 구성하게 되었다. 그래서 지금도 일부 지질학자들의 뿌리깊은 반대에도 불구하고 학교에서도 판구조론이란 학설이 진리로 가르쳐지고 있다(板倉聖宣 저, 과학자전기 소사전, 2000).

06 물질의 순환

캄보디아 앙코르와트의
힌두사원의 열대림에 의한 풍화

자연계의 모든 물질은 순환하고 있다. 앞 장의 판구조운동에서 지각의 물질이 맨틀로 맨틀물질이 지각으로 순환하고 있음을 알게 되었다. 물은 해수에서 증발, 응축, 강우현상으로 지표에서 순환하고 있다. 탄소, 질소, 산소, 황 등의 모든 원소 역시 대기권과 암석권에서 순환하고 있다. 이같이 자연계의 모든 물질은 순환하고 있으며 지표상의 생물계의 구성물질도 서로 다른 순환주기로 모두 순환하고 있다.

지구시스템 내에서 물질의 순환과 평형이 연속적으로 일어나면서 지구상에는 여러 가지 지질현상이 일어나고 있다.

6.1 물의 순환

우주의 다른 천체에서와는 달리 지구에는 액상의 물이 존재하고 있으며 물의 존재와 순환이 지구상의 생명체의 탄생과 생존을 가능케 하고 있다.

물은 액체상태, 기체상태, 고체상태로 존재하고 있다. 액상의 물로는 해수, 하천수, 호소수, 지하수, 강수 등이 있고 고체상의 물은 남북극의 빙하나 고도가 높은 산악지대의 만년설 등이 있다. 이와 같은 물은 약 3,200년을 주기로 계속 순환하고 있다(그림 6-1).

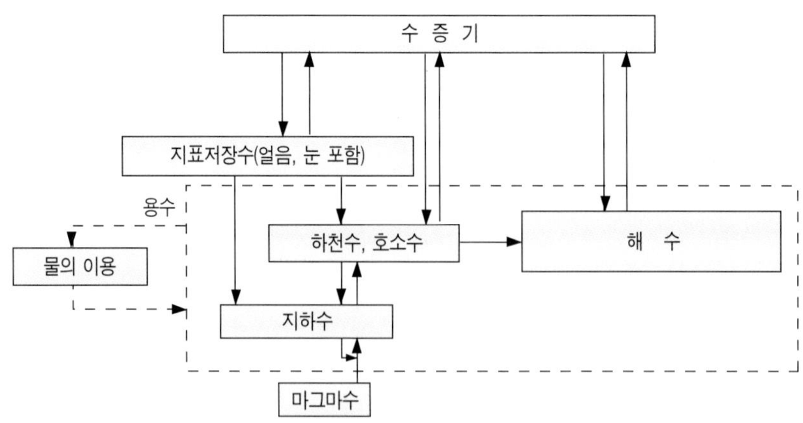

| 그림 6-1 | 물의 순환 개념도(일본 분석화학회 편, 물의 분석, p. 6)

표 6-1 수권에서 물의 분포(Skinner, 1982, USGS)

구분	수량(톤)	백분율	평균체류시간
해수	$1,319,800 \times 10^{15}$	97.2	4,000년
빙하 및 만년설	$29,000 \times 10^{15}$	2.15	15,000년
지하수	$8,400 \times 10^{15}$	0.62	수시간~10만년
담수호	125×10^{15}	0.009	10년
염수호	104×10^{15}	0.008	
토양 중의 습기	66.6×10^{15}	0.005	2~50주(?)
대기	12.9×10^{15}	0.001	10일
하천수	1.1×10^{15}	0.0001	2주

우리 생활과 직접적으로 관계가 깊은 물은 지하수, 하천수, 호소수, 강수 등이다. 이들 물은 지구 수권에 존재하는 물의 0.63%에 해당한다.

지질학적으로 물은 성인에 따라 해수, 순환수, 화석수, 마그마수, 초생수 등으로도 구분하고 있다. 순환수(meteoric water)는 대기의 순환에 의해 형성된 물이다. 화석수(connate water)는 퇴적암 내에 포획된 물로 퇴적물이 퇴적될 당시에 포획된 물이다. 그리고 물의 궁극적 기원에 관계없이 마그마와 평형에 있었던 물은 마그마수(magmatic water)로 분류하고 있다. 초생수(juvenile water)는 맨틀기원의 물이다.

다양한 종류의 물은 지구상에서 크게 대기권, 수권, 생물권, 암석권에서 순환하고 있다. 지구상에 존재하는 물의 질량은 지구질량의 0.024%에 지나지 않는다. 더욱이 지표에 존재하는 물의 양은 적은 양이지만 상수도, 생활용수, 공업용수, 농업용수 등으로 우리 생활에 사용될 뿐만 아니라 지표의 풍화 등 지형변화와 지질 현상에도 큰 영향을 주고 있다.

6.2 하천수

한강, 낙동강, 금강 등 우리나라의 주요 하천수는 농업용수나 공업용수뿐만 아니라 생활용수로 대단히 중요한 역할을 하고 있다. 한강 하천수의 화학성분은 표

표 6-2 하천수의 평균 화학 성분(단위 mg/ℓ)

구분	북한강	남한강	일본	세계
증발잔류물	–	–	74.8	100
Na^+	3.11	3.93	9.41	5.79
K^+	1.21	1.57	1.68	2.21
Mg^{2+}	1.97	4.46	2.70	3.41
Ca^{2+}	8.42	24.97	12.5	20.4
Cl^-	3.73	6.86	8.21	5.68
SO_4^{2-}	6.21	24.09	14.77	12.14
HCO_3	35.93	78.52	21.6	35.2
SiO_2	3.04	2.53	26.84	11.67

한강자료(서혜영, 김규한, 1997), 일본자료(多賀, 邦須, 1994), 세계자료(Clarke, 1965)

6-2와 같다. 하천수의 화학성분은 강수의 성분과 주변지역의 지질에 크게 영향을 받는다. 일반적으로 하천수의 화학성분의 기원은 다음과 같다.

1. 강수 및 하천수의 증발 농축
2. 강하물(dry fallout) 에어로졸 등이 강수에 용해
3. 암석, 토양에서 유출
4. 생활하수, 공업용수, 농업용수에서 유입
5. 광산폐수에서 유입
6. 온천수에서 유입

등이 있다.

대부분의 경우 하천수의 성분은 강수에 크게 영향을 받게 된다. 강수 중의 염화물 이온은 대부분 해수에서 유래한다. 해수와 강수에 존재하는 원소를 Cl 농도비로

$$\text{농축계수} = \frac{(Mi/Cl)_{\text{강수}}}{(Mi/Cl)_{\text{해수}}}$$

표시한다. 여기서 Mi는 강수에 존재하는 원소이다. Na, K, Mg, Ca, Cl, SO_4 등과 같이 농축계수가 1에 가까운 경우 보통 해수에서 농축된 것을 의미한다. 그러나 농축계수가 큰 Si, Fe, Al, V, Cu, Zn 등은 토양기원이다. 물론 인공오염 등에 의

한 영향도 있을 수 있다(多賀, 邦須, 1995).

하천수의 수질은 주변지역의 지질, 유량, 계절, 시간변동 및 기타 인공오염에 의해 크게 좌우된다.

6.3 한강 하천수의 화학성분

한강은 김포－서울－양수리－춘천－양구를 잇는 북한강과 김포－서울－양수리－충주－영월－상동을 잇는 남한강으로 흐르는 총 연장 5,400km 하천으로 연간 180억 톤의 담수를 황해로 흘러 들어보내고 있다.

한강유역을 중심으로 수도 서울, 춘천, 원주, 제천, 충주 등의 대도시가 발달하고 있으며 한강물은 인구 1,400만의 서울 및 수도권의 상수원 및 생활용수로 이용되고 있다.

한강수계분지의 면적과 주변지역의 지질은 표 6-3과 같다. 표 6-3에서와 같이 한강 하천수의 용존 화학 성분은 1차적으로 수계분지 주변지역에 분포하는 지질에 크게 영향을 받고 있다. 즉, 남한강 상류지역에는 고생대 퇴적암류(특히 석회암, 돌로마이트 등)와 많은 석탄광산이나 금속광산에서 유래되는 황화광물의 산

표 6-3 한강 수계분지의 면적과 주변지역의 지질(서혜영 · 김규한, 1997; 한국수자원공사, 1993; 김규한 · 김완숙, 1994; 김규한 · 심은숙, 2001)

구분	분포암석	수계분지면적 (km2)	총 길이 (km)	PH	특징적인 주요 용존 화학 성분
한강본류	선캄브리아기의 변성암류 중생대 화강암류 제4기 하성층	3,000	80	6.88~7.52	SO_4^{2-}, NO_3^-, PO_4^{3-}, Cl^-
북한강	선캄브리아기 변성암류 중생대 화강암류	11,200	320	7.61~8.08	K^+, Na^+, Ca^{2+}
남한강	고생대 퇴적암류 중생대 화강암류	14,000	400	7.62~7.90	Ca^{2+}, Mg^{2+}, HCO_3^-, SO_4^{2-}

| 그림 6-2 | **남한강 상류지역인 상동부근의 하천** 하천에 유입된 황화광물이 산화되어 하상의 퇴적물이 황색으로 피복되어 있다.

화에 의하여 Ca^{2+}, Mg^{2+}, SO_4^{2-}, HCO_3^{2-} 등의 함량이 높다(서혜영 · 김규한, 1997; Ryu et al., 2008; 그림 6-2).

한편 북한강은 화강암류의 풍화산물 K^+, Na^+, Ca^{2+} 등의 농도가 높은 특징을 나타내고 있다. 그러나 한강본류는 남한강과 북한강이 합류되는 양수리에서 서울 도심을 흐르게 된다. 한강본류는 인위적인 오염원으로 해석되는 NH_4^+, Na^+, NO_3^-, PO_4^{3-}, Cl^-, SO_4^{2-} 이온 등의 함량이 높은 것이 특징이다(Nakai et al., 1981; 서혜영 · 김규한, 1997; 김규한 : 심은숙, 2002). 그러나 최근 한강 수질 관리로 이들 농도가 점차 낮아지고 있다.

6.4 하천의 수계

강수는 지표수 또는 지하수로 유입된다. 지표로 흐르는 강수는 토양과 암석을 풍화 · 침식시켜 유로(channel stream)를 형성한다. 하상에 퇴적된 퇴적물을 **하상퇴**

하상퇴적물

적물(alluvium)이라 한다. 유로는 하천의 수리역학적인 특성에 의해 직선하천, 사행천(meander), 산발형하천(braided stream) 등을 이룬다.

하천수는 하천의 폭, 하천의 구배, 하천에 유입되는 수량, 하천수 중의 부유퇴적물 등의 영향을 받으며 하천의 유로를 따라 흐르게 된다. 일반적으로 상류하천은 폭이 좁고 유속이 빠른 반면 하천의 하류는 폭이 넓고 유속이 느리다. 강우량의 급속한 증가 등에 의해 하천이 범람하여 홍수(flood)를 일으키기도 한다. 소규모의 여러 하천이 모여 하나의 수계분지(drainage basin)를 형성한다. 수계분지 내에 형성된 수계유형(drainage pattern)은 암석의 종류, 지질구조, 강우량 등의 여러 요인에 따라 유형이 다르게 형성된다.

하천의 수계유형은 수지상형(dendritic pattern), 직교형(rectangular pattern), 방사상형(radial pattern) 등의 여러 유형이 만들어진다. 수지상형의 하천은 화강암과 같은 균질한암석이 분포하는 지역이나 수평층인 퇴적암 분포지역에 흔히 형성된다. 직교형 하천은 단층이나 절리가 발달한 지역에서 형성되며 방사상형의 하천은 돔(dome)지형이나 제주도와 같은 화산지형에서 형성된다. 대표적인 하천의 유형은 그림 6-3과 같다. 수계분지 내의 하천유로의 밀도(drainage density)는

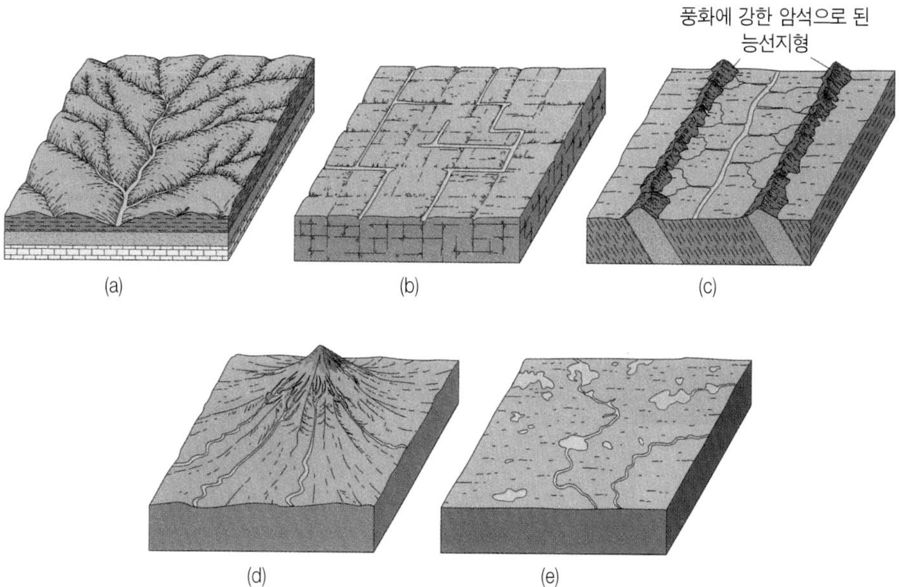

| 그림 6-3 | **대표적인 수계유형** (a) 수지상형(dendritic pattern), (b) 직교형(rectangular pattern), (c) 트렐리스형(trellis pattern), (d) 방사상형(radial pattern), (e) 불규칙한 늪지수계형(deranged pattern)

수계분지 내의 하천의 총 길이에서 수계분지의 면적을 나눈 값이다.

6.5 지하수

대수층

지하수면

강수나 하천수가 토양이나 지층 내에 스며들어 지하 임의의 층준에 물로 포화되어 있게 된다. 이를 **대수층**(aquifer)이라 한다. 그리고 지표에서 지하로 파들어 갔을 때 항상 지하수가 나타나는 상부면을 **지하수면**(water table)이라 한다. 지하수면의 높이는 강우량, 지형, 대수층의 공극률, 투수성, 지질구조 등에 의해 달라진다. 지하수는 공극율이 큰 퇴적암층과 암석의 파쇄대나 석회암지역의 석회동굴 등에 존재하고 있다.

찬정

우리나라의 경우 풍화토양이 깊지 않기 때문에 대부분 암반 내의 파쇄대에 대수층을 형성하는 경우가 많다. 대수층에서 우물(well)의 형성은 지형과 우물의 위치에 따라 다른 형태를 이루게 된다(그림 6-4). 대수층이 경사지게 형성된 지역에서 우물의 위치가 지형의 고도가 낮은 지역에 존재할 경우 압력에 의해 지하수가 지표로 용출하게 되는데 이를 **찬정**(artesian well)이라 한다. 그리고 섬이나 해안지역에서는 해수와 담수가 접하게 되며 그림 6-5에서와 같이 지하수면의 형태와 담수와 해수(염수)의 경계가 형성된다. 담수와 염수의 경계는 보통 $h_s = 40h_f$의 관계식(Ghyben-Herzberg model)에 지배받는다. h_s는 해수면에서 하부 염수층까지의 깊이이며, h_f는 해수면에서 지하수면까지의 높이이다(그림 6-5).

표 6-4 여러 종류의 퇴적물과 암석의 공극률과 투수성

종류	공극률(porosity)	투수성(permeability)
점토(Clay)	0.40~0.60	10^{-18}~10^{-15}
점토(Silt)	0.35~0.50	10^{-16}~10^{-12}
미사(Fine sand)	0.20~0.45	10^{-14}~10^{-9}
조립사(Coarse sand)	0.15~0.35	
셰일(Shale)	0.01~0.10	10^{-20}~10^{-16}
사암(Sandstone)	0.05~0.35	10^{-12}~10^{-17}
현무암(Basalt)	0.01~0.25	10^{-9} ~10^{-18}

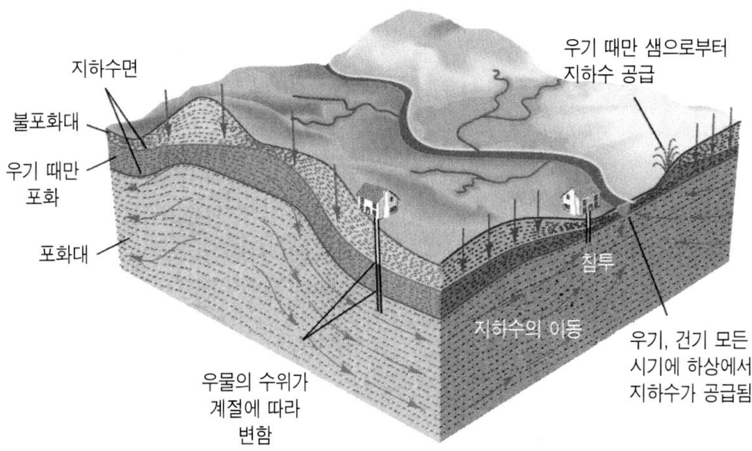

| 그림 6-4 | **지하수 부존 개념도** 온대 기후지역에 투수성층에 형성된 지하수면, 강우에 의해 지하수계로 물이 유입되어 대수층에 저장됨. 지하수면은 강우량, 지하수의 이용량에 따라 변화됨.

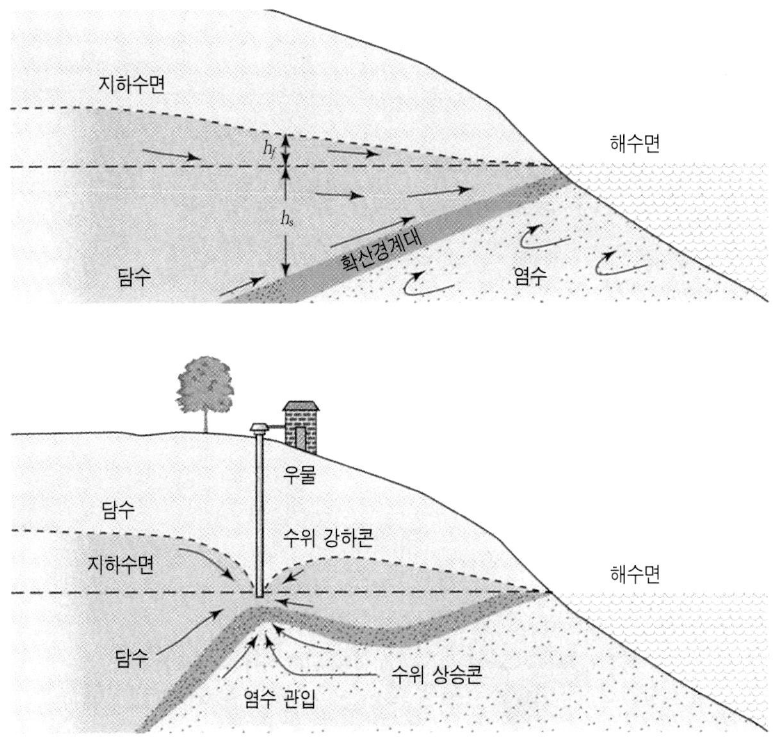

| 그림 6-5 | 섬이나 해안 지역에서 염수가 담수지역으로 침투

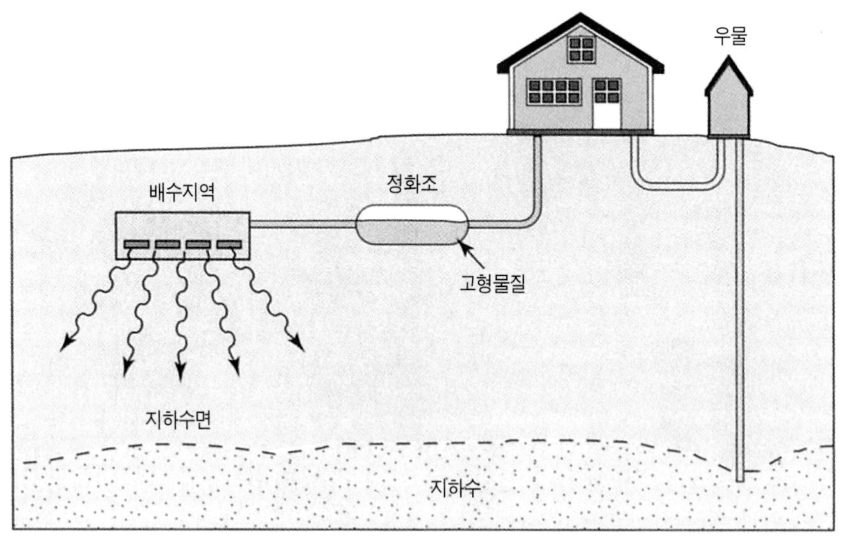

| 그림 6-6 | 정화조에 의한 오염 모식도(Keller, 1999)

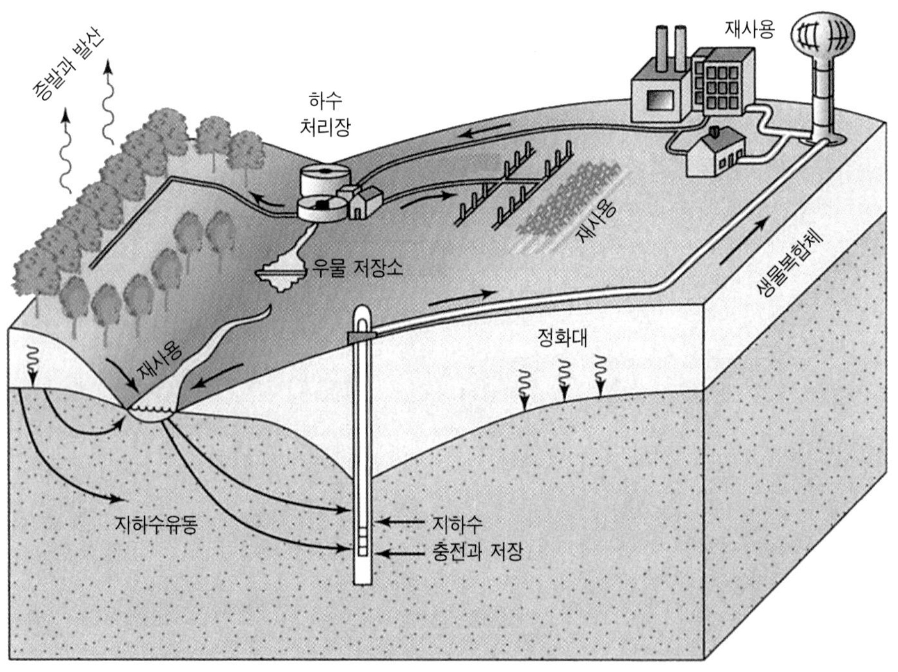

| 그림 6-7 | 오염폐수 정화 처리 시스템(Porizek and Myers, 1968)

예를 들면, 제주도 지역의 해안지역에서 해수면에서 지하수면의 높이가 1m라면 그 지역의 지하 40m 정도까지 담수가 존재하고 있음을 의미한다. 물론 지하 40m 부근에 담수와 염수의 혼합대가 존재한다.

이와 같은 수리모델은 강우량, 지하수 사용량 등에 의해 변화되며 지하수면의 높이에 따라 변화하게 된다. 제주도 지역의 경우 관광시설의 증가로 인한 지하수 사용량의 급격한 증가로 지하수면의 변동이 일어나 담수 존재 지역에 염수 침입 현상이 나타나고 있다(그림 6-5). 또한 온천지역에서도 온천수의 과잉 채수 시 온천수의 수면이 저하되는 현상이 나타나고 있으므로 지하수와 온천수의 사용관리가 대단히 중요하다.

지하수계의 수리시스템이 파괴될 경우 염수 침입 현상 외에도 취수장해, 지반 침하 등이 일어남과 동시에 지하수 오염이 증대된다.

우리나라 부곡 온천지역에서 1982～1986년 사이에 온천수면이 145cm 강하된 일이 있다(황덕연, 1994).

지하수를 과잉 양수하게 되면 이같이 지하수면의 저하 및 지반 침하가 일어나게 된다. 미국의 일리노이 주 시카고 시 부근에서 강수에 의해 대수층에 유입되는 물의 양보다 지하수의 감소속도가 빨라 지하수면이 30m 이상 하강하였다. 이탈리아 베니스 시에서도 해안지역의 지반침하가 일어났고 피사지역의 경사진 피사탑도 지하수면 변동 때문으로 생각하고 있다.

인위적인 지하수의 오염이 지하 대수층의 분포와 지질구조에 따라 일어나게 된다. 예를 들면, 정화조에서 흘러나온 오염수가 지하수계를 오염시키거나 공장폐수, 광산폐수, 매립지에서 유출되는 침출수, 골프장 등 농약에 의한 지하수의 오염이 증대되고 있다(그림 6-6).

서울의 쓰레기 매립지인 난지도에서는 지하에서 CH_4, CO_2, SO_2 등의 가스가 유출되며 지하에 매립물질의 분해 반응에 의해 침출수의 수온이 20～30℃나 되고 있다. 이들 침출수의 한강 유입으로 인한 오염이 우려되고 있다. 지하수의 경우 기존 개발관정으로 오염될 가능이 크므로 개발관정의 관리가 대단히 중요하다. 수자원의 효율적인 이용을 위하여 오염폐수는 하수처리장에서 정화하여 다시 사용한다(그림 6-7).

6.6 지하수의 화학성분

지하수의 수질과 화학성분은 대수층의 암석의 종류, 강수의 화학성분, 풍화의 정도, 입자의 크기, 대수층에서 지하수의 정체시간 등에 의해 결정된다. 지하수의 용존 화학 성분은 대수층의 암석이나 토양과 반응에 의하여 형성된 Na^+, K^+, Ca^{2+}, Ma^{2+}, Ba^{2+}, Cu^{2+}, Fe^{2+}, Fe^{3+}, SiO_2 등의 양이온과 SO_4^{2-}, HCO_3, CO_3^{2-}, Cl^- 등의 음이온 등이다.

대부분 용존 성분은 대수층을 이루고 있는 암석, 즉 그 지역의 지질에 크게 영향을 받는다. SiO_2는 장석류, 비정질규산, 처트, 점토광물에서 유래하며 Ca은 방해석(석회암), 돌로마이트, 석고, 점토광물에서, Na은 알바이트, 증발암, K은 정장석, 점토광물, CO_3, HCO_3는 석회암, 돌로마이트, SO_4는 석고, 황화광물의 산화, 무수석고, Cl^-은 증발암, NO_3은 대기나 유기물이 분해되어 지하수에 유입된다. 특히 Cl^-은 해안에서의 거리에 따라 바람에 의해 운반된 풍송염 비말 기원도 보고되어 있다.

HCO_3^- 이온은 토양 중의 유기물이 분해되어 형성된 CO_2 기원이 많다. 때문에 표층지하수에는 HCO_3^- 함량이 보통 높은 편이며 심부지하수로 갈수록 감소한다. 한편 심층지하수로 갈수록 Cl 함량이 증가한다.

인간활동에 의해 오염된 지역에서는 Cd^{4+}, As^{3+}, Pb^{2+}, Hg^{2+}, Cr^{3+}, Se 등의 독성 중금속 이온이 지하수에 유입되어 지하수의 오염을 초래한다.

보통 지하수의 화학적 특성을 파이퍼 삼각도(Piper trilinear plot)에 도시하여 지하수의 화학적 특성을 조사하고 지하수의 이동경로에 따른 화학성분의 정성적인 변화와 지하수의 이동패턴 등을 해석하고 있다(그림 6-8).

지하수의 수질 평가 척도에는 용존 화학 성분뿐만 아니라 PH, Eh, 전기전도도, 탁도(turbidity), 증발잔류물(TDS), 색, 냄새, 온도 등이 있다. 또한 지하수층의 유기물의 함량은 화학적 산소요구량(Chemical Oxygen Demand : COD), 생물학적 산소요구량(Diochemical Oxygen Demand : BOD), 전유기탄소량(Total Organic Carbon : TOC) 및 전산소요구량(Total Oxygen Demand : TOC) 등을 측정하여 정량한다. 우리나라 지하수의 pH는 6.9~7.0이며 강수의 pH는 4.7까지 보고된 바 있다(김규한, 나카이, 1988).

최근 인간활동에 의한 인위적인 지하수 오염이 증대하고 있다. 주요 오염원은

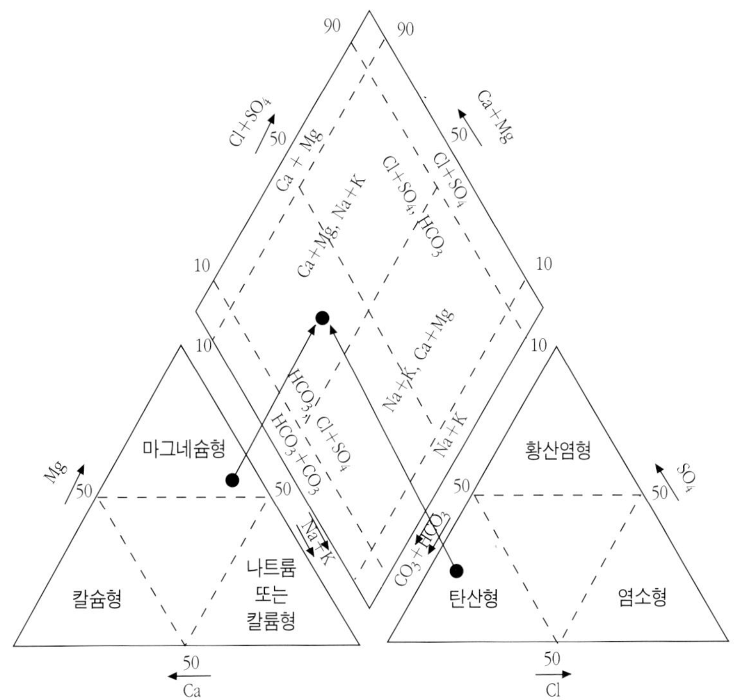

| 그림 6-8 | 지하수의 화학성분의 특성을 나타내는 파이퍼 삼각도시법(Piper trilinear plot)(Freeze and Cherry, 1979)

생활하수, 광산폐수, 하이텍오염, 산업폐기물, 석유, 농업용 배수, 해수의 침입, 골프장 농약 등을 들 수 있다.

강원도 상동지역 탄광지역에 유출되는 하천수 및 지하수는 탄질셰일 및 탄층 중에 포함된 황철석 광물이 산화되어 pH 4~6 정도이며 SO_4^{2-} 농도가 대단히 높다. 한편 하천의 상류에서는 황이 하천의 퇴적물을 담황색으로 변화시켰다.

우리나라와 미국의 음용수의 수질기준(표 6-5)을 비교하여 보자.

6.7 온천수의 기원

세계의 많은 온천은 판구조운동과 관련된 판의 경계부인 베니오프대와 해령 주위에 분포하고 있다. 물론 화산활동과 밀접한 관련을 가지고 있다.

우리나라의 온천은 60여 곳이 있다. 그 중 남한에는 15곳의 온천이 옛날부터 알려져 있다(그림 6-9). 우리나라의 온천법은 수온이 25℃ 이상으로 정하고 있다. 지하수가 대수층에서 지하 열원에 의해 25℃ 이상이 되면 온천수가 된다. 남한의 온천은 부곡온천이 70℃ 정도로 온도가 가장 높고 보통 40~50℃ 내외이다. 그러나 북한의 황해남도 옹진 온천은 106℃로 알려져 있다. 온천의 성인은 화산활동과 관련된 **화산성 온천**과 화산활동과 관련이 없는 **비화산성 온천**으로 구분한다. 우리나라는 백두산 주변에 분포한 온천은 화산성온천이며 기타는 모두 비화산성온천에 속한다. 온천수는 미국의 옐로우스톤, 스팀보트 스프링, 일본의 많은 온천에서와 같이 고온에서 **물-암석반응**(water-rock interaction)에 의해 온천수 중에는 암석에서 용출된 성분이 다량 함유되어 있다. 온천수의 용존 화학성분은 온천지

화산성 온천
비화산성 온천
물-암석반응

| 그림 6-8-1 | 지하의 뜨거운 열원에 의하여 온천수가 솟아나오고 있다.

표 6-5 우리나라와 미국의 음용수의 수질기준(환경처, 미국 EPA, 1991)

성분	기준	
〈무기화학성분〉	한국(mg/ l)	미국(MCL) (mg/ l)
크롬	0.05	0.005(0.1)
비소	0.05	0.005
구리	1.0	1.3
망간	3.0	0.05
납	0.1	0.05(0.005)
질산성질소	10	10
카드뮴	0.01	0.01(0.005)
시안	불검출	(0.2)
수은	불검출	0.002(0.002)
셀레늄	0.01	0.01(0.05)
황산이온	200	(400/500)
〈휘발성유기물〉		
트리클로로르에틸렌	불검출	0.005
테트라클로로르에틸렌	불검출	(2)
111트리클로로르에탄	불검출	0.2
트리할로메탄	0.1	0.1
페놀류	0.005	(0.2)(펜타클로로르벤젠)
〈기타〉		
혼탁도	2도 이하	1 NTU
색도pH	5도 이하	15 색단위
증발잔유물(TDS)	5.8~8.5	6.2~8.5
냄새	500	500
	소독으로 인한 냄새 이외에 냄새는 없을 것	3 T.O.N

(　) 제안된 기준치임.

역의 지질, 수온, 온천수의 대수층에서 정체시간 등에 의해 달라진다.

남한의 온천은 수온이 낮고 대수층에서 정체 시간이 짧기 때문에 미국, 일본 등의 고온이며 정체시간이 긴 지역의 온천의 용존화학성분과는 함량의 차이가 있다. 물-암석 반응에 의해 Na, K, Ca, Si 등의 성분이 온천수에 다량 함유되어 있다.

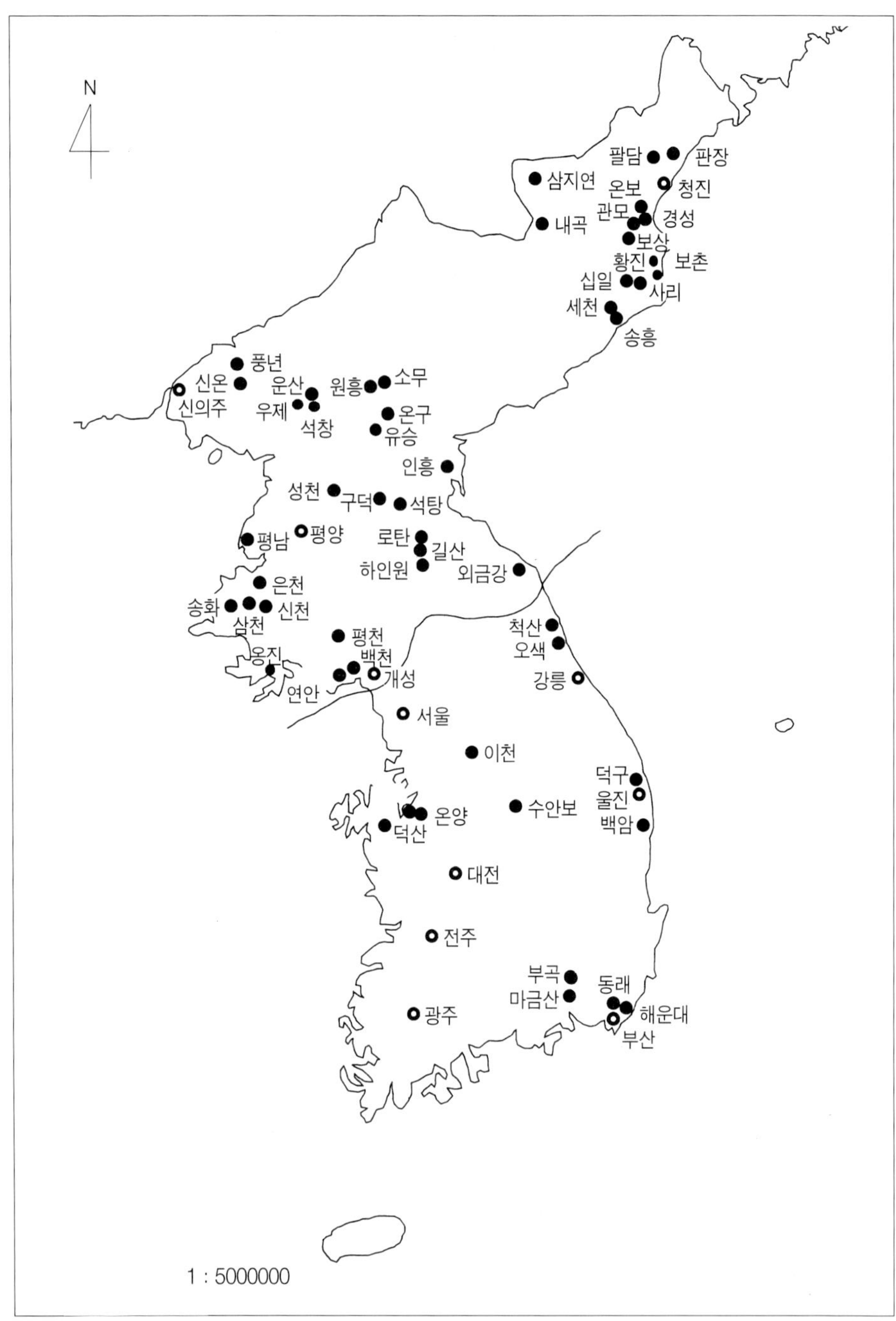

| 그림 6-9 | 한반도의 온천분포

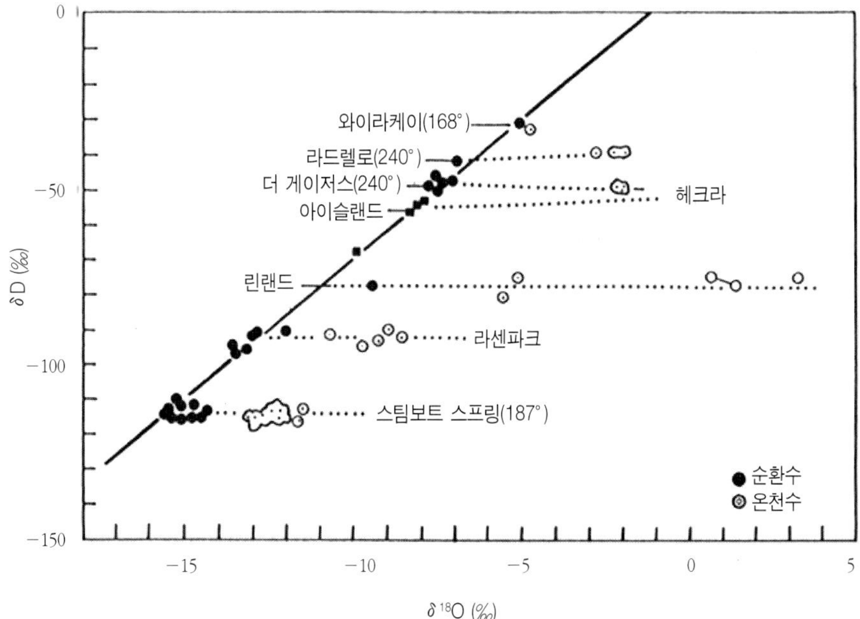

| 그림 6-10 | **열수와 순환수의 동위원소비의 비교(Craig, 1963)** 산소편이 (oxygen shift) 현상이 열수와 온천수에서 뚜렷이 나타난다.

6.8 환경동위원소

환경동위원소(environmental isotopes)란 탄소($^{13}C/^{12}C$), 산소($^{18}O/^{16}O$), 수소(D/H), 질소($^{15}N/^{14}N$), 황($^{34}S/^{32}S$) 등이 있다. 온천수나 지하수의 기원 및 용존이온의 기원 연구에 환경동위원소인 안정동위원소(stable isotopes) 분석이 유용한 수단이 되고 있다.

안정동위원소란 방사성동위원소와는 달리 동위원소핵종이 방사성 붕괴를 하지 않고 안정핵종으로 존재하는 동위원소를 말한다. 예를 들면, 산소(^{16}O, ^{17}O,^{18}O), 수소(D, H), 탄소(^{12}C, ^{13}C), 황(^{32}S, ^{33}S, ^{34}S, ^{36}S), 질소(^{14}N, ^{15}N) 등이 있다. 안정동위원소

동위원소란 원자번호는 동일하지만 중성자수의 차이가 있어 질량이 다른 원소를 의미하는 것으로 $^{18}O/^{16}O$, D/H 등과 같이 비를 질량분석기로 측정한다. 측정된 동위원소비는 다음과 같이 표준시료에 대한 천분율(permil)로 표시한다.

$$\delta^{18}O = \left(\frac{(^{18}O/^{16}O)_{시료}}{(^{18}O/^{16}O)_{표준시료}} - 1 \right) 1,000 ‰$$

물(H_2O)은 수소와 산소로 구성되어 있고 산소(^{16}O, ^{17}O, ^{18}O), 수소(D, H) 동위원소의 조합으로 물분자는 질량이 다른 물이 존재한다.

천연수는 $H_2^{16}O$(99.73%), $H_2^{18}O$(0.20%), $H_2^{17}O$(0.037%), $HD^{16}O$(0.03), $D_2^{16}O$ (0.015−6), $D_2^{17}O$(0.0374), $D_2^{18}O$(0.2039)로 되어 있다.

표준평균해수

물의 경우 표준시료는 **표준평균해수**(standard mean ocean water : SMOW)가 사용된다.

순환수

물의 산소($\delta^{18}O$) 및 수소(δD) 동위원소비를 그림 6-10에서와 같이 도시하면 **순환수**(meteoric water)기원의 물은 $\delta D = 8\delta^{18}O + 10$의 직선(meteoric water line)상에 도시된다. 우리나라 지하수와 강수는 물론 온천수의 경우도 모두 순환수선에 도시되어 온천수의 기원이 순환수임을 알게 되었다(그림 6-11). 특히 온천수와 온천지역의 지하수가 모두 순환수선에 도시되어 물-암석반응이 약함을 나

산소편이

타내었다. 세계적으로 많은 온천은 물-암석 반응에 영향을 받아 **산소편이**(oxygen

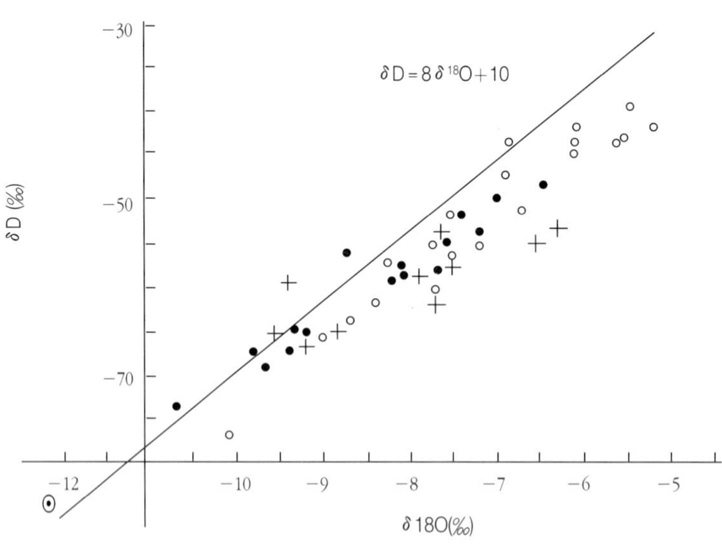

| 그림 6-11 | 우리나라의 온천수와 지하수의 동위원소비(김규한, Nakai, 1981)
● 온천수, ○ 지표수, + 지하수, ⊙ 탄산수

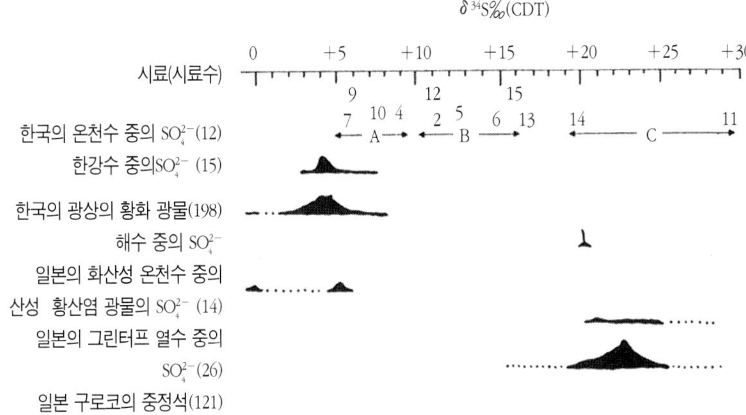

| 그림 6-12 | **남한의 온천수 중의 SO_4^{2-} 의 δ^{34}S 값(김규한, Nakai, 1981), 한강수의 SO_4^{2-} 의 δ^{34}S값 (Mizutani et al., 1980), 한국의 황화 광물의 값(김규한과 Nakai, 1980), 일본의 Green Tuff 등(1975, Matsubaya, Sakai, 1973), 일본 구로코 광상의 중정석의 δ^{34}S값(Kajiwara, Date, 1971; Yamamoto, 1974; Watanabe, 1975; Hattori, 1977), 일본의 화산성 온천수 중의 SO_4^{2-} 의 δ^{34}S(Rafter, Mizutani, 1967)** A 황화 광물 기원, B 황화 광물 및 해수기원의 혼합형, C 해수 기원, 2. 척산온천, 4 이천온천, 5 수안보온천 6 덕산온천, 7 도고온천, 9 유성온천, 10 백암온천, 11 포항운흥동온천, 12 부곡온천, 13 마금산온천, 14 해운대온천, 15 동래온천

shift) 현상이 일어난다(그림 6-10).

이와 같이 동위원소비를 이용하면 물질의 기원을 알아낼 수 있다. 예를 들면, 해운대온천, 동래온천, 부곡온천 등 온천수에는 SO_4^{2-} 이온이 용존하고 있다. SO_4^{2-} 이온의 황(S)의 기원이 마그마기원의 황인지 해수 중의 SO_4^{2-} 의 황인지 또는 퇴적암 중에 포함되어 있는 황인지를 황동위원소비(δ^{34}S)로 알아낼 수 있다. 해수의 SO_4^{2-} 의 황의 동위원소비는 +20 ‰이며 마그마기원의 황은 보통 0~4 ‰이다.

우리나라의 해운대 온천의 SO_4^{2-} 의 황은 동해 해수 기원의 황이며 한강하천수 중의 SO_4^{2-} 의 황은 한강상류의 금속광산에서 산출되는 황화광물이 산화되어 SO_4^{2-} 를 형성한 마그마기원의 황임을 알게 되었다(그림 6-12).

온천수보다 고온인 지열수(geothermal water)에서 발생하는 고압의 수증기를 이용, 전기를 발전하는 지열발전소가 이탈리아 피사지역, 일본의 규슈지역, 인도네시아 가모장지역, 뉴질랜드 와이라케이 등지에 있다.

지열수 역시 지하에서 물-암석 반응의 영향이 크게 나타나며 지열수의 기원 역시 물의 동위원소비로 구분할 수 있다.

6.9 암석의 풍화

물리적 풍화작용

화학적 풍화작용

지표환경에서 광물과 암석은 불안정하기 때문에 안정한 광물로 변화된다. 암석은 유수의 작용, 빙하작용, 온도변화 등의 물리적인 작용에 의해 파괴되어 토양으로 변한다. 이를 **물리적 풍화작용**(physical weathering)이라 한다. 그리고 물-암석 반응, 대기-암석 반응 등 화학적 변화과정에서 암석광물이 풍화되는 과정을 **화학적 풍화작용**(chemical weathering)라 한다. 이와 같이 풍화결과로 약해진 지표의 암석은 쉽게 침식 · 이동되고 토양을 형성하기도 하여 지표의 지형의 변화를 일으킨다. 토양은 우리 인간생활의 기본 터전이 되고 있으며 식량생산 등 생

표 6-6 암석의 화학적 풍화과정의 실례

(1) 장석 광물의 수화작용

$2KAlSi_3O_8 + 2H^+ + 12H_2O \rightarrow KAl_3Si_3O_{10}(OH)_2 + 6H_4SiO_4 + 2K^+$
(정장석) (일라이트)

$4KAlSi_3O_8 + 4H^+ + 2H_2O \rightarrow 4K^+ + Al_4Si_4O_{10}(OH)_8 + 8SiO_2$
(정장석) (고령토) (실리카)

$2NaAlSi_3O_8 + 2CO_2 + 11H_2O \rightarrow Al_2Si_2O_5(OH)_4 + 2Na^+ + 2HCO_3^- + 4H_4SiO_4$
(알바이트) (고령토)

$CaAl_2Si_2O_8 + 2CO_2 + 3H_2O \rightarrow Al_2Si_2O_5(OH)_4 + Ca^{2+} + 2HCO_3^-$
(아놀사이트) (고령토)

(2) 철의 산화작용

$(Mg, Fe)SiO_3 + O_2 + H_2O \rightarrow Mg^{2+}_{(sol)} + Fe^{2+} + SiO_{2(sol)}$

$4Fe^{2+} + 3O_2 \rightarrow 2Fe_2O_3$
(적철석)

$4FeO + 2H_2O + O_2 \rightarrow 4FeO \cdot OH$
(철산화물) (침철석 : goethite)

(3) 탄산염암의 용해작용

$CaCO_3 + H_2CO_3 \rightarrow Ca^{2+} + 2HCO_3^-$
(방해석)

(4) 산화물형성

SiO_2, Al_2O_3, TiO_2, ZrO_2 등은 토양 내에 잔존

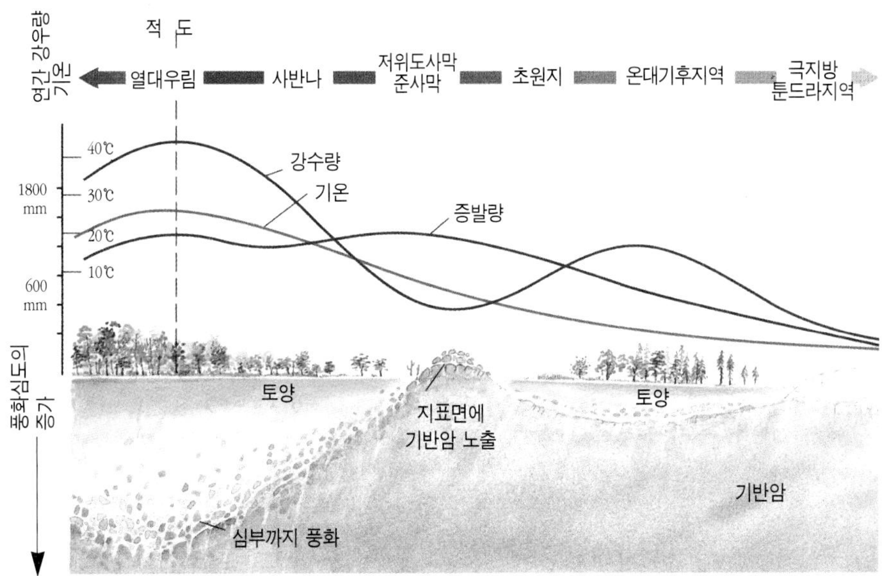

| 그림 6-13 | **기후에 따른 풍화의 특징** 풍화 토양의 심도가 기후 조건에 따라 다르다(Chernicoff, 1995).

물권의 중심이 되고 있다.

물리적 풍화 : 물리적 풍화과정은 다음과 같다.

① 팽창과정 : 지하심부에 높은 압력하에 있던 암석이 지표의 침식에 의해 상부의 물질이 없어지게 되면서 압력이 감소하여 아래의 암석은 팽창하게 된다. 이 과정에서 암석은 판상으로 갈라지게 된다.

② 물의 동결 : 물은 얼게 되면 보통 체적이 9% 정도 증가한다. 암석의 갈라진 틈에 물이 들어가 얼게 되면 체적팽창에 의해 암석이 파쇄된다.

③ 암염 결정화 : 지하수중의 용존 Na, Cl 등 이온이 암석의 파쇄대 내에 들어가 결정화(NaCl)되면 팽창되어 암석이 부서진다.

④ 온도변화 : 산불 등으로 고온이 될 때 암석이 팽창되어 파괴되며 극지방이나 사막지역의 일교차가 심한 지역에서 암석의 팽창변화에 의해 쉽게 부서진다.

⑤ 식물의 뿌리가 암석의 틈에 들어가 암석의 틈을 크게 하며 식물뿌리에서 나온 유기산이 화학적 풍화를 촉진시킨다.

화학적 풍화 : 화학적 풍화작용에는 물의 역할이 중요하다. 물은 쌍극의 특성(dipola character)을 가지게 되어 광물과 쉽게 반응하게 된다.

빗물(H_2O)은 강하시에 대기 중의 CO_2와 함께 H_2CO_3를 만들게 되며 $H_2CO_3 \rightarrow H^+ + CO_3^-$ 으로 약산성인 빗물이 광물과 반응을 일으킨다. 화학적 풍화과정의 예는 표 6-6과 같다.

조암광물의 화학적 풍화에 대한 안정도(stability)는 보엔의 반응계열과 유사한 경향으로 감람석, 사장석(아놀사이트), 휘석, 각섬석, 사장석(알바이트), 흑운모, 정장석, 백운모 점토광물 순으로 안정도가 증가한다.

광물의 성분, 기후, 유기물 존재 유무, 경과시간 등이 광물과 암석의 풍화에 영향을 크게 준다(그림 6-13).

현무암과 화강암의 화학적 풍화과정과 결과를 비교하여 보자. 두 암석은 구성 광물의 차이가 있기 때문에 풍화 산물에도 차이가 생긴다. 화강암은 풍화에 강한 석영(SiO_2)이 다량 존재하기 때문에 최후 풍화산물에 석영 입자가 다수 포함되어 토양의 특성이 현무암의 풍화토양과는 다르다. 두 암석의 풍화 속도도 현저히 다르다.

풍화속도는 기온, 습도, 바람에 의한 운반물질, 강우 중의 화학성분 등에 의해 달라진다.

암석이 화학적 풍화가 진행됨에 따라 MgO, CaO, Na_2O, K_2O, SiO_2은 감소하지만 Fe_2O_3는 증가한다. 그러나 Al_2O_3는 크게 변화하지 않는다(그림 6-14).

가용성 이온의 이동성(mobility)은 Ca^{2+}, Mg^{2+}, $Na^+ > K^+ > Fe^{2+} > Si^{4+} > Ti^{4+} > Al^{3+}$ 순으로 감소한다. 따라서 이동성이 큰 가용성 이온은 모두 지하수로 이동되어지고 이동성이 낮은 Si^{4+}, Ti^{4+}, Al^{3+} 등의 이온과 불용성인 고체상의 풍화산물만 지표에 잔존하여 토양을 형성한다. 잔류광물 중 풍화에 강한 석영, 자철석

표 6-7 암석의 풍화속도(μm/1,000년)

암석	추운 지역	고온다습한 지역
현무암	10	100
화강암	1	10
대리암	20	200

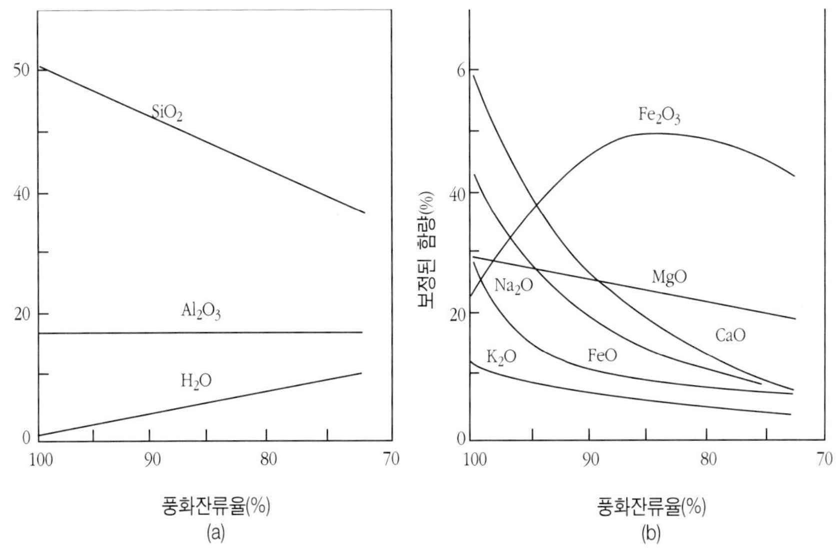

| 그림 6-14 | 풍화과정에 있어서 석영 섬록암의 화학 성분변화(一國, 無機地球化學 p.54~56, 培風館)

(Fe_3O_4) 등의 광물은 그대로 토양에 남게 된다. 규산염광물이 풍화산물인 알루미늄과 규소는 점토광물을 만든다. 가장 먼저 다량의 물을 함유한 알루미늄 규산염광물인 알로펜($2SiO_2$, Al_2O_3, n H_2O)을 만든다. 이 광물은 시간이 지남에 따라 결정화되어 할로이사이트($Al_2Si_2O_5(OH)_4 2H_2O$)로 변하고 수화작용에 의해 고령토($Al_2Si_2O_5(OH)_4$)가 되어 지표환경에 가장 안정한 광물로 존재하게 된다. 이 같은 광물을 **점토광물**(clay minerals)이라 한다. 점토광물은 우리생활에 도자기, 화장품, 종이, 세라믹 등에 이르기까지 다양한 자원으로 유용하게 이용되고 있다.

점토광물

6.10 토양의 형성

암석이 물리 · 화학적 풍화로 토양이 형성된다. 토양은 생물계의 생활의 기반으로 생물의 탄생과 소멸의 순환장소이기도 하다. 따라서 토양에는 유기물이 다량 포함되어 있다. 암석이 풍화되어 토양을 형성하게 되면 일반적으로 풍화단면이 기반암에서 표토로 가면서 수평적인 층면을 나타낸다. 이를 **토양단면**(soil profile)

토양단면

이라 한다. 표토층에서 A층, B층, C층으로 구분한다. A층은 보통 흑갈색으로 동식물의 유해를 다량 포함하는 기름진 토양으로 강우시 이동도가 큰 이온들이 아래 토양층으로 씻겨내려가는 층(elluvial)이다. B층은 A층에서 씻겨 내려온 철-알루미늄 산화물과 점토광물로 구성되어 토양색깔이 갈색 내지 적색을 띤다. B층의 토양은 가끔 주상으로 갈라진 특수한 구조를 나타낸다. 최하부인 C층은 기반암과 일부 기반암의 조각(regolith) 등이 포함된 토양이다. 기본적인 A, B, C층의 구분을 더욱 세분하기도 한다.

토양단면과 토양의 특징은 기반암의 종류, 기후, 식생유무, 토양유기물, 지형, 시간 등에 의해 달라진다. 화강암 지역과 화산재, 석회암, 현무암 등이 분포하는 지역의 토양은 토양의 특성이나 성분이 현저히 다르다.

일반적으로 화강암의 풍화토양은 배수가 좋고 등립질의 석영의 모래로 구성되어 도시, 촌락 등이 발달하는 경우가 많다. 인도네시아 자바 지역의 토양처럼 화산암 지역의 토양은 대단히 비옥하여 농작물이 대량 재배된다.

암석의 종류에 따라 풍화속도가 다르고 동일한 암석이 분포하는 지역이라도 기후조건이 다르면 풍화속도가 달라 지형에도 큰 차이를 나타낸다. 기후, 즉 강우량과 기온이 화학적 풍화속도에 영향을 준다. 고온다습한 지역이 한랭건조한 지역에서보다 화학적 풍화속도가 빠르다. 미국의 경우 강우량 635mm를 경계로 강우량이 낮은 미국의 서부에는 페도칼 토양(pedocal soil), 그리고 강우량이 다

표 6-8 화강암과 현무암의 화학적 풍화과정의 결과

암석	구성 광물	고체상의 풍화산물	가용성 이온의 풍화산물
화강암	장석류 →	점토광물	+ Na^+, K^+
	운모류 →	점토광물	+ K^+
	Fe-Mg광물 →	점토광물과 침철석	+ Mg^{2+}
	석영 →	석영	
현무암	장석류 →	점토광물	+ Na^+, Ca^{2+}
	Fe-Mg광물 →	점토광물	+ Mg^{2+}
	자철석 →	침철석	

| 그림 6-15 | **1969년 7월 아폴로 11호 우주선 착륙시 발자국** 달 표면에는 화학적 풍화작용이 일어나지 않기 때문에 발자국이 수백 년 동안 남아 있게 될 것이다(NASA).

소 높은 동부에는 페달퍼 토양(pedalfer soil)이 특징적으로 형성되어 있다.

고토양(paleosols) : 퇴적물이나 용암 등에 의해 덮힌 과거 지질시대에 형성된 토양을 고토양이라 한다. 고토양을 연구하면 고토양이 형성될 당시의 기후조건을 추정할 수 있다.

외계의 토양 : 달, 금성, 화성 등의 토양이 우주탐사선에 의해 관찰되기 시작하였다. 이들 지역은 지구와 기후조건이 다르기 때문에 풍화토양도 다르다. 달에는 대기가 없다. 즉, 대기 중의 물, 산소, 생물 등이 존재하지 않기 때문에 화학적 풍화는 일어나지 않고 운석충돌과 같은 물리적인 풍화에 의해 유리질 물질의 암편과 기반암의 조각 등이 관찰되었다.

달의 분화구의 지형이 뾰족한 특징도 지구에서와 같은 화학적 풍화가 일어나지 않기 때문이다.

아마도 아폴로11 우주인의 발자국이 수백 년 동안 깨끗하게 보존될 것이다(그림 6-15).

금성 역시 표면온도가 475℃ 고온이고 CO_2로 구성된 대기가 온실효과로 표면온도는 높지만 물이 존재하지 않기 때문에 수화작용, 산화작용 등의 화학적 풍화가 일어나지 않는다. 물리적인 풍화결과만 관찰된다. 지구와 표면의 여러 조건이 유사한 화성은 표면온도가 −108℃∼180℃(평균−58℃)이다. CO_2의 얇은 대기층과 소량의 질소와 수증기가 소량 존재하지만 표면의 수증기는 얼음으로 존재하기 때문에 화학적 풍화는 진전되지 않고 있다.

그러나 1976년 Viking위성과 1997년의 마스 패스파인더에 의해 전송된 사진에서 화성표면에 철을 다량 함유한 기반암이 산화되어 붉은 철산화물 토양이 관찰

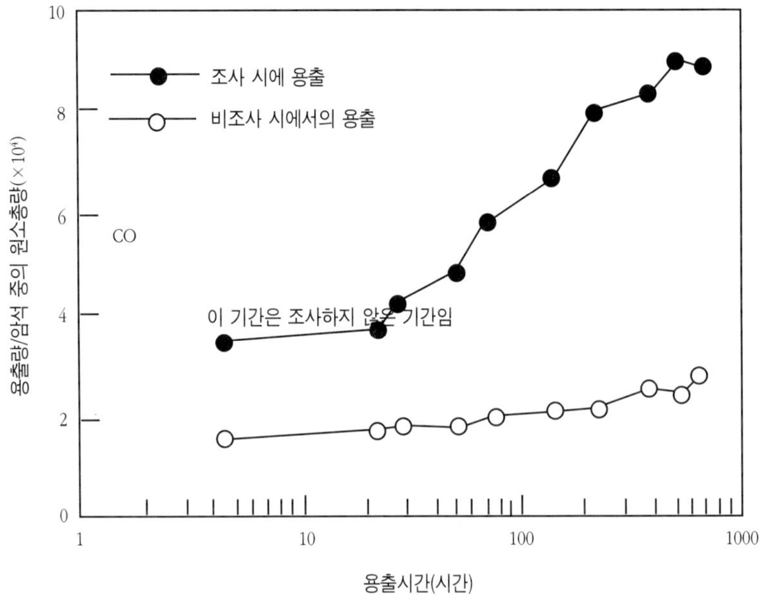

| 그림 6-16 | 우주선 조사 시 Co 총용출량의 시간에 따른 변화(Yonezawa et al., 1996)

| 그림 6-17 | 화성탐사 로봇 Pathfinder가 전송한 화성표면 사진 풍화 토양과 현무암 암편(NASA)

되었다. 최근 토양 밑에 거대한 얼음의 존재가 확인되고 있다. 대단히 흥미있는 사실이다.

최근 현무암-물 반응에서 우주선 조사(^{60}Co감마선) 시에 화학적 반응이 빠른 속도로 진전되어 방사선 비조사시보다 Na, K, Ca, Cs, Mg, Co, Ba, Zn, Sc 등의 용출량이 높은 실험결과가 얻어졌다(그림 6-16, Yonezawa et al., 1996). 우주선 조사를 강하게 받고 있는 지구 외 태양계의 행성에서 일어나고 있는 풍화작용 설명에 유용한 정보를 주고 있다. 화성 표면의 사진(그림 6-17)을 보고 화성에서 일어나고 있는 풍화작용의 메카니즘을 생각하여 보자.

07
지질시대의 구분

가속기 질량분석 장치
(일본 나고야대학 연대측정종합 연구센터)

7.1 암석의 연령 측정

우리 인류가 시간의 개념을 도입한 것은 고대 인도의 철학자가 "지구는 영원하다."는 표현에서 시작된다. 지구의 연령을 중세 기독교인은 BC 4004, 9, 23, 12:00를 제안하였고 Lightfoot(1644, 영국 케임브리지대학 교수)는 BC 3928, 9, 17 AM 9:00로 추정하였다. 그러나 허턴과 라이엘 등의 지질학자는 거대한 시간성을 가짐을 주장하였다. 시간은 상대적 시간과 절대적 시간으로 구분할 수 있다. 지층의

동일과정설

상대적 시대는 **동일과정설**(uniformitarianism), 퇴적층 수평성의 법칙, 지층누중의 법칙, 관입의 법칙, 포획물, 화석, 부정합, 지층대비, 풍화정도 등에 의해 결정한다. 제3장의 그림 3-6의 지층단면도를 보고 지층의 상대적인 형성순서를 생각하여 보자. 절대적 지질시대 결정은 퇴적속도, 해수의 염분도 측정(Halley, 1715, Joly 1899), 지구의 냉각속도(Kelvin, 1862~1897), 방사성동위원소 절대연령측정법 등에 의해 시도되었다. 17세기에 Halley는 하천에 의해 연간 바다로 유입되는 Na의 양에서 지구의 연령이 99.4×10^6년임을 알아냈다. 그러나 Na의 순환 등이 고려되지 않아 지구의 참연령에는 미치지 못하였다. 그러나 과학적인 접근의 지구연령 측정의 시도였다. 그러나 방사성 동위원소의 반감기를 이용한 절대연령 측정법이 연구되어 오늘날 대단히 정밀하게 암석 광물 및 지구 기타 물질의 절대연령이 측정되고 있다. 그외 휫션트랙 측정법(fission track dating), CHIME 연대 측정법, 연륜연대학(dendrochronology), 빙호연대학(varve chronology), 이끼식물 분포(lichenometry) 등에 의해 절대연령을 측정할 수 있다.

방사성 동위원소에 의한 절대연령 측정

반감기

방사성 동위원소는 핵종이 붕괴하여 그 양이 반씩 줄어간다. 이를 **반감기**(half life)라 한다.

예를 들면, 원자번호 6번인 탄소는 중성자수 6, 7, 8을 가지는 동위원소가 존재한다. 즉 ^{12}C, ^{13}C, ^{14}C의 동위원소가 존재한다. 그 중 ^{12}C, ^{13}C은 안정동위원소이며 ^{14}C만이 방사성 동위원소로 5,730년을 반감기로 붕괴되어 ^{14}N로 된다. 붕괴 전의

어미원소
딸원소

^{14}C를 **어미원소**, 붕괴 후 ^{14}N를 **딸원소**라 한다. 방사성 동위원소의 반감기를 이용하여 지질학에서는 암석의 절대연령을 측정한다.

표 7-1 지구연대학에 이용되고 있는 방사성 동위원소의 종류

어미원소/딸원소	붕괴유형	λ(년)	반감기(년)	연대 측정 범위	측정에 사용되는 시료
(장반감기 핵종)					
$^{238}U/^{206}Pb$	$8\alpha + 6\beta$	1.5369×10^{-10}	4.50×10^{9}	10^{7}~46억 년	저콘, 우라니나이트, 모나자이트, 기타 납 함유 광물
$^{235}U/^{207}Pb$	$7\alpha + 4\beta$	9.7216×10^{-10}	0.71×10^{9}	10^{7}~46억 년	〃
$^{232}Th/^{208}Pb$	$6\alpha + 4\beta$	9.987×10^{-11}	1.39×10^{10}	10^{7}~46억 년	〃
$^{87}Rb/^{87}Sr$	σ	1.39×10^{-11}	5.0×10^{10}	10^{7}~46억 년	흑운모, 백운모, 미사장석, 전암
$^{40}K/^{40}Ar$	β	0.584×10^{-10}	1.30×10^{10}	2000~46억 년	흑운모, 백운모, 각섬석, 전암
$^{147}Sm/^{143}Nd$	α	6.54×10^{-12}	1.06×10^{11}	10^{7}~46억 년	화성암 및 변성암, 전암
$^{187}Re/^{187}Os$	β	1.52×10^{-11}	4.56×10^{10}	10^{7}~46억 년	황화광물, 철운석
$^{176}Lu/^{176}Hf$	β	1.96×10^{-1}	3.53×10^{10}	10^{7}~46억 년	저콘, 흑운모, 인회석
$^{138}La/^{138}Ce$	β	2.57×10^{-1}	2.70×10^{11}	10^{7}~46억 년	
(단반감기 핵종)					
$^{14}C/^{14}N$		1.21×10^{-4}	5730	0~70,000년	목탄, 목재, 토탄, 곡식, 기타 탄소 함유 물질

그러나 방사성 동위원소는 지질학 외에 의학, 농학 등 기타 분야에서도 다양하게 이용되고 있다.

지질학에 많이 이용되고 있는 방사성 동위원소에는 $^{238}U \rightarrow ^{206}Pb$, $^{235}U \rightarrow ^{207}Pb$, $^{232}Th \rightarrow ^{208}Pb$, $^{87}Rb \rightarrow ^{87}Sr$, $^{40}K \rightarrow ^{40}Ar$, $^{147}Sm \rightarrow ^{143}Nd$, $^{14}C \rightarrow ^{14}N$ 등이 있다(표 7-1).

방사성 동위원소의 모원소의 시간에 따른 붕괴 반응속도의 관계식인

$\frac{dN}{dt} = -\lambda N$ 식에서 시간 $(t) = \frac{1}{\lambda}\log\left(\frac{N_D}{N} + 1\right)$

이 얻어져 시간이 측정된다. 여기서 N 은 t 시간 붕괴 후에 시료 내의 방사성 동위원소의 총량, N_D는 모원소와 딸원소 간의 방사성 동위원소 총량의 차이($N_D = N_o - N$), λ는 붕괴상수이다. 반감기($t_{\frac{1}{2}}$)와 붕괴상수 사이에 $t_{\frac{1}{2}} = \frac{l_n 2}{\lambda} = \frac{0.693}{\lambda}$ 이다.

N_0는 붕괴전($t^l=0$)에 시료 내에 포함되어 있던 방사성 동위원소의 총량이다. 방사성 동위원소가 시간이 지남에 따라 붕괴되어 딸원소가 증가하는 반응속도식에서 붕괴 전후의 적분구간을 넣어 적분하면

$$\int_{N_0}^{N} \frac{dN}{N} = -\lambda \int_{t'=0}^{t'=t} dt$$

가 된다. 이 식을 풀면 $\log \frac{N}{N_0} = -\lambda t$ 가 되고 오른쪽 항을 상용대수로 취하면 $N = N_0 e^{-\lambda t}$ ($N_0 = Ne^{\lambda t}$)가 된다. 딸원소 $N_D = N_0 - N$ 이므로 여기에 대입하면 $N_D = N(e^{\lambda t} - 1)$이 되어 t에 대해 풀면 $t = \frac{1}{\lambda}\log\left(\frac{N_D}{N} + 1\right)$이 얻어진다. 이때 시간 t가 암석의 절대연령이다. 암석의 절대연령 측정에는 단일광물연령(single mineral age), 아이소크론연령(isochron age), 모델연령(model age)이 사용되고 있다.

단일광물연령은 어떤 광물이 동위원소계에 대하여 폐쇄계에 있었던 온도(동결온도 blocking temperature라 함) 이후부터의 연령이다. 보통 K-Ar계에서는 흑운모나 각섬석, 장석 등의 동결온도 이후의 연령이다. **아이소크론**연령은 Rb-Sr계, Sm-Nd계 등에서 많이 사용되며 암석, 광물 시료의 ^{87}Rb/^{86}Sr와 ^{87}Sr/^{86}Sr, ^{147}Sm/^{144}Nd와 ^{143}Nd/^{144}Nd 값이 동일 연령선상에 도시되어 직선(아이소크론이라 함)이 얻어진다. 이 직선의 기울기에서 연령이 계산된다.

아이소크론

모델연령은 Rb-Sr계와 Sm-Nd계에서 많이 이용되며 콘드라이트(Chondrite Uniform Reservoir : CHUR) 또는 결핍맨틀(depleted mantle, DM)에서 현재까지의 연령으로 맨틀에서 지각의 분리 연령이다. 예를 들면, 우리나라의 대보화강암의 관입 연령은 주로 쥬라기(1억 5천만 년~2억 년 정도)이나 대보화강암의 원암의 연령은 16억~22억 년으로 원생대(Proterozoic)이다(Kim et al., 1996). 따라서 원암의 연령이 바로 모델연령이 된다.

Rb-Sr 연령 측정법

루비듐(^{87}Rb)이 방사성 붕괴되어 ^{87}Sr이 된다. Sr은 동위원소가 ^{84}Sr, ^{86}Sr, ^{87}Sr, ^{88}Sr이

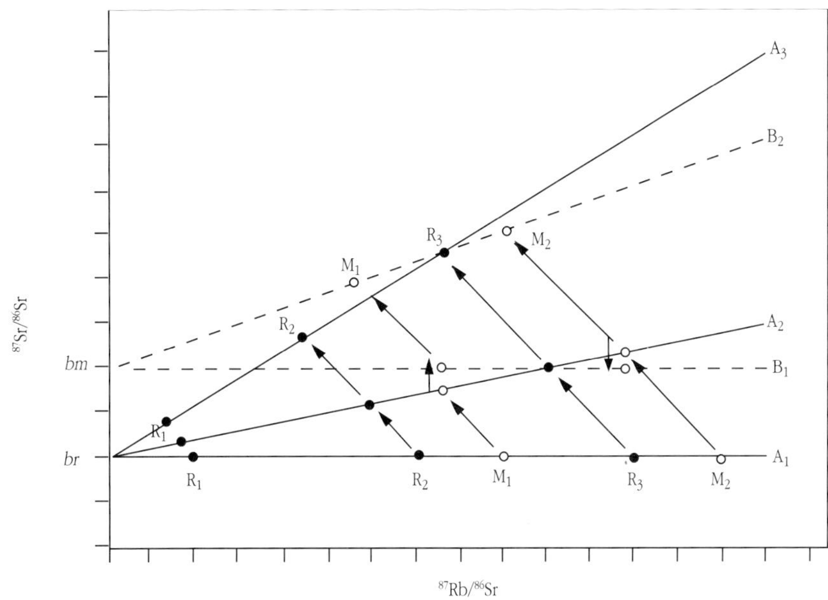

| 그림 7-1 | Rb-Sr 시스템에서 얻어진 화성암의 전암 아이소크론과 광물 아이소크론(Faure, 1991)

있다. 암석광물 내의 ^{87}Rb 원소는 시간이 지남에 따라 ^{87}Sr으로 변해 $^{87}\mathrm{Sr} = {}^{87}\mathrm{Sr}i + {}^{87}\mathrm{Rb}(e^{\lambda t}-1)$이 된다. 여기서 $^{87}\mathrm{Sr}i$ 은 방사성 붕괴 시작 전에 원래부터 암석, 광물 내에 존재하고 있던 Sr의 초생치(initial ratio)이다. 동위원소는 보통 ^{87}Sr/^{86}Sr, ^{87}Rb/^{86}Sr비를 표면전리형질량분석기(thermal ionization mass spectrometer : TIMS)로 정량한다(그림 7-1-1).

따라서 $^{87}\mathrm{Sr}/^{86}\mathrm{Sr} = (^{87}\mathrm{Sr}/^{86}\mathrm{Sr})i + {}^{87}\mathrm{Rb}/^{86}\mathrm{Sr}(e^{\lambda t}-1)$ 관계식으로 쓸 수 있다. 연령을 측정하고자 하는 암석광물의 ^{87}Sr/^{86}Sr, ^{87}Rb/^{86}Sr를 질량분석기로 측정한다.

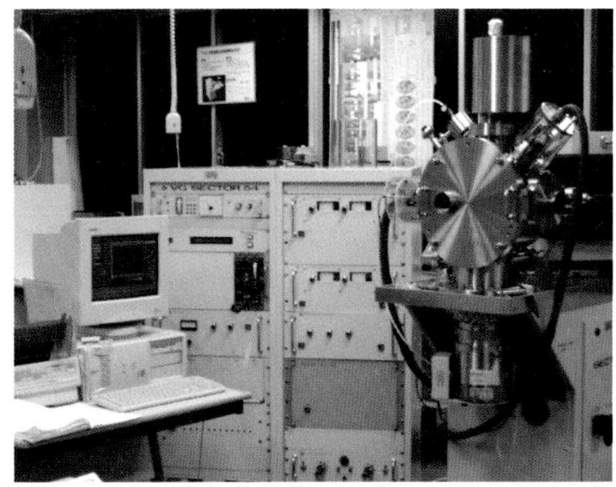

| 그림 7-1-1 | 표면전리형질량분석기(일본 나고야대학 실험실)

이 값을 x, y 축에 도시하면 그림 7-1과 같이 얻어진다. 그림 7-1에서 얻어진 직선의 기울기가 암석의 아이소크론 절대연령이다. 그리고 $^{87}\mathrm{Rb}/^{86}\mathrm{Sr} = 0$인 y축의 값이 ^{87}Sr/^{86}Sr 초생치로서 실제로 암석광물 시료 내에서는 측정할 수 없으나 위의 아이소크론에서 얻

어진다. 이 초생치가 암석의 기원, 마그마의 기원, 물질의 기원 등의 해석에 이용되고 있다. 콘드라이트의 $^{87}Sr/^{86}Sr$ 초생치의 값은 0.6999로 균일하며 보통 맨틀기원의 현무암은 0.704 이하이나 지각기원의 암석의 스트론튬 초생치는 0.705~0.720으로 이 값이 현저히 크다. 그리고 콘드라이트에서 현재의 암석에 이르기까

스트론튬 진화

지 초생치의 값이 점점 커지고 있어 이 같은 현상을 **스트론튬 진화**라 한다. 여기서 지각이 맨틀에서 진화되었음이 알려지게 되었다. 우리나라의 쥬라기 대보화강암은 $^{87}Sr/^{86}Sr$ 초생치가 0.711보다 큰 값을 가지는 반면 백악기의 불국사 화강암은 0.707 이하의 값을 가진다(Kim et al., 1996).

스트론튬 동위원소비는 네오듐 동위원소비($^{143}Nd/^{144}Nd$)와 함께 암석성인 해석에 유용하게 이용되고 있다(그림 7-2 참고).

K-Ar 연령 측정법

암석 광물 내에는 K을 함유하는 광물이 많다. ^{40}K은 방사성 붕괴하면 ^{40}Ar과 ^{40}Ca으로 변한다. 앞의 연령측정 원리에서와 같이

$$t = \frac{1}{\lambda_{Ar} + \lambda_{Ca}} \log\left[\left(\left(\frac{\lambda_{Ar} + \lambda_{Ca}}{\lambda_{Ar}}\right)\frac{^{40}Ar}{^{40}K}\right) + 1\right]$$

에서 계산된다. 붕괴 상수값을 대입하면 $t = 1.804 \times 10^9 \log (9.54 \frac{^{40}Ar}{^{40}K} + 1)$이 된다.

시료 내의 ^{40}K과 ^{40}Ar 양의 측정에서 절대연령이 얻어진다. 보통 ^{40}K은 동위원소비를 측정하지 않고 K 정량(K_2O)에서 구해진다.

K-Ar 연령 측정법은 화산암이나 운모류 각섬석류 광물에서와 같이 암석 광물 내에 대부분 K이 함유되어 있고 측정 가능 연령이 2천 년에서 46억 년 시료까지 가능하여 지질학에서 많이 이용된다. 그러나 변성작용이나 지질학적 사건에 의해 Ar 유실이 일어나기 때문에 변성암은 적절하지 못하다. 연대측정용 시료로 보통 화산암 전암이나 Ar 유실이 적은 각섬석 광물이 유용하다.

K 정량 대신에 $^{40}Ar/^{39}Ar$ 동위원소비만으로 연령을 측정하는 Ar-Ar 연령 측정법이 연구되어 있다. 이 측정법은 온도를 단계적으로 올리면서 Ar 동위원소비를 측정할 수 있으므로 암석의 열역사 해석에도 이용된다.

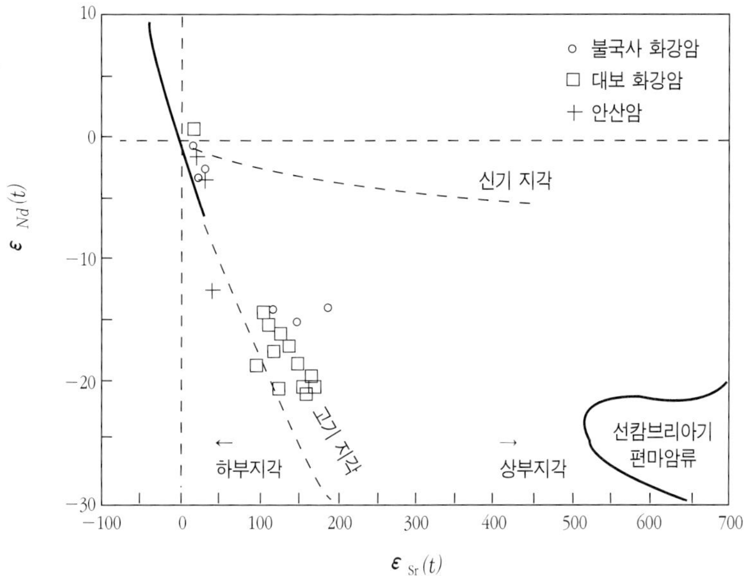

| 그림 7-2 | 우리나라 중생대 화강암류의 $\varepsilon_{Nd}-\varepsilon_{Sr}$ 다이아그램(Kim et al., 1994; Na, 1994)

Sm-Nd 연령 측정법

최근에 표면 전리형 질량분석기를 이용하여 $^{87}Sr/^{86}Sr$ 동위원소비는 물론 $^{143}Nd/^{144}Nd$의 동위원소비 분석연구가 많이 이루어지고 있다.

^{147}Sm 동위원소가 방사성 붕괴하여 ^{143}Nd이 된다. 이는 Rb-Sr 연령 측정법에서와 유사하게

$$\frac{^{143}Nd}{^{144}Nd} = \left(\frac{^{143}Nd}{^{144}Nd}\right) i + \frac{^{147}Sm}{^{144}Nd}\ (e^{\lambda t}-1)$$

위의 관계식에서 아이소크론과 초생치가 얻어진다. 특히 Sm과 Nd은 어미 원소와 딸원소 모두가 희토류 원소이기 때문에 Rb-Sr이나 K-Ar에서와 달리 변성작용이나 지질학적 사건에도 영향을 적게 받아 원암의 정보를 잘 보존하고 있게 되어, 마그마의 기원, 마그마의 동화, 마그마의 혼합, 물질의 기원 등의 추적에 트레이서로 많이 이용된다. 따라서 스트론튬 동위원소와 함께 암석성인, 지각 맨틀의 진화사 연구에 이용된다. 우리나라의 중생대 화강암의 화강암질 마그마의 기원연구에서도 이들 동위원소를 이용하여 쥬라기의 대보화강암은 하부 지각기원

물질이 부분용융되어 생성되었고 백악기의 불국사 화강암은 상부맨틀에서 유래된 것으로 해석하였다(그림 7-2).

CHIME 연대 측정법

CHIME 연대

지콘이나 모나자이트와 같은 방사성 광물입자의 EPMA 분석법으로 UO_2, ThO_2, P_bO를 정량하여 P_bO와 UO_2 또는 ThO_2 사이에 얻어진 아이소크론 연령을 **CHIME**

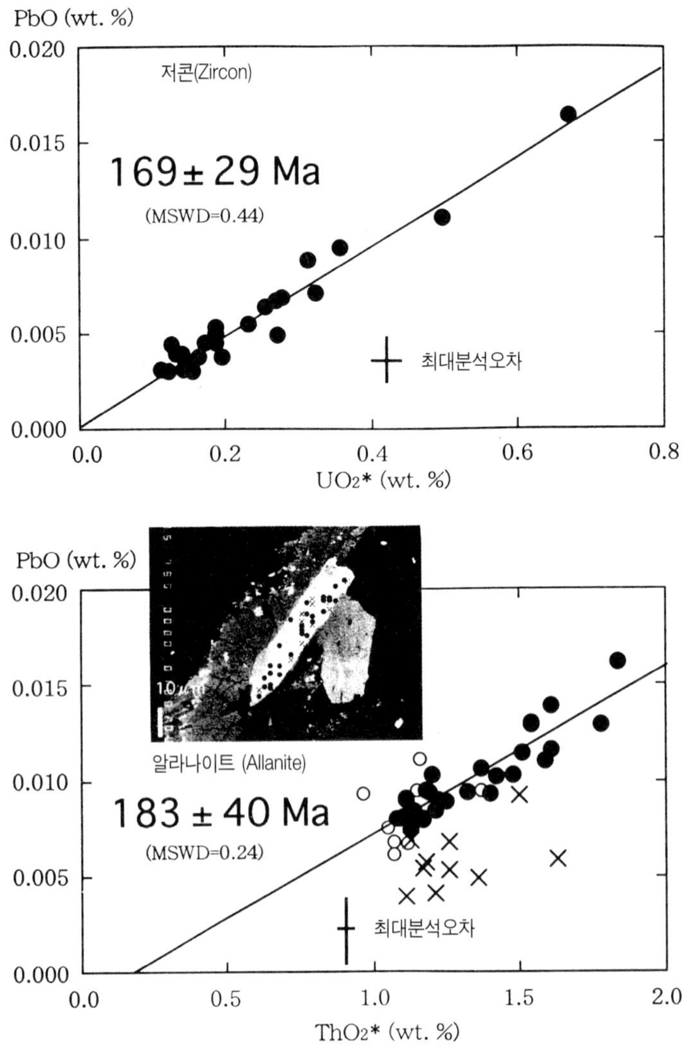

| 그림 7-3 | 제주도 별도봉 지역에서 산출된 화강암 암편의 CHIME 연령(Kim et al., 2002)

연대라 한다. CHIME의 용어는 Chemical Th U-total Pb isochron method에서 첫 자를 딴 것이다. 동위원소비를 분석하지 않고 광물 암석 박편에서 EPMA 정량법으로 얻은 UO_2, ThO_2, P_bO 분석치에서 아이소크론이 얻어지는 신속성이 있으며 화성암외에도 특히 퇴적암이나 퇴적기원 변성암의 연령 측정에 유용하다. 제주도에서 산출된 화강암의 **CHIME** 연령이 쥬라기로 측정되었다(그림 7-3). CHIME

C-N 연령 측정법

상층 대기권에 존재하고 있는 질소 동위원소(^{14}N)가 우주선 조사시에 중성자 포획 반응($^{14}_{7}N + ^{1}_{0}n = ^{14}_{6}C + ^{1}_{1}H$)으로 탄소동위원소 ^{14}C가 만들어진다(그림 7-4). 이때 만들어진 ^{14}C 동위원소는 산소와 결합하여 $^{14}CO_2$가 된다. 식물이 광합성작용($^{14}CO_2 + H_2O = (^{14}CHO)_n + O_2$)으로 식물이 살아 있을 때는 식물체 내의 ^{14}C와 대기 중의 ^{14}C가 동위원소 평형에 있게 되어 그 동위원소 존재비가 동일하다. 그러나 식물이 죽게 되면 동위원소 평형이 깨어져 식물체 내에 존재하고 있는 ^{14}C는 방사성 붕괴를 시작하여 5,730년을 반감기로 그 양이 점점 감소한다. 이때 식물이 죽은 후 경과된 시간은 $t = -8.266 \ln \frac{N}{N_0}$에서 계산된다. 여기서 N/N_0는 대기 중의 ^{14}C 농도와 시료 중의 ^{14}C 농도의 비이다.

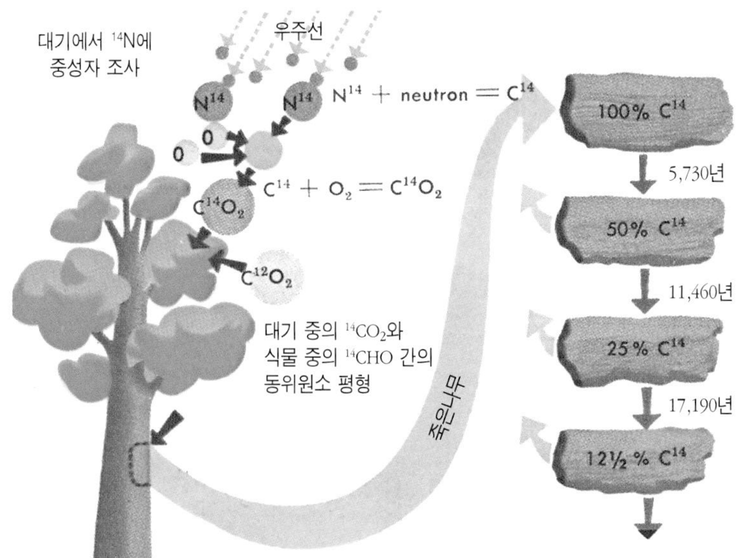

| 그림 7-4 | 탄소동위원소 연령측정 원리

탄소동위원소는 반감기가 대단히 짧기 때문에 0~70,000년 정도의 젊은 연대 측정에 이용된다. 따라서 제4기 지질학(Quaternary geology)이나 고고학에서 많이 이용된다. ^{14}C 동위원소를 β선 계측법에 의해 측정하였으나 최근 가속기 질량 분석기(accelerator mass spectrometer : AMS)를 이용하여 극소량의 시료에 대해 연령 측정이 가능하게 되었다. 사용되는 시료로는 탄소(C)가 포함된 유기물질 시료가 이용된다.

헬륨-아르곤 영족기체 동위원소

영족기체(noble gas)란 헬륨(He), 네온(Ne), 아르곤(Ar), 크립톤(Kr), 크세논(Xe) 등을 말한다. 영족기체의 동위원소는 지구 내부 물질의 상태나 진화를 연구하는 중요 수단으로 이용되고 있다. 왜냐하면, 화학적으로 비활성이기 때문에 동위원소비 변화를 검토할 때 화학적 반응과 무관하여 물리적 과정만 고려하여도 되며, 지구 내부에 이들 원소의 존재도가 낮기 때문에 물리적 과정을 통하여 일어나는 동위원소 변동비가 크다. 또 가벼운 원소로 지구 내부에서 이들 원소들의 확산속도가 큰 장점이 있다. 영족기체는 화학적으로 비활성이므로 지구심부에서 지표에 이동되는 과정에 도중에 물질과 반응하여 변화하지 않으므로 지구심부-지각

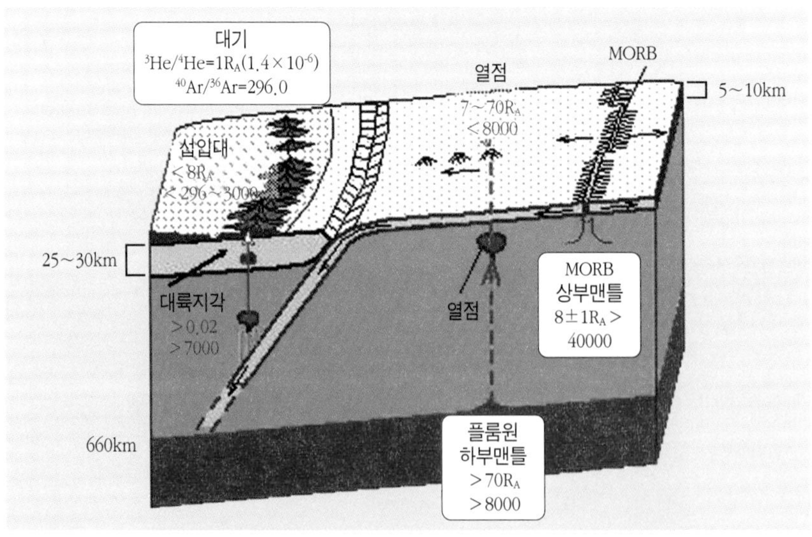

| 그림 7-4-1 | 판구조 모델의 지구조 세팅에서 각 저장소 간의 헬륨, 아르곤 영족기체 동위원소비(Sumino, 2002)

의 대규모 물질 순환의 트레이서(tracer)로서 대단히 유용하다. 최근 초고진공기술과 질량분석 기술이 발달하여 이들 원소의 정도 높은 동위원소비 분석이 가능하여져 운석이나 맨틀물질의 중요한 정보를 얻게 되었다. 암석학에서 많이 이용하고 있는 고체원소 트레이서인 Nd, Sr, Pb, Hf, Os, Li 등의 원소에 비해 확산 속도가 크기 때문에 맨틀 내에서도 균질화되기 쉽다. 그런데 헬륨, 아르곤은 가볍고 이동도가 큰 영족기체 동위원소로 동위원소비가 지구의 지구조 세팅(tectonic setting)에 따라서 지구 내부에 대규모로 불균질하게 존재하고 있음이 알려지게 되어(그림 7-4-1) 이들 원소들이 트레이서로 사용할 수가 있게 되어 최근 이들을 이용한 연구가 활발히 이루어지고 있다. 예를들면 중앙해령현무암(MORB)은 $^{3}He/^{4}He$비가 $8\pm1R_A$($1R_A=1.40\times10^{-6}$)로 대단히 균일한 값을 가진다. 중앙해령현무암(MORB)의 $^{40}Ar/^{36}Ar$동위원소비는 40000 이상이다. 지구심부 맨틀 플룸기원(plume source)의 $^{3}He/^{4}He=50R_A$ 이상, $^{40}Ar/^{36}Ar$비 8000 정도, 열점(hot spot)이나 해양섬 현무암(oceanic island basalt, OIB)은 5~50RA, $^{40}Ar/^{36}Ar$비 8000 이하 등으로 알려져 있다. ^{4}He은 U, Th의 방사성 붕괴에 의하여 연대와 함께 지구 내부에 점차 축적되어진다. 반면에 ^{3}He은 지구형성 시부터 지구 내부에 존재하던 것이 잔존하고 있다. 때문에 MORB, OIB등에서 대기의 값보다 큰 값을 가지는 것은 지구심부의 시원적인 ^{3}He이 존재하고 있음을 의미한다. 그러나 판의 섭입대나 대륙지각에서는 U, Th, K 등의 원소에 의해 만들어진 ^{4}He과 ^{40}Ar이 지질시대와 함께 점점 축적되어 $^{3}He/^{4}He$동위원소비가 작고 $^{40}Ar/^{36}Ar$비가 커지게 된다. 이 같은 동위원소의 정보는 온천지역의 온천가스에 포함된 영족기체 동위원소비에도 그대로 반영되어 나타나기 때문에 온천수나 온천가스의 기원 연구에도 유용하다.

백두산 화산 폭발은 발해 멸망과 관계가 없다

7~10세기경 중국 동북부에 번영하였던 발해국의 멸망이 백두산의 거대한 화산 폭발과 관계가 있을 것이라는 가설이 제기되어 왔다. 해발 2,750m 높이의 백두산 화산분출은 신생대 제3기 올리고세(28.4Ma)에 현무암 용암 분출을 시작으로 홀로세의 역사시대까지 계속되었다.

백두산 화산은 감람석 현무암, 알칼리 조면함, 유문암, 응회암, 각력암, 부석 층 등 다양한 화산 분출물이 10여 차례에 걸쳐 분출한 복합화산(composite volcano)이다(그림 7-5).

홀로세에 들어와서 대규모의 폭발적인 분출이 일어나 조면암질 부석과 화산재가 분출(천지층, 김정락, 1998)하여 백두산 전역을 광범위하게 덮고 있다. 이 화산분출물은 일본 아오모리겐과 호카이도 지역에까지 날아가 퇴적된 사실이 아오모리겐 오가와라 호수의 시추코어 퇴적물에서 확인되었다(Fukusawa, 1999, 그림 7-6). 이때 분출한 부석층은 체적이 96±19km^2(마그마 체적 24±5Km^3)에 달하였다. 폭발적인 화산재의 기둥은 25km 높이까지 솟아 성층권에까지 유입되었다. 분출물 중 H_2O는 1796 메가톤, Cl, 45메가톤, F, 42메가톤, S, 2메가톤으로 추정되었다(Horn and Schmincke, 2000). 이 화산재층을 B-Tm(백두산-토마코마이)테프라 층이라 하며 이 층은 고고학적으로 대단히 중요한 건층(key bed)이다. 백두산이나 울릉도의 부석이나 화산재는 알칼리성분(K_2O+Na_2O)이 높아 일본의 화산 분출물과 구별된다.

이 부석층과 화산재에 의해 매몰된 탄화목의 탄소(^{14}C)연령 측정이 거대한 폭

| 그림 7-5 | 백두산-천지 칼데라호(사진 윤석준 제공)

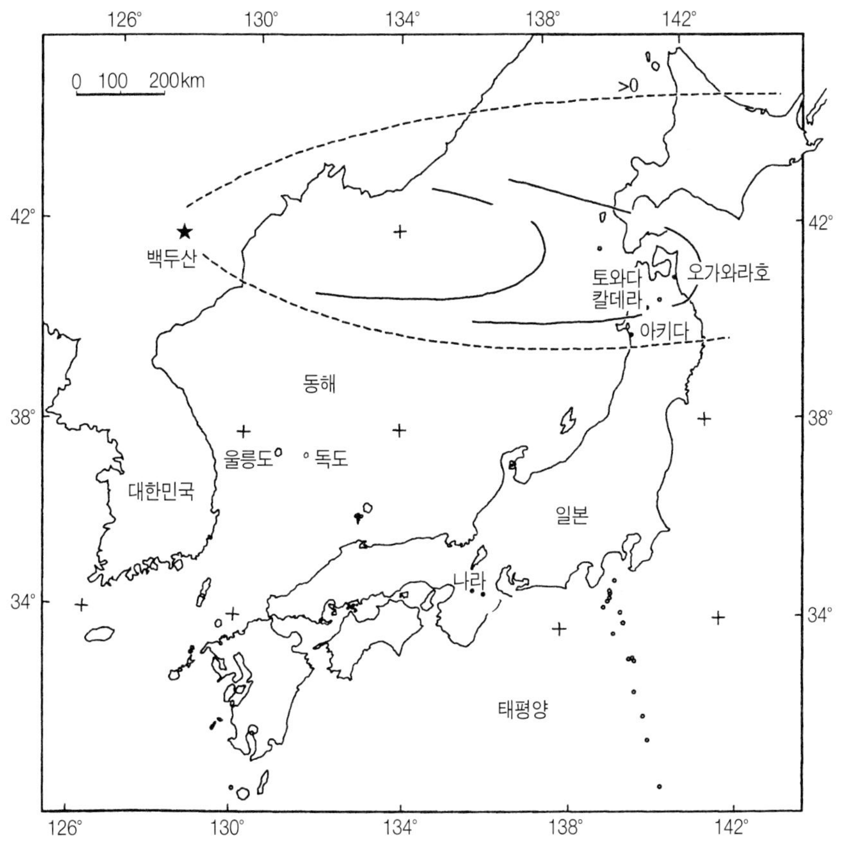

| 그림 7-6 | 백두산-토마코마이 테프라층의 분포(Machida and Arai, 1992)

발적인 백두산 화산 분출시기를 알려 줄 것이다. 때문에 한-일 공동 연구자들은 백두산, 테프라 퇴적층 지역을 조사하여 많은 매몰 탄화목을 발견하고 특히 탄화목의 표피인 부름켜층까지 보존된 시료를 찾았다(그림 7-7). 이 탄화목의 나이테별로 시료를 채취하여 가속기 질량분석법을 이용 연륜의 ^{14}C 연대를 측정하였다(그림 7-8). 그 결과 이 탄화목의 최외부의 연륜이 형성된 연대가 Nakamura 외(2000)에 의해 929~945년으로 얻어졌다. 역사적인 문헌에 의하면 발해국은 AD 698~AD926경 존재하였던 국가로 멸망은 AD 926년으로 기록되어 있다. 즉 백두산 화산폭발 전에 발해는 이미 멸망하였다. 이 시기의 백두산 화산분출은 지난 2,000년간 가장 큰 화산 폭발 사건 중의 하나이지만 기후 변동은 짧은 시기에만 영향을 준 것으로 보고 있다.

| 그림 7-7 | 백두산에서 발견된 매몰 탄화목

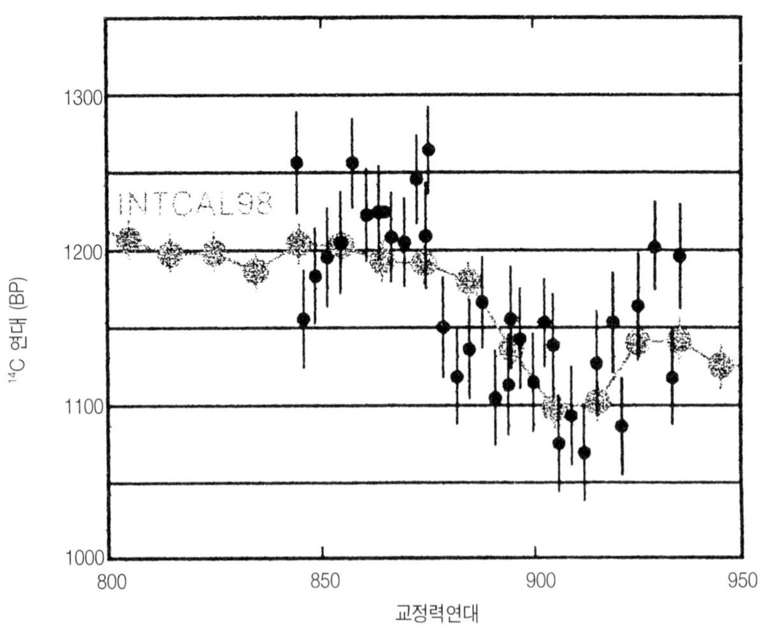

| 그림 7-8 | 백두산 지역의 탄화목시료의 ¹⁴C 위글매칭(¹⁴C wiggle-matching) 연대(Ishizuka et al., 2003)
탄화목의 표피의 ¹⁴C 연대가 AD 936년으로 얻어졌다.

소멸핵종

방사성 동위원소 중 반감기가 짧기 때문에 방사성 붕괴에 의해 어미원소는 잔존하지 않고 딸 원소만 존재하는 방사성 동위원소를 **소멸핵종**(extinction nuclides)이라 한다. 소멸핵종에는 ^{26}Al, ^{41}Ca, ^{26}Mg, ^{129}X 등이 있다. 이들 소멸핵종을 이용한 동위원소비 분석에서는 절대연령의 측정은 불가능하지만 물질이 생성된 시간 간격을 결정할 수 있다. 예를 들면, 우주 초기 핵융합 합성 이후 운석이나 콘드률이 생성된 시간이나 내부 핵이 형성된 시기 등을 추정할 수 있다.

소멸핵종

^{129}I → ^{129}Xe 동위원소 연구에서 운석 형성 후 약 10^8년 후에 지구가 형성되었다는 결과가 보고되어 있다. 또한 운석에서 소멸핵종 연구에서 태양계 초기 물질임을 알 수 있어 태양계 초기물질(지구 초기물질)과 태양계 이전물질(presolar material) 연구에 중요한 수단이 되고 있다.

7.2 지질시대의 구분

지질시대의 구분 단위는 이언(Eon), 대(代, Era), 기(紀 Period), 세(世, Epoch), 기(期, Age) 등으로 세분된다.

지구상에 생물이 등장하기 전의 은생영년과 생물존재 이후의 현생영년으로 크게 구분한다. 다음 시간 단위로 지층 내에 발견된 생물의 화석과 부정합, 그외 지각변동과 같은 지질학적 사건 등을 근거로 **선캄브리아대**(Precambrianera), **고생대**(Paleozoic era), **중생대**(Mesozoic era), **신생대**(Cenozoic era)로 구분한다. 이들은 다시 고생대의 캄브리아기(Cambrian period), 오도뷔스기(Ordovician period) 등과 같이 세분된다(그림 7-9).

선캄브리아대
고생대
중생대
신생대

신생대에 와서는 화석이 풍부하기 때문에 지층의 세분이 가능하여 제3기를 팔레오세(Paleocene epoch), 에오세(Eocene epoch) 등으로 세분하였다. 제4기는 플라이스토세(Pleistocene epoch)와 홀로세(Holocene epoch)로 세분한다. 지질시대의 명칭은 대표적인 지층의 표식지에서 명명 유래한 것이다. 예를 들면, 캄브리아기는 영국 Wales 지방에서 따온 것이며 오도뷔스기는 Wales 고대 종족의 이름에서 페름기는 러시아의 Perm 지방에서 유래한 것이다(표 7-2). 이같이 지질시대의 명칭은 표식지(type locality)가 이용되고 있다.

지질시대 구분단위에 대응하는 지층의 지질계통 단위는 다음과 같다.

지질시대 지질계통의 단위
대(代, Era) ________ 계(界, Group)
기(紀, Period) ________ 계(系, System)
세(世, Epoch) ________ 통(統, Series)
기(期, Age) ________ 계(階, Stage)

우리나라의 고생대 지층에 조선누층군의 대석회암통과 중생대의 경상누층군의 불국사통 등의 지질계통 단위가 사용되고 있다.

암석의 절대연령, 고지자기 정, 역, 자기 층서를 포함한 지질시대표는 그림 7-9

표 7-2 지질시대 명칭의 유래(Skinner and Porter, 1995)

대	기	세	명칭의 유래
신생대	제4기	홀로세	희랍어, wholly recent
		플라이스토세	most recent
	제3기	플라이오세	more recent
		마이오세	less recent
		올리고세	slightly recent
		에오세	dawn of the recent
		팔레오세	eary dawn of the recent
중생대	백악기		영국남부와 프랑스 백악(Chalk)절벽
	쥬라기		스위스와 프랑스의 쥬라산맥
	트라이아스기		독일에서 암석의 삼중구분
	페름기		러시아의 Perm 지방
	석탄기 펜실베이니아기		석탄층 펜실베이니아주
	미시시피아기		미시시피강
	데본기		영국 남서부의 지명(Devonshire)
	실루리아기		Wales의 고대 종족명(Silures)
	오도뷔스기		Wales의 고대 종족명(Ordovices)
	캄브리아기		Wales 지명(Cambria)

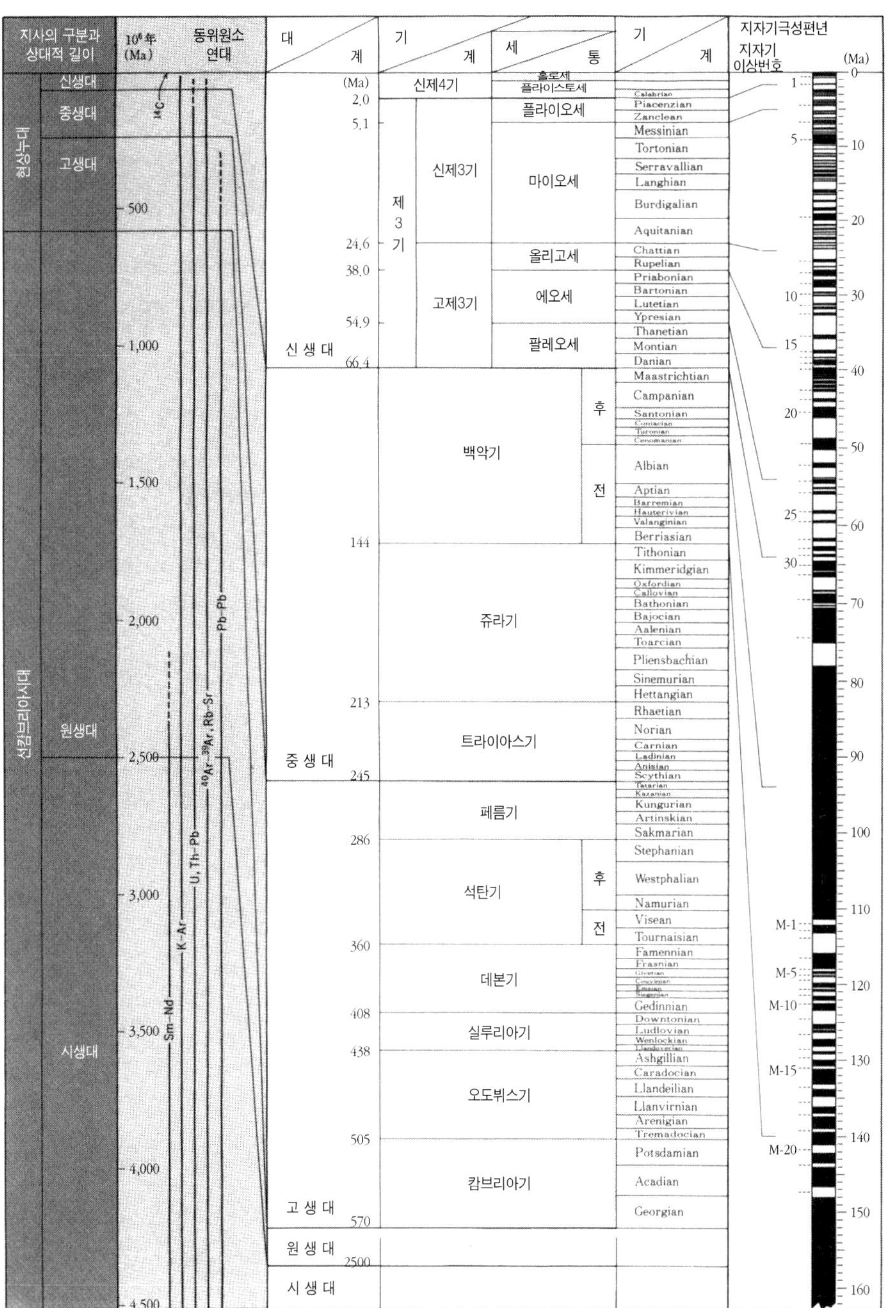

| 그림 7-9 | 지구역사 연대표(杉村外, 1996, 圖說地球科學, 岩波書店)

와 같다.

570Ma 이전을 선캄브리아기로 구분하고 선캄브리아기는 시생대(Archean, 2500~4600Ma)와 원생대(Proterozoic 570~2500Ma)로 세분하고 있다. 고생대는 245~570Ma, 중생대는 66.4~245Ma, 신생대는 66.4~0Ma까지이다. 신생대 제3기는 66.4~1.6Ma, 제4기는 1.6Ma~0Ma으로 구분된다.

지질시대 구분에서 보면, 세분되지 않은 선캄브리아가 약 40억 년 동안의 긴 지질시대로 지구사의 수수께끼로 남아 있다.

08
지질시대의 환경과 생물의 진화

강원도 태백지역에서 산출된 고생대 오르도비스기의 삽엽충화석
-Basiliella Kawasaki- (한국지질자원연구원제공)

8.1 지질시대 환경과 생물계의 변화

지구는 46억 년 전에 태양계 일원으로 탄생하였다. 초기지구는 1,200℃ 이상의 고온의 마그마오션(magma ocean)에서 점차 냉각되었다. 이 과정에서 탈가스(degas)된 2차 대기에서 점차 CH_4, NH_3, H_2O, H_2 등이 다량 생성된다.

물론 지구 초기의 H_2와 He을 주로 하는 1차 대기는 태양의 복사선과 태양풍에 의해 소실된 것으로 생각하고 있다. 마그마오션이 냉각됨과 동시에 다량의 수증기가 응축하여 뜨거운 해수를 만들게 된다. 지구 초기의 CH_4, NH_3, H_2O, H_2를 주로 하는 원시 1차 대기 중에 천둥, 번개 시에 발생한 방전 에너지의 도움으로 생명의 원천인 유기물이 합성된 것으로 생각하고 있다. 많은 신화에서 생명의 유래를 하늘(天)에 두고 있지만, 사실 생명은 따뜻한 얕은 바다(海)에서 탄생한 것으로 생각된다. 왜냐하면 지구상에서 발견되는 최고기의 화석인 원핵세포생물(prokaryotes) 화석이 서부 오스트레일리아의 35억 년 전 처트층에서 발견되었기 때문이다(그림 8-1).

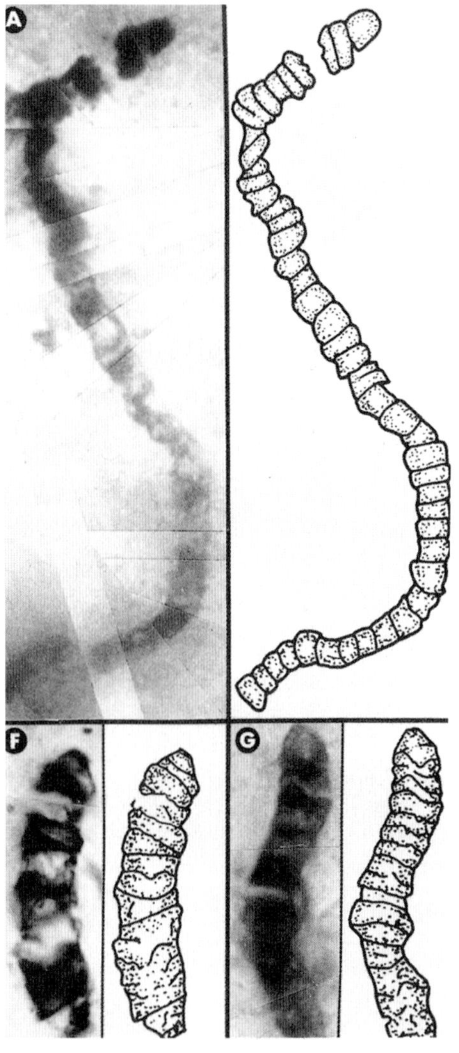

| 그림 8-1 | 서부 오스트레일리아의 35억 년 전 지층에서 발견된 원핵세포생물(procaryotes)의 화석

또한 해수 중에서 탄생한 조류 기원의 녹색식물인 스트로마톨라이트(stromatolite) 화석이 26억 년 전의 해성층에서 발견되고 있다.

스트로마톨라이트는 따뜻한 얕은 바다에서 광합성 박테리아에 의해 해수 중의 공존 염류를 침전시킬 때 층상으로 성장하게 되어 동심원상의 구조가 나타난다. 물론 스트로마톨라이트는 과거 지질시대를 통하여 현재에도 바다에 성장하고 있다.

원핵세포생물은 세포구조가 작고 단순한 구조로 되어 있다. 그리고 DNA는 가지고 있으나 세포 내에 구별되어 있지 않고 있다. 세포는 주로 세포질(cytoplasm)로만 되어 있으며 세포막이 구분되어 있지 않는 박테리아 종류이다.

원핵세포생물(procaryotes)에서 진핵세포생물(eucaryotes)로 진화된다. 진핵세포생물은 원핵세포에 비해 세포가 크고 복잡하다. 세포막에 의해 핵과 세포질이 구분되어 있다(그림 8-2). 인간을 포함한 현생생물들이 진핵세포생물에 속한다.

초기의 원시 바다에는 원핵세포생물과 진핵세포생물들이 서식하고는 있었지만 대다수의 산소는 해수 중의 환원성 물질의 산화에 사용되어져 지표에는 아직 산소의 양이 적은 상태여서 육상에는 세포생물이 출현하지 않았다. 지구상에 원

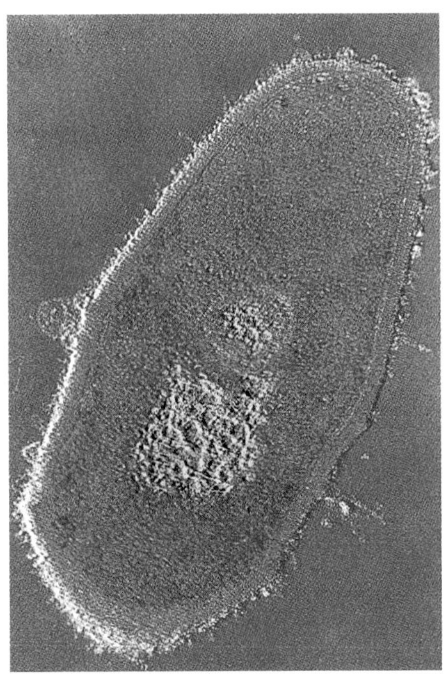

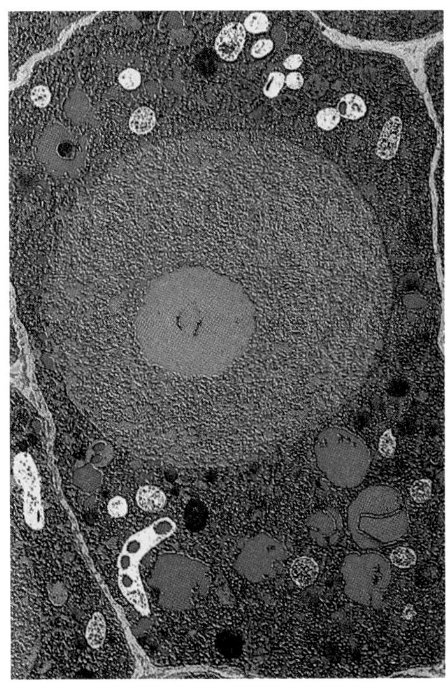

| 그림 8-2 | **원핵세포생물의 세포(procaryotic cell)(좌)와 진핵세포생물의 세포(eucaryotic cell)(우)** (Skinner and Porter, 1995) 원핵세포생물의 세포에는 기관이 보이지 않고 세포막에 의해 세포질과 분리되지 않으며 잘 나누어져 있지 않은 nucleoid내에 DNA가 응집되어 있다. 한편 식물 뿌리에서 보여주는 진핵세포생물은 세포막에 의해 분리된 핵과 다양한 세포질 기관을 가지고 있으며 세포들은 염색되어 색깔을 띠고 있다.

시대기에서 수증기의 광분해에 의해 생성된 산소와 초기 해양생물의 광합성 작용에 의한 산소에 의해 점점 산소가 증가하기 시작하여 석탄기에 지구상에 산소량이 최대가 된다.

선캄브리아기에는 지구상에 산소가 결핍되어 있었다. 그래서 환원 환경에서 퇴적하는 퇴적기원의 황화광물이 선캄브리아기 퇴적층에서 산출된다. 또한 산소가 결핍된 환경이었기 때문에 바다에는 대량의 Fe^{2+} 이온이 이동되어와 거대한 **호상철광층**(banded iron formation)을 퇴적시켰다(그림 8-6 참고).

호상철광층

선캄브리아 시기에 존재하던 대부분의 산소는 해수 중의 Fe^{2+}를 산화시켜 적철석, 자철석과 같은 호상 철광층을 퇴적시키는 데 사용되었다. 선캄브리아 시기의 12억 년 이후에 비해양성 철광층이 분포하고 있어 이 시기에는 상당량의 산소가 대기 중에 존재하였음을 의미하고 있다.

15억 년 전 대기 중에는 산소가 현재의 10^{-3} PAL(present atmospheric level, O_2 : 0.2 기압을 의미함) 정도였으며 고생대(5억 7천만 년 이후)에 들어와서 산소의 양이 10^{-2} PAL로 증가하여 다세포생물이 생존가능하게 되어 점차 다양한 생물종이 번성하게 된다(多賀, 那須, 1994). 물론 육상의 산소량의 증가로 수중 생물이 육상으로 올라오게 된다. 또한 산소량의 증가와 함께 대기 상층권에 오존(O_3)층이 형성되어 태양의 자외선을 차단시킴으로써 육상에 생물이 생존 가능하게 되었다. 최초의 육상식물은 실루리아기(약 4억 2천만 년 전)에 출현하였고, 최초의 육상동물은 이보다 늦게 데본기(3억 8천만 년 전)에 출현하였다.

석탄기에 들어오면서 육상식물이 번성하여 광합성 작용에 의해 산소의 양은 현재의 10배로 최대가 되었으며 이들 식물이 매몰되어 오늘날의 무연탄 층을 형성하게 된 것이다. 이 시기에 우리나라는 삼척, 영월, 태백지역에 대량의 석탄층을 형성하였다. 대기 중의 산소량은 석탄기를 고비로 감소하여 현재(0.2기압)에 이르고 있다. 즉 지구상의 대기의 진화와 함께 생물이 진화하게 된다(표 8-1, 그림 8-3).

고생대 초기 캄브리아기에는 바다에서 삼엽충(trilobites)과 같은 해양생물이 번성하게 되고 오도뷔스기에 최초 척추동물인 어류가 등장하여 실루리아기에 최대 번성하여 **어류의 시대**가 되었다. 이 시기에 최초로 육상식물이 출현하여 석탄기에 최대 번성한다. 데본기에는 육상에 산소의 양이 증가되어 최초의 육상 척추동물인 양서류가 출현하였다. 석탄기에 식물의 번성과 함께 곤충류가 출현한다. 중생

어류의 시대

표 8-1 지질시대의 주요 지질사건과 고생물

이언 (Eon)	대 (Era)	기(Period)		세(Epoch)			고 생 물	지각변동, 화성활동
Phanerozoic	신생대 (Cenozoic)	제4기 (Quaternary)		홀로세(Recent, or Holocene)	0.008	포유류 시대	현대인 대량의 포유류와 새종류 절멸 호모에렉투스(Homo Erectus) 거대한 육식동물 최초의 유인원 화석 고래와 원숭이, 거대한 초식성 포유동물 원숭이 같은 영장류 원시 말, 낙타, 거대한 새, 초지형성 초식 영장류 공룡의 절멸	전곡현무암 분출, 카스케이드 화산분출 빙하기 백두산, 제주도, 울릉도, 독도 화산 분출 카스케이드 화산 도호 형성 동해가 열림(15-17Ma) 홍해가 열림 알프스의 융기, 히말라야 습곡산맥 형성 동인도대륙과 유라시아 대륙 충돌 시작 인도 데칸현무암 분출
				플라이스토세(Pleistocene)	1.6			
		제3기 (Tertiary)	신제3기 (Neogene)	플라이오세 (Pliocene)	5.3			
				마이오세 (Miocene)	23.7			
			고제3기 (Paleogene)	올리고세 (Oligocene)	36.6			
				에오세 (Eocene)	57.8			
				팔레오세 (Paleocene)	66.4			
	중생대 (Mesozoic)	백악기 (Cretaceous)			144	파충류 시대	태반소유 포유물 출현(90Ma) 피자식물 나르는 파충류 시조새와 포유류 공룡 최초 등장	록키산맥 형성, 불국사화강암 관입 대보조산운동, 대보화강암 관입 판게아대륙분리시작, 송림변동 대서양 형성 시작
		쥬라기 (Jurassic)			208			
		트라이아스기 (Triassic)			245			
	고생대 (Paleozoic)	페름기 (Permian)			286	양서류 시대	무연탄형성 삼림 쇄퇴 무연탄 형성 늪지 대량 형성 상어 번성 곤충류 최초의 양서류 출현, 최초의 파충류 출현 최초의 삼림(상록수 식물) 초기 육상식물 무척추동물 번성 원시어류 다세포 유기물 다양화 초기 각질 유기물	판게아 대륙 아펠라치아 조산운동 온난기후 계절변화가 미약하게 나타남 유럽 조산운동(우랄, 카파시안) 한반도 조륙운동 북미에 조산운동시작 북미에 광범위한 해수 분포
		석탄기 (Carboniferous)	펜실베이니어니기 (Pennsylvanian)		320			
			미시시피기(Mississippian)		360			
		데본기(Devonian)			408	어류 시대		
		실루리아기(Silurian)			438			
		오도뷔스기(Ordovician)			505	해양 무척추 동물시대		
		캄브리아기(Cambrian)			570			
원생대 (Protrozoic)	선캠브라기 (Precambrian)				2500		최초의 다세포 유기물 해파리 화석(~670Ma) 원시 박테리아와 조류 생명의 기원?	초대륙 형성(~1.5b, y.) 대량의 탄산염암 퇴적, 최초의 철광상(호상철광층) 최고기의 퇴적암, 서산층군, 시흥층군 퇴적 원시대기 형성(자유산소 축적) 지구 냉각시작 최고기의 암석(~3.96b. y.) 최고기의 달암석(4~4.6b.y.) 원시지각 형성
시생대 (Archean)					~3800			
Hadean					4600		지구의 탄생	

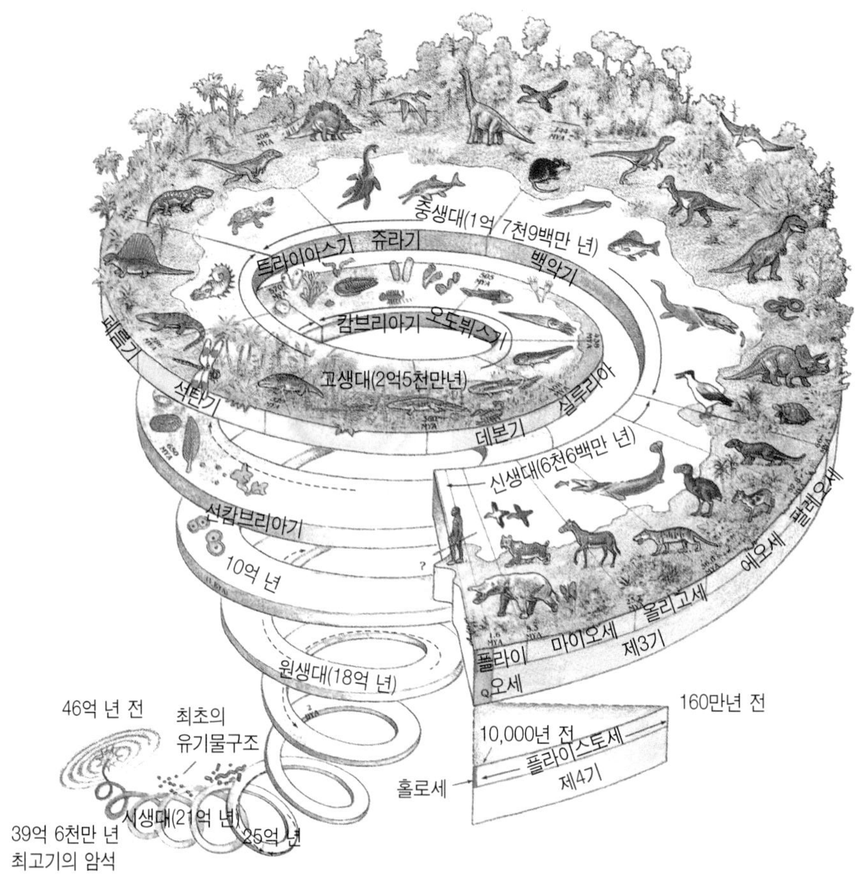

| 그림 8-3 | 46억 년 전 지구탄생 이후 지구상의 생물계의 진화와 지구의 역사(Dutch et al., 1998; Earth Science, Wadsworth).

대 트라이아스기에 포유류가 최초로 등장하고 공룡이 출현, 쥬라기는 공룡의 최대 번성 시대가 되었다. 또한 쥬라기에 시조새가 출현해 조류가 번성하게 된다. 그리고 공룡은 중생대 말 백악기에 절멸하게 된다.

한편, 신생대 제3기에 와서 포유류가 번성하여 현생 포유류가 번성하기 시작하였다. 신생대 제4기 플라이스토세(약 200만 년 전)에 처음 유인원 호모(Homo)가 등장하고 현생 인류의 시조인 호모사피언스(Homo sapiens)가 그 후 지구상에 등장하게 된다.

이와 같은 지질시대의 생물의 진화 연구에는 각 지질시대 지층 중의 화석의 동정, 화석의 형태학적 분류 등의 고생물학적 수단을 이용하여 왔다. 그러나 최근

분자 계통학적 수법에 의해 얻어진 유전자 정보(또는 RNA, DNA)와 화석 기록의 정보를 종합하여 생물의 계통 진화가 더욱 자세하게 밝혀지고 있다.

8.2 생명의 기원

지구상에 최초의 생명은 언제, 어디에서, 어떤 환경에서 태어났을까?

철학자, 신학자, 자연과학자 모두에서 생명의 신비함은 과거나 지금이나 다름없이 흥미로운 수수께끼 같은 과제이다.

생명의 기원은 자연과학적으로 설명할 수 없는 신에 의해 창조된 특수 창조설과 생명 발생 단계 이전에 간단한 분자에서 복잡한 유기물들로 진화하였다는 비생물적인 화학적 진화(chemical evolution) 과정에서 생명으로 발전되었다는 자연과학자들의 견해가 있다. 그리고 콘드라이트의 운석에서, 유기물질의 존재 등에서 생명 발생의 기원물질이 지구와 다른 천체에서 유래되었다는 판스퍼미아설(Panspermia) 등이 제기되고 있다.

여기서는 자연과학적인 입장에서의 생명의 기원 문제를 간단히 다루고자 한다.

생명의 기원물질은 지구의 초기에 형성된 선캄브리아기의 퇴적변성암 지층에서 원핵세포생물의 화석발견과 선캄브리아기 지층 내에 포함된 유기물질의 기원 연구에서 단서를 찾을 수밖에 없다. 또한 지질시대의 지구대기의 진화와 생명의 발생 진화와도 밀접한 관계가 있다. 때문에 일찍이 러시아의 생화학자 Oparin (A.I., 1894~1980)은 C·H·O 원소에서 CH_4, NH_3 등의 원시대기 중에 포함된 탄화수소가 암모니아와 반응하여 생성된 복잡한 화합물이 원시해양에서 단백질과 핵산을 만들고 여기서 코아세르베이트 액적이 만들어져 원시생명체가 탄생하였다는 최초의 과학적인 설명을 한 사람으로 대단히 잘 알려져 있다. 즉, 생명 탄생이 초기지구에서 물리·화학적 법칙만이 지배하던 무생물단계에서 새로운 생물학적 법칙이 지배되는 생물단계로 진행되면서 일어났다는 것이다. 1차적으로 아미노산, 탄화수소와 같은 비생물적인 유기물질이 합성되고 다음에 유기물질이 점차 고분자화되어 단백질이나 핵산(DNA) 등의 생체 고분자를 만들게 되고 여기서 세포 형성 전단계의 코아세르베이트 액적이 생성된 후 물질대사 작용을 하게 되었다는 것이다(그림 8-4).

오파린 이후에 미국의 Miller(1953~1957)가 원시지구대기 성분인 H_2, CH_4, NH_3, H_2O를 이용하여 실험적으로 유기기물을 합성하는 데 성공함으로써 오파린의 아미노산 합성과정을 실험적으로 입증하게 되었다.

지구상에서 발견된 최고기의 화석은 35억 년 전의 서부오스트레일리아의 처트층에서 발견된 원핵세포생물의 화석이다(그림 8-1). 그리고 그후 남아프리카 로데시아에 분포하는 27억 년 전의 선캄브리아의 석회암층에서 남조류인 스트로마톨라이트 화석이 발견되었고 북미 온타리오호 북쪽에 분포하는 20억 년 전의 건프린트(Gunflint)층 내의 처트 내에 1~16μ크기의 구상 포자로 보이는 미화석 휴로니오스포라(Huroniospora), 섬유상 유기체 건프린티아 미무타(Gunflintia mimuta) 등이 발견되었다.

박테리아나 조류와 유사한 원핵세포생물(prokaryote)이 약 17억 년 전의 지층에서 발견되었고, 약 10억 년 전에 현생 생물과 유사한 진핵세포 생물(eukaryote)의 화석인 녹조류(green algae) 화석이 세포생물로 발견되었다. 조류의 일종인 콜레니아(colenia) 화석이 북미 대륙과 아세아 대륙에서 약 11억 년 전의 지층에서 발견되었다. 우리나라 황해도에서도 콜레니아 화석이 발견되었다.

따라서 지구상에는 적어도 17억 년 전에 진핵세포생물이 출현하였으며 생물기원의 원핵세포생물이 35억 년 전에 지구상에 출현하여 적어도 35억 년 전에 지구상에 생명체가 존재하였음을 말해 주고 있다. 선캄브리아기 지층 내의 화석은 보존 상태가 나쁘고 암석 내의 유기물질 역시 기원이 무기물 기원인지 생물 기원인지 구분하기가 어렵다.

최근 탄소질 콘드라이트와 같은 운석 내에 발견되는 유기물질이 지구상에서 발견되고 있는 유기물질과 유사한 특징을 가지고 있어 지구외 생명체의 존재와 지구의 생명체의 포자가 외계에서 왔을 수도 있다는 가정을 긍정케 해주고 있다. 그러면 생물기원과 비생물기원의 유기물질을 어떻게 구별하는가?

첫째, 유기물의 탄소 중합구조가 특이하게 생물만이 가질 수 있는 구조로 된 아이소프레노이드(isoprenoide, 프리스탄), 코레스탄 등의 존재유무이다.

둘째, 단백질을 구성하고 있는 아미노산의 광학적 특징, 즉 아미노산의 광학적 이방체인 D형과 L형 중 생물기원은 주로 L형으로 되어 있다.

셋째, 유기물 기원의 탄소의 기원을 탄소 안정동위원소비($\delta^{13}C$)로서 구분한다.

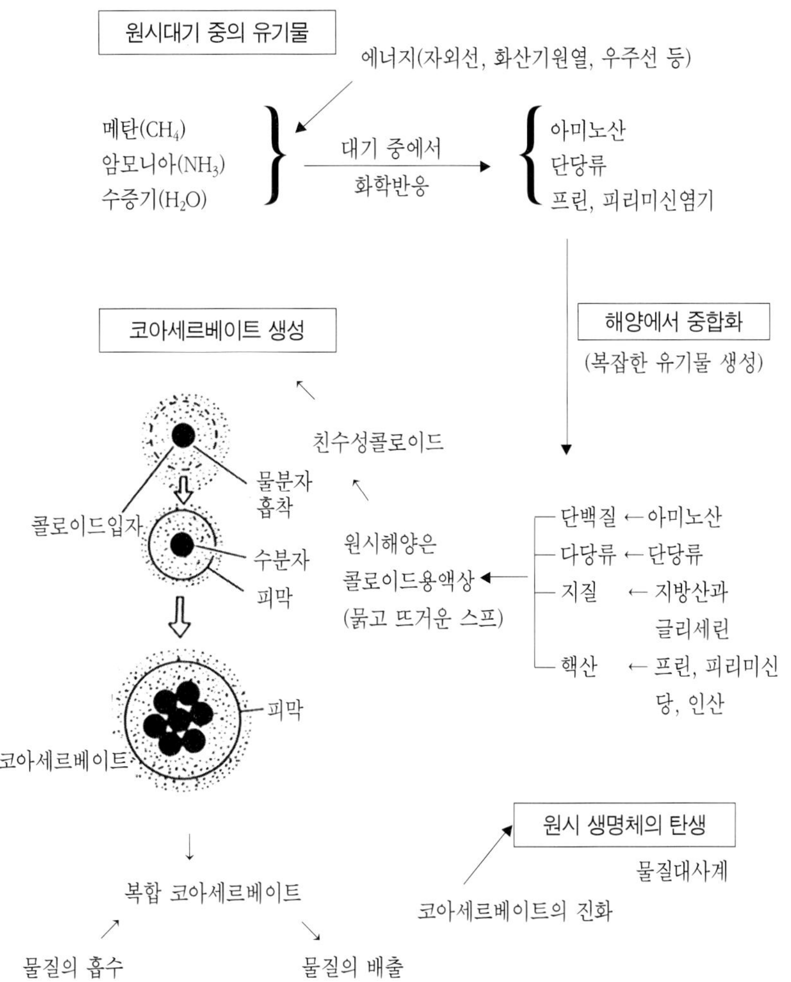

| 그림 8-4 | 코아세르베이트 설에 의한 생명의 기원(堀田, 1996)

해성탄산염암 $\delta^{13}C$ +5 ～－18 ‰(0 ‰ 전후), 해양생물(－7～－19 ‰), 육상식물(－25～－30 ‰), 프랑크톤(－28 ～－34 ‰) 등의 차이가 있다.

이상에서 종합하여 보면 지구상의 생명은 원시 바다에서 유래하고 있는 것 같다.

8.3 선캄브리아시대의 지구환경

선캄브리아기는 570~4600Ma 기간으로 이 시기에 만들어진 대륙은 대부분 현재의 각 대륙의 중심부에 위치하고 있으며 주로 변성암과 화성암으로 구성되어 있다. 이런 지역을 **순상지**(shield)라 한다. 캐나다 순상지와 발틱 순상지 대륙이 성장하여 오늘날의 대륙의 분포를 보이고 있다(그림 8-5).

순상지

순상지에 분포하는 퇴적 변성암 중 대리암, 슬레이트, 처-트, 돌로마이트 등에 이따금씩 화석이 포함되기도 한다.

선캄브리아 시기의 지층은 심한 조산운동과 변성작용을 받은 암석이라 화석과 지질구조의 보존이 불량하여 40억 년의 긴 지질시대가 세분되어 있지 못하고 다만 25억 년 이전의 시생대와 25억 년~5700만 년까지의 원생대로만 구분되어 있다. 선캄브리아기의 환경과 지사도 잘 알려져 있지 않다. 그러나 선캄브리아 시기에 형성된 호상철광층은 선캄브리아 시기의 환경추정의 중요한 정보를 주는 지층이다.

호상철광층이란 오스트레일리아, 캐나다, 인도, 브라질, 중국의 북부지역 등에 분포하고 있는 철광층(자철석, 적철석)과 처트 층의 얇은 층이 겹겹이 퇴적되어

| 그림 8-5 | 안정대륙 순상지와 조산대의 분포(Heather, 1979; Bulow, 1974)

| 그림 8-6 | 미시건의 마퀘트(Marquette) 지역에 분포하고 있는 선캄브리아기의 호상철광층(Negaunee banded iron formation)(Blatt et al., 1980)

그림 8-6에서와 같이 호층상구조를 나타내고 있다. 호상철광층에서 세계 철광석의 약 60%를 생산하고 있다. 광물자원으로 유용할 뿐만 아니라 선캄브리아기의 퇴적환경의 중요연구 대상이 되고 있다. 왜냐하면 철광층은 원시바다에서 화학적으로 침전된 퇴적층이다. 거대한 양의 Fe^{2+}이 육지에서 운반되어와 해수에 포함되어 있기 위해서는 선캄브리아의 육지나 바다 환경은 환원 환경이어야 한다. 또한 해수 중에 용존하고 있는 철 이온이 침전되기 위해서는 산소가 필요하다. 즉, 대기 중이나 해수 중에 어느 정도의 유리산소가 있어야 한다. 이 유리산소가 아마도 해양의 광합성 박테리아가 생산한 산소일 것으로 추정하고 있어 선캄브

리아 해양에 생명체의 기원인 박테리아의 존재가 인정될 수밖에 없다.

철광층과 처트층의 규칙적인 반복은 선캄브리아기의 해양 환경의 규칙적인 변화가 있어야 할 것이다. 어떤 학자는 호상철광층의 호층의 형성은 달의 궤도면 세차 리듬을 반영하고 있다고 보고 있다.

스트로마톨라이트

스트로마톨라이트(stromatolite)는 남조류(藍藻類)의 일종으로 석회질로 되어 있으며 동심원상의 조직이 나타나고 있다. 선캄브리아시대 지층에 화석으로 많이 산출되고 고생대 이후에와서는 급격히 감소하였다. 현재에도 오스트레일리아 서해안에 현생 스트로아토라이트가 분포하고 있다. 우리나라에도 백령도 부근 소청도와 경상계 지층에서 스트로마톨라이트의 화석이 산출되고 있다(그림 8-7).

오스트레일리아에서 스트로마톨라이트 화석은 35억 년 지층에서 산출된다. 스트로마톨라이트의 산출은 그 당시에 이미 광합성 작용에 의한 생태계가 이루어져 있었음을 의미한다. 이미 세포분열을 일으키는 구상의 남조류의 화석이 33억 년 전의 남아프리카 처트층에서도 발견되어 이 당시에 이미 광합성 작용과 질소고정 작용이 일어나 유기물을 스스로 합성 분해하는 생물이 존재하였음을 알 수 있다. 물론 이 당시의 환경은 환원환경이라 황 환원박테리아에 의해 해수 중에서 해양생물이 광합성 작용을 하였다. 이 시기의 산소가 거의 없는 환원환경에서 퇴적된 지층에는 우라늄이나 황철석 광물이 다량 포함되어 있다.

선캄브리아 초기에서 중기(약 17억 년 전까지)의 지층에서 발견된 미화석은 주로 박테리아이거나 조류와 유사한 구조를 가지는 하나의 세포 내에 핵이 없는 원핵세포생물이 주였다.

약 20억 년 전후에 핵을 가지는 세포생물인 녹조류(綠藻類, green algae)와 같은 진핵세포생물이 등장하게 된다. 녹조류의 화석은 믹소코코이데스 마이노(Myxococoides minor)가 있다. 진핵세포생물은 미토콘드리아, DNA를 가진 핵, 엽록체, 섬모가 상호 공생 관계를 가진 생명시스템이다.

여기서 원생대 말 에디아카라 동물군(ediacaran fauna)이 출현하고 캄브리아기의 바세스 동물군 등의 대형생물로 진화하게 된다.

선캄브리아기 초기에서 중기까지 광합성에서 생성되었던 산소는 대부분 해수

(a)

(b)

| 그림 8-7 | 시생대 지층에서 나타나는 스트로마톨라이트 화석(a)(Chernicoff, 1995)과 경상남도 남해지역 진주층에 산출되는 막대기형 스트로마톨라이트(이성주 · 공달용, 2004)

중의 철을 산화시켜 호상철광층을 퇴적시키는 데 사용되어 지표에는 산소가 거의 존재하지 않았다. 그러나 16억 년 이후 대기 중에 산소량의 증가로 적색 셰일이 분포하고 있다.

에디아카라 동물군

남부 오스트레일리아 에디아카라 힐(Ediacara Hills)에 분포하는 선캄브리아기 말(약 6억 년 전)의 처트와 사암 등으로 된 퇴적암 지층에서 보존 상태가 양호한 강장동물인 해파리(cyclomedus), 환형동물인 마우소니아 스프리그기나(mawsonia spriggina), 딕킨소니아 코스타타(dickinsonia costata)와 극피동물, 절족동물 등의 동물군의 화석이 산출되어 이를 **에디아카라 동물군**이라 한다.

에디아카라 동물군

이 같은 동물군은 아프리카 남서부, 영국, 스웨덴, 소련, 시베리아 북부 등지에서도 발견되고 있다. 이들 동물군은 해파리와 같이 원시적인 형태로 전신이 젤리처럼 흐늘흐늘한 동물이거나 평평한 벌레같은 동물들이다(그림 8-8).

(a)

(b)

| 그림 8-8 | 남부 오스트레일리아에서 발견된 에디아카라 동물군의 화석(해파리처럼 부유성의 마우소니아 스프리그기나(Mawsonia spriggina)(A)와 환형동물같은 딕킨소니아 코스타타(Dickinsonia costata)(Skinner and Potter, 1995)

| 그림 8-8-1 | 고생대의 지구환경 복원도(한국지질자원연구원)

다세포 동물군의 화석으로 특징을 가지는 에디아카라 동물군은 그 당시 바다에 기타 동물군이 존재하지 않아 자기 방어의 조직을 가지고 있지 않고 평평하고 넓으며 흐늘흐늘한 몸체를 가지는 소위 무척추동물이다. 그러나 파도와 높은 에너지의 환경, 산소의 증가 등의 환경에 적응하기 위하여 이들 동물군도 스스로 진화하지 않을 수 없게 되어 진화가 이루어져 고생대의 무척추동물군의 전성시대로 바뀌게 된다(그림 8-8-1).

8.4 고생대의 지구환경

선캄브리아기에 형성된 안정지괴 순상지 주위의 얕은 바다가 침강되면서 두꺼운 퇴적물이 퇴적되어 지향사(geosyncline)를 형성하게 된다. 지향사 지역은 그후 융

조산운동

기와 함께 습곡 산맥을 형성하게 된다. 이런 과정을 **조산운동**(orogeny)이라 한다.

세계적으로 이 시기에 일어났던 대규모의 조산운동은 칼레도니아 조산운동(Caledonian orogeny, 실루리아기－데본기)과 바리스칸 조산운동(Variscan orogeny, 석탄기－페름기)이다.

미국의 캐나다 순상지 주위에 애팔래치아 지향사 지역에 애팔래치아 습곡산맥이 형성되고, 반대편에 록키산맥은 지향사 퇴적물이 조산운동으로 습곡산맥을 형성하여 미국대륙이 점점 성장하게 되었다.

유럽의 경우 이 시기에 선캄브리아기의 발틱 순상지 주위에 지향사가 형성되었다. 스칸디나비아 반도에서 영국 북부 스코트랜드에 이르는 지역까지 두꺼운 지향사 퇴적물이 퇴적, 융기 후 심한 조산운동으로 형성된 소위 칼레도니아 조산대가 형성되었다.

칼레도니아 조산대

우리나라에도 이 시기에 선캄브리아기의 경기육괴와 영남육괴 사이에 옥천지향사대가 형성된 후 이 지역에 고생대 퇴적물이 퇴적 육화되어 습곡산맥을 이루고 있다. 그러나 고생대에 일본은 아직 존재하지 않았다.

고적색대륙

이 시기에 융기에 의해 육화된 유럽지역의 대륙을 **고적색대륙**(old red continent)이라 한다. 오늘날 유럽의 중북부인 이 지역은 한랭한 기후이지만 데본기와 트라이아스기에는 고온 건조한 기후이어서 칼레도니아 조산대에서 풍화 침식된 퇴적물이 사막을 형성하고 적색사질 퇴적물이 주로 퇴적되어 적색사암을 형성하였다. 트라이아스기의 적색사암층과 구별하기 위해 데본기에 퇴적된 적색사암을 대표하여 고적색사암이라 한다. 그 후 석탄기에 이 지역은 산림이 무성하였다.

삼엽충의 바다

선캄브리아기 말기에는 에디아카라 동물군과 같이 껍질이 없는 무척추동물이 주였으나 고생대 들어와서 삼엽충과 같이 복잡한 체제의 절족동물이 탄생, 번성하게 된다. 고생대는 삼엽충의 시대이다. 캄브리아기－오도뷔스기의 고생대 바다에는 삼엽충이 크게 번성하여 이 시기에 퇴적된 지층에는 세계 각지에서 화석으로 발견된다. 삼엽충은 고생대에 생존하였지만 캄브리아기－오도뷔스기에 특히 번성하였다. 삼엽충의 형태에 의해 지질시대를 구분하고 있다. 예를 들면, 유럽의 캄브리아기 지층의 하부에 올렌루스(olenllus), 중부에 파라독시데스(paradoxides),

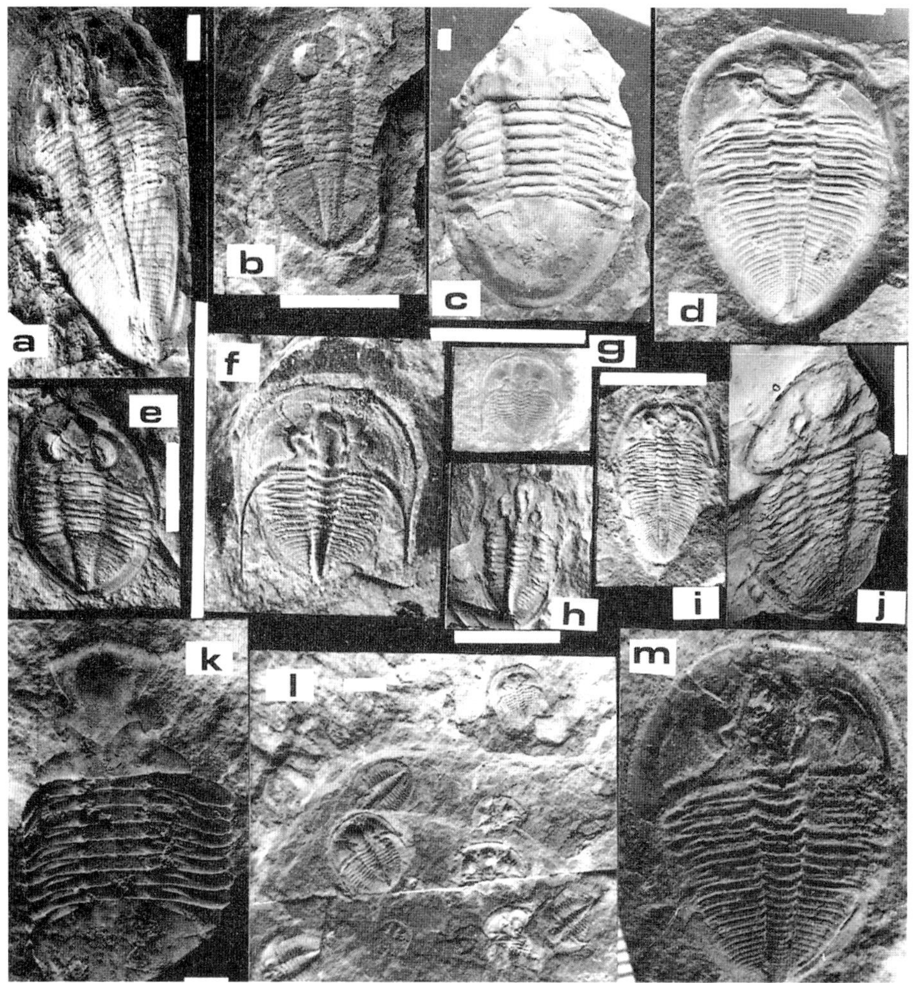

| 그림 8-9 | 강원도 삼척군 장성읍, 금천리, 동점리지역의 직운산 셰일에서 산출되고 있는 오도뷔스기의 삼엽충 화석(Lee et al., 1980)

a. *Basilicus Yokunsensis Kobayashi*
b. *Parabasilicus typicalis Kobayashi*
c. *Parabasilicus yamanarii Kobayashi*
d. *Basilicus sp.*
e. *Parabasilicus typicalis Kobayashi*
f. *Basilicus deltacaudus Kobayashi*
g. *Basilicus deltacaudus Kobayashi*
h. *Ptychopyge sp.*
i. Basilicus deltacaudus Kobayashi
j. *Parabasilicus typicalis Kobayashi*
k. *Basiliella sp.*, m. *Basilicus sp.*
l. *Basilicus deltacaudus Kobayashi*

상부에 올레누스(olenus)의 특징적인 화석종이 산출되어 표준화석(index fossil)으로 사용되고 있다.

고생대의 캄브리아기의 바다에는 삼엽충 외에 유공충, 해면동물, 고배류, 해파

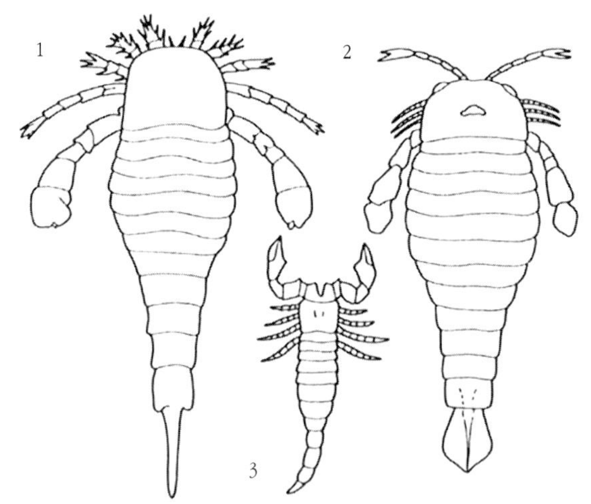

| 그림 8-10 | 실루리아기에 번성하였던 해성 유럽테러스류(Bolsche, 1932)
1. Eurypterus, 2. Pterigotus, 3. Palaeophonus

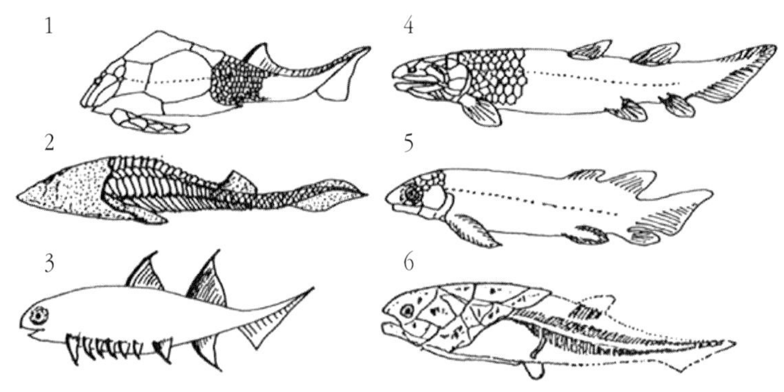

| 그림 8-11 | 데본기 어류
1. Pterichtys(胴甲類) 2. Cephalaspis(頭甲類) 3. Climatius(棘魚類)
4. Osteolepis(總魚類) 5. Dipterus(肺魚類) 6. Eoccosteus(節頸類)

리, 부족류, 복족류, 필석류 등이 서식하였다. 또한 이 시기의 지층에서 코노돈트(conodont) 화석이 발견되고 있다. 우리나라의 강원도 영월, 삼척지역의 고생대 직운산셰일 층에서 삼엽충의 화석이 대량 산출되고 있다(그림 8-9). 그리고 이하영(1980)에 의해 강원도 정선 회동리 지역에 실루리아기의 코노돈트가 다량 발견되었다. 고생대의 대결층의 일부가 존재하고 있음이 확인되었다(표 9-1). 또한 캄브리아기 초기에 산호의 선조형인 고배류 아케오사이아투스(archaeocyatus)가 산출되었다. 우리나라 옥천계의 충주부근 향산리 지층에서 아케오사이아타(archaeocyata) 화석 발견으로 이 지층이 고생대 지층임이 확인되었다.

미국 콜로라도 주의 오도뷔스기 지층에서 발견된 10cm 길이의 어류의 화석인 아스트라피스(astraspis)가 가장 오래된 어류의 화석이다.

어류의 시대

캄브리아기 말부터 실루리아기 중기에 걸쳐 턱(顎)이 없는 아그나사(agnatha)와 같은 무악어류(無顎魚類)가 화석으로 발견된다. 현재까지 생존하고 있는 무악어류(無顎魚類)는 칠성장어와 같이 둥글고 연골질의 골격으로 되어 있다. 오도뷔스기와 페름기의 바다에는 삼엽충에서 분화된 절족동물인 길이 3m 내외의 유럽테러스(eurypterus)가 서식하였다(그림 8-10).

오도뷔스기에 익갑류(翼甲類)의 어류인 아스트라피스(astrapis)가 화석으로 산출된다. 데본기의 고적색사암층 중의 녹색이암층 중에서 발견되는 어류의 화석은 테라스피스(pteraspis), 세파라스피스(cephalaspis) 등이다(그림 8-11).

점차 턱이 형성되고 지느러미를 가지는 크리마티우스(climatius), 디프라칸투스(diplacanthus) 등의 어류가 데본기에 번성한다. 데본기 중기에 바다에는 상어류의 선조인 연골어류 콘드리커테스(chondrichthyes)가 번성하였고 점차 경골어류로 진화하게 되었다. 경골어류와 연골어류의 차이점은 경고한 골격을 가짐과 동시에 폐와 부레를 가지고 있는 점이다.

고생대 석탄기에서 페름기 동안 푸주리나라(fusulina)라는 대형 유공충이 생존하여 이 시기의 표준화석(index fossil)이 되고 있다.

바다에서 생물의 상륙

고생대의 바다에 서식하던 동식물이 육상에 산소가 증가하고 오존층에 의해 자외선이 차단됨에 따라 점진적으로 육상으로 상륙하게 된다. 먼저 식물이 육상으로 상륙하였다.

고생대 초기에는 이끼류 식물이 해안가에 서식하였으며 실루리아기 후기에 와서 양치식물인 육상식물이 등장한다. 식물의 육상과 함께 해안에서 서식하던 절족동물인 아키데스무스(archidesmus) 화석이 실루리아기 지층에서 산출된다.

수중 생활을 하던 동물의 상륙은 곤충류이다. 고적색대륙의 소택지에서 서식한 것으로 추정되는 화석이 스코틀랜드의 데본기 지층에서 발견된 리니엘라(rhyniella)이다. 고온건조한 사막기후의 소택지에 서식하던 담수어류, 양생어류가 폐호흡과 피부호흡을 하면서 육지환경으로 점차 이동하고 공기호흡을 하는 파충류가 상륙하기 시작하였다. 즉, 수중 생활을 하는 어류에서 육상, 수중 생활을 같이 하는 양생류를 거쳐 완전히 육상 생활만을 하는 파충류로 바뀌게 되었다.

가장 원시적인 파충류는 석탄기 후기 삼림에서 출현한 코티로사우리아(cotylosauria)이다. 최고의 폐어류의 화석은 스코트랜드 고적색사암층에서 발견된 딥테루스(dipterus)이다. 폐어류는 데본기 이후 현재까지 담수생활을 하며 건기에는 진흙 속에서 서식한다.

석탄기의 열대림

석탄기 초기에는 북반구에 넓은 바다가 분포하여 산호초 석회암이 넓게 퇴적되었다. 이 지역이 바리스칸 조산운동에 의해 육지화되었다. 석탄기 후기에 북반구 지역은 열대성 기후였으며 남반구 지역의 곤드와나 대륙은 한랭한 기후였다. 따라서 북반구의 육화된 대륙지역에 소택지가 형성 양치식물이 대번성하여 열대삼림을 형성하였다.

양치식물의 대다수는 30m 높이, 지름 2m의 거목(巨木)으로 레피도덴드론(lepidodendron, 인목), 시기라리아(sigilaria, 봉인목), 칼라미테스(calamites, 노목) 등이 번성하였다. 이때 최초의 나자식물(裸子植物)인 코다이테스(cordaites)가 서식하였다. 그러나 고생대의 열대림은 기후변동이 없는 환경에서만 자라서 나무의 나이테가 없다.

고생대의 탄전의 식물화석에서는 나무의 나이테가 나타나지 않지만 중생대 쥬라기 이후의 수목에서는 명료한 나이테가 나타난다. 이는 현재와 같은 사계절의 기후변동이 이때부터 시작되었음을 의미한다. 고생대식물이 나이테가 없는 것은 고생대에는 기후변동이 있어도 고온이던가 한랭, 다우, 소우 등의 균일화 기후가 영속되었기 때문으로 생각할 수 있다.

이와 같은 열대림 속에서 날아 다니는 곤충류가 출현하였다. 거대한 잠자리는

| 그림 8-12 | 한반도에 번성하였던 석탄기의 양치식물, 영월 탄전에서 산출되는 식물화석 오른쪽 하단은 영국 표본임(전희영 · 공달용, 2004)

날개의 폭이 70cm에 달하기도 하였다.

무성한 삼림은 지각변동 등에 의해 매몰되어 현재의 무연탄 층을 이루고 있어 화석연료 자원으로 개발되고 있다. 우리나라에서도 이 시기의 식물화석이 삼척, 정선, 영월 탄전 등지에서 다량 발견되고 있다(그림 8-12).

곤드와나 대륙과 앙가라 대륙

고생대말 석탄기와 페름기에 북반구에는 우리나라와 몽고, 시베리아 지역에 앙가라 대륙(Angara land)이 분포하고 현재의 남반구에 아프리카, 인도, 오스트레일리아, 남극지역을 합친 거대한 곤드와나 대륙(Gondwana land)이 분포하고 있었다. 곤드와나 대륙과 앙가라 대륙 사이에는 테티스해(Tethys sea)가 분포, 테티스 지향사 퇴적지가 조산운동에 의해 오늘날 히말라야 알프스 산맥을 형성하였다.

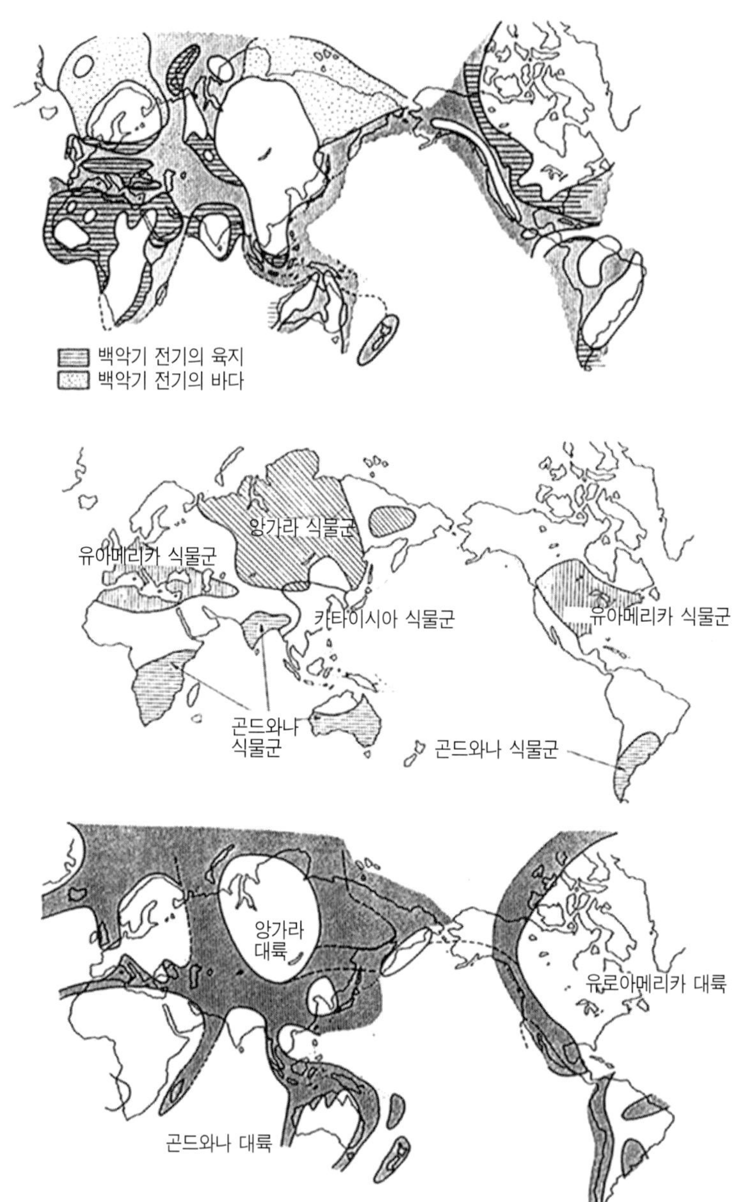

| 그림 8-13 | 페름기 전기(하), 석탄기 후기~페름기(중), 백악기 후기(상)의 고지리도(堀田進, 1996)

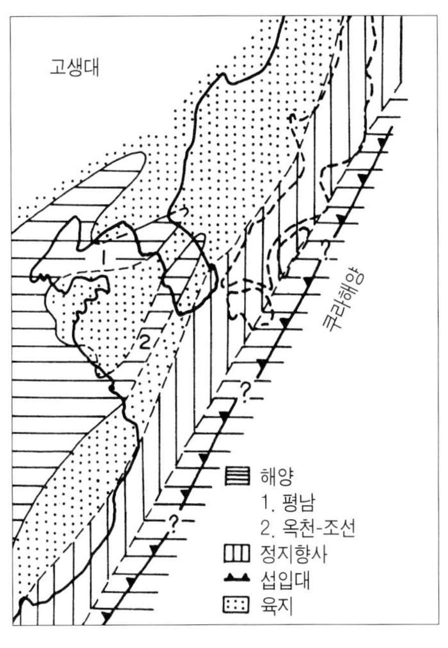

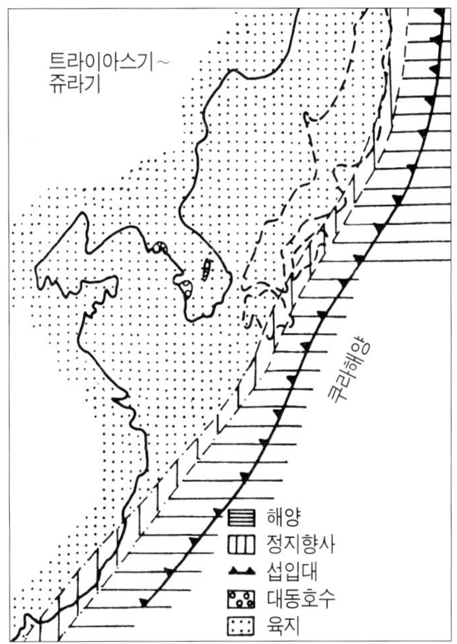

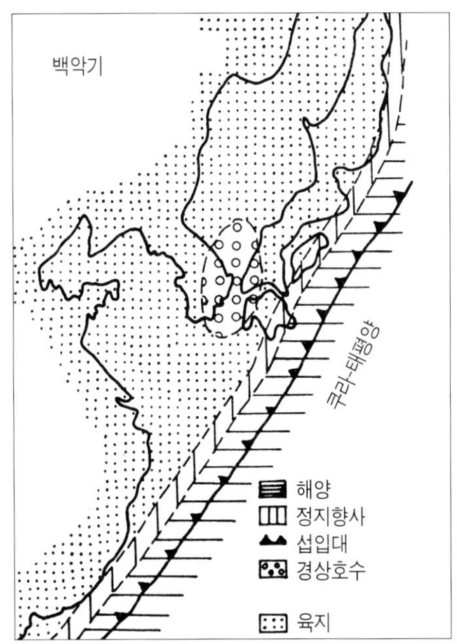

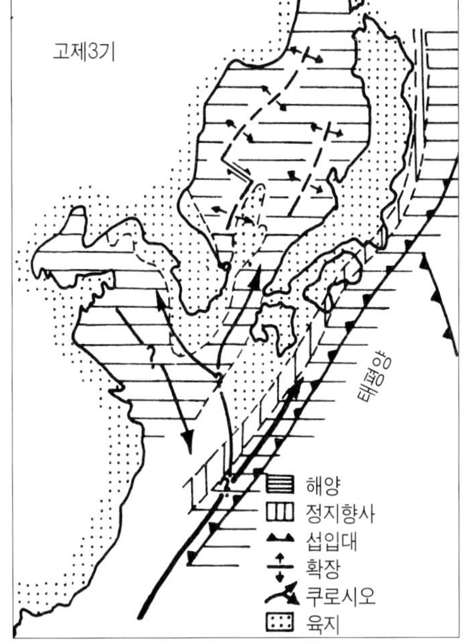

| 그림 8-14 | **한반도의 고지리도(구자학 외, 1979)**

고생대에는 강원도 삼척, 영월, 태백지역에서 충북 옥천을 잇는 지역과 평양 부근이 바다로 되어 있다. 트라이아스기와 쥬라기에는 소규모의 대동 호수가 형성되고 오늘날 경상도 지역을 중심으로 넓은 경상호수가 형성되었다. 고제3기에 와서 태평양판이 유라시아판 밑으로 섭입과 함께 동해가 열리기 시작한다.

한편, 오늘날 유럽과 남북미를 포함한 유로아메리카 대륙이 분포하고 있었다(그림 8-13). 유로아메리카 대륙과 앙가라 대륙 사이에는 우랄지향사가 분포하였으며 고생대말 페름기의 바리스칸 조산운동에 의해 우랄산맥을 형성하였다. 미국의 애팔래치아 산맥도 이 시기에 형성된 지향사퇴적 기원의 습곡산맥이다.

앙가라 대륙에서는 담뱃잎과 비슷한 큰잎을 가지는 기간토프테리스(gigantopteris)로 대표되는 **카타이시아 식물군**(cathaysia flora)이 특징적으로 분포하였다.

카타이시아 식물군

곤드와나 대륙에 해당하는 현재의 아프리카, 남극대륙, 오스트레일리아, 인도 등지에는 석탄기~페름기에 빙하가 분포하였다. 이시기의 빙하 퇴적층이 대륙이동 이전에 이들 곤드와나 대륙은 하나의 거대한 대륙이었음을 입증하여 주는 증거가 되고 있다.

또한 글로소프테리스(glossopteris), 강가모프테리스(gangamopteris), 시조네우라(schizoneura) 등의 **곤드와나 식물군**(Gondwana flora)이 이들 각 대륙에서 특징적으로 화석으로 산출되어 대륙이동 이전 상태를 입증하여 주고 있다.

곤드와나 식물군

한반도의 고생대 이후 고지리의 변천은 그림 8-14와 같다. 고생대 평남과 옥천 지향사대에 지향사 퇴적물이 퇴적되고 중생대 한반도 전역이 육지 환경이었다.

백악기에 와서 경상분지 지역에 거대 호수환경 퇴적물이 퇴적되었으며 신생대에 와서 동해가 열려 배호분지(back arc basin)가 형성되었다.

8.5 중생대의 지구환경

고생대에는 칼레도니아 조산운동과 바리스칸 조산운동과 같은 대규모의 조산운동과 지각변동에 의해 대규모의 습곡산맥이 형성되었다. 그러나 중생대에 와서는 소규모의 지각변동은 있었으나 고생대에 비해 비교적 평온한 시대였다. 북미의 쥬라기 후기에 일어난 네바다 변동(Nevadan orogeny)과 록키산맥 지역에 해침에 의해 라라미드 지향사가 형성되었다. 이 지향사가 백악기 후기에 융기하여 습곡산맥을 형성한 지각변동이 라라미드 변동(Laramide orogeny)이다.

중생대의 지층은 비교적 습곡작용이나 단층작용을 적게 받아 지층이 완만한 경사나 수평층으로 분포하고 있다. 우리나라에도 중생대 쥬라기에 대보 조산운동(大寶 造山運動)과 함께 한반도에서는 가장 격렬한 화성활동이 일어났다. 그러

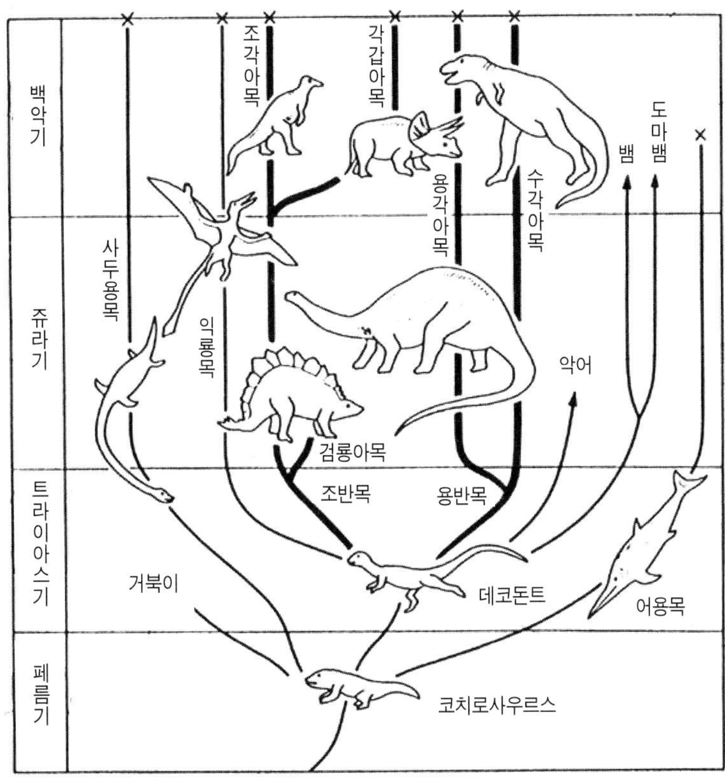

| 그림 8-15 | **파충류의 계통(Erben, 1975; 堀田, 1996)**
굵은선은 공룡, 화살표시는 현생, ×표시는 절멸종

나 백악기 이후의 지층은 주로 경상남·북도에 분포하는 경상누층군의 퇴적암층에서처럼 비교적 완만한 경사 지층을 형성하고 있다.

고생대말부터 중생대 트라이아스기까지가 세계적으로 건조기후의 시기였기 때문에, 이 시기에는 고생대 데본기의 고적색사암층과 대응되게 사막기원의 신적색사암(new red sandstone)이 퇴적되었다.

또한 세계적으로 이 시기의 건조기후 때문에 대규모의 암염층(rock salt formation)이 형성되었다. 현재의 해수의 염분은 약 3.5‰ 정도이지만 건조 기후하의 호수에서는 증발에 의해 염분도가 19~20‰까지 높게 된다. 미국의 그레이트솔트레이크(Great salt lake)는 염분이 약 20‰ 이상이다.

중생대의 트라이아스기에는 건조기후가 계속되기는 하나 다우 현상과 소우현상이 반복하고 쥬라기에는 고온 건조한 기후가 지배적이었다. 이 시기에 세계 각지의 바다에는 산호초가 번성하였고 육지에는 삼림이 무성하여 중생대의 무연탄층을 형성하였다. 우리나라에도 이 시기에 형성된 무연탄층이 충남탄전, 문경탄전지역의 무연탄층이다.

중생대의 생물

중생대는 공룡(dinosaur)을 중심으로 파충류의 전성기였다(그림 8-15). 파충류는 육지와 바다 공중까지 점령하였다. 바다에는 암모나이트가 번성하였다(그림 8-15-1). 한편 식물계에도 큰 변화가 일어났다.

중생대말 소철류, 은행류, 송백류 등과 같은 나자식물(裸子植物)에서 포프라,

| 그림 8-15-1 | 중생대의 암모나이트 화석 왼쪽위에서 옆으로 순서로 *Dactylioceras athleticum*(쥬라기 전기, 직경 4-5cm), *Dactylioceras commune*(쥬라기전기, 직경 6.5cm), *Harpoceras flalciferum* 쥬라기 전기 직경 14cm), *Orthosphinctes sp.*(쥬라기 후기, 직경 약 6cm). (도쿄 국제미네랄페어, 2006)

| 그림 8-16 | **경상누층군 위의 공룡의 발자국화석** 경상남도 고성군과 전라남도 해남군에서 발견(한국지질자원연구원)

오리나무, 자작나무와 같은 활엽수나 송백류와 같은 피자식물(被子植物)로 변화된다.

중생대 초 트라이아스기에 최초로 투구벌레류(beetles), 포유류, 공룡이 출현하여 쥬라기에 공룡의 전성기를 맞고 시조새가 화석으로 발견되었다. 중생대 말 백악기에는 현생 조류가 출현하고 공룡이 멸종하게 된다.

트라이아스기 초기에 최초로 두발로 걷는 유파케리아(Euparkeria)라는 파충류가 등장하고 공중을 날아 다니는 익룡 유디모르포돈(Eudimorphodon)이 모습을 나타냈다. 공룡이란 용어는 1842년 영국 고생물학자 오웬(Owen, R)에 의하여 사용되었으며 희랍어의 deinos(무서운) sauros(도마뱀)라는 어원에서 유래한다. 이는 학술용어는 아니다.

북미의 유명한 공룡화석 산지인 록키산맥의 바나르지역의 모리슨층에 초식성 공룡화석과 소수의 육식성 공룡화석이 산출된다.

공룡이 번성하던 중생대는 나자식물의 삼림이 무성하고 습지에는 양치식물이 번성하여 초식성 공룡의 먹이가 되었다. 신장 20m 이상의 거대한 초식 공룡은 약 1.7억 년 전 온난한 시기에 출현 전성기를 이룬다. 공중을 날던 익룡은 날개폭이 12m 정도이고, 공룡의 발자국 화석 연구에 의하면, 네발 공룡은 시속 4km,

두발 공룡은 평균 7~10km, 최고 수십 km 속도로 이동하여 거대한 체구에도 불구하고 느린 공룡이 아니었다.

우리나라 경남고성 해안가와 해남지역에서 공룡의 화석이 발견되었다(그림 8-16). 이들 공룡은 어디를 향하여 걸어갔는가?

공룡은 중생대 말에 멸종하였다. 공룡의 멸종원인은 무엇인가? 공룡의 멸종이 순간적인 사건이 아니고 중생대 말 수백만 년에 걸쳐 점차 쇠퇴하였다고 한다. 공룡의 멸종원인을 설명하는 다음과 같은 여러 가지 가설이 있다(堀田, 1996).

① 체구가 거대화되어 그의 한계에 달했기 때문에 절멸
② 생물의 종족이 소멸기에 들어와 절멸
③ 중생대 말 조산운동 등 환경변화에 적응하지 못하여 절멸
④ 지구자기의 반전에 의하여 멸종
⑤ 식생변화에 따른 변비로 인해 멸종
⑥ 백악기 말의 기온변동에 따른 식생변화에 식성적응이 되지 않아 절멸
⑦ 공룡의 주식인 양치식물에 포함된 항생물질과 중생대 말에 번성한 피자식물 내의 유독물질에 의해 절멸
⑧ 대량의 우주선 조사로 생물의 돌연변이가 생기기 쉬워져 그 결과 절멸
⑨ 초신성 폭발에 의해 대량의 방사선에 의해 절멸
⑩ 운석이 지구에 낙하, 지구상의 환경변화에 따라 절멸. 중생대 말의 거대한 운석이 낙하한 증거로 중생대와 신생대 지층의 경계부에 점토층에서 대량의 이리듐(Ir)이 산출되었다. 두 시대의 지층 경계부에서 이탈리아, 덴마크 등지에서 이리듐이 다량 함유된 암석과 점토가 발견되었다. 이리듐은 오스뮴과 함께 백금족 원소로 지구의 암석에 비해 운석 등 외계물질에 다량 포함되어 있다.

이 백금족 금속원소는 초신성의 폭발 등 초고온에서만 형성된다. 따라서 중생대와 신생대 지층 경계부의 점토층에 이리듐 함량이 높은 원인은 중생대 말(약 66Ma 전) 운석이 지구에 충돌하여 이리듐이 형성된 것으로 생각하고 있다. 이 같은 사실에서 거대한 운석이 지구와의 충돌로 인하여 지구상의 공룡이 멸종한 것으로 생각하고 있다.

운석의 충돌로 지구상에 대량의 먼지, 파편이 생겨 태양이 먼지에 가려 암흑이 되어 식물은 광합성이 불가능해지고 지구의 기온이 급강하하여 빙하기후가 되어 식물계의 변화와 함께 많은 동물이 갑작스런 기후 변동에 적응하지 못하여 멸종하게 된 것이다.

이와 유사한 현상으로 1815년 인도네시아의 탐보로(Tamboro) 화산분출에 의해 지구대기에 분출한 다량의 화산진에 의해 기온 강하가 보고되어 있다. 운석충돌 때문이라는 증거는 없지만 245Ma 전에도 지구상의 많은 생물이 멸종하였다.

천문학자들은 1500년 후에 혜성이 지구에 근접할 것을 예고하고 있다. 천변지이설의 사건(catastrophic event)이 또다시 지구상에서 일어날 것인가?

한반도에서는 왜 암모나이트 화석이 발견되지 않는가?

암모나이트(ammonite)는 오징어, 문어와 같은 연체동물에 속하는 해양생물이다. 중생대의 바다에는 암모나이트가 번성하여 이들 암모나이트가 셰일 등 퇴적암지층에서 화석으로 발견된다. 암모나이트의 화석에서 무늬조직과 구조가 단순한 것일수록 지질시대가 오래된 지층에서 산출되며 복잡한 무늬를 가지는 암모나이트가 젊은 중생대 지층을 대표하고 있다.

세계 각지의 지층에서 암모나이트 화석이 다량 산출되고 있지만 한반도에서는 발견된 바 없다. 이유는 한반도에는 중생대의 해성층이 퇴적되지 않았기 때문이다. 우리나라의 중생대 지층을 대표하는 경상남·북도에 주로 분포하고 있는 경상누층군은 호소성 육성층이다. 또한 단양, 영동, 동두천, 감포 등지에 소규모로 분포하는 중생대 퇴적층 역시 호소성 퇴적층이다.

한반도에는 왜 중생대에 해성층이 분포하지 않을까? 한반도에는 중생대의 쥬라기에 격렬한 화성활동과 조산운동이 일어났으며 백악기에는 한반도 남부에 화산활동과 심성 마그마 활동이 일어났다. 즉, 백악기 말에 범세계적으로 기후가 온난하여 해수면이 상승하고 전 세계적으로 해침이 일어났으나 한반도의 대륙은 중생대에 이미 육화되어 바다 환경이 없었기 때문이다.

8.6 신생대의 지구환경

신생대의 지구환경과 생물상

신생대는 66.4Ma부터 현재까지의 시대로 제3기(66.4~1.6Ma)와 제4기(1.6~0Ma)로 크게 구분하고 있다. 제3기는 고제3기와 신제3기로 나누고 있다.

현재 대륙의 분포와 지형은 모두 신생대의 모습을 그대로 가지고 있다. 신생대에 일어난 지질학적 사건은 제3기 초에 대규모의 인도의 데칸 현무암이 분출하고 인도대륙이 유라시아 대륙과 충돌하여 테티스 지향사 지역이 융기되는 등 알프스, 히말라야 습곡산맥을 형성하는 소위 알프스 조산운동이 일어났다. 남미 안데스, 록키산맥, 알래스카, 일본, 뉴질랜드를 잇는 소위 환태평양 조산대가 알프스 조산운동 시기에 형성되었다. 제3기 중기에는 홍해가 갈라지기 시작하였다. 또한 제4기 플라이스토세에는 온난기 한냉기가 반복하는 기후변동에 의한 빙하기가 시작되었다.

한반도에서는 신생대 제3기에 포항, 감포, 북평지역에 해침에 의해 해성층이 퇴적되었으며 제주도와 백두산에 거대한 화산 폭발이 일어났다. 동시에 서귀포 지역에 화산성 해성층인 서귀포층이 퇴적되었다. 제3기 말에서 제4기에 들어오면서 동해바다에서 동해가 확장되면서 울릉도와 독도의 화산폭발이 일어났다. 대륙에서도 포항지역과 전곡, 연천 지역에 현무암 용암이 분출하였다. 동해안 지역의 감포, 포항, 울진 등지에는 동해안의 융기에 의해 형성된 제4기의 해안단구(marine terrace deposits) 퇴적 지형이 이루어져 있다.

신생대에는 생물계에도 커다란 변화가 왔다. 바다에는 동전과 유사한 원반상의 화폐석(munmulites)이 서식하였다. 이집트의 피라미드의 석재로 사용된 암석은 화폐석이 다량 포함된 석회질 사암이었다.

중생대에 등장한 포유류가 신생대에 와서 크게 번성하여 소위 포유류(mammals)의 시대를 맞게 되었다. 에오세에 영장류(primates)가 출현하고 이어서 말, 원숭이, 고래 등이 출현하고 플라이스토세에 인류의 시조인 유인원(Homo Erectus)이 지구상에 등장한다.

포유동물은 빠른 속도로 진화하여 오늘에 이르고 있다. 한편 식물계에도 지역에 따라 고제3기(paleogene)에 기후가 온난 다습하여 열대, 아열대성 삼림이 무

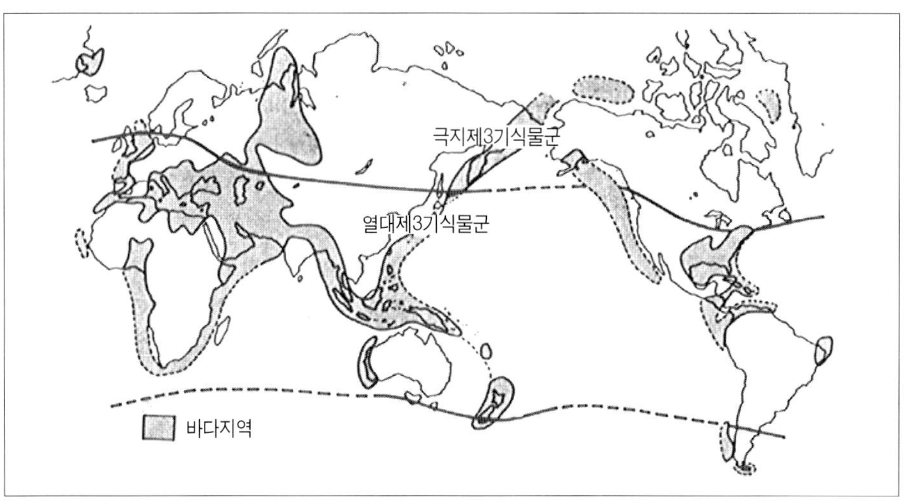

| 그림 8-17 | 고제3기(Paleogene)의 고지리도와 화석 식물군의 분포(Brinkmanns et al., 1986)

성하게 되어 후에 석탄층을 형성하게 되었다(그림 8-17). 특히 4~5천만 년 전 북부유럽 지방과 발틱해 연안 지방에는 호박삼림(琥珀森林)이 무성하여 이들 침엽수에서 분비된 송진이 토양에 매몰 · 화석화되어 보석인 호박으로 변하였다. 호박이 산출되는 지층에서 해록석이 포함되어 해수 존재 하에 호박화가 되었음을 말해주고 있다. 호박 내에는 거미와 같은 곤충류나 나자식물 침엽 파편, 피자식물, 잎 등이 화석으로 포함되어 보석의 가치를 더욱 높이고 있다.

마이오세에도 지역에 따라 무성하던 삼림이 갈탄을 형성하였다. 우리나라 포항지역의 마이오세 지층에도 토탄과 갈탄이 소량 산출되고 있다. 포항지역의 제3기~제4기 지층에는 현생과 유사한 활엽수의 잎의 화석과 해양생물의 화석이 다량 발견된다.

인류의 진화

우리 인류는 과연 침팬지나 오랑우탄으로부터 진화되어 온 원숭이의 후손일까? 아니면 크로마뇽인을 신이 창조한 것일까? 진화론과 창조론의 대결은 아직도 끝나지 않았다.

인류의 진화단계를 ① 원인(猿人, Apeman, Australopitheaus habilis), ② 원인(原人, Protoanthropic man(Homo erectus)), ③ 구인(舊人, Paleoanthropic man,

네안데르탈인), ④ 신인(新人, Neananthropic man Homo sapiens 크로마뇽인, 현대인)으로 구분한다(그림 8-18).

제3기 마이오세 지층에서 발견된 유인원(類人猿)이 인도, 중국, 아프리카 동부 등지에서 발견된다. 800만 년 전 중국 윈난숑(雲南省)에서 발견된 라마피테쿠스는 두 발로 서서 걷는 원숭이였다. 인류와 유인원의 구별은 보통 두뇌의 용적, 이빨의 모양, 직립보행 여부 등에 의해 구별된다.

유인원인 고릴라는 두뇌의 용적이 620cc로 현대인의 두뇌의 용적 1,300~1,600cc보다 훨씬 적다. 최초의 유인원이 1924년 남아프리카의 동굴에서 발견되어 Dart(1925)는 학명을 오스트랄로피테쿠스 아프리카누스(Australopithecus africanus)라 붙였다.

에티오피아의 호수 퇴적층에서도 약 300만 년 전의 아이들을 포함한 유인원 50명이 발견되었다. 이의 학명은 오스트랄로피테쿠스 아파렌시스(Australopithecus afarensis)이다.

오스트랄로피테쿠스의 두뇌 용적은 평균 508cc로 고릴라의 두뇌 용적과 유사하다.

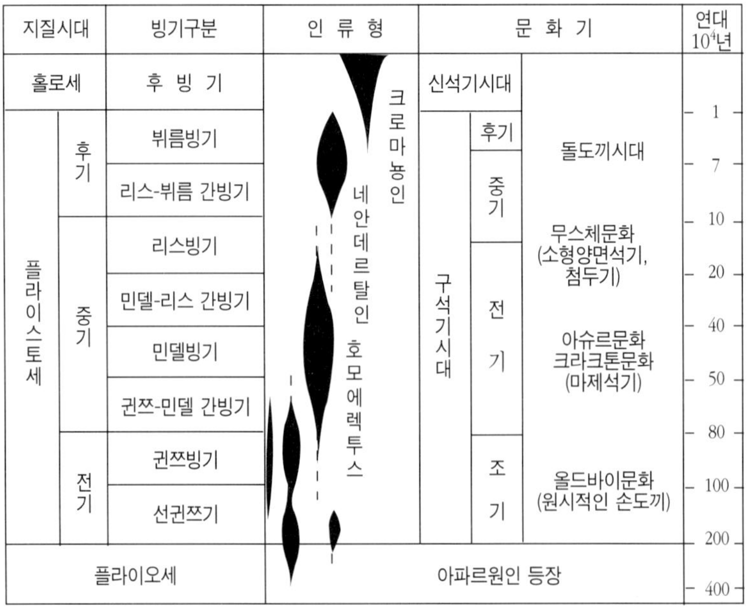

지질시대		빙기구분	인류형	문화기			연대 10^4년
홀로세		후빙기	크로마뇽인	신석기시대			
플라이스토세	후기	뷔름빙기		구석기시대	후기	돌도끼시대	1
		리스-뷔름 간빙기	네안데르탈인		중기		7
	중기	리스빙기				무스체문화 (소형양면석기, 첨두기)	10
		민델-리스 간빙기			전기		20
		민델빙기	호모에렉투스			아슈르문화 크라크톤문화 (마제석기)	40
		귄쯔-민델 간빙기					50
	전기	귄쯔빙기			조기		80
		선귄쯔기				올드바이문화 (원시적인 손도끼)	100
플라이오세			아파르원인 등장				200
							400

| 그림 8-18 | 인류의 진화(堀田, 1996)

| 그림 8-19 | 인류의 진화(최고기 화석인류인 Australopithecus aflicanus에서 네안데르탈인 Homo meandeltalensis, Cromagnon인 현대인 Homo Sapiens로 진화?)

진짜 사람인 원인(原人)은 1891년 자바 섬에서 발견된 두개골로 자바원인으로 학명은 피테칸드로푸스 에렉투스(pithecanthropus erectus)이다. 약 100~70만 년 전에 살았다. 이와 유사한 원인이 중국 북경의 동굴에서 1927년 발견되어 북경원인이라 하며 학명은 시안드로푸스 페키네시스(Sianthropus pekinensis)이다. 이들 원인을 보통 호모에렉투스(Homo erectus)라 부른다. 호모에렉투스는 신장 1.5m 정도, 두뇌 용적 800~1,200 cc로 유인원(類人猿)과 현대인의 중간 정도이다. 이빨의 모양, 직립보행, 두개골의 모양 등은 사람에 가깝다. 이들 원인은 불을 사용한 증거가 동굴에서 발견되었다. 최초로 불을 사용한 원인인 것이다.

구인(舊人)은 독일의 네안데르탈 마을에서 발견된 인골로 두뇌의 용적은 1,300~1,600cc로 현대인과 유사하다. 학명은 보통 호모네아데르타렌시스(Homo neanderthalensis)라 부른다. 석기를 사용하였다. 네안데르탈인은 약 3,500년 전에 사라지고 신인(新人)인 호모사피언스(Homo Sapiens)가 출현하였다(그림 8-19). 신인의 화석은 1968년 프랑스의 크로마뇽 지방에서 최초로 발견되어 크로마뇽인(Cromangnon man)이라 부르고 있다. 크로마뇽인은 약 3만 년 전 유럽, 미국, 오스트레일리아, 한국, 일본 등지에 분포하고 있었다. 이들은 동굴 내에서 석기를 사용하고 수렵생활을 하였다.

단군신화 역시 동굴에서 생활한 전설로 크로마뇽인의 생활 방식과 유사하다. 크로마뇽인의 화석이 한반도에서도 발견될 것인가?

8.7 지질시대의 기후변동

빙하기와 빙하기의 구분

지질시대에 퇴적된 지층 속에 포함된 여러 정보에 의해 과거의 기후(paleoclimate)를 밝혀내고 있다. 지층 내의 화석의 연구, 퇴적상, 광물 또는 광물조합, 안정동위원소 지질온도계 등 여러 가지 지질학적 수법이 이용되고 있다. 선캄브리아기의 지층은 지질시대가 너무 오래된 것이고 화석이 적고 그동안 많은 지질학적 사건이 중첩되어 기후변동 연구에 어려움이 있다.

고기후 변동에 의해 생물의 육상, 생물의 번성, 멸종 등의 사건이 반복되어 왔다. 고생대 캄브리아기에 들어오면서 기후가 온난하고 지구상에 산소의 양이 증가하여 광합성 등이 활발해지는 등 생물이 상륙하는 소위 무빙하시대가 계속된다. 고생대 말에 빙하기가 도래하여 많은 종의 생물이 멸종하게 된다. 물론 생물의 멸종원인은 명확하지 않다. 고생대의 데본기에는 고온 건조 기후가 석탄기~페름기 초기까지는 북반구에서 고온 다우하고 남반구에서는 한냉기후에 이루어지고 페름기 말에 와서 전지구는 한랭 건조한 빙하기가 된다.

중생대 트라이아스기에 와서도 다우와 소우가 반복되기는 하나 건조기후가 계속된다. 쥬라기에는 고온 건조기후가 지배적이며 바다에는 산호초가 육지에는 삼림이 무성하고 백악기 초기 중기에 온난하여 해수면이 높아져 지구의 많은 대

표 8-2 빙하기 구분(Homes, 1965)

지질연대	유럽(알프스)	북미
7,500~100,000 BP	뷔름(Wurm)	위스컨신(Wisconsin)
		산가몬(Sangamon)
235,000~360,000 BP	리스(Riss)	일리노이안(Illinoian)
		야모우스(Yarmouth)
670,000~780,000 BP	민델(Mindel)	칸산(Kansan)
		아프토니안(Aftonian)
900,000~1,150,000 BP	귄쯔(Gunz) 도나우(Donau)	네브라스칸(Nebraskan)

| 그림 8-20 | **뷔름 빙하기시의 한반도 부근의 고지리도(湊正雄, 1974)** 점선은 플라이스토세 전기의 해안선

륙이 해수로 잠식 당하게 된다. 백악기 말에는 다시 한냉화 된다. 제3기에도 한냉한 기후가 계속되어 제4기에 와서는 대빙하시대의 기후를 맞게 된다.

1991년 여름 독일 트랙커가 3,200m 고도의 알프스 빙하에서 역사시대 이전의 인간의 미라를 발견하였다. 미라 옆에는 모피외투, 유리케이프, 가죽신, 프린트로 만들어진 단검, 동으로 만든 단도, 나무 활로 만든 활과 화살 14개가 있었다. 그의 뼈(코라겐)의 ^{14}C방사동위원소 연대측정에서 5,300년 전에 사망하였음이 확인되었다.

중남부 유럽의 신석기 후기 청동기시대의 인물로 추정되었으며 나이는 25~35살, 키는 1.6m 정도였다. 이 미라의 발견은 고기후 변동의 중요한 지시자가 된다.

독일의 뮌헨 부근 알프스산록에 빙하퇴적물, 단구퇴적물 조사에서 4회의 빙하기를 구분하였다. 빙기의 이름은 도나와강의 지류명을 알파벳순으로 귄쯔(Günz), 민델(Mindel), 리스(Riss), 뷔름(Würm) 빙기로 구분하고 있다(표 8-2). 이때에 빙기와 빙기 사이를 **간빙기**라 한다. 현재는 제4간빙기(fourth interglacial age)에 있다.

간빙기

빙기와 간빙기 등의 규칙적인 기후변동의 과거의 기록을 보면 인간활동에 의한 인위적인 기후변동 요인을 제외하면 금후 6~8만 년 후에 빙하기가 도래하게 된다. 빙하기라 하여 지구전체가 얼어붙는 것은 아니다. 평균 기온이 2~3℃ 정도 변동한다. 다만 북반구 및 남반구의 빙상(氷床)이 발달한 캐나다, 소련, 북유럽 지역과 남극대륙의 빙상면적이 넓어져 피해가 클 것이며 우리나라의 경우에는 해수면 강하로 해안단구 지형이 발달하여 면적이 증가하게 되어 비옥한 경작지가 늘어나게 될 수도 있을 것이다(그림 8-20).

고기후 변동의 증거

지층중의 화석이나 조개류 유공충 등의 껍질 화석의 산소동위원소비 분석 등에 의해 고기후변동을 구체적으로 밝히게 되었다(그림 8-22). 역사시대의 기후변동은 기록으로도 알 수 있다. 1860년과 1960년 사이에 연평균 기온의 변화와 연평균 강설량의 변화가 나타났다. 1866년~1992년 세계의 육지의 연평균 기온 변화는 1940년 초까지 증가율이 0.6℃/년이고 1940~1960년이 0.2℃/년으로 1960년대 이후 산업화로 인하여 증가율이 높아졌다. 나무의 나이테가 연간 기후변동을 잘 나타내 주고 있다.

기후변동의 지질학적 증거는 해수면의 변화, 화분(pollen) 연구에 의한 빙하기 식생분포, 빙기의 빙하와 현존빙하의 설선(snow line, 강설량이 융설량을 상회하는 선) 비교, 빙하 시추코어, 심해저 시추코아(deep sea drilling core : DSDP) 및 기수호 호수퇴적물의 안정동위원소 연구, 심해저 및 호수퇴적물의 미화석연구, 석회동굴의 종유석의 산소동위원소 연구 등에 의해 빙하기의 기후변동을 추적할 수 있다. 고기후 연구방법을 간단히 소개한다.

화분화석(花粉化石)에 의한 고식생 연구 : 식물화석은 고식생 연구에 중요한 대상이다. 그러나 식물은 기후조건에 따라 화석으로 보존되기 어려운 경우가 많다.

화분은 풍화에 강하고 멀리 산포되기 쉬워 바람이나 하천에 의해 호수나 늪지에 이동되어 퇴적된다. 동해안의 경포호, 화진포호, 영랑호 등의 기수호 퇴적층의 화분연구로 한반도의 신생대 고기후를 연구할 수 있다. 우리는 이러한 화분으로 식물의 종류를 식별하고 식생에 의해 그당시 기온, 강우량 등을 추정할 수 있다. 한반도에서 산출된 화분화석은 그림 8-21과 같다.

빙하기의 식생군을 복원하여 고환경을 추정할 수 있다. 다만, 동일식생이 현존하는 식물군이어야 추정이 가능하다.

빙하 시추코어의 얼음의 산소동위원소비 분석 : 빙하 시추코어의 심도별 시료를 채취하고 얼음 중에 포함된 CO_2를 추출하여 ^{14}C 절대연령 측정법으로 빙하의 형성시대를 측정한다. 그리고 빙하의 얼음(H_2O)의 산소동위원소비($\delta^{18}O$)를 분석한다. 빙하의 산소 동위원소비는 온도 변화에 의해 $\delta^{18}O$ 값이 크게 변동하여 변동모습이 마치 톱니와 같다. 일반적으로 기온이 높으면 $\delta^{18}O$ 값은 커지고 빙하기에는 그 값이 작아진다.

퇴적물 중의 유공충 화석이나 탄산칼슘으로 구성된 패각화석의 산소동위원소비 분석에 의하여 동위원소지질온도계(同位元素地質溫度計, isotope geothermometry)에 의해 온도를 계산한다. 해양퇴적물 중의 유공충 화석과 해수의 동위원소비에서 유공충이 서식하던 해수 온도를 다음과 같이 동위원소 지질온도계를 이용하여 계산할 수 있다.

해수 온도 t (℃) = $16.9 - 4.2(\delta^{18}O_{\text{방해석(유공충)}} - \delta^{18}O_{\text{smow}}) + 0.13(\delta^{18}O_{\text{방해석(유공충)}} - \delta^{18}O_{\text{smow}})$ (Epstein and Craig, 1965).

유사한 방법으로 석회 동굴의 종류석을 이용하여 고기후의 변동을 조사할 수 있다. 이때 $\delta^{18}O_{\text{방해석}} - \delta^{18}O_{\text{물}} = 2.78 \times 10^6 (t + 273)^{-2} - 3.39$ (Oneil, 1969) 식을 이용할 수 있다.

기수호 퇴적물의 동위원소 분석 : 기수호(氣水湖, Blackish lake)란 해안에 인접한 호수중 빙하기에는 담수환경이 되고 온난기에는 해수환경이 되는 호수를 말한다. 이처럼 연안해류 작용에 의해 만들어진 사주나 사취가 만이나 하구를 막아 바다와 분리되어 만들어진 호수를 석호(lagoon)라고도 한다. 예를 들면, 우리나라의 동해안의 경포호, 화진포호, 영랑호 등이 기수호들이다(그림 8-20-1).

기수호의 퇴적물은 과거 기후변동에 따라 해수, 담수가 여러 번 바뀌는 환경의 퇴적물의 특징을 나타낸다. 기수호의 호수 퇴적물의 시추코어 시료에서 얻은 유기물질에 의해 ^{14}C 동위원소 연령 측정이 가능하다. 유기물의 탄소동위원소비($\delta^{13}C$)를 분석하면 호수퇴적물의 탄소동위원소비가 기후변화에 따라 변동하고 있다. 그리고 심해저 퇴적물 중의 유공충과 같은 미생물 화석을 연구하여 과거

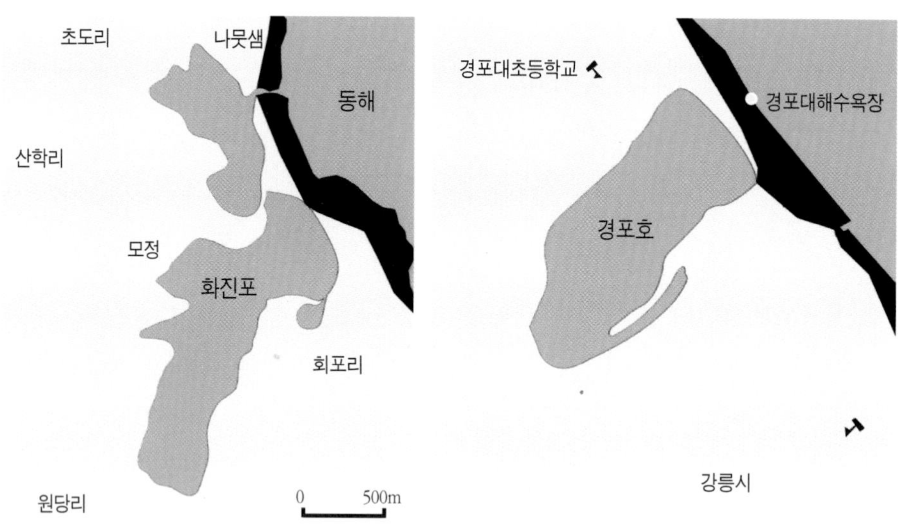

| 그림 8-20-1 | 동해안에 형성된 기수호 또는 석호

해수온을 추정할 수 있다.

설선(snow line) **비교** : 빙하기의 빙하와 현대 빙하의 설선을 비교하면 설선의 차이를 발견할 수 있다. 과거와 현재의 평균기온 강하율(6℃/km)을 가정하여 설선 강하 차이에서 기온 변화를 계산할 수 있다.

고기후 변동의 원인

19세기 중반에 스코트랜드의 지질학자 John Croll과 20세기 초 러시아의 천문학자 미란코비치(Milutin Milankovitch)는 과거 200만 년간 기후변동 곡선의 반복 주기성이 지구괘도의 이심률(10만 년 주기)과 지축의 경사(4.1만 년 주기), 세차 운동(2.3만 년 주기) 때문인 것으로 해석하고 있다.

미란코비치 주기

빙기와 간빙기의 기후변동을 지구 회전운동의 변화에 수반된 일사량을 위도 변화에 따라 구한 미란코비치의 이름을 따서 이 주기를 **미란코비치 주기**라 부른다. 빙하기와 간빙기의 반복 주기성의 특징으로 빙하기 북반구에 빙상이 발달하게 된다. 빙하기에는 북반구에서 빙하를 발달시키기 위해 북반구의 여름을 저온이 되게 하여 눈을 많게 하면 된다. 이를 위해 지구괘도의 이심률을 크게 한 지

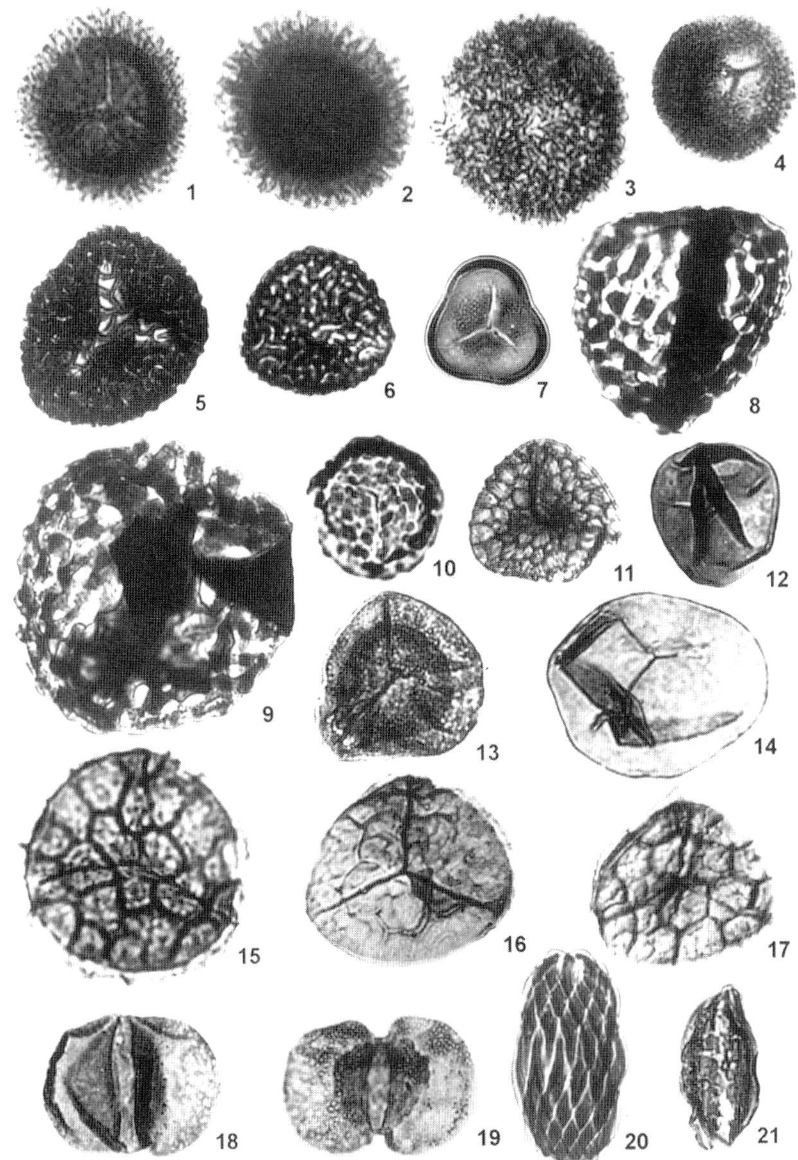

| 그림 8-21 | 남황해분지 퇴적층에서 산출된 후기 백악기의 화분 · 포자화석 현미경사진(×900)(이상현 외, 2004)

1.Gabonisporis cristata. 2.Gabonisporis cristata. 3.Gabonisporis labyrinthus. 4.Gabonisporis vigourouxii 5.Hamulatisporis amplus. 6.Hamulatisporis hamulatis. 7.Intertriletes scrobiculatus. 8.Klukisporites foveolatus. 9.Klukisporites punctatus. 10.Leptolepidites tenuis. 11 Retitriletes nidus. 12.Todisporites minor. 13.Lusatisporites dettmannae. 14.Todisporites major. 15.Triporoletes asper. 16.Triporoletes cenomaninus. 17.Triporoletes reticulatus. 18.Alisporites bilateralis. 19.podocarpiites minutus. 20.Ephedripites praeclarus. 21.Ephedripites multipartitus.

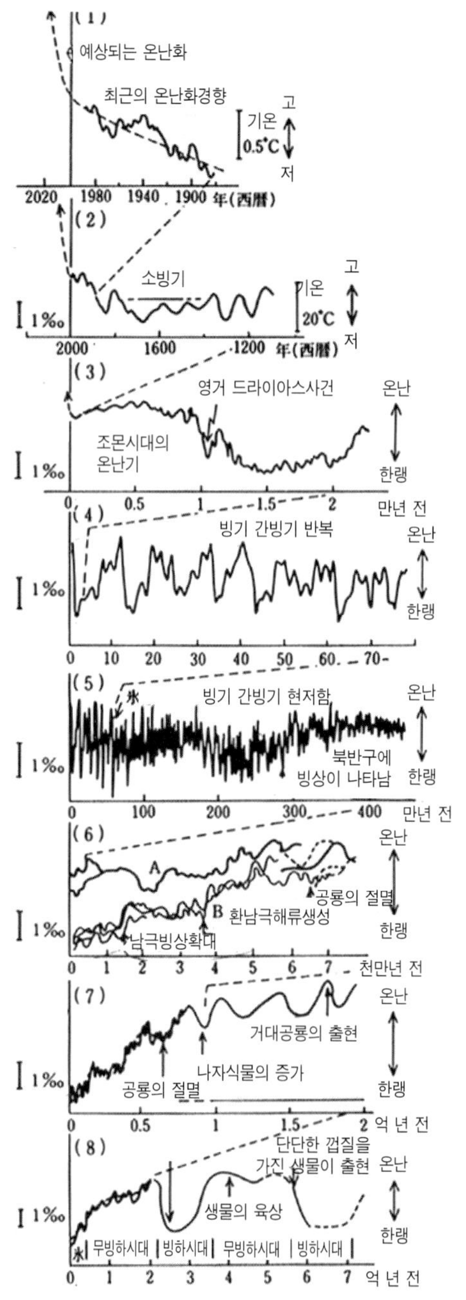

| 그림 8-22 | 지질시대의 기후변동. 산소동위원소비 변동커브에 의함(增田, 1993)

축의 경사에 의한 계절차를 줄이고 세차관계에서 원일점이 여름이 되도록 하면 된다.

이와 같이 빙기와 간빙기의 기후변동이 미란코비치 주기의 지구 회전운동의 변화로 설명된다. 그러나 이 정도의 작은 일사량 변화에서 거대한 기후변동을 일으키는 것이 계산상 어렵기 때문에 이와 같은 메커니즘은 아직 미해결 문제로 남아 있다.

지구 내부에서 유래된 화산활동에 의해 지구 기온 변화가 일어날 수도 있다.

인도네시아의 150km^{3}의 화산쇄설물을 분출한 탐보로(Tamboro) 화산분출과 아이스란드의 라키화산분출(Laki eruption)은 기후변동에 크게 영향을 주었다. 이때 화산폭발에 의해 화산재가 하늘을 덮어 1816년 여름이 없는 지구를 만들었다.

운석 충돌도 기후변동 원인이 될 것이다. 기후변동의 원인은 수십만 년에서 수백만 년의 시간 스케일의 차이가 있다. 그리고 대기권, 암석권, 수권, 생물권 외계의 요인까지 기후에 영향을 주기 때문에 기후변동원인을 규명하기란 쉽지 않다.

8.8 지구 역사상 생물의 대멸종

지질시대에 걸쳐 생물의 종의 수, 멸종 비율과 같은 고생물학자들의 조사연구에 의하면 10여 회의 크고 작은 생물멸종의 사건이 나타난다(그림 8-23). 특히 대량멸종사건으로 페름기와 트라이아스기 시기의 경계에 해양생물 70%가 멸종하였다. 다음으로 백악기와 제3기 경계로 공룡의 멸종과 함께 해양생물 45%가 멸종하였다(표 8-3).

Raup와 Sepkoski(1984)에 의하면 캄브리아기 이래 현재까지 지층 내의 해양동물 화석 34,000종 분류에서 19회의 생물 멸종 사건을 확인하였다. 생물 멸종사건이 3,200만 년 또는 2,600만 년 주기로 일어난다는 생물 멸종 사건 주기설을 제

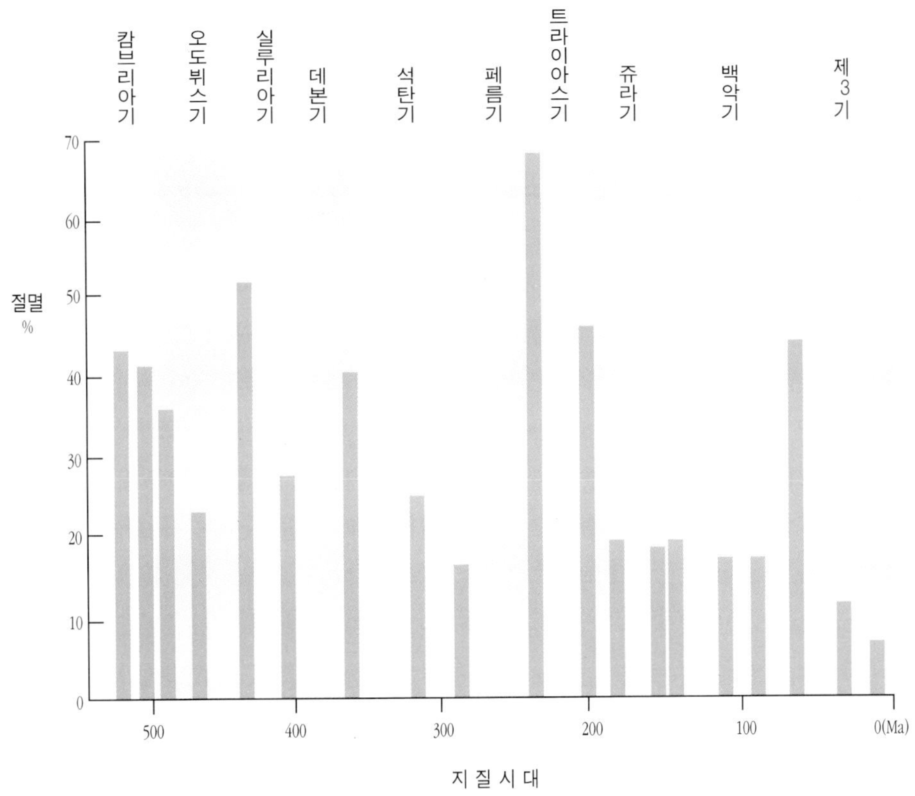

| 그림 8-23 | **현생영년(Phanerozoic) 시대의 생물의 대절멸(Rawp, Sepkoski, 1984)** 약 2,600만 년 주기로 절멸률이 높다.

표 8-3 지질시대를 통한 생물의 대절멸과 고환경 변동(平野, 1995)

지질시대(Ma)	절멸동물	고환경변동	절멸률	절멸동물과 수
⑪ 마이오세 중기(15)	연체동물	기후 한랭화	25.0(0.43)	12
⑩ 에오세(36.5)	연체동물	해수면저하	45.8(0.50)	15
⑨ 백악기 말(65)	부유성유공충, 부족류, 암모나이트, 벨렘나이트, 조반류, 용반류	해수면저하+ 기후한랭화+ 운석충돌	66.3(1.74)	90
⑧ 백악기 후기(91)	암모나이트, 부족류	무산소 사변	18.9(0.93)	36
⑦ 백악기 전기(107)	부족류	무산소 사변	12.0(0.22)	18
⑥ 쥬라기 말(135)	부족류, 암모나이트, 공룡류	해수면저하+ 기후변동,	19.5(1.09)	30
⑤ 쥬라기 전기(188)	부족류	무산소사변	15.2(0.86)	17
④ 트라이아스기 후기 (205)	코노돈트, 암모나이트 (세라다이트아목), 완족류,복족류, 부족류, 양생류, 포유류형 파충류, 조치류	해수면저하	38.6(1.94)	36
③ 페름기 말(250)	산호, 푸줄리나, 완족류, 해백합, 이끼류, 암모나이트 (고니아타이트아목)	해수면저하+ 기후한랭화	D52.5(5.61) G−(7.12)	81 154
석탄기 말(290)	포유류형 파충류			
② 데본기 후기 (360)	산호, 해면, 완족류, 삼엽충, 암모나이트, 코노돈트, 판피류	해수면저하+ 빙하발달	21, 50	
실루리아기 말(410)		해수면저하		
① 오도뷔스기 말 (438)	산호해면, 필석, 이끼류, 완족류, 삼엽충	빙하발달+ 해수면저하	22	
캄브리아기 후기 (510)	삼엽충, 코노돈트, 완족류	해수면저하 +기후한랭화	15−20	
선캄브리아기 후기(650)	조류(아크리타크스)	빙하발달		

안한 학자도 있다. 생물의 대멸종의 원인은 아직도 수수께끼로 남아 있다. 그러나 일부학자들은 다음 몇 가지 지질학적 사건을 이유로 들고 있다.

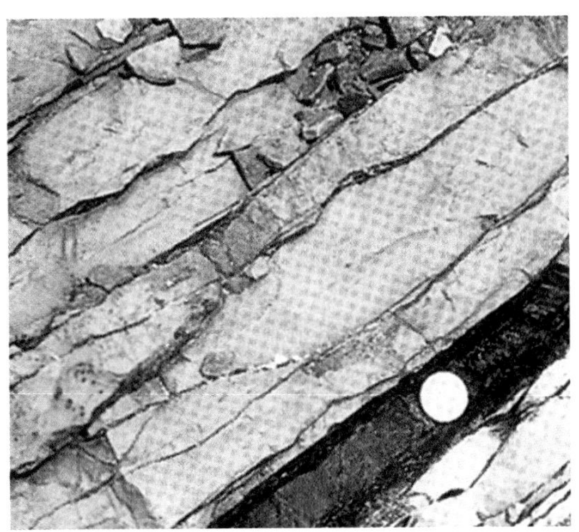

| 그림 8-24 | **사진의 검은 부분이 이탈리아의 컨테사계곡(Contessa Valley) 석회암층 사이의 이리듐 함량이 대단히 높은 점토암층** 66Ma 전 운석 충돌에 의해 발생한 먼지구름이 퇴적되어 만들어진 지층임.

운석충돌 가설 : 콜롬비아 대학의 Alvarez(1980)는 이탈리아의 컨테사계곡(Contessa Valley)에서 확인된 백악기–제3기 경계지역의 점토층에서 상하지층에 비해 이리듐(Ir)이 300배 이상 농집되어 있는 사실을 확인하고, 소행성의 충돌결과로 해석하였다(그림 8-24). 이리듐 함량에서 지구에 충돌한 운석의 크기는 직경 약 10km로 충돌 시 폭발에너지는 핵탄두의 1억 발분에 해당된다는 계산을 발표하였다. 이때 발생한 대량의 먼지가 지구의 기온을 저하시켜 생물의 대량 멸종을 가져왔다는 것이다.

고생대의 페름기와 트라이아스기의 대량멸종은 판구조운동과 관련이 있는 것으로 생각하고 있다. 이 멸종 시기는 곤드와나 대륙이 형성되고 기후가 한랭화되어 빙하가 발달한 시기와 일치하고 있기 때문이다.

판운동에 의해 판게아와 같은 초대륙이 형성되면 해수면이 저하된다. 또한 대륙이 초거대 대륙으로 합쳐지면 대규모의 대륙빙하가 성장하게 되고 대륙빙하의 성장은 알베도를 증가시켜 지구를 한랭화시키게 된다. 기후 한랭화에 따라 해수면이 하강하여 해수 중의 산소 결핍 상태를 일으켜 생물의 대량 멸종을 일으켰다는 것이다.

캄브리아기 이후 6억 년간 생물의 대량 멸종사건은 기후변동이나 해수면 변동과 밀접한 관련이 있다. 또한 앞에서 설명한 바와 같이 지질시대에 기후변동이 주기적으로 일어나고 있다. 해양지각의 생성량의 증대는 화성활동의 빈도와 관련되어 있으며 화성활동이 활발할 때 대량의 CO_2가 방출되어 지구대기는 온난화되어 해수면이 상승하게 된다.

이와 같은 기후변화의 주기성과 생물의 멸종이 관련되어 있다. 이는 해수면의 변동과 관련된 해양산소 결핍과도 연관된다. 그러나 백악기와 제3기 사이의 대량 멸종의 원인으로 생각하고 있는 운석충돌설도 신뢰성 있는 가설로 남아 있게 된다. 고도로 성장한 지식 정보사회에서는 많은 사람들이 진화론적 사상(uniformitarianism)보다는 격변설(catastrophism)을 동경하게 된다. 그러면 여러분은 과연 주기성 있는 운석충돌사건이 지구상에 언제 또 일어날 것이라고 생각하는가?

8.9 죽은 조개껍질이 말해 주는 제주도 부근의 고수온

제주도 남쪽 서귀포 해안에는 120만 년 전에 해안에서 살던 조개류의 죽은 껍질이 쌓여 퇴적층을 이루고 있다. 이 지층을 서귀포층이라 부르고 있다(그림 8-25). 서귀포층의 퇴적시기와 퇴적환경연구가 고생물학자들에 의해 많이 연구되어 왔다. 그러나 화석의 종류나 특성에 의해 해석된 지질시대와 퇴적환경은 플라오세의 천해 퇴적층, 플라이오세-플라이스토세의 따뜻한 얕은 바다환경, 플라이스토세의 빙하기에 퇴적 등으로 서로 다르게 해석되었다. 그리고 성산부근 해안가에 관찰되는 플라이스토세 후기의 퇴적층(신량리층이라 부름)에도 연체동물의 패각화석이 산출되고 있다. 동위원소 분석에 의해 죽은 연체동물 패각에서 우리는 그 조개가 살았던 시기와 조개가 살았던 바다의 수온의 정보를 얻어낼 수 있다.

46억 년 동안 해수의 스트론튬 동위원소비가 변동하여 왔다. 해저 퇴적층의 퇴적물 또는 화석으로부터 해수의 스트론튬 변동 곡선이 잘 조사되어 있다. 특히 신생대에는 지질시대와 $^{87}Sr/^{86}Sr$비의 상관성이 대단히 좋다(그림 8-26).

서귀포층과 신량리층에서 산출되는 조개껍질 화석 시료의 $^{87}Sr/^{86}Sr$ 동위원소비를 분석하면 스트론튬 변동곡선에서 이들 지층이 퇴적된 시기를 알아낼 수 있다. 이 연구에 의하면 서귀포층의 지질시대는 0.5～1.2Ma로 플라이스토세 초기에서 중기에 퇴적된 것으로 확인된다. 그러나 신량리층은 이보다 훨씬 젊은 후기 플라이스토세(1.14Ma～홀로세)로 젊은 지질시대가 얻어졌다. 신량리층의 패각은 너무 젊어서 가속기질량 분석법을 이용한 ^{14}C 연대측정에서 1570～4400 Y BP가 얻어졌다. 신량리층의 지층표면에 인간의 발자국이 발견되어 고고학계에 관심을 끌었다. 인간의 발자국은 적어도 1570～4400년 BP 이후에 만들어진 것이다.

| 그림 8-25 | 제주도 서귀포층에서 산출되는 Mizuhopecten tokyoensis hokurkuensis, Mactra sulcataria 등의 연체동물 패각 화석

조개껍질의 성분은 $CaCO_3$로 구성되어 있기 때문에 ^{14}C 연대 측정뿐만 아니라 산소를 이용한 산소 안정동위원소비($^{18}O/^{16}O$)분석에서 동위원소 지질온도계를 이용하면 이들 조개가 살던 시기의 해수의 온도의 정보가 얻어진다. 패각이 말해주는 서귀포층의 퇴적될 시기의 서귀포 주변 해수의 온도는 12.6~19.1℃로 오늘날의 이 지역의 평균해수온도 14.9~25.5℃보다 낮았다. 그러나 신량리층의 조개껍질에서 얻은 해수의 온도는 22.5~29.8℃로 현재의 수온 14.1~23.2℃보다 높게 얻어졌다.

이와 같이 퇴적암층의 지질시대와 해수온의 환경 정보가 얻어지면 우리는 과거의 고지리(Palaeogeography), 고기후(Palaeoclimate) 등을 해석 할수 있게 된다. 동위원소 연구에서 얻어진 제주도 부근의 고지리와 고수류 분포는 그림 8-27과 같다.

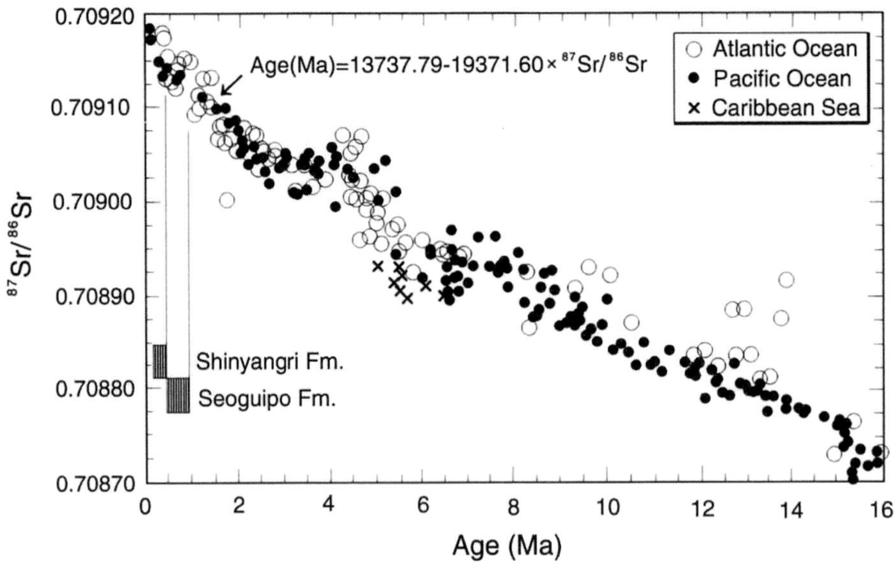

| 그림 8-26 | **스트론튬 동위원소비와 지질시대** 스트론튬 동위원소 변동 곡선에서 서귀포층과 신량리층의 지질시대가 얻어진다(Kim et al., 1999).

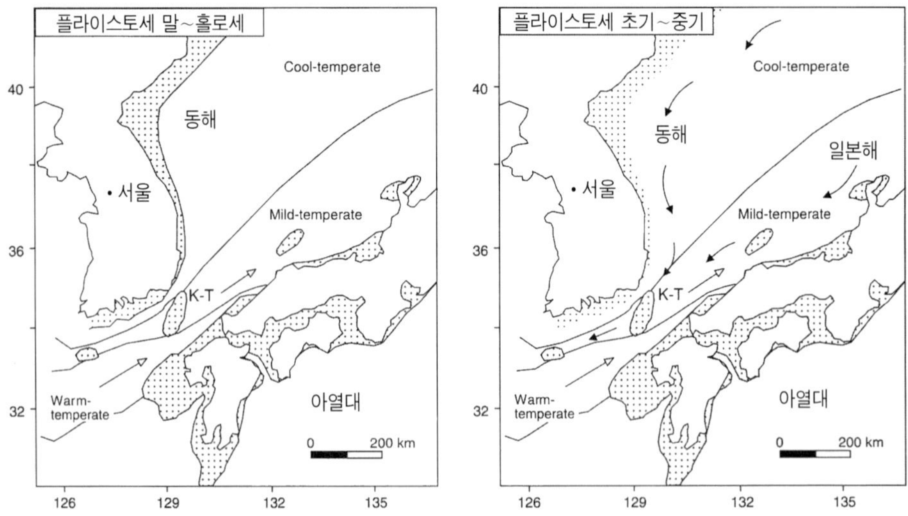

| 그림 8-27 | **신생대 플라이스토세~홀로세 시기의 대한 해협 부근의 고수류와 고지리도(Kim et al., 1999)**
K-T : 대한해협과 쓰시마해협

09
우리나라의 지질

백두산 천지 칼데라 호수

9.1 한반도의 지질 구분

한반도의 과학적인 지질조사는 1883년 독일인 Carl Christian Gottsche(1885~1909)가 일본 도쿄대학 강사로 재직 중 1884년 약 8개월간 우리나라를 답사 여행하면서 시작되었다. 과학적인 우리나라 지질학의 연구 역사는 대략 100년 전에 시작되었다.

Gottsche의 대표적인 논문은 Auffindung Cambrischer Schichten in Korea(Zeitd, Dent. Geol, Gessell V. XXXVI)이다.

한반도는 지구조학적으로 유라시아판의 동남단에 위치하며 중 · 한 크라톤(Sino-Korean craton)의 안정지괴에 해당된다.

판구조론적으로는 태평양판과 필리핀해판이 유라시아판 밑으로 섭입되는 곳에서 다소 떨어진 곳에 위치하고 있다(그림 9-1).

약 17~20Ma경에 이들 판의 운동에 의해 동해가 확장되면서 일본열도가 유라시아 대륙에서 떨어져 나갔다.

호상열도(일본열도) 배후인 동해와 일본해에는 배호분지(back arc basin)가 형성되었다(그림 9-1).

남한은 지구조적으로 경기육괴, 영남육괴, 옥천지향사대, 경상퇴적분지, 제3기 분지로 나누어진다. 경기육괴와 영남육괴는 주로 선캄브리아기의 편암과 편마암류로 되어 있으며 한반도에서 가장 연령이 오래된 암석으로 되어 있다. 특히 이들 암석으로 된 지층이 지나방향(또는 중국방향이라 부름, 북북동-남남서 방향)으로 방향성 있게 분포하고 있다(그림 9-2).

중국 양쯔(陽子)지괴와 연속되는 옥천 지향사대는 크게 옥천 고지향사대와 옥천 신지향사대로 나누어지며 옥천 고지향사대의 지층은 주로 편암, 천매암 슬레이트 등으로 구성되어 있으며 지질시대는 선캄브리아기 또는 고생대 후기로 학자들 간에 논란이 계속되어 오고 있다.

옥천 지향사지대는 지질구조가 복잡하고 금속, 비금속, 광화작용도 수반되어 지질학자들에게 흥미가 많은 지역이며 우리나라 지질학자 중 이 지역을 대상으로 연구한 연구자들이 대단히 많다.

경상퇴적분지는 중생대의 육성기원의 퇴적암인 역암, 사암, 셰일 등으로 구성되어 있다. 신생대 제3기 층은 포항을 중심으로 동해안 지역 해안가에 소규모로

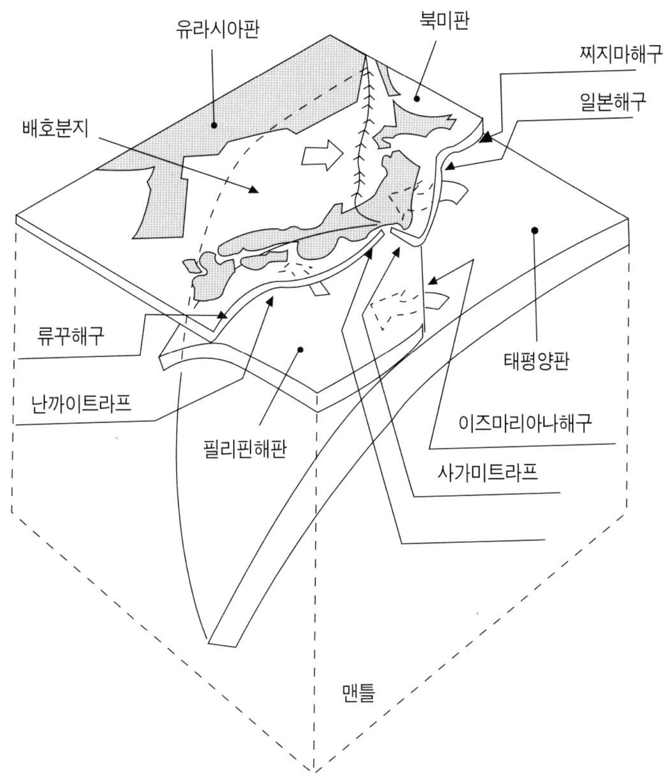

| 그림 9-1 | **한반도 주변의 판운동 모식(鳥村, 1996)**
한반도는 태평양판과 필리핀해판의 영향을 함께 받고 있으나 일본열도와는 달리 판의 경계에서 멀리 떨어져 있다.

분포하고 있다.

남한의 변성 퇴적암류의 지층과 고생대 지층은 대체로 중국방향(Sinian direction)을 나타낸다.

서울-원산을 가로질러 발달하는 추가령 구조곡은 과거 Koto(1903)에 의해 추가령 지구대로 불려왔다. 그러나 저자의 조사 연구(김규한 등, 1984)에 의하여 이 지역의 구조곡은 지구대가 아니고 단층선곡(fault line valley)으로 해석되었다.

북한 지역은 평남분지, 두만분지, 관모봉육괴, 단천습곡대, 낭림육괴 등으로 되어 있으며 주로 요동방향(Liatung direction)을 나타내고 있다.

이같이 남북한 전체 구조구의 구분이 김옥준(1987)에 의해 11개 구조구로 구분되었다.

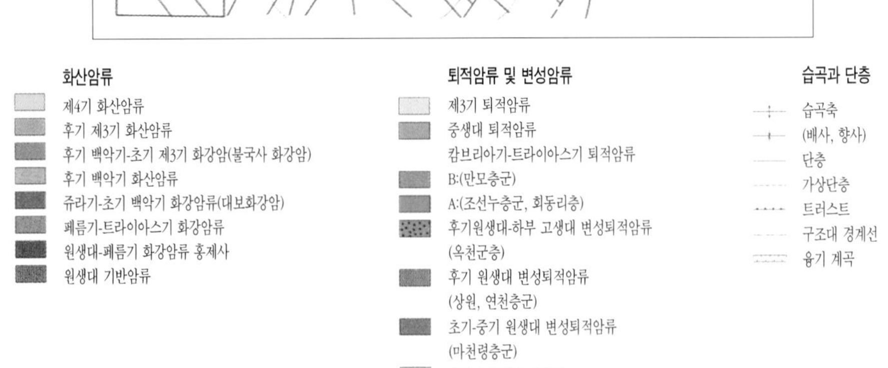

| 그림 9-2 | 우리나라의 지질도(한국지질자원연구원)

우리나라 지질계통과 각 지층에서 산출되는 대표적인 고생물이 표 9-1에 요약되어 있다. 각 지질 시대별로 요약하여 본다.

9.2 선캄브리아시대의 지층

한반도에서 가장 오래된 지층

한반도에서 가장 연령이 오래된 시생대 지층은 시흥층군과 서산층군, 경기 변성암 복합체, 영남누층군, 낭림누층군 등으로 대부분, 편암, 편마암, 미그마타이트, 규암, 대리암 등으로 구성되어 있다(그림 9-3).

경기육괴 서남지역에는 시생대의 서산층군, 경기편마암 복합체 지층이 분포하고 있으며 경기육괴 동북부지역에는 경기편마암복합체인 부천층군, 시흥층군, 양평층군이 분포하고 있다. 경기육괴지역에서는 서산층군과 부천층군이 가장 오래된 지층이다. 이 지역에 원생대 지층인 태산층, 춘천누층군, 연천층군이 알려져 있다. 영남육괴지역에는 시생대의 영남누층군인 평해층군, 기성층군, 원남층군이 분포하고 있으며 후기원생대의 율리층군이 알려져 있다. 평북육괴에서는 시생대의 낭림누층군과 원생대의 마천령층군과 상원누층군이 알려져 있다.

경기 변성암 복합체가 분포되어 있는 화천 지역의 규선석-석류석 편마암 중 모나자이트의 CHIME 연령은 약 17억 년으로 얻어졌으며, 철원지역의 남정석-십자석-석류석 편암 중의 모나자이트 연령이 255Ma의 변성시기로 보고되었다(Cho et al., 1996). 따라서 이들 변성암의 변성 연령은 대체로 25억 년과 2억 5천만년으로 얻어졌다. 물론 이들 변성암의 원암은 해성 퇴적의 기원임을 협재된 대리암에서 알 수 있다.

북한의 평남분지의 원생대 지층인 사당우층군의 석회암 중에 우리나라에서는 최고기의 화석으로서 조류의 화석인 콜레니아(collenia)가 발견되었다. 북한의 회천시 시생대지층 중 하이퍼신-석류석-흑운모 편마암의 절대연령이 31억 8천만 년(Sm-Nd법)으로 보고되어 있다(최원종 등, 1996).

표 9-1 우리나라의 지질계통표와 대표적인 고생물

지질시대: 대	지질시대: 기		층서 구분		산출화석
신생대	제4기	홀로세	충적층		
		플라이스토세	신양리층		유공충
	제3기	플라이오세	서귀포층		복족류, 완족류, 유공충, 이매패류
		마이오세	연일층군		복족류, 완족류, 이매패류, 규조류
			장기층군		외편모충, 피자식물 등
		올리고세			
		에오세			
		팔레오세			
중생대	백 악 기		경상누층군	유천층군	이매패류, 복족류, 절지동물, 개형충
				하양층군	양치류, 소철류
				신동층군	조류, 공룡류 등
	쥬 라 기		묘곡층		이매패류, 복족류, 양치류, 나자식물
			대동누층군		이매패류, 절지동물, 어류 양치류, 나자식물 등
	트라이아스기		평안누층군	녹암층	석송류, 양치류 송백류
				고방산층	
고생대	페름기			사동층	방추충, 이매패류, 완족류, 해백합 코노돈트, 석송류 등
	석탄기			홍점층	
	데본기				
	실루리아기		회동리층		코노돈트
	오도뷔스기		조선누층군	대석회암층군	삼엽충, 완족류, 이매패류, 복족류
	캄브리아기			양덕층군	두족류, 극피동물, 코노돈트 등
선캄브리아대	후기		상원층군		콜레니아
			연천층군	율리층군	
	중기		춘성층군 장락층군		
	초기		경기변성암 복 합 체 서 산 층 군	원남층군	

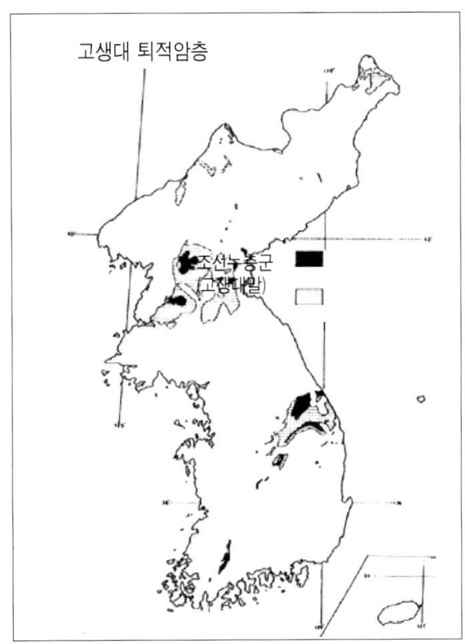

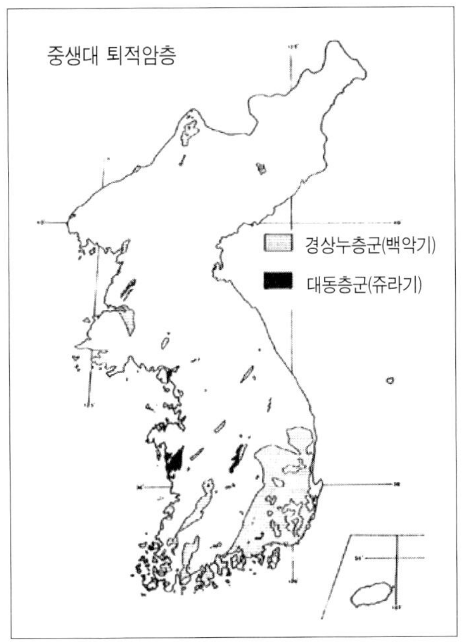

| 그림 9-3 | 한반도의 각 지질시대 지층의 분포

옥천층군의 지질시대

남한 중부 경기육괴와 영남육괴 사이에 중국방향으로 분포하는 지역이 과거 지향사 지역으로 지향사 퇴적물이 그 후 심한 습곡 작용에 의해 지층의 층서가 복잡하여 아직도 지질시대가 규명되어 있지 못하다.

충주 문경을 경계로 북동부의 강원도 지역에 분포하는 퇴적 지층지역을 옥천신지향사대라 하고 남서부의 옥천, 대전지역에 변성퇴적암류가 분포하는 지역을 옥천 고지향사대라 하고 있다.

옥천 고지향사대 지층은 변성작용과 지각변동에 의한 지층의 교란으로 화석의 산출이 드물고 층서가 복잡하여 지질시대와 층서에 있어 지질학자들이 해석하기 어려운 수수께끼 지역으로 남아있다.

옥천층군 중 향산리 돌로마이트층 중에서 Archaeocyatha 화석(캄브리아시기를 대표하는 화석)을 발견하여 옥천층군의 시대결정에 중요한 증거가 되었다. 1960년대의 옥천층군의 지질시대와 층서에 대한 손치무 교수와 김옥준 교수의 논쟁은 대단히 뜨거웠다.

암석수성론과 암성화성론의 대립, 광상형성이 화성기원(미국학파)과 퇴적기원(유럽학파) 논쟁, 진화론과 창조론의 대결에 못지않는 한국지질학사에 가장 뜨거웠던 사건으로 저자는 기억하고 있다.

저자는 후자의 논쟁자의 제자로서 석사학위논문연구에서 옥천신-구지향사대의 경계부에 변성 화산암을 조사하여 이들 간에 충상단층(thrust fault) 관계에 있음을 밝히게 되었다. 옥천층군의 깊은 내용을 모르고는 한국의 지질학자라 할 수 없을 정도로 한반도 지질구조 및 지체구조, 지사 해석에 옥천층군은 대단히 중요하다. 아직도 옥천대의 층서, 지질시대의 수수께끼는 풀리지 않고 있다.

9.3 고생대 지층

한반도의 고생대 지층은 남한 지역에는 옥천신지향사대 지역에 분포하고 있으며 북한지역은 주로 평안남도 양덕 성천지역에 분포하고 있다(그림 9-3). 고생대 지층은 조선누층군과 평안누층군으로 대표된다.

하부에서 캄브리아기의 양덕층군, 캠브로-오도뷔스기의 대석회암층군, 실루리아기의 회동리층, 석탄기-페름기의 평안누층군(홍점, 사동, 고방산통) 순이다. 특히 실루리아기 초에서 데본기, 석탄기 초까지의 시대는 격렬한 조산운동(조륙운동)으로 지층이 퇴적되지 않는 대결층(大缺層)의 시대이다.

우리나라의 고생대 하부인 조선누층군의 캄브리아기 지층은 규암과 셰일 천매암 등으로 되어 있다. 셰일 층 내에서 삼엽충의 화석이 산출된다(그림 9-4A). 조선누층군의 상부는 대부분 해성 탄산염암인 석회암과 돌로마이트로 되어 있어 우리나라의 주요 시멘트 원료 자원이 되고 있다. 석회암에서 코노돈트 화석이 산출되고 있다(그림 9-4E).

강원도 삼척, 정선, 영월 지역의 캠브로-오도뷔스기의 평안누층군은 역암, 사암, 셰일 등으로 구성되어 있으며 사동통에는 무연탄층이 협재되어 화석연료 자원으로 개발되고 있는 대상 지층이다.

주로 무연탄이 협재된 평안누층군의 지층은 영월, 정선, 단양, 문경, 강릉지역에 분포하고 있다. 이들 지층에는 페콥테리스 아보레센스(pecopteris arborescens), 레피데덴트론 아시메트리오움(lepidedentron asymmetrioum), 속새류(annularia ste llata) 등의 식물화석이 다량 산출된다(그림 9-4C).

9.4 중생대 지층

중생대 지층은 경상 퇴적분지에 가장 넓게 분포하고 있다(그림 9-3). 중생대의 경상누층군의 지층이 주로 경상분지에 분포하고 있으며 낙동층군, 신라층군, 유천층군으로 세분하고 있다.

낙동층군은 적색셰일, 암회색셰일, 이암 등으로 구성되어 있으며 담수 또는 반담수성 동물화석(viviparus, bulimus, trigonioides 등)과 곤충류, 양치식물, 목적류, 은행류, 송백류 등의 식물화석이 산출되고 있다(그림 9-4B). 신라층군은 현무암과 안산암역을 가지는 역암층이 있어 활발한 화산활동이 수반되는 환경에서 퇴적되었음을 말해 준다. 양치류, 소철류, 송백류와 피자식물의 화석이 발견되었다. 유천층군은 안산암, 유문암, 응회암 등의 화산암류와 소규모의 알코스사암,

이암 등으로 구성되어 있다.

또한 중생대 지층은 영월, 단양, 문경지역과 충남 대천, 김포, 동두천 부근 등지와 북한지역의 평양부근, 평북 의주, 함경남도 인흥리 지역에 분포하고 있다. 이들은 크게 충남 대천 부근의 남포층군과 단양, 영월, 정선 지역에 분포하는 반송층군으로 구분되며, 주로 역암과 사암으로 되어 있다. 지역에 따라 흑색셰일, 탄질셰일, 무연탄층이 협재되기도 한다. 충남 대천지역에서 이 무연탄층이 개발되었다.

9.5 신생대 지층

신생대 지층은 제3기와 제4기 지층으로 대분된다.

제3기 지층은 포항, 감포, 울진, 북평지역 등 동해안을 따라 소규모로 분포하고 있다. 북한 지역에는 길주-명천 지역에도 분포하고 있으며 주로 올리고세-마이오세에 해당된다. 구성암석은 역암, 사암, 셰일, 응회암 등으로 되어 있다. 포항 지역의 제3기 지층에는 갈탄층이 협재되며 식물화석과 부족류, 복족류, 유공충, 어류화석 등 해서(海棲) 동물화석이 산출된다(그림 9-4D, F). 또한 이 지층에는 석유 천연가스의 산출징후가 있어 석유탐사 시추가 이루어진 바 있으며 알칼리 현무암류가 수반된다.

제4기 지층의 분포는 소규모로 분포하고 있으며, 제주도의 서귀포층, 신량리층, 울릉도의 저동층, 한탄강 유역의 백의리층, 북평지역의 북평역암층 등이 있다. 서귀포층과 신량리층 내에는 부족류, 복족류의 연체동물의 화석이 다량 산출된다. 이들 제4기 지층 분포지역에는 알칼리 현무암이 수반되며 특히 백두산, 제주도, 울릉도, 독도는 화산암으로 구성되어 있다.

제3기 및 제4기 지층분포지인 포항, 김포, 북평 등지에서 규조화석이 산출되고 있다(그림 9-4G). 규조화석은 지질시대와 고환경 해석에 유용하게 이용되고 있다.

제주도의 서귀포층의 퇴적연대는 0.84Ma보다 젊다. 이는 서귀포층을 덮고 있는 현무암의 K-Ar 연령이 0.84Ma이기 때문이다. 서귀포층 내의 조개류 화석의 스트론튬 동위원소비($^{87}Sr/^{86}Sr$)에 의해 계산된 연령도 플라이스토세에 해당되고 있

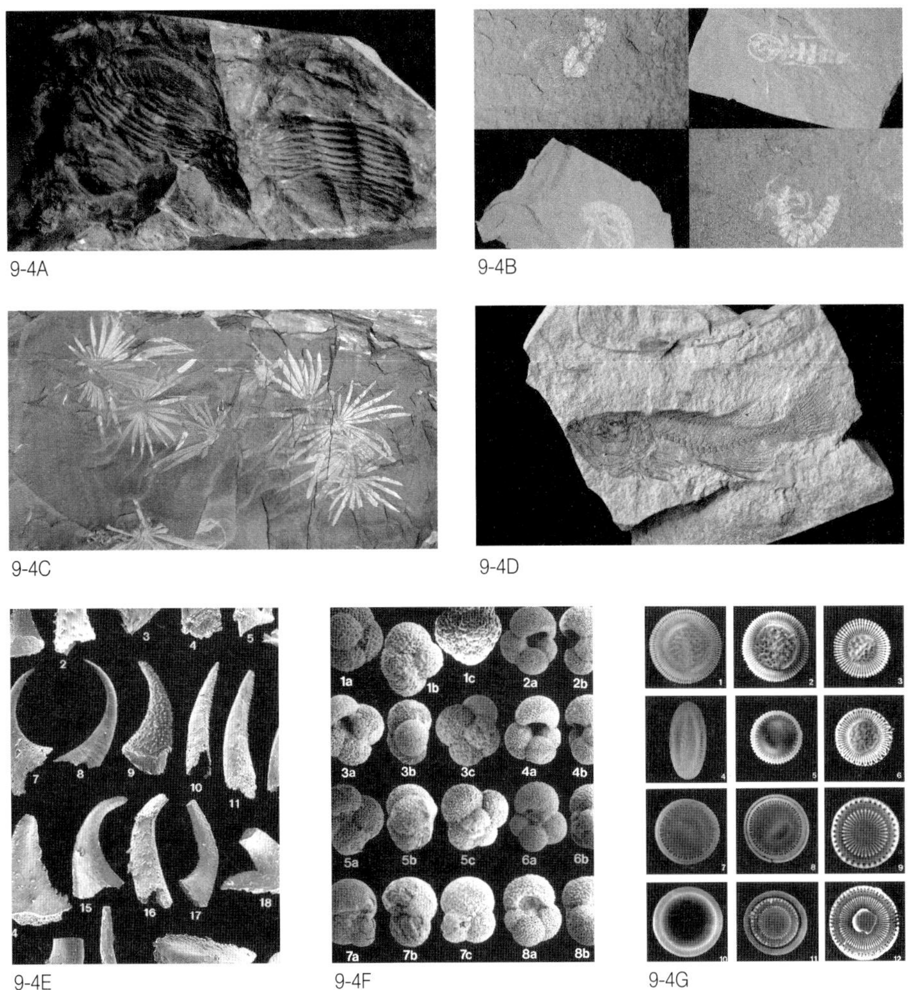

| 그림 9-4 | 한반도에서 산출되는 대표적인 화석

9-4A : 강원도 태백 고생대 오르도비스기의 삼엽충 Basiliella Kawasakii(한국지질자원연구원)

9-4B : 경상남도 진주시에서 산출된 중생대 백악기 곤충화석(정영현 · 엄기성 · 김태완 채집, 한국 지질자원연구원)

9-4C : 강원도 태백에서 산출된 고생대 속새류 식물화석 Annularia stellata(한국지질자원연구원)

9-4D : 경북포항지역에서 산출된 신생대 제3기 어류화석(보락류)(한국지질자원연구원)

9-4E : 고생대 두위봉층과 화절층에서 산출되는 코노돈트화석(이병수 · 서광수, 2004)

9-4F : 경북 포항지역 학전층에서 산출된 유공충 화석(김정무, 2004)

9-4G : 신생대 제3기 포항분지에서 산출된 규조화석(류은영 · 이성주, 2004)

다(Kim et al., 1999). 제주도 화산암의 K-Ar 연령은 0.018~0.84Ma로 약 100년 동안 단속적으로 화산활동이 계속되었다. 보통 화산의 수명이 수십만 년인데 반해 제주도는 물론 울릉도의 경우에도 화산활동이 1.36Ma 전후에 시작하여 0.005Ma에 끝나 약 140만 년간 단속적으로 화산분출이 일어나 화산의 수명이 긴 것이 특징적이다.

9.6 한반도에서의 화성활동

한반도에서 화성활동은 원생대 초부터 현세에 이르기까지 계속되었다. 고기의 화성활동으로는 하동 산청지역의 선캄브리아기의 사장암(anorthosite) 관입 및 북한지역의 낭림누층군을 관입한 연화 화강암 복합체(시생대, 2,040Ma)이다(원종관 등, 1989).

영남육괴의 분천 화강편마암과 홍제사 화강암이 선캄브리아기에 관입하였다.

한반도에는 중생대에 격렬한 화성활동이 일어났다. 트라이아스기에 송림변동과 수반된 화성활동이 주로 북한지역에서 일어났다. 그러나 남한에서도 최근 트라이아스기 화강암류가 보고되었다(Cho et al., 2008). 그리고 가장 격렬한 화성활동이 쥬라기의 대보조산운동과 수반된 대보화강암(132~183Ma)의 관입이다. 그리고 백악기의 불국사 변동과 수반된 불국사화강암(58~89Ma)은 한반도 남부지역에 주

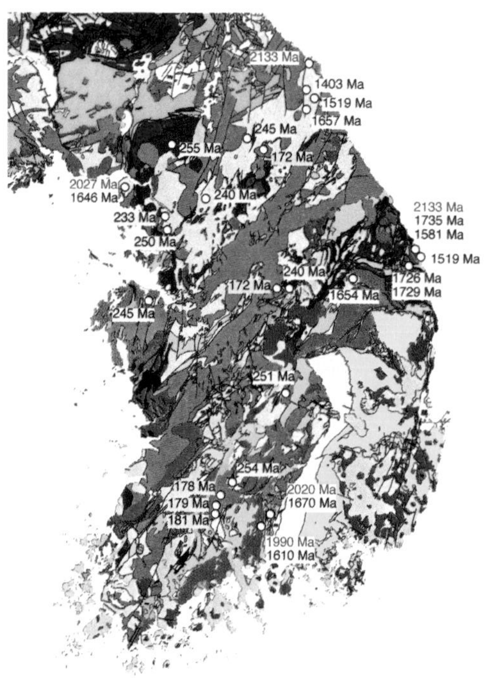

| 그림 9-5 | **남한의 중생대 화성암류** 남한 중부에 분포하고 있는 북북서-남남서 방향으로 분포하고 있는 쥬라기의 대보화강암(붉은색)과 동남부에 분포하고 있는 백악기 불국사 화강암(짙은 붉은색). 보라색은 백악기의 안산암질 화산암임. 숫자는 기반암의 CHIME연대(자료 K. Suzuki).

로 분포하고 있다. 대보화강암은 지나방향으로 방향성있게 분포하며 이들 화강암류의 산소동위원소비($\delta^{18}O$)는 +5~+10‰이다. 스트론튬 동위원소비의 초생치는 ($^{87}Sr/^{86}Sr$) i = 0.711 ~ 0.717이며 ε_{Nd} = −21~−13.6으로 지각기원 물질의 부분용융에 의해 형성된 것으로 해석되었다(Kim et al., 1996). 주로 경상퇴적분지에 분포하고 있는 불국사 화강암류는 $\delta^{18}O$ = +2.4~+9.1‰, ($^{87}Sr/^{86}Sr$) i = 0.704 ~ 0.706, ε_{Nd} = 10.4 ~ −4.4으로 맨틀 기원의 특징을 가지고 있다. 화강암류의 대부분은 I-형 화강암에 속한다.

불국사 화강암류는 안산암질 화산활동과 밀접히 수반되고 있다. 신생대 제3기와 제4기 화산활동은 포항지역, 제주도, 백두산, 울릉도, 독도 등지에서 소규모로 일어났다. 울릉도와 독도에서 일어난 화산활동은 동해가 열린 최후의 화산 활동으로 동해 형성사 연구에 중요한 대상이 되고 있다.

9.7 한반도 이렇게 탄생하였다

46억 년 전 지구는 태양계 일원으로 우주 성간운으로부터 집적(集積)과정에서 커다란 덩어리 지구를 탄생시켰다.

초기지구는 뜨거웠으며 태양계의 다른 천체에서처럼 환원형 원시대기로 덮혀 있었다. 뜨거운 지구가 점차 식으면서 원시대기의 수증기가 응축하여 200~300℃의 마그마오션이라 불리는 뜨거운 바다가 형성되었다. 이때 지표에서는 작은 행성들이 지표에 충돌하여 대량의 수증기와 가스를 대기권으로 방출하는 충돌탈가스작용(impact degassing)에 의해 원시 대기가 생성되고 수증기가 광분해하여 산소의 양이 점점 증가하여 산화형 대기로 점차 바뀌어져 지구상에는 산소를 호흡하는 생물계의 진화가 일어나게 되었다. 이때 지구 대기 상층권에 오존층이 두껍게 형성되어 태양자외선을 차단하여 지표의 생물을 보호하게 되었으며 광합성 작용으로 CO_2와 O_2의 자발적 조절이 이루어져 지표에는 산소를 호흡하는 생물들의 천국으로 바뀌어지게 되었다. 약 30~35억 년 전 북반구에 위치한 앙가라 대륙 남단부의 인접한 바다에 퇴적물이 퇴적되기 시작하여 굳어진 지층이 오늘날의 한반도의 기반이 되었다. 즉, 오늘날의 경기, 낭림, 영남 육괴의 대륙지각들이다.

이 같은 사실은 한반도에서 최고기의 지층으로 알려진 연천-시흥-서산 일대에 분포하는 선캄브리아기 변성암 지층 내에 협재된 대리암에서 쉽게 알아볼 수 있다. 대리암은 석회암이 변성작용을 받아서 만들어진 암석이고 석회암은 바다에서 퇴적되어 만들어진 암석이기 때문이다.

고생대(2억 4천5백만 년~5억 7천만 년 사이)시기에 강원도 영월 정선 지역과 평양부근 지역은 얕은 바다로 되어 있었다. 고생대 바다에서 석회암이 다량 퇴적되어 오늘날 이 지역은 시멘트 산업이 발달하고 있다. 이 시기에 퇴적된 지층에서는 고생대 바다에서 번성하였던 삼엽충이 화석으로 다량 발견되고 있다. 또한 고생대 말 석탄기에는 한반도 역시 온난한 기후로 삼림이 무성하였으며 이들이 매몰되어 무연탄 층을 형성하였다.

중생대(6천6백4십만 년~2억 4천5백만 년)는 그림 8-14에서처럼 경상도 지역에 거대한 호수가 만들어져 소위 경상호수에 육성퇴적층이 퇴적되어 마산, 진주, 대구, 의성, 청송, 왜관 지역에서 관찰되는 육성 퇴적암 지층을 만들었다. 중생대 퇴적 지층에서 공룡의 발자국, 공룡알 화석등이 발견되어 한반도에도 공룡이 번성하였음을 알려 주었다. 특히 중생대 쥬라기~백악기에는 한반도는 불안정하여 격렬한 지각 변동과 화강암의 관입과 화산분출이 빈발하였다. 특히 이시기에 경상남북도와 전남지역은 온통 화산활동으로 불바다를 이루었었다. 중생대 말 한반도에서 공룡의 절멸은 운석충돌 원인보다 화산폭발 때문인지도 모른다.

신생대(6천6백4십만 년~현재)에 들어와서 포항, 감포, 북평 등 동해안 일부 해안지역에 소규모로 바다 환경에서 해성 퇴적층이 퇴적되었다. 신생대 말(약 1천5백만 년 전)에 태평양판이 유라시아 대륙판 밑으로 섭입되는 판구조 운동으로 한반도의 동쪽 일부분이 갈라져 나가면서 동해 바다가 형성되었다. 일본열도는 이 시기에 한반도에서 떨어져 나가 만들어진 호상열도이다. 이 시기에 동해 바다 밑에서와 울릉도, 독도와 같은 화산활동이 일어났으며 제주도, 백두산의 화산폭발도 이 시기에 시작되었다 화산 폭발은 2백만 년 전부터 역사시대(AD 1570)까지 계속되었으나 일본에서와는 달리 현재는 모두 화산활동이 중지된 상태에 있다.

이 같은 한반도의 형성과정의 신비한 기록은 암석과 지층 속에 기록되어 있어 지질학자들이 이를 열심히 찾아 내고 있다. 왜냐하면 우리 인류의 시조가 불과 2백만 년 전에 지구상에 태어났기 때문에 어느 누구도 위에 설명한 사실을 관찰하고 기록으로 볼 수 없는 역사 이전에 일어났던 지질학적 사건들이었기 때문이다.

9.8 지구상에서 가장 젊은 화강암질 심성암이 울릉도에 있다

심성암은 화강암질 마그마가 지하 심부에서 서서히 냉각 고결되어 만들어진다. 그렇기 때문에 지하 심부에서 형성된 심성암이 지표까지 노출되려면 긴 시간이 요구된다. 때문에 지표환경에서 젊은 심성암을 찾기란 어려운 일이다.

2008년 현재까지 지표에 노출된 노두에서 얻어진 심성암은 일본의 다키타니 화강섬록암으로 0.8~1.9 Ma 이다(Harayama, 1992).

플라이스토세 이후에 형성된 심성암이 드물게 보고되어 있다. 주로 화산지역이나 지열지역에 화산쇄설층 내에서 관찰된다. 젊은 심성암의 암편이 미국 오레곤의 칼데라 크레이터 레이크에서 발견된 화강섬록암(0.10~0.17 Ma), 캘리포니아 더 게이져의 화강암(1.27 Ma), 남대서양의 어센션섬(Ascension island)의 화강암편(0.9~1.2 Ma) 등이 발견되었다.

그런데 우리나라 동해에 있는 울릉도 화산섬의 부석층 속에서 발견된 화강암질 심성암(몬조니암) 암편의 절대 연령이 0.2 Ma 보다 젊게 얻어졌다(Kim et al.,

| 그림 9-6 | 울릉도 테프라층에서 발견된 세계 최연소 화강암질 심성암(연령 0.12Ma)

2008). Rb-Sr 아이소크론 연령은 0.12 Ma이다(그림 9-7). 지구상에서 가장 젊은 화강암질 심성암 암편인 것이다(그림 9-5).

연대가 젊은 것도 놀랍지만 울릉도 화산섬에서 심성암인 화강암질 암석이 산출된다는 것은 지질학적으로 대단히 흥미 있는 일이다. 왜냐하면 15~17 Ma 경에 한반도와 함께 유라시아 대륙의 일부였던 일본열도가 동해가 갈라지면서 떨어나갔다. 동해가 열리면서 동해에는 울릉도(1.4 Ma)와 독도(2.4 Ma) 같은 알칼리 화산섬이 형성되었다. 화산섬 밑에 심성암이 만들어진다는 것은 새로운 대륙지각이 만들어지고 있다는 얘기도 되기 때문이다.

울릉도나 독도의 화산섬이 언제 어떻게 만들어졌는지를 규명하는 것이 지질학자들의 관심사였다. 그리고 알칼리 현무암질 마그마의 성인과 동해 형성과의 관계를 밝힘으로써 판 내부(intraplate)에 형성된 백두산이나 한라산과 같은 화산의 형성과정을 이해하는데도 대단히 중요하다.

이와 같은 화산의 성인을 연구하기 위해서 지구화학, 동위원소지구화학적 연구방법이나 지진파 분석방법이 이용된다.

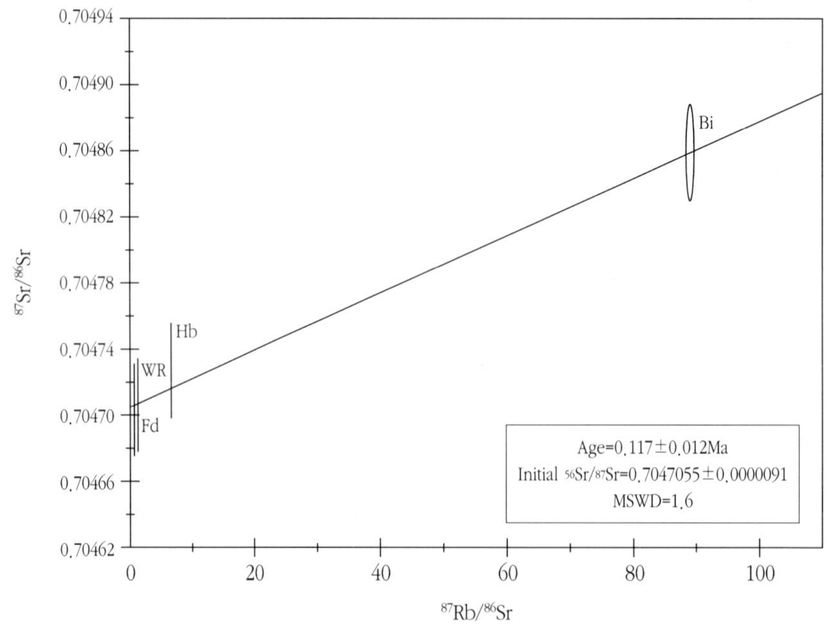

| 그림 9-7 | 울릉도에서 발견된 화강암질 심성암(몬조니암)의 아이소크론 연령(Kim et al., 2008)

화산암을 분출시킨 현무암질 마그마의 기원연구를 위하여 맨틀포획암, 현무암, 기타 화산암의 K-Ar 암석절대연령측정, Nd-Sr동위원소분석, He-Ar 영족기체 동위원소 분석에서 최근 연구에서 얻어진 결론을 간략히 소개하면 다음과 같다.

(1) 알칼리 화산암이 분포하고 있는 한반도와 주변에는 태평양판이 일본열도와 유라시아대륙 동남단 아래로 섭입되어 만들어진 맨틀웨지(mantle wedge)가 만들어져 있다. 동해가 열리면서 연약권 맨틀(asthenospheric mantle)이 부풀어 오르는 과정(mantle upwelling)에서 감압으로 맨틀웨지 물질이 부분용융되어 알칼리 현무암질 마그마를 만들었다.

(2) 울릉도에서 발견된 심성암의 젊은 화강암질 암편은 알칼리 현무암질 마그마에서 분화되어 만들어진 산물이라는 결론이다. 화강암질 마그마의 기원정보가 Nd-Sr, He-Ar동위원소가 알려 주었다.

(3) 알칼리 현무암질 마그마의 기원이 과거에 열점기원(hot spot)으로 해석되어 왔다. 그러나 최근 연구에서 한반도 주변의 백두산, 한라산, 울릉도, 독도 기타 동북 중국 대륙에 분포하고 있는 알칼리 화산암도 태평양판의 섭입과 관련되어 연약권 맨틀이 부풀어 오르는 과정(mantle upwelling)에서 만들어진 것으로 해석이 되었다(Zhao et al., 2004; Kim et al., 2005, 2008).

10
인간과 지구환경

미국 유타 주에 있는 세계 최대의 빙햄 반암동광산(Bingham Canyon copper mine)
(사진, Michael Collier; Lutgens and Tarbuck, 2002)

10.1 지구의 자원

선사시대 유적지나 고분에서 발견되고 있는 여러 가지 고고학적 유물에서 보면 석기시대 인류가 자원으로서 나무, 돌, 토양, 뼈 등을 가공 사용하여 왔다. 기원전 4000년경 이미 메소포타미아 지역에서 구리 제품을 사용하여 인류 최초의 금속자원 사용이 시작되었다. 기원전 2000년경 고대 이집트인들은 사금을 이용하기 시작되었다. 우리나라의 경주 고분에서 동제품, 금제품이 대량 출토되고 있어 BC 1~3세기경에 우리나라에서도 금, 동, 철 광상의 개발이 시작되었다는 것을 알 수 있다. 연료자원으로서 석유도 기원전 4000년경 메소포타미아에서 접착제, 아스팔트로 사용되었다. 이 같은 금속, 비금속 자원은 역사적으로 경제, 정치 발전에 크게 영향을 끼쳐왔다.

이와 같은 지구내외부에 부존하고 있는 지하자원(mineral resources)은 시·공간적(time and space) 편재성의 특성을 가지며 수십만 년에서 수십억 년간의 긴 지질시대 동안에 특정한 지질조건 하에서 생성되는 대부분이 재생불가능한 비재생산자원(non renewable resources)이다. 따라서 이들 자원은 개발되어 사용량이 증가되면 필연적으로 자원의 고갈이 초래된다. 물론 재생자원(renewable fresources)인 식물, 동물 등의 생물자원이나 수자원은 사용후에도 계속 재생산이 가능한 자원이다.

지구의 금속·비금속광물자원은 특정한 지질시대, 특정한 장소, 특정한 생성환경 하에서 형성되며 화성활동, 지구조운동과도 밀접히 관련되어 있다(그림 10-1).

광물자원은 이용도가 대단히 다양하다. 전기 저항에 따라 각종 광물자원이 도체, 반도체, 절연체 등으로 구분되기도 한다(그림 10-2).

여기서는 금속광물자원, 비금속광물자원, 연료광물자원으로 구분하여 설명한다.

금속광물자원

금속광물자원은 지구상에 특정지역에 편재·분포하고 있다(그림 10-3).

금, 은, 동, 연, 아연, 철 등의 유용원소가 원소 단독으로 산출되거나 황화 광물의 형태로 다량 포함된 덩어리를 **광석**(ore)이라 하며, 경제적으로 가행가치가 있는 유용광물인 황동석, 방연석, 섬아연석 등과 같은 광물을 **광석광물**(ore mineral)

광석

광석광물

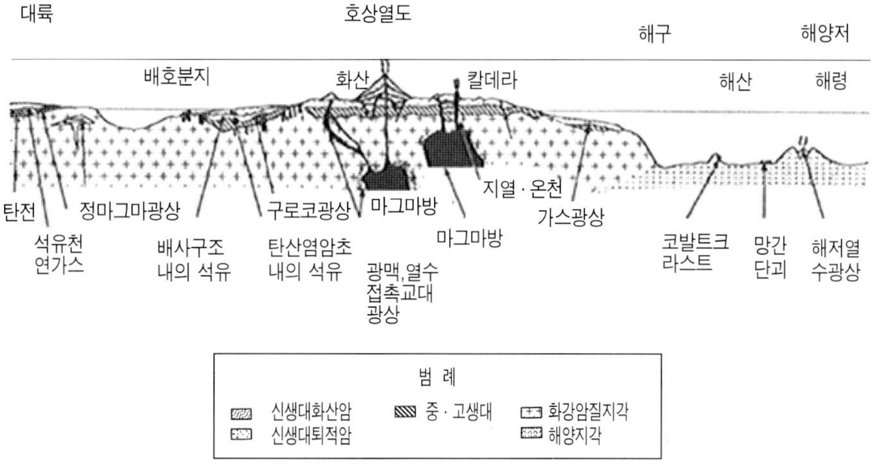

| 그림 10-1 | **지하자원의 부존개념도(岡村外, 1995)**

이라 하고, 광석 중에 경제성이 없는 석영, 방해석, 황철석 등의 광물을 **맥석광물** (gangue mineral)이라 한다. 맥석광물

광석광물이 대량 집적 매장되어 경제성 있는 곳을 **광상**(ore depesits)이라 한다. 광상은 암석의 형성과정과 유사하게 암석 형성과정 중에 또는 형성 후에 화성활동이나 지구조운동과 관련되어 형성된다. 따라서 광상의 분류는 보통 광석광물의 생성온도와 압력 등의 조건에 근거하여 분류(Lindgren의 분류)하고 있으며, 이는 곧 암석의 성인적 분류에서와 같이 크게 화성광상, 퇴적광상, 변성광상 광상

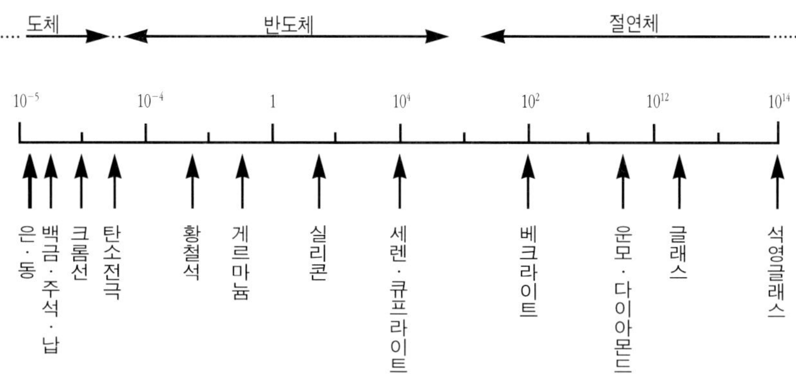

| 그림 10-2 | **물질의 전기저항(Ω m) (下村, 1967)**

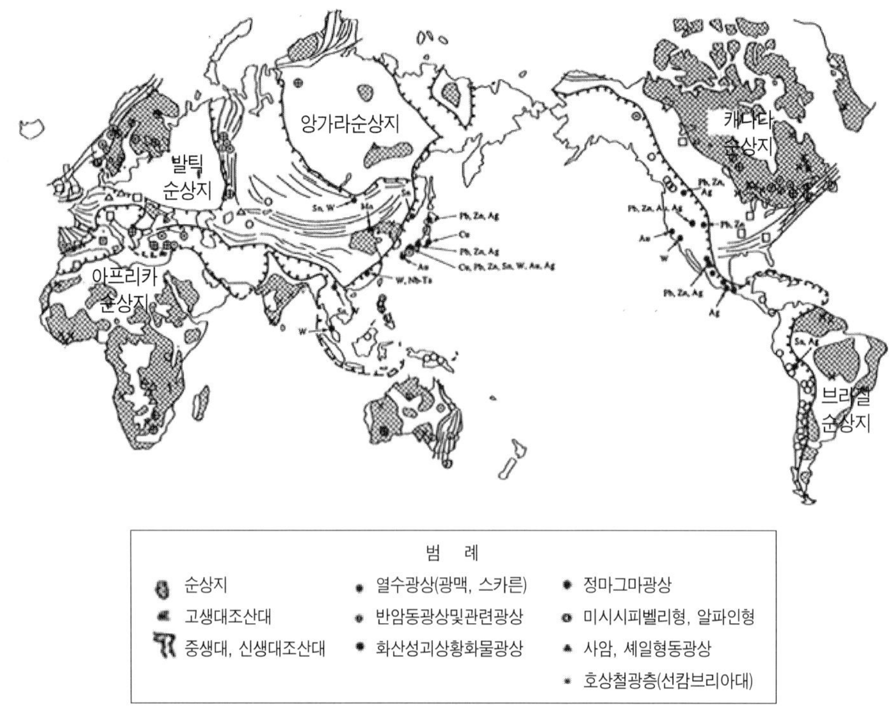

| 그림 10-3 | 세계의 주요 금속광상의 분포도

으로 분류한다. 그러나 변성광상은 열수광상과 중복되기도 한다. 여기서는 생략한다.

화성광상

화성광상은 광상형성이 마그마와 밀접히 관련되어 있는 광상으로 정마그마 광상, 열수광상, 페그마타이트 광상, 카보나타이트 광상 등으로 세분할 수 있다. 열수기원광상에는 광맥광상, 스카른광상, 반암동광상, 화산성 광상, 황화물 광상 등이 있다.

정마그마광상(magmatic deposits) : 염기성 내지 초염기성 마그마의 냉각과정에서 니켈, 크롬, 백금, 티타늄, 자철석 등의 금속광물이 농집되어 광상을 형성할 때 정마그마 광상이라 한다. 마그마 용융체에 유용금속광물이 분리 농집되는 메커니즘은 다음과 같다.

(1) 용융체의 불포화(liquid imisciblity)에 의한 분리 농집(니켈-동광상, 백금광상),

(2) 고체상으로 정출되므로 중력침적(gravitative settling) 분리, 농집(크롬광상, 티탄철광상, 자철광상)을 들 수 있다.

용융 액체불포화 과정에 의해 형성된 광상의 예는 캐나다의 서드베리(Sudbury) 니켈-동황화물광상, 남아프리카의 부쉬벨트(Bushveld) 크롬 백금광상을 들 수 있다.

이들 광상은 시생대 말기~원생대 전기(20~30억 년 전)에 관입한 층상 염기성 관입 암체 내에 형성되어 있다.

우리나라에는 연천, 소연평도, 불음도 함티타늄자철광상이 반려암, 각섬암과 수반되는 정마그마광상으로 알려져 있다.

열수광상(hydrothermal ore deposits) : 마그마에서 분리된 금속원소가 농집된 잔액 열수나 마그마에 의해 뜨거워진 순환수가 주위의 암석과 반응하여 유용광물이 침전된 광상이다.

(1) 광맥광상 : 금속원소를 다량 함유한 열수용액이 파쇄대나 단층을 따라 상승하는 과정에서 온도, 압력, 농도의 변화 등에 의해 용해도가 변해 유용금속광물이 파쇄대 내나 주위에 침전된 광상이다. 대부분의 금은 광상이나 동광상, 연 아연광상, 텅스텐, 몰리브덴 광상이 맥상광상인 경우가 많다. 열수광상은 온도 압력에 따라 천열수, 중열수, 심열수 광상 등으로 세분하고 있다. 보통 온도가 150℃~350℃ 내외가 많다. 우리나라의 무극 금은광상, 구봉광상 등은 중열수 금은광상이며 통영광상을 천열수 금은광상이다. 세계적으로 잘 알려진 천열수 금은광상은 일본의 히시카리(菱刈) 금은 광상이다.

(2) 스카른광상 : 보통 탄산염암과 화성암류의 접촉부에 접촉교대작용(contact metasomatism)에 의해 형성된다. 화성암과 탄산염암이 접촉할 경우

$$CaCO_3 + SiO_2 \rightleftarrows CaSiO_3 + CO_2$$

(방해석) (석영) (규회석)

와 같이 규회석과 같은 석회규산염 광물이 형성된다. 규회석, 휘석, 석류석, 녹염석 등과 같이 접촉부에 형성되는 이들 광물을 스카른 광물(skarn mineral)이라 하고 스카른 광물과 함께 연, 아연, 동, 철, 텅그스텐과 같은 유용금속 광물이 침전된 광상을 **스카른 광상**이라 한다. 우리나라의 상동 중석광상, 연화 연아연광상, 신예미광상 등은 대표적인 스카른 광상이다.

스카른 광상

(3) 반암동광상 : 반암동광상(porphyry copper deposits)은 석영반암, 섬록암 등의 관입압체 정상부나 주변에 광염상으로 형성된 저품위 대규모의 동(Cu)광상이다. 화성암체 내에 황동석, 몰리브덴 광물이 광염되어 있거나 열수변질 과정에서 2차적으로 농집되어 부광대를 형성하는 경우가 있다. 동, 몰리브덴 광상이 가장 많고 동-금, 동-몰리브덴 광상도 있다. 주로 신기 조산대(환태평양 조산대), 지역에 판의 섭입대와 밀접히 관련되어 형성되어 있다. 우리나라의 경상남도 일광지역의 일광동광상, 경남 영산에 있는 동점광상이 반암동광상으로 알려져 있다.

퇴적광상

퇴적과정에서 유용광물이 침전되어 형성된 광상이다. 선캄브리아의 호상철광층(banded iron formation), 역암형 및 사암형 우라늄 광상, 사암형 동광상, 심해저 망간 단괴 등의 퇴적기원으로 형성된 광상들이다.

호상철광층은 시생대~원생대 전기(20~35억 년 전)에 지구상의 산소량 변화와 함께 해수에서 대량의 철광물이 침전되어 대규모의 층상철광상을 형성하였다. 호상철광층은 철광자원으로 중요할 뿐만 아니라 선캄브리아기의 고환경 연구와 유기물의 기원 연구에도 중요한 대상이 되고 있다.

역암형 우라늄광상은 원생대 초기의 역암, 사암층 내에 우라늄 또는 금광물이 하성층에 퇴적되어 층상으로 산출된다. 대표적인 광상은 남아프리카의 위트워터스랜드(Witwatersrand) 광상, 캐나다의 브라인드 리버(Blind River) 광상, 브라질의 자코비나(Jacobina) 광상이 있다.

사암, 셰일형 동광상은 역암, 사암, 셰일, 돌로마이트 등으로 구성된 지층 중에 층상으로 퇴적된 동광상이다. 중앙아프리카의 잠비아, 쟈이레 등지와 독일의 쿠퍼쉬퍼(Kupferschiefer) 광상이 대표적인 예이다.

수심 2,000m의 심해저에는 흑색의 망간단괴(manganese nodule)가 형성된다. 단괴의 크기는 수 cm에서 수십 cm로 구형, 타원, 원반형을 이루고 있다. 단괴는 동심원상으로 성장하며 주로 망간, 철수산화물, 산화물로 구성되어 있으며 Ni, Co 등이 다량 함유되어 있다. 미래의 망간자원으로 주목받고 있다.

금속광물자원의 이용

광물은 금속성 특징, 전기 전도성, 자성, 강도, 광학성, 내열성, 흡착성 등 여러 특성에 따라 이용도가 다양하다. 주요 광물의 활용도는 다음과 같다.

철 : 현재 세계의 철강 생산량은 연간 10억 톤에 달하며 우리나라의 포항제철은 세계적인 규모의 철강을 생산하고 있다.

대부분의 철광석은 호상철광층, 스카른광상 등에서 산출되며 주요 광석광물은 주로 자철석(magnetite, Fe_3O_4), 적철석(hematite, Fe_2O_3)이고 침철석(goethite, FeOOH), 능철석(siderite, $FeCO_3$)도 산출된다. 이들 철광석 광물은 제철소에서 코크스와 함께 고온에서 금속철을 만든다($Fe_2O_3 + 3C = 2Fe + 3CO$, $Fe_2O_3 + 3CO = 2Fe + 3CO_2$). 철강재료는 금속철과 탄소의 합금으로 순철(탄소 0.02% 이하), 강철(탄소 0.02~2.1%), 주철(탄소 2.1~6.69%)로 분류되며 주로 강철로 사용된다.

금속철에 탄소와 합금을 만들거나 크롬, 니켈, 티탄, 텅스텐, 몰리브덴 등의 합금 원소로 합금강을 만들어 사용한다. 탄소 합금 강철의 경우 탄소함유량이 낮은 연강철은 자동차 제조에 사용되고 탄소함유량이 많은 경강철은 레일 등에 사용된다. 합금 원소의 함유량이 5% 이상인 고합금강철이 스텐레스강이다. 철의 산화물(felite, $M^{2+}Fe_2O_4$: M = Mn, Zn, Ni, Mg 등)은 전자공업분야에 각종 자성 재료로 사용된다.

구리 : 반암동광상이나 열수광상, 퇴적광상에서 산출된다. 광석광물은 자연동(Cu), 황동석($CuFeS_2$), 반동석(Cu_5FeS_4) 등이 있다. 이들 광석은 용광로에서 코크스, 석회석, 규산과 가열하여 황, 철 등을 제거한 후 순수한 금속 동(Cu)을 얻는다. 금속 동은 보통 전기 전도도가 높아 전선으로 많이 사용되며 순도에 따라 용

도가 다양하다. 산소량이 0.001% 이하인 고순도 무산소 동은 전기 전자부품 재료로 이용된다. 전기 전도도가 낮은 동 중에서 제련 과정에 인을 첨가, 산소를 제거해 인탈산소 동을 만든다. 이는 자동차 가스켓, 급수, 급탕용배관, 건축자재로 사용된다. 이밖에도 합금 동은 주물용(동+주석), 장식용(동+아연), 양은도구(동+니켈) 등으로 사용된다.

알루미늄 : 보크사이트, 홍주석, 규선석, 남정석, 카오리나이트, 회장석 광물 등에서 추출한다. 추출된 금속 알루미늄은 가볍고 강한 물성을 가지기 때문에 알루미늄 합금은 자동차 항공기 선박 등 구조용제나 내장제로 사용된다. 내식성이 강하기 때문에 건축용제로 사용되며 연성이 높아 얇은 판, 알루미늄, 종이 원료 등으로 사용된다.

석회암 : 시멘트, 유리의 원료로 사용됨과 동시에 제철용 융제로 사용된다. 카바이트 석회질소의 원료가 된다. 석회석은 900℃의 열에 가열하면 CO_2가 없어지고 생석회가 된다. 이를 수화시키면 $Ca(OH)_2$가 된다. $Ca(OH)_2$는 해수 중의 Mg^{2+} 이온과 이온교환으로 $Mg(OH)_2$를 침전시켜[$Mg^{2+}+Ca(OH)_2 \rightarrow Ca^{2+}+Mg(OH)_2$] 마그네슘을 얻기도 한다.

암염 : 암염은 식염, 금속 나트륨, 수산화 나트륨, 탄산 나트륨 등의 원료이다. 탄산 나트륨은 유리공업에 이용된다. 이와 같이 석회암, 암염, 황철석, 석고 등은 화학공업, 비료 등의 원료로 이용된다.

비금속 점토광물 : 요업, 유리, 도자기, 시멘트, 화장품, 세라믹스 산업에 이용된다.

에너지 광물자원

에너지연료 광물자원은 화석 연료자원, 지열자원, 원자력 에너지자원, 수력, 풍력 에너지자원 등을 들 수 있다. 화석 연료자원에는 석유, 석탄, 천연가스 자원이 있다.

석유 천연가스의 기원

석유 천연가스의 기원은 케로진이 진화되어 석유가 형성되었다는 유기성인론이 지배적이다.

케로진(kerogen)은 생물이 죽은 후 유기물이 박테리아에 의해 분해되고 남은 잔존 화합물이 다양하게 중합, 축합 구조로 형성된 고분자 유기화합물이다. 케로진이 지층에 매몰되어 온도가 상승하면 속성작용 과정에서 열분해되어 원유(crude oil)를 생성하게 된다. 더욱 온도가 높아지면 천연가스가 생성된다(그림 10-4). 케로진

석유가 다량 산출되는 지역은 두꺼운 이질~사질 퇴적층이 분포하는 지역이다. 주로 제3기와 백악기의 지질시대의 지층에서 산출된다.

유기물이 다량 포함된 석유와 천연가스가 지하에 부존되기 위해서는,

(1) 세립질 점토질 암석이나 셰일, 탄산염암의 근원암이 존재해야 한다. 셰일 내에 케로진 또는 원유가 포함된 오일셰일(oil shale)이 있다.

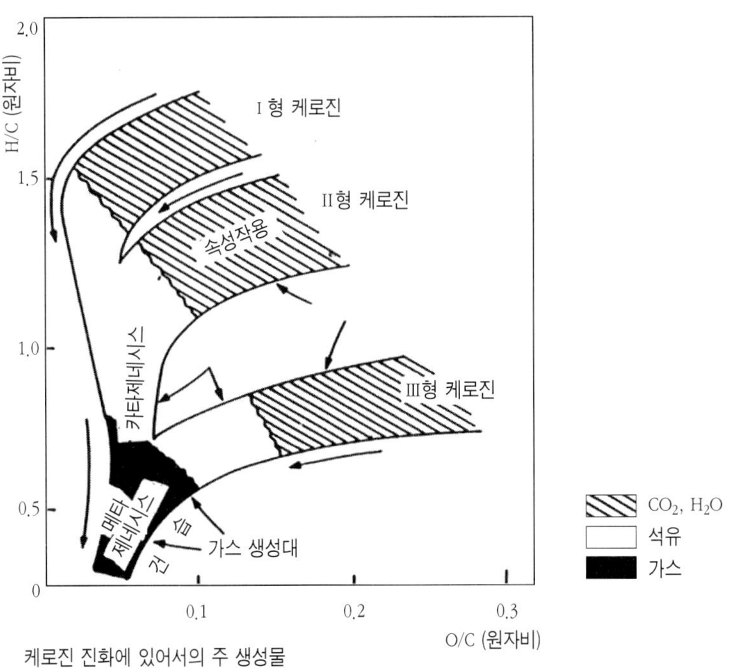

| 그림 10-4 | 케로진의 진화(Hanya, 1988; Tissot, 1984)

(2) 특수한 지하의 지질구조인, 배사구조가 발달해야 하며 이들 원유나 천연가스를 저장하여 주는 저류암(reservor rock)과 덮개암(cap rock)이 존재해야 한다. 대부분의 유전은 대륙지각의 퇴적분지 내에 두꺼운 점토, 사질 퇴적층이 분포하는 지역에 분포하고 있다. 또한 해저유전은 대륙지각 주변부(대륙붕)의 퇴적분지에 분포하고 있다.

저류층의 온도는 보통 100℃ 이하가 많다. 유전가스의 주성분은 CH_4이며 C_2H_2, C_3H_8, CO_2, N_2로 구성되어 있다.

석탄의 성인

세계적인 대규모의 탄전은 대부분 해안습지, 넓은 소택지대에 형성되었으며 무연탄은 고생대 석탄기, 페름기, 중생대 트라이아스기와 쥬라기, 신생대 고제3기의 지질시대 지층에서 대량 산출된다. 석탄층에서 식물화석이 산출되기 때문에 고식물의 탄화작용에 의해 형성된 것은 틀림이 없다.

식물이 세계적으로 분포하였음에도 탄전의 분포가 지역적으로 편재하고 있다. 특히 탄전은 고위도지방에 많다. 열대지방은 식물의 번성, 성장속도는 빠르지만 분해속도 역시 빠르기 때문에 넓은 소택지의 침강속도, 퇴적이 균형을 이루고 식물질의 공급 분해속도가 이상적인 고위도 지방에 탄전이 많다.

석탄화 작용에는 고식물 중의 셀룰로오스와 리그닌이 석탄화된 셀루로우즈설과 리그닌설이 제안되어 있다.

석탄의 근원 물질인 셀룰로오스의 성분인 C(78~91%), H(5~6.3%), O(3~15%),

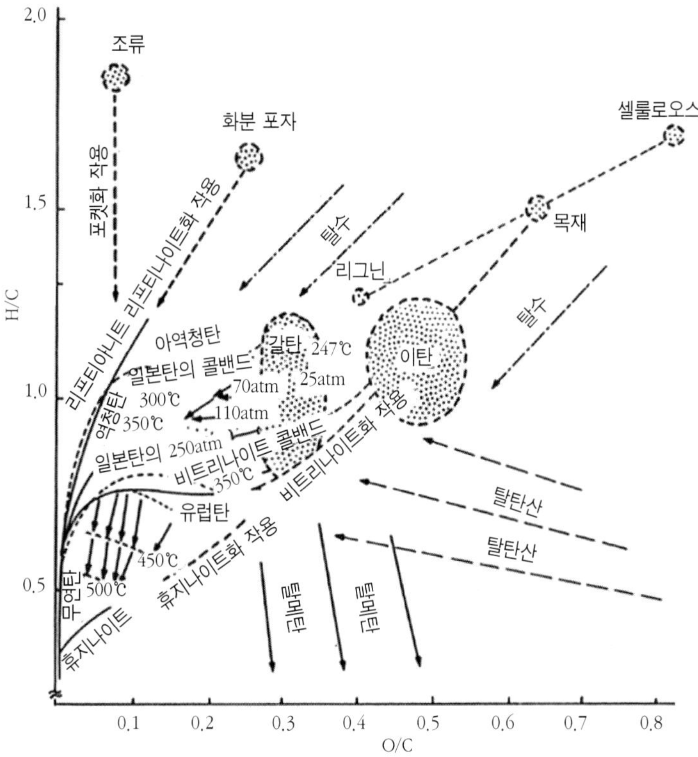

| 그림 10-5 | 석탄 및 관련 물질의 석탄화 작용에 있어서의 화학성분을 나타낸 H/C : O/C(원자수) 그림(Sasaki et al., 1992)

N(1~2%), S(0.2~1%)도 탄화작용을 받으면 H/C, O/C, H/O비가 감소하면서 셀룰로오스 → 이탄 → 칼탄 → 역청탄 → 무연탄 등으로 변화되어간다(그림 10-5).

석탄, 석유, 천연가스는 생성지층의 분포의 편재성과 지질시대의 편재성이 심하다. 따라서 세계에서 이들 화석연료자원의 생산의 편재성 때문에 오일쇼크 같은 위기감이 조성되기도 하였다. 자원의 유한성과 편재성이 미래를 불분명하게 하고 있다. 그러한 이유 때문에 세계 각국에서는 화석연료 대신 대체에너지 개발에 주력하고 있다. 대체 가능에너지는 다음과 같다.

화석연료 대체에너지로 사용되고 있는 원자력에너지는 현재 원자력발전소에서 우라늄광물을 사용, 발전하고 있다. 지열에너지는 환태평양 지진대 등 특정 지역에서만 지열류량이 높은 지열이 편재되어 분포하고 있다. 그러나 우리나라는 지열류량이 낮다. 따라서 지역 편재성이 낮은 태양에너지로 관심이 가게 된다. 그러면 태양에너지가 대체에너지로 가능할 것인가?

태양은 6억 톤의 수소가 매초 헬륨으로 핵융합되어 막대한 양의 에너지를 우주공간에 방사하고 있다. 태양에서 발생하는 전 에너지의 1/200억 정도가 지구에 도달하며 그 에너지의 47%는 대기 중에 흡수되고 30%는 지표에서 반사되고 23%만 지표에 남게 된다. 이 에너지가 해수의 증발에 주로 사용되고 생물의 광합성 작용에 사용되는 양은 약 1/4000 정도에 지나지 않는다. 여기서 태양에너지를 흡수 · 이용하는 자연현상이 광합성 작용이다. 광합성 작용에서 $CO_2+2H_2O \rightarrow [CH_2O]_n+H_2O+O_2$처럼 산소가 생산된다. 이 반응에서 녹색색소 클로로필이 촉매 역할을 한다. 빛을 흡수하면 산화 환원반응을 일으켜 화학에너지를 만들고 물을 분해하여 산소를 만든다. 최근 개발된 태양전지는 태양빛 에너지를 전기에너지로 변환시킨 것이다. 이때 단결정 실리콘이 변환 효율(120%)이 높으나 가격이 비싸 비정질 실리콘(10%)을 이용하고 있다. 이와 같이 변환율이 높은 전기소자(電氣素子)의 소재 개발이 요구된다. 최근 우주에너지 친환경 생물에너지 개발이 이루어지고 있다.

해저광물자원 망간단괴

우리는 해수나 해저 지층에서 각종 광물자원을 얻고 있다. 1918년 제1차 세계대전 패전국인 독일은 전승국의 배상 부채로 재정이 크게 압박될 때 암모니아를 합성한 노벨 화학자 프릿츠 하버 씨는 해수의 화학 분석치를 검토한 결과 1톤의 해수에서 5mg 금이 함유되어 있음을 조사하고 대서양에서 금채취선을 띄웠으나 금은 회수되지 않았다. 해수 1톤에 5mg 금이 포함되어 있지 않았고 실제는 0.005mg도 포함되어있지 않음을 알게 되었다. 그러나 19세기 챌린저호가 심해저에서 니켈, 동, 코발트함량

표 10-1 망간 단괴의 주요성분(wt%)

원소	대서양	태평양
Na	2.3	2.6
Mg	1.7	1.1
Al	3.1	2.9
Si	11.0	9.4
K	0.7	0.8
Ca	2.7	1.9
Mn	16.3	24.2
Fe	17.5	14.0
Co	0.31	0.35
Ni	0.42	0.99
Cu	0.20	0.53

이 높은 망간단괴(manganese module)를 발견하여 현재 개발 조사가 한창이다.

망간단괴는 보통 지름 2cm 내외의 둥근 덩어리로 심해저 표면에 널려 있다.

망간 노듈의 성장 속도는 수 mm/백만 년이고 해저 퇴적물의 퇴적속도가 수 mm/천년이므로 망간 단괴가 해저표면에 있는 것이 아니라 퇴적물 속에 묻혀야 할 것인데도 표면에 굴러다니고 있다. 왜 그럴까?

망간과 철은 심해저 환원환경에서 퇴적물에서 용출되어 퇴적물입자 내의 간극 해수를 통하여 산화적인 환경으로 이동하여 Fe, MnO_2 등의 형태로 침착된 것으로 니켈, 동, 코발트 등 고가의 금속이 이와 함께 뭉쳐져 광물자원으로 부각되고 있다(표 10-1). 북태평양, 하와이 동남해역에 세계 각국이 망간단괴의 채광광업권을 소유하고 있다. 우리나라 해양 연구원도 이에 참여하고 있다.

문제는 수심 5Km의 심해저에 있는 망간 단괴를 어떻게 수집 채취하여 배 위로 운반하여 선광해서 경제성 있게 할 수 있는가 이다. 해저 망간단괴 채광 방법은 그림 10-6과 같다.

지구 미래의 연료자원 메탄하이드레이트-불에 타는 얼음덩어리

우리 인류가 사용하고 있는 에너지자원의 92% 이상의 석탄, 석유, 천연가스 등의 화석연료 에너지자원이며 나머지 10%가 수력발전, 핵발전, 풍력발전, 지열발전 등에 의한 에너지이다. 그런데 언제나 재생산 가능한 수력, 풍력, 태양열에너지와는 달리 화석연료자원은 비재생산자원(nonrenewable resources)으로 한번 개발 사용하면 소진되어 없어져 버리는 특성이 있다. 따라서 화석연료 자원은 필연적으로 고갈되게 되어 있어 대체 에너지자원 조사 개발에 연구력을 집중하고 있다.

그런데 1996년 독일 Christian Albrechts 대학 해양지질학과의 Suess학과장과 그의 조사연구팀이 태평양 해저탐사 도중 미국 오레곤 해안에서 100km 떨어진 해령(해저의 높은 산맥)부근 수심 785km 깊이 진흙층에서 진귀한 흰색 반점들을 해양탐사선 Alivin호의 해저탐사기 수중카메라를 통하여 관찰하였다. 이 흰색 반점들은 얼음덩어리로 미래 우리 인류가 사용할 화석연료자원으로 기대되는 메탄하이드레이트(methane hydrate)덩어리였다. 물론 이것이 처음 발견은 아니다. 이미 1930년대 석유지질학자들에 의하여 해저 유전 파이프라인에서 가스로 충전된

| 그림 10-6 | 심해저 망간 광물자원 개발기술의 모식도(한국지질자원연구원 제공)

얼음결정인 메탄하이드레이트가 확인된 바 있다. 그리고 1960년대 시베리아와 북미 영구동토지역에서도 발견되었으며 1970년대 해저 탐사자료 해석에서 메탄하이드레이트의 정체를 확인 · 제시한 적도 있다. 메탄가스는 해저 진흙층에서 미생물들이 유기물질을 소화시킬 때 발생하기도 한다. 그러나 대량의 메탄가스가 해저 진흙층 내에 포획된 후 빙점에 가까운 물과 반응하여 메탄하이드레이트를 만들게 된다(Suess et al., 1999).

메탄하이드레이트 덩어리는 얼음결정 내에 메탄분자가 얼음결정을 이루고 있다. 메탄하이드레이트는 일본, 미국 뉴저지, 코스타리카 등지에 방대한 양이 매장 되었음이 조사되었다 특히, 북태평양의 하이드레이트 릿지(Hydrate Ridge), 대서양의 북부 카로리나 해안 330km 지역, 노르웨이해와 바렌트해(Barents Sea), 사하린의 오호츠크해 등지에 메탄하이드레이트의 분포가 조사되어 있다. 최근 일본 시즈오카켄 앞바다 해수면 2800m 하부에서 메탄하이드레이트 함유율이

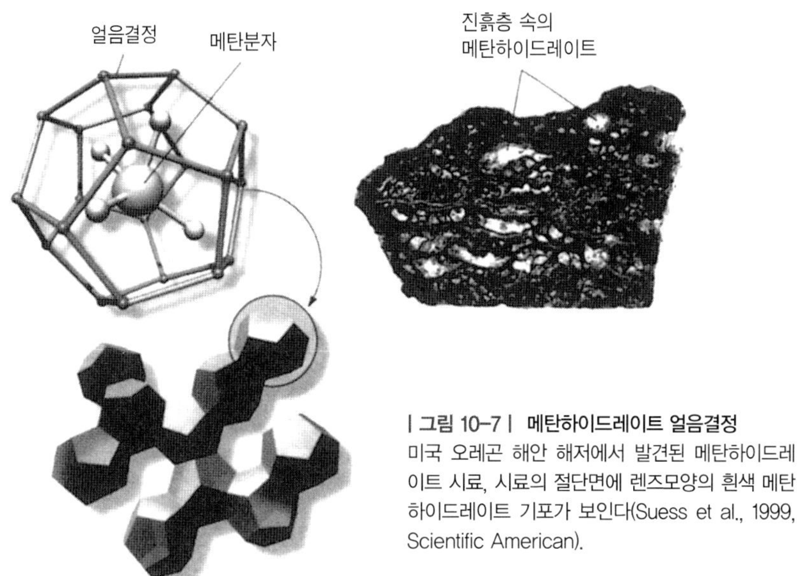

| 그림 10-7 | 메탄하이드레이트 얼음결정
미국 오레곤 해안 해저에서 발견된 메탄하이드레이트 시료, 시료의 절단면에 렌즈모양의 흰색 메탄하이드레이트 기포가 보인다(Suess et al., 1999, Scientific American).

20%인 고품 위의 메탄하이드레이트가 확인되었다. 조사보고에 의하면 일본의 연간 천연가스 소비량의 100배에 이르는 6조m^3의 메탄하이드레이트 매장량이 일본 근해에서 확인되었다. 현재 지구상에 사용할 수 있는 천연가스로 환산할 때 250조m^3에 이르는 메탄하이드레이트가 매장되어 있을 것으로 추정하고 있다.

메탄하이드레이트는 빙점온도 부근에서만 안정하다. 보통 약 500m 두께의 두꺼운 물의 무게가 만드는 압력 하에서만 안정하기 때문에 이보다 얕은 깊이에서는 불안정한 상태가 된다. 따라서 메탄하이드레이트를 지표로 끌어 올리는 과정에서도 메탄가스는 사라지게 된다. 즉, 해저 약 1km 깊이 해저 진흙층에 형성된 메탄하이드레이트는 고압저온 조건에서 다른 곳으로 이동될 경우 쉽게 분해되어 버린다. 석유나 천연가스 산출 지역과는 달리 위에 덮여 있는 물이나 암석의 압력이 낮아 메탄가스를 추출 회수하는 데 기술적인 어려움이 많다.

현재 고려되고 있는 메탄가스 회수방법 중의 하나로 뜨거운 물을 시추공에 주입시켜 녹인 후 생성된 메탄가스를 다른 시추공을 통하여 회수 수집하는 방법이 제안되고 있다. 이때 이 메탄가스를 해저 파이프라인을 통하여 대륙사면의 험준한 지형을 통과해서 해양까지 운반하여야 하는데 이 해저수송관공사는 모험과 비용이 많이 드는 문제점이 있다. 이 때문에 시추선에서 메탄가스를 직접 액화시키는 방안도 제시되고 있다.

해저단층을 통하여 메탄하이드레이트에서 메탄이 유출될 때 콜드벤드(Cold vent, 지하에서 유출되는 메탄가스가 빙점 부근에서 냉각 기화되어 만들어진 얼음기둥)를 만들기도 하며 해저에서 서관충을 번식케함을 관찰할 수 있다. 즉, 유출되는 메탄은 생태계에 위협을 줄 수도 있다. 또 많은 메탄가스는 박테리아에 의해 산화되어 Ca와 결합 석회암 박층을 형성하기도 한다. 가장 크게 염려하는 문제점은 메탄하이드레이트 광상에서 분해 유출된 메탄이 혼실효과를 야기시켜 지구온난화를 초래할 위험성이 크다는 점이다. 과연 불에 타는 얼음덩어리인 메탄하이드레이트가 실용화되어 고갈되어 가고 있는 지구의 화석연료자원의 문제를 해결할 수 있을지 궁금증과 기대감이 크다.

희토류원소 광물자원은 첨단산업의 비타민

지금 세계는 총성 없는 생존을 다투는 심각한 자원전쟁 중에 있다. 자원은 크게 재생산자원(renewable resources)과 비재생산자원(nonrenewable resources)으로 구분한다. 농업이나 산림, 어업자원은 언제나 재생산이 가능하다. 그러나 화석연료 에너지자원이나 금속광물자원은 재생산이 불가능하다. 수천만년이나 수억년의 긴 지질시대 동안에 지하에서 서서히 만들어진 비재생산 지하 광물자원은 한정된 매장량을 가지고 있어 반드시 고갈되기 마련이다. 더욱이 이들 자원이 지구상에 지리적으로 편중 분포하고 있어 자원 확보를 위한 자원외교의 중요성이 한층 높다.

고온초전도체나 미래 첨단산업에 감초 또는 비타민이라고까지 하는 화학원소로 희토류원소(rare earth elements) 자원이 있다. 희토류원소는 원소주기율표 제3족에 속하는 스칸디움(Sc), 이트륨(Y)과 란탄족원소(La, Ce, Pr, Nd, Pm, Sm, Eu, Gd, Tb, D, Ho, Er, Tm, Yb, Lu)를 말한다.

희토류원소가 근대 산업과 공업소재로 각광을 받게 된 것은 1964년 컬러TV의 적색형광체로 이용되면서부터이다. 즉, 상온에서 이용 가능한 고온초전도체의 개발이 성공하면서부터이다. 희토류원소의 특징은 자석이 되기 쉽고 산소와 결합하기 쉬운 특징을 가지고 있다. 또한 동일한 광물에서 함께 산출되는 특징도 있다. 이런 독특한 희토류원소의 화학적 광물학적 특성 때문에 형광체, 영구 강자

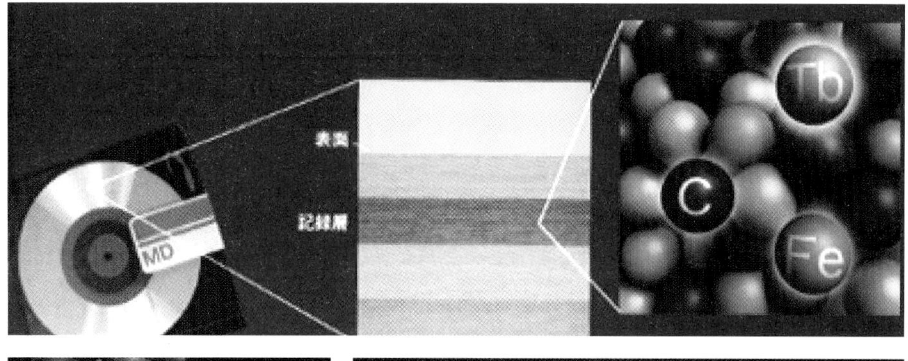

그림 3컷
모두 작음

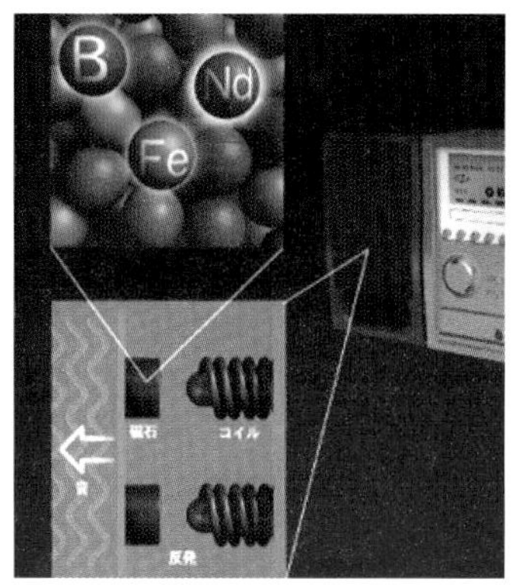

| **그림 10-8** | **희토류 광물자원의 활용** 고음질 스피커에 니오디움(Nd)이 사용되고 음악용 MD나 광자기디스크에 테르비움(Tb) 합금이 사용되며 원자력 전지에 산화 푸루토늄(Pu)이 사용된다(일본 Newton 부록, Newton Press, 2006).

석, 수소 흡수저장 합금, X-선 신틸레이터에 이용될 뿐만 아니라 유리 전자부품, 광자기디스크, 광섬유, 세라믹스, 센서, 인조보석, 식물 성장촉진제에 이르기까지 용도의 폭이 대단히 넓다.

특히, 네오듐(Nd)성분으로 만들어진 자석은 강한 영구자석으로 고음질 스피커나 MP3, 이어폰 등 고음질 소형화 음향기기에 이용되고 있다. 텔르비움(Tb)을 사용한 합금은 열을 가하면 자성을 잃고 냉각시키면 자성을 회복하는 특성을 이용하여 정보를 입력 기록시킬 수 있는 음악용 MD나 광자기디스크를 만드는 데 사용된다. 유로피움(Eu)은 칼라TV의 적색형광체로, 란탄(La)은 망원경의 고성능 렌즈 제작에 이용된다. 플루토늄(Pu)은 태양광이 도달하기 어려운 우주에서 태양광 발전 대신에 플루토늄을 이용한 원자력 전지를 만드는 첨단 소재이다(그림 10-8). 이처럼 전자 반도체 산업에서 대체물질이 없는 미래의 필수 소재자원이 바로 희토류원소 광물자원이다.

그러나 희토류원소 자원은 주로 모나자이트, 바사나이트, 제노타임과 같은 특정한 광물에서만 산출된다. 이들 광물은 다양한 지질환경에서 산출되지만 주로 카보나타이트와 같은 알칼리 화성암, 해안 사력층, 델타 퇴적층에서 산출되고 있지만, 드물게는 맥상 광물로도 산출된다. 특히 이들 희토류자원 광물은 화석연료 에너지 자원처럼 특정 지역에서만 편중돼 산출되고 있다. 희토류자원은 북유럽에서 최초로 발견되었지만 현재 미국, 오스트렐리아, 중국이 세계 생산량의 80% 이상을 차지하고 있다. 그 외 국가로 인도 말레이시아, 구소련, 브라질 등에서도 산출되고 있지만 이들 자원의 최대 독점 보유국이 중국이다. 최근 이들 자원의 국제가격도 수년전보나 10배 이상이나 상승하였다. 우리나라는 주로 희토류 소재와 부품을 주로 일본에서 고가로 사다 쓰고 있는 실정이다.

희토류원소는 화학적 성질이 서로 유사하다. 그리고 광석 중의 희토류 광물에는 여러 희토류원소가 함께 들어 있으므로 원소의 분리에도 어려움이 있다. 최근에 용매추출법으로 희토류원소를 분리하고 있으나 해외의 특정 기업이 이 기술을 독점하고 있어 대량 분리처리 할 수 있는 우리의 원천기술 개발이 요구된다.

희토류광물자원은 유연탄, 우라늄, 철, 동, 아연, 니켈 등의 정부의 6대 전략광물자원이나 석유에너지자원에 못지않게 우리나라의 첨산산업에는 대단히 중요한 미래형 전략자원이다. 휴대폰, 반도체 LCD, 원자력 전지 등 첨단 산업에 필수원료인 희토류 원료자원의 확보가 우리 국가경제를 살리는 원동력임을 간과해서는 안 된다.

미래형 전략광물자원 확보를 위한 실질적 자원외교 뿐만아니라 희토류 원소 광석광물의 분리 처리 기술과 자원 탐사개발을 위한 이 분야 전문 인력 양성과 정책적 지원이 시급한 시점이다.(동아일보 2008. 8.20).

10.2 지질재해

지질재해

홍수, 사태, 지진, 화산 등과 같은 지질작용 과정에서 일어난 현상으로 인간의 생명이나 재산에 피해를 주는 모든 것을 **지질재해**(geologic hazards)라 한다. 지질재해는 지질작용 과정 중 물리적(기계적) 과정에 의해 일어날 뿐만 아니라 지진이나 홍수 후에 일어나는 박테리아나 전염병과 같은 2차적인 생물학적 과정의 재해에 이르기까지 확산된다.

따라서 환경지질학자들은 이와 같은 지질재해를 최소화 하기 위하여 지질재해를 일으키는 지질작용의 과정을 이해하고 지질재해 예방과 안전대책에 필요한 정보와 자료를 수집하여 건설, 도시계획, 토지이용 등의 계획수립에 기초자료를 제공한다.

우리나라에서도 화산이나 지진에 의한 재해는 거의 없지만 홍수 사태와 같은 재해는 매년 증가하고 있다. 미국의 경우 지질재해의 유형별 피해는 표 10-2와 같다.

홍수

화석연료 사용의 급증, 산업화, 도시화로 개발이 급속도로 진전됨에 따라 지구온난화가 가속되고 기후변화와 함께 침식, 유실된 토양의 양이 급증하여 홍수, 사태, 가뭄, 화재 등의 자연 재해가 급증하고 있다.

지표의 침식과 하천의 작용에 의해 범람평원(flood plain) 계곡지형이 형성되고 범람평원에 농경지와 과수원 촌락 등이 형성되어 있다. 범람평원, 하천 등에 집중적인 강우로 홍수가 발생한다. 홍수는 강우량, 강수의 분포, 토양이나 암석에

표 10-2 미국에서의 지질재해의 유형별 피해

지질재해의 유형	연간 사망자 수	연간피해액 (백만 달러)	인간활동에 의해 발생	갑작스런 발생 가능성
홍수(flood)	86	1200	가능	높음
지진(earthquake)	50+	130+	가능	높음
사태(landslide)	25	1000	가능	중간
화산(volcano)	<1	20	불가능	높음
해안침식(coastal erosion)	0	330	가능	낮음
토양팽창(expansive soils)	0	2200	불가능	낮음
허리케인(hurricane)	55	510	?	높음
토네이도(tornado)	218	550	?	높음
벼락(lightning)	120	110	?	낮음
가뭄(drought)	0	792	?	중간
냉해(frost and freeze)	0	1300	가능	낮음

강수의 침투속도, 지형, 분포암석 지질구조 등에 의해 영향을 받는다. 강우 외에도 화산 폭발로 인하여 만년설의 해빙으로 홍수가 발생하기도 한다.

홍수는 수계분지 상류에서 발생하는 상류 홍수(upstream flood)와 하류에서 발생하는 하류 홍수(down stream flood)로 구분된다. 상류 홍수는 단기간 집중호우시에 발생하며 상류의 댐의 붕괴 등 피해를 줄 수 있지만 하류의 넓은 하천에는 영향을 주지 않는다. 반면에 하류 홍수는 장기간에 걸친 폭우로 지천에서 지표수량을 증가시켜 수계분지 하류에 피해를 주게 되며 지속시간이 상류 홍수에 비해 길다.

이와 같은 홍수재해는 홍수발생 빈도연구 등을 실시하여 홍수재해 예상지역에 제방건설, 하천수 유입량 조절용 저류장소 건설, 하수로 확장, 수계분지 홍수 재해도 작성, 식생 분포조사, 홍수시 항공사진 촬영, 원격조정탐사(remote sensing) 등으로 홍수재해 감소를 위한 사전 예방을 하여야 한다.

매스무브먼트

매스무브먼트

중력에 의하여 산사면의 물질이 아래쪽으로 이동하는 현상을 **매스무브먼트**(mass movement)라 한다. 매스무브먼트의 유형은 물질의 이동양식과 속도에 따라 사태(landslide), 함몰(slump), 낙석(falls), 크리프(creep) 등으로 구분한다.

우리나라의 경우 이와 같은 현상이 주로 태풍이나 집중강우후에 일어나는 경우가 많다.

사태 : 사태(landslide)는 산사면에서 암석이나 토양이 빠른 속도로 미끄러져 흘러내리는 현상이다. 지진, 충격, 진동, 사면 물질 내의 강우에 의해 수분 함량이 급증함으로 인하여 물질이 중력에 의해 미끄러져 내려가게 된다. 우리나라에도 태풍, 집중호우, 홍수시에 사태가 자주 발생한다. 이때 가옥의 피해와 도로의 피해가 많다.

낙석 : 절리가 다수 발달한 암석분포 지역에서 해빙시에 경사면 위에 상부의 암석이 지표면에 접하여 이동하지 않은 공간상에서 자유낙하하는 현상이다. 낙석(rock falls)은 급경사면에서 하부 부분의 암석이 풍화 침식되어 없어져 하부암석이 상부암석을 지탱하지 못할 때 일어난다. 낙석이 산사면에 퇴적된 것을 테일러

스(talus)라 한다.

지반함몰 : 지반함몰(subsidence) 현상은 지하에 존재하고 있던 유체가 유출되었을 때 그 상부의 암석 물질이 가라앉아 일어나는 지반침하 현상이다. 석회암지역에 지하에 석회암이 용해되어 공동이 형성 · 침하되어 싱크홀(sinkhole)이나 돌리네(doline) 지형을 만든다. 온천지역, 지열지역 또는 기타 지하수 부존 지역에 지하수를 과잉 채수하였을때 지반 함몰현상이 일어난다. 우리나라 경기도 포천지역에서 1982~1986년 기간 수위가 145cm 강하되었다.

화산활동으로 인한 재해 : 화산 폭발 시에는 용암뿐만 아니라 분출 양식에 따라 대규모의 화산재, 화산쇄설물 등이 분출한다. AD 79년 이탈리아의 폼베이 베스비아스(Vesivius) 분화로 시가지가 화산재 및 화산 쇄설물로 덮혔다. 1980년 미국 워싱톤 주의 헬렌(Helens) 화산, 1995년 필리핀의 피나튜보(Pinatubo) 화산분출로 정상부의 만년설이 융해되어 진흙 홍수로 인한 많은 피해가 발생하였다. 또한 화산과 지진이 빈번한 일본의 경우도 1995년 호겐다께 화산(普賢岳火山)이 재분출되어 화산재, 화산서지(volcanic surge) 등으로 피해가 발생하였다.

일본의 후지산(富士山)은 300년간 화산활동이 휴식하고 있다.

화산활동과 활단층 운동과 지진 발생은 상호 밀접히 관련되어 발생하고 있다. 우리나라의 경우 화산 활동은 중생대 백악기에서~제3기, 제4기 초까지는 활발하였으나 제4기 홀로세(Holocene) 이후에는 화산활동 기록이 없다. 울릉도(K-Ar 측정, 5,000년(김규한 등, 1999), 화산재 화산쇄설물퇴적층(tephra fall deposit) 중의 탄소(^{14}C)년대 (9300Bp, Machida, 1981)의 화산활동이 가장 최후로 알려져 있다. 백두산과 한라산 화산은 역사 시대에도 분출 기록이 있다. 백두산 화산 활동이 언제 또 다시 일어나지나 않을런지?

지진재해

지진발생은 주로 판구조 운동에서 판의 섭입, 판이 갈라지는 경계 또는 변환단층 경계 부근에서 발생한다(그림 10-8-1). 단층운동으로도 지진이 발생한다. 우리나라와 일본의 경우 태평양판과 필리핀판의 유라시아판 밑으로 섭입되면서 베니오프대를 따라서 주로 발생한다. 그러나 우리나라는 섭입대에서 거리가 멀고 섭입 스랩(subduction slab)의 심도가 깊기 때문에 지진발생빈도가 대단히 낮다.

전 세계적으로 매년 150,000회 이상의 지진이 발생하고 있으며 특히 판의 경계 지역을 따라 발생하고 있다. BC 70 중국에서 지진으로 6,000명이 사망, 1985년 멕시코에서 진도 8.1의 지진으로 5,600명 사망, 1995년 일본 효고겐 남부(兵庫縣南部) 지진에서 진도 6.9의 지진으로 5,472명 사망, 부상자 4만 명, 가옥유실자가 약 30만명이 되는 큰 피해가 있었다.

1997년 이란에서 진도 7.3(2400명 사망), 1998 아프카니스탄 진도 6.1(5000명 사망), 1999 타이완 진도 7.6(2400명 사망), 1999 터키 진도 7.4(17.000명 사망), 2001년 인도에서 진도 7.9(25,000명 사망), 2003년 이란에서 진도 6.6(41,000명 사망), 2004년 인도양 진도 9.0(230,000명 사망), 2005년 파키스탄 진도 7.6(83,000명 사망), 2008년 중국 쓰촨성 진도 7.8(85,000명 이상) 등의 지진재해가 발생하였다.

지진 발생 시 지진의 피해는 표면파 때문이다. 해저 지진으로 인한 쓰나미의 피해도 대단히 크다. 지진의 강도는 리히터(Richter, 1935) 스케일과 매그니튜드(M1, Magnitude)가 사용된다. 매그니튜드 2~2.9(지진기록계에 기록되나 인식하

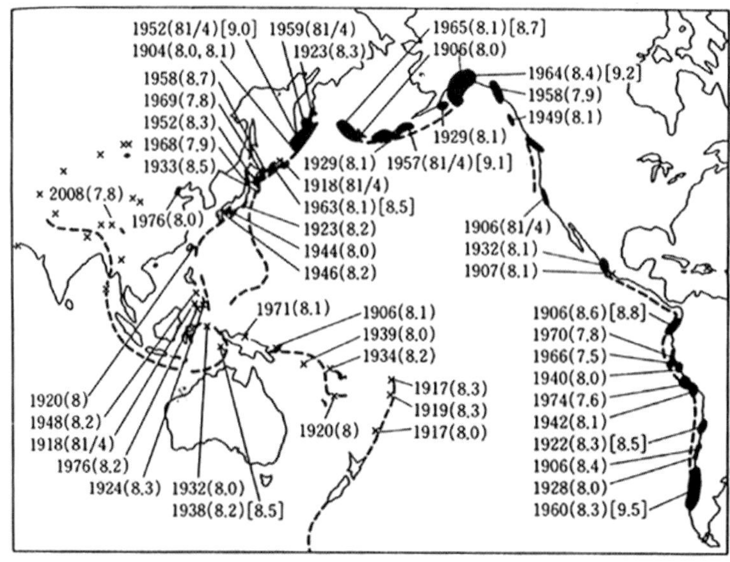

| 그림 10-8-1 | 환태평양 주변에서 일어난 거대지진(金森, 1978) ( )숫자는 지진의 메그니튜드임. [ ]은 金森에 의해 정의된 메그니튜드임(島村, 1996)

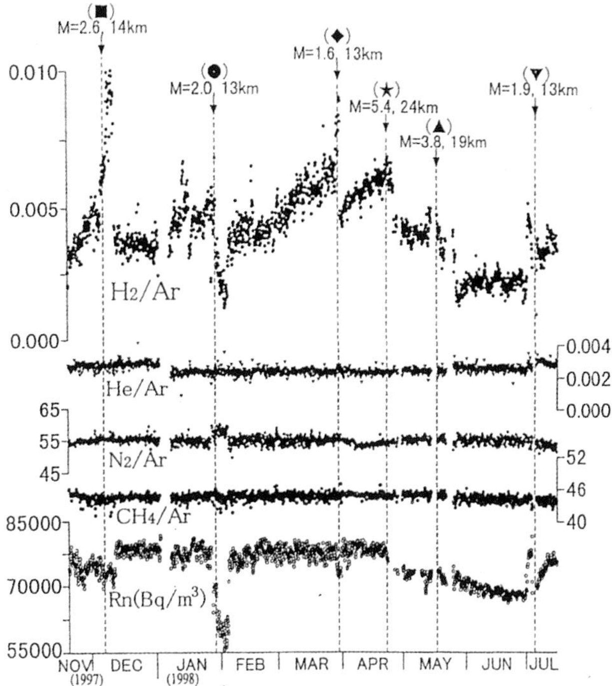

| 그림 10-9 | 일본 나가시마(中島)의 지하수 관측정의 가스 측정결과(Kawabe, 2003). M, 지진매그니튜드(관측점과 진원 사이의 거리). H_2/Ar 비의 급증, 급감 근방에서 지진이 발생함.

기 어려움), 3~3.9(인식할 수 있는 미약한 지진), 4~4.9(미약지진), 5~5.9(피해지진), 6~6.9(파괴지진), 7~7.9(심한 피해지진), 8 이상(대규모 파괴지진)이다.

지진재해는

(1) 지반의 흔들림, (2) 지반의 이동, (3) 쓰나미, (4) 화재발생 등이다.

이와 같은 지진 발생의 피해를 줄이기 위한 지진예지(earthquake prediction)는

(1) 측지 측량에 의한 지반의 수평 또는 수직 이동량 조사
(2) 지진활동의 연속 관측 조사로 지진 빈발지역, 지진공백(seismic gap) 지역 조사
(3) 지화학적 지진예지(지하수의 수위, 수온의 연속 측정 및 지하수 중의 자동 헬륨, 라돈 함량 변화 측정 모니터링)
(4) 활단층(active fault)의 야외조사 및 활단층 지역의 가스의 지화학적 연구 등으로 지진을 예지할 수 있다.

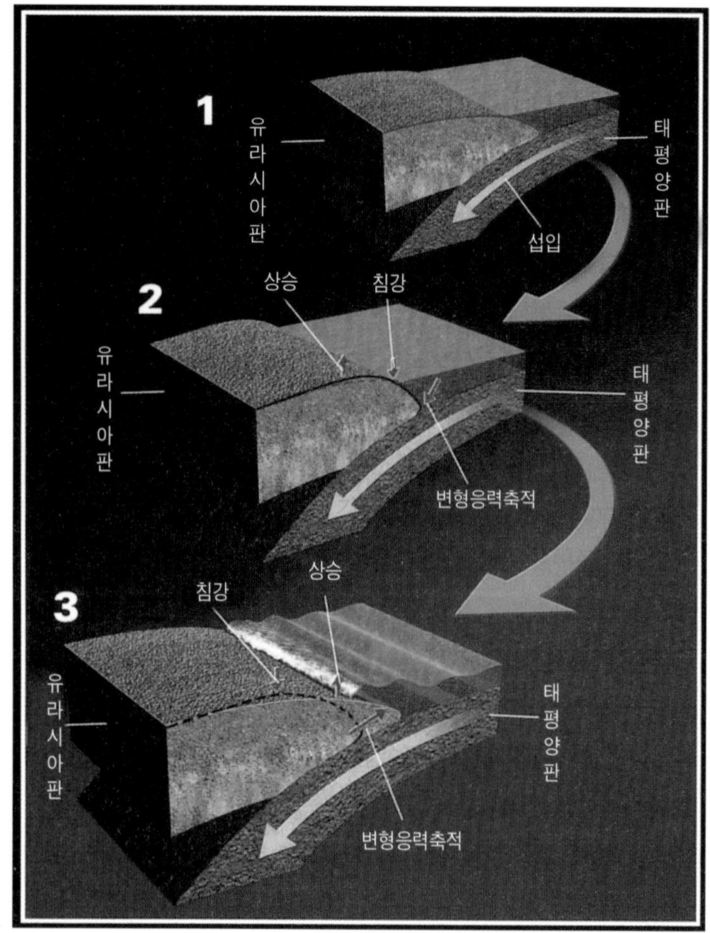

| 그림 10-10 | **베니오프대에서 지진발생 메커니즘** 태평양 해양지판이 유라시아지판 밑으로 섭입되어 그 경 계부분이 끌려들어가기 때문에 비뚤어지는 변형응력이 축적된다. 변형응력이 한계에 달하면 판의 경계가 미끄러저 튕겨 올라 원상태로 되돌아가게 된다. 이때 거대한 지진이 발생한다.

예를 들면, 지진발생 전에 지하수 관측정에서 지하수 중의 H_2/Ar 비, He/Ar 비라돈 함량, 수온, 수위, 변형(strain) 등의 변화가 조사되었다(그림 10-9). 이와 같은 관측치의 변동으로 지진을 사전에 예지할 수 있다. 그리고 지진공백 지역에는 잠재 에너지가 축적되어 있으므로 금후 지진발생 확률이 높은 지역이다. 섭입대에서 지진발생 메커니즘은 판의 섭입시에 축적된 변형응력 때문으로 보고 있다(그림 10-10).

진앙의 위치 결정

지구상에 어딘가에서 지진이 발생하면 먼저 지진이 발생한 지표상의 지리적인 위치인 진앙(震央, earthquake epicenter)의 위치와 지진의 강도를 신속히 예보하여 지진 피해를 최소화한다. 진앙

그러면 지진이 발생한 지점인 진앙은 어떻게 알아 낼 수 있을까?

지진기록계에 기록된 지진파의 자료를 이용하여 지질학자나 지진학자는 진앙의 위치와 진원지를 결정한다. **진원**(震源)에서 수직으로 지표상의 지점이 진앙이다. 진원

먼저 어느 지역 지진관측소에 설치된 지진계에 기록된 지진파 P파와 S파의 도착 시각을 지진 기록지에서 읽고 지진기록계에 도착한 P파와 S파의 도착시각 차를 계산한다. 이 지진파의 도착 시각의 차가 지진기록계가 설치된 관측지점에서 얼마나 떨어진 거리에서 지진이 발생하였는지에 대한 거리의 정보를 알려 준다.

이를 위해서는 먼저 위의 그림 10-11과 같은 지진파의 **주시곡선**(走時曲線, time-travel curve)의 기본 자료가 준비되어 있어야 한다. 주시곡선은 그림 10-11에서와 같이 지진파 P파와 S파가 지각(지층)의 매질을 통과할 때 걸리는 시간과 거리 사이에 얻어진 관계를 도시한 그림이다. P파가 S파보다 속도가 빠르기 때문 주시곡선

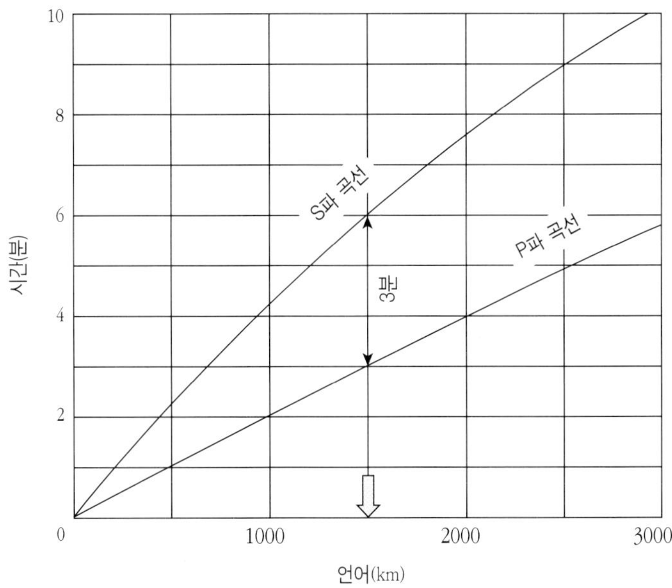

| 그림 10-11 | 주시곡선 지진 기록계 설치 지점과 지진 발생 지점 사이를 지진파 P파와 S파가 지하 지층 내 매질을 통과할 때 거리에 따른 P파와 S파의 지진 기록계에 도착한 시간 사이에 관계를 그린 그림이다.

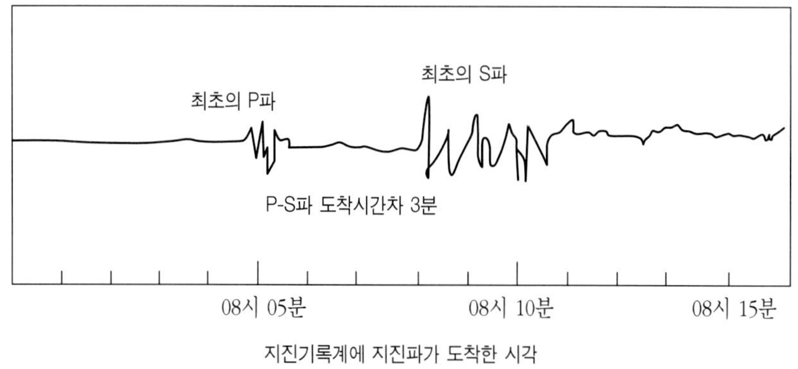

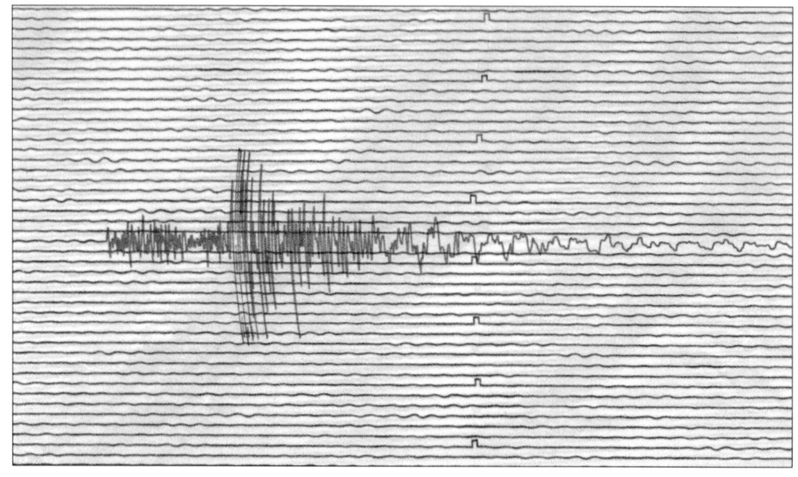

| 그림 10-12 | **지진관측소의 지진기록계에 기록된 지진파** P파가 S파보다 빠르므로 지진기록계에 P파가 빨리 도착 기록된다. 아래 그림은 실제 일본 나고야대학에 설치된 지진기록계의 지진파 기록 자료이다.

에 P파와 S파 도달 시각의 차이가 거리에 따라 다르게 도착 시각차와 거리의 함수로 나타난다.

예를 들면 그림 10-12에서와 같이 A지점에 설치된 지진 기록계에 P파와 S파가 도착한 시각이 각각 08시 04분 50초와 08시 08분 10초라면 P파와 S파의 지진관측소에 도착 시각차가 3분(180초)이 된다. 주시곡선 그림에서 P-S파의 도착시각차가 3분이 되는 위치를 찾으면 가로축 거리 좌표계에서 거리 1500km를 읽을 수 있다. 즉 이 지진기록계가 설치된 위치에서 각거리 1500km 반경 밖에서 지진이 발생하였음을 알 수 있게 된다. 같은 방법으로 또 다른 위치인 B지진관측소 관측

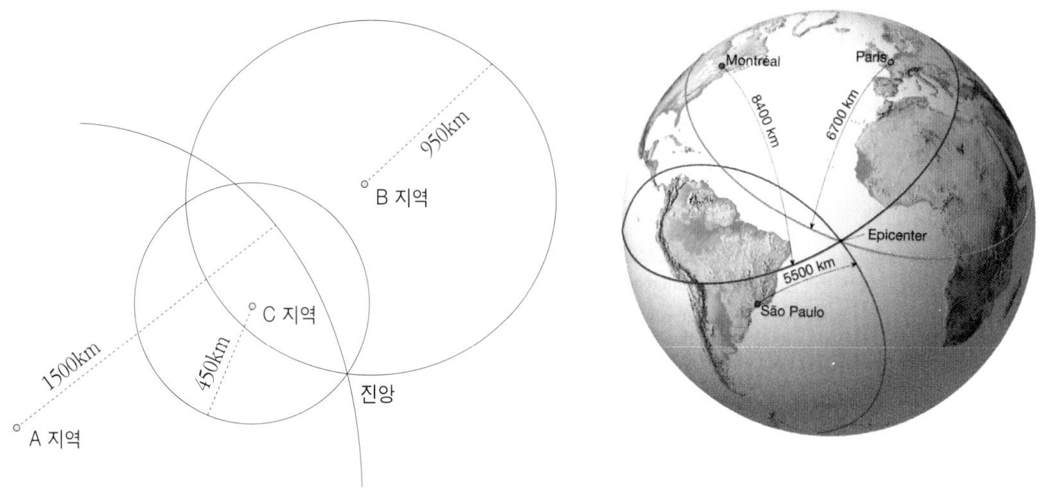

| 그림 10-13 | **서로 다른 A, B, C 지진관측소 지역의 지진 기록계 자료에서 계산하여 얻어진 진앙까지의 각거리로 진앙위치를 결정하기위한 작도법** 각 관측소에서 구한 진앙까지의 각거리를 반지름으로 원을 그리면 세 개의 원이 교차하는 지점이 진앙이 된다. 옆의 세계 지도상에 직접 각거리로 작도된 실예 (Tarbuck et al., 2006).

지점과 C관측지점에 설치된 지진기록계에서도 P-S파의 도착 시각차의 자료를 이용하여 주시곡선에서 거리를 얻는다. 예를 들어 B 관측지점에서 얻어진 각거리 950km라고 가정하고 C관측지점에서 얻어진 각거리 450km라고 가정하면 세 관측 지점에서 얻어진 거리의 정보를 **각거리**(角距離)의 반지름으로 원을 각각 그리면 세 개의 원이 어느 한 지점에서 서로 교차하게 된다. 이 교차점이 진앙이 된다(그림 10-13).

각거리

진원의 결정

지진이 진앙에서 지하 얼마나 깊은 곳에서 발생하였는지 **진원**(earthquake focus)을 결정하기위해서는 지진 기록계에 기록된 P파의 자료가 필요하다. 진원에서 수직으로 지표면에 해당하는 위치가 진앙이 된다. P파는 진원에서 직접 지진기록계로 직접 전파된 P파와 P파가 한번 지표면에서 반사하여 지진기록계로 전파된 반사P파의 2종류의 P파가 있다. 그림 10-14에서처럼 진원이 깊으면 깊을수록 P파와 반사 P파가 지진기록계에 도달하는 시간차가 커진다. 진원지를 결정하기 위해서는 적어도 진앙과 지진관측소 사이의 각 거리가 다른 둘 이상의 지진관측소에

진원

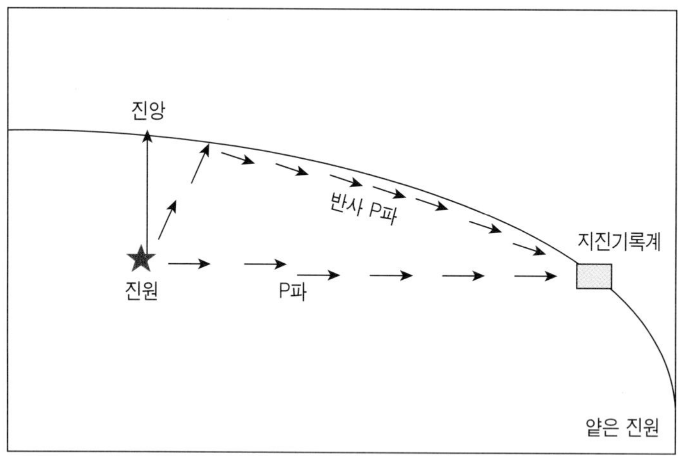

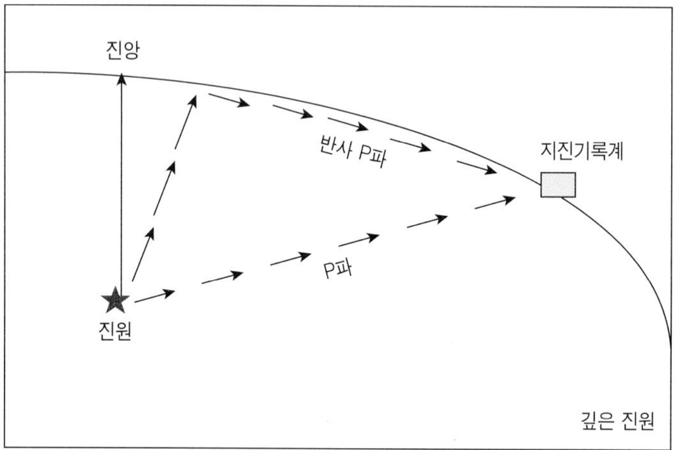

| 그림 10-14 | 진원이 얕은 경우(위)와 깊은 경우(아래)의 지진파 P파와 반사P파의 전파 경로 진원에서 직접 지진기록계로 전파되는 P파와 지표면에서 반사한 반사P파가 지진기록계에 도착한 P파의 도착 시간 차는 진원이 깊을수록 더 커진다.

서 얻어진 기본 지진파의 자료가 준비되어 있어야 한다. 즉 진원의 깊이와 P파와 반사 P파의 도착시각 차의 자료가 있어야 하고 그림 10-15와 같은 진원의 심도와 P파의 기본 자료가 준비되어야 한다. 진원 결정의 실제 예를 들어보면 만일 각거리 30도 떨어진 지진관측소에서 P파와 반사 P파의 도착시각 차가 약 67초라면 그림 10-15에서 진원의 심도는 약 220km가 얻어진다. 가능하면 여러 지진관측소의 이 같은 자료를 종합하면 진원의 심도와 진앙의 위치의 정확성이 높아진다.

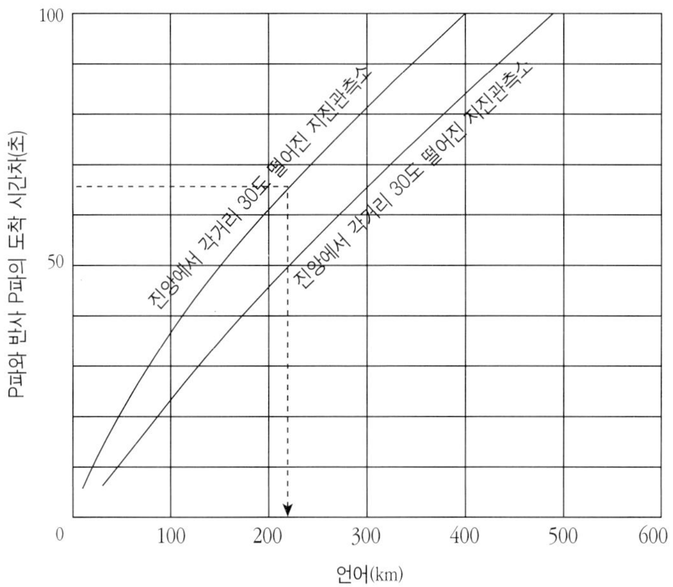

| 그림 10-15 | 진원의 심도에 따른 직접 전파된 P파와 반사P파의 도착 시각차에 관한 그림
지진파 P파는 진원에서 직접 지진관측소 지진기록계로 직접 전파되는 P파와 진원에서 지표에 반사 한 후 관측소의 지진기록계로 전파하는 반사P파가 있다. 이 두 P파 의 지진기록계에 도착 시각차에서 진원이 결정된다. 이때 지진관측소와 진앙 사이에 각거리를 알아야 진원이 계산된다.

진도의 결정

진도(震度, magnitude)는 지진발생 시 발생하는 에너지의 크기를 나타내는 척도이다.

진도의 크기에 따라 인체의 감각이나 구조물의 파괴정도가 달라진다. 진도는 지진 발생 후에 지진기록계 관측 자료에서 얻어진 표면파의 최대 파장의 폭과 파의 주기, 진앙거리, 진원의 깊이 등을 공식에 대입하여 계산한다. 공식은 $mb = \log_{10}A - \log_{10} T + Q(\Delta, h)$, 여기서 A는 P또는 S파의 최대 파장의 폭(파고)이며, T = 주기, $Q(\Delta, h)$ = 경험적 보정 함수로 Δ는 진앙과 지진관측소 간의 각거리, h는 진원의 깊이이다. 미국 캘리포니아 공과대학의 C. F. Richter가 1935년에 처음으로 제안하였다. 이를 **리히터 스케일**(Richter scale)이라 부른다. 그는 진도 **메그니튜드**(magnitude)를 진앙거리 100km에 설치된 Wood-Anderson형 지진계(기본주기 0.8초, 감쇄상수 0.8, 기본배율 2,800)의 1성분 기록지 상의 최대진폭을 마이크로미터 단위로 측정하고 그의 상용대수를 취한 값으로 정의하였다. 진도

리히터 스케일

메그니튜드

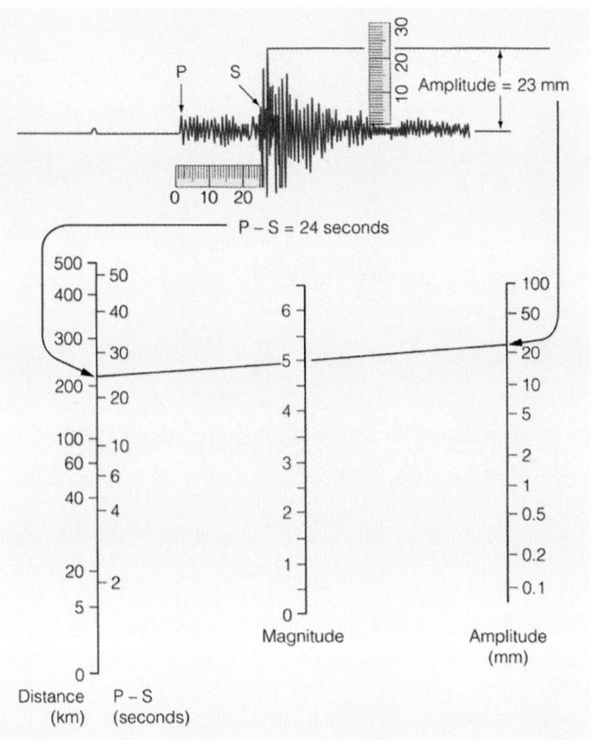

| 그림 10-16 | 리히터 스케일의 진도(magnitude, M)를 지진기록 자료를 이용하여 도형으로 결정하는 방법 (Hyndman and Hyndman, 2006, 자료 출처 캘리포니아 공대)

결정의 기본 원리는 그림 10-16에서처럼 지진관측소에 지진기록계에 기록된 P파, S파, 표면파의 자료를 이용하여 (1) 거리에 따른 P파와 S파의 도착시간차의 정보와 (2) 지진파 표면파의 최대 파장의 폭, 파고(amplitude)의 자료를 이용하여 계산한다. 예를 들어 그림 10-16에서처럼 P파와 S파의 도착시각차가 24초이고 표면파의 최대 파장의 파고가 23mm라면 이 두 자료 숫자 지점을 서로 연결하면 가운데에 표시된 진도 메그니튜드 M=5.0을 읽을 수 있다. 진도(M)는 0에서 9.5까지 구분하고 있다. 진앙지 부근에서 진도 M <2.0 경우에는 실내에서도 소수의 사람을 제외하고는 거의 지진을 느끼지 못한다. M=3 정도면 실내에 있는 사람은 대다수 흔들림을 느낄 수 있다. M=4는 꽤 공포감을 느낀다. 잠이 깰 정도이다. M=5(약)이면 많은 사람이 안전을 취하려한다. 일부 사람은 행동의 지장을 느낀다. M=5(강)이면 공포감을 느낀다. 많은 사람이 행동에 지장을 받는다. M=6(약)

사람이 서 있기가 어렵다. M=6(강)이면 사람이 서 있을 수가 없다. 건물이 붕괴된다. M=7 정도이면 자기 뜻대로 움직일 수 없다. 건물의 피해가 심하다. M>8 이면 건물이 붕괴하고 대 참사가 일어난다. 보통 M=3−5는 소규모지진, M=5−7 중규모지진, M=7−8 대규모지진, M>8이면 거대지진으로 분류한다.

10.3 지구의 환경오염

우리 인류는 언어와 문자를 개발하여 정보 전달 기능을 강화시킴으로써 지식의 축적과 과학기술을 발전시키게 되었다.

1960년대의 산업혁명으로 화석연료의 사용이 급증하고 산업사회에서 발생하는 폐기물의 양이 지구의 자연 정화 기능을 초과하게 되었다. 이로 인해 지구환경은 크게 위협을 받게 되어 조절기능이 어려운 현상인

(1) 지구 온난화현상(global warming)(CO_2, CH_4, CFC_S, N_2O 등 대기 중의 온실효과 가스 농도의 상승)

(2) 성층권의 오존층 파괴(프레온(CFC_S) 가스방출)

(3) 산성비(대기 중의 SO_X, NO_X 방출)

(4) 사막화 현상(식량 생산을 위한 토지 과잉 이용으로 반건조 지대의 사막화 확대)

등이 발생하고 있다. 이들 현상에 대하여 간단히 요약한다.

지구 온난화와 환경오염

현재의 대기성분은 질소(78.1%), 산소(20.9%), 기타 CO_2, 영족 기체 등으로 구성되어 있다. 대기 중의 CO_2 분자는 적외선 영역에 강한 흡수대를 가지고 있다. 태양 복사는 자외선이 가시광선 영역이나 CO_2에 의해 흡수되지 않는다. 그러나 지구 표면에서 방사되는 에너지는 주로 적외선이라서 CO_2에 의해 흡수되어진다. 즉 대기 중에 존재하는 CO_2는 태양의 복사를 통과시키며 지구에서 우주로 방사를 저지하는 소위 온실효과(greenhouse effect)가 일어나 지표면의 온도를 증가시키게 된다(그림 10-17). 온실효과

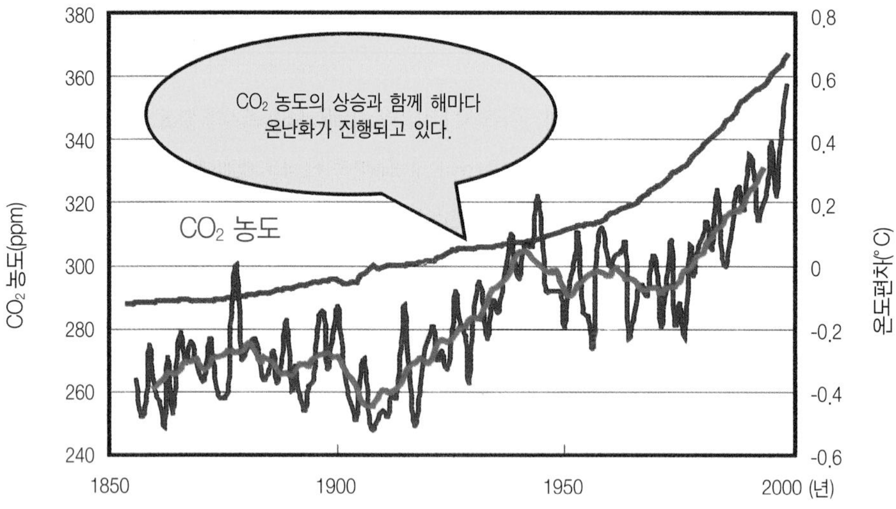

| 그림 10-17 | 지구의 CO_2,농도 상승과 지구 온난화(나고야대학 지구행성과학과)

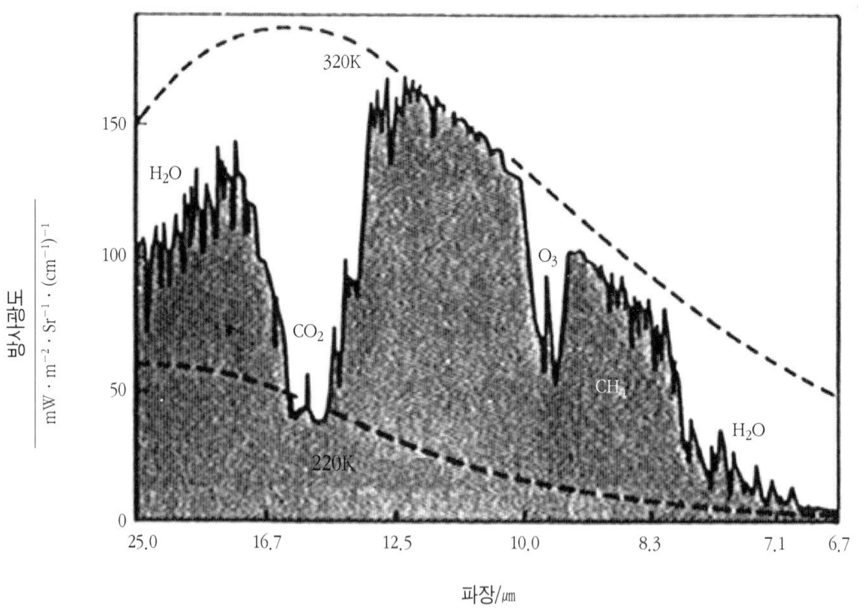

| 그림 10-18 | **지구 온난화가스가 지표 방사를 흡수하고 있는 모양(寺田外, 1993)** 인공위성 님버스 4호가 사하라 사막 상공에서 측정한 것으로 실선은 실측값이고 파선은 320K(47℃), 220K(−53℃)의 흑체방사 스펙트럼의 분포. 측정치가 크게 감소하고 있는 곳에 CO_2, 오존, 수증기 등의 흡수대가 있다.

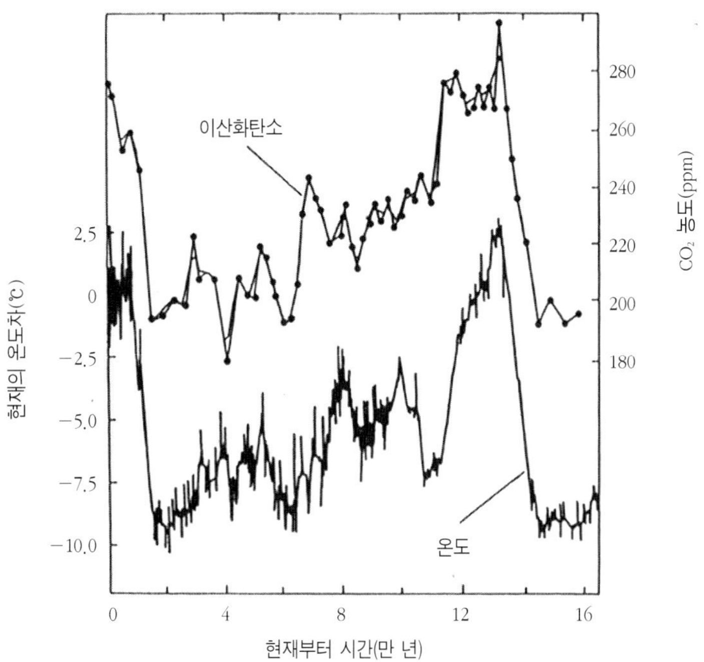

| 그림 10-19 | **빙하기, 간빙기의 대기의 온도와 CO_2 농도 변화(多賀, 1995)** (남극 보스토크 기지의 빙상코아에서 채취한 16만년 전까지의 공기의 분석 결과임)

대기 중의 CO_2 이외에 적외선을 강하게 흡수하는 기체는 수증기(H_2O), CH_4, N_2O, 프레온 가스(CFC), O_3 등이 있다. 이 같은 지구 온난화가스는 지표의 방사를 흡수하게 된다(그림 10-18).

대기 중의 CO_2의 농도가 지난 수세기간 크게 변하였다. 빙하기에는 대기 중의 CO_2가 200ppm 내외였으며 산업혁명 이전 18세기 말에 CO_2의 농도 약 280ppm에서 현재 360ppm 정도로 변화되었다. 2050년경에는 550ppm에 이를 것으로 예측하고 있다. 현재 1.4ppm/년의 CO_2 증가율을 나타내고 있다.

국제학술연합(ICSU)에 의하면 1985년 CO_2 농도의 2배가 되면 지표 평균 온도가 3.5℃ 상승할 것이라고 예상하였다. 최근 공업화 및 화석연료 사용의 급증, 열대림의 감소 등으로 대기 중의 CO_2 농도가 급증하는 경향이 있다. 빙하기와 간빙기 시기의 대기의 온도와 CO_2 농도변화 패턴이 유사하다(그림 10-19).

CO_2 외에 CH_4의 경우 지표 미생물 및 생물 활동에 의해 생성되어 매년 증가하고 있다. CH_4 농도도 연간 1%씩 증가하고 있으며 CH_4의 열축적 능력은 CO_2의

| 그림 10-19-1 | 남극 세종과학기지 주변에 지구온난화로 빙하가 녹고 있다. 붉은 색 건축물은 세종과학기지의 실험 연구동이다. 해수면 위의 유빙 조각들이 떠다니고 있다.

20배 이상이다. N_2O는 토양이나 해안, 하구에 미생물에 의한 탈질소, 질산화작용, 질소비료 사용 등에 의해 인위적으로 만들어진다. 프레온 가스는 전적으로 인위적으로 만들어진다.

지구 온난화의 연구로 빙하와 만년설 내에 포획된 화석가스 중의 CO_2, CH_4 농도 측정 및 산소 및 수소 안정동위원소비 분석 등으로 과거의 기후를 추정할 수 있다.

지구 온난화가 증대하면 남북극의 빙상, 빙하가 녹아 해수면이 상승하게 된다(그림 10-19-1, 그림 10-20). 12~14만 년 전 간빙기 때 해수면이 현재보다 6m 높

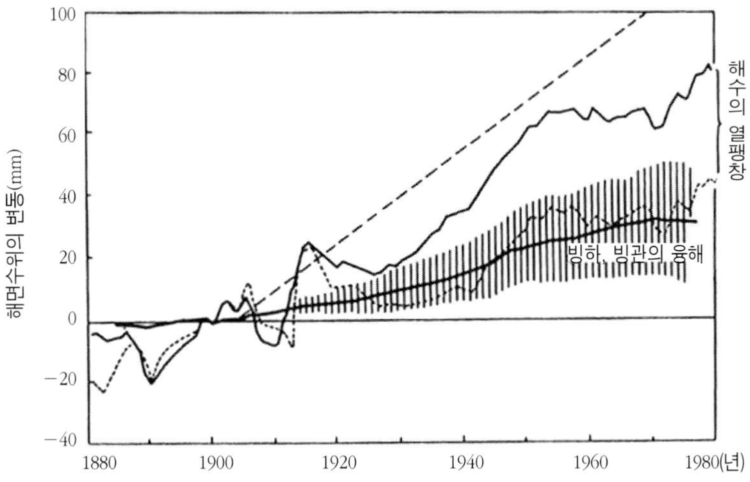

| 그림 10-20 | **지구 평균해수면의 변동(多賀, 那須,1995)**
굵은 실선 : 빙하 소규모 빙관의 융해로 인한 해면수위의 변동
가는 실선 : 전지구평균 해수면의 변동(Gornitz et al., 1982)

았다. 지난 100년간 약 10cm의 해수면 상승이 보고되어 있다. 해수면의 상승으로 해안 지역의 수몰 침식이 일어나게 되고 범세계적인 기후변동이 일어나게 된다. 우리나라나 일본의 경우 고온, 다우의 아열대 기후로 변해 홍수다발을 예상하고 있다(多賀, 那須, 1995).

지구 온난화 방지책은 온실효과의 원인을 감소시켜야 할 것이다. CO_2 배출량 감소, 프레온(CFC) 가스, N_2O 등의 인위적인 가스 배출량을 70~80% 감소시키지 않으면 안 된다. 프레온 가스는 온실효과를 증가시킬 뿐만 아니라 성층권의 오존층을 파괴하여 태양 자외선이 지표까지 도달하게 하는 위험성이 있다.

오존층의 파괴

지표상 20~30km 고도인 성층권에 오존층이 형성되어 있다. 즉 성층권 상부에서 산소(O_2)가 산소원자(O)와 반응하여 오존(O_3)을 만든다.

$O_2 + hv = O + O$ (파장 175~200*n*m 자외선 흡수)

$O_2 + O + M \rightleftarrows O_3 + M$

성층권 하부에서는 오존이 자외선을 흡수 · 해리한다.

$O_3 + hv = O_2 + O$(자외선 파장 200~300*n*m 흡수)

여기서 생성된 산소 원자는 O_3과 반응($O + O_3 = 2O_2$)하여 다시 산소로 변함으로써 산소와 오존의 평형이 유지된다. 그러나 자동차나 냉장고의 냉매제나 정밀부품의 세척제로 사용되는 프레온 가스(chlorofluorocarbons : CFC)가 다음과 같은 과정에서 성층권의 오존층을 파괴한다.

$CCl_3F \xrightarrow{hv} +Cl$
(프레온)
$Cl + O_3 \rightarrow ClO + O_2$
$ClO + O \rightarrow Cl + O_2$
$ClO + ClO \rightarrow Cl_2O_2 \rightarrow 2Cl + O_2$

위의 반응은 연속적으로 일어나 오존을 파괴한다. 오존 파괴 가스는 프레온 가스 외에 수소폭탄 핵 실험시 생성된 NOx, 초음속 비행기 배기 가스에서의 NO_X 역시 오존을 파괴한다. 오존층은 태양 복사 시 생물에 유해한 자외선(파장 280~320nm)을 흡수하여 지표의 생물의 DNA 손상을 보호하는 한편 흡수된 자외선 에너지가 성층권에서 열에너지로 변환되어 성층권의 온도를 안정시켜 준다. 오존층이 파괴되면 인체의 피부암, 백내장, 각종 면역기능 저하, 농작물, 해양생물의 성장을 저해시킨다.

1982년 남극 대륙 상공의 오존홀(ozone hole)이 생겼다는 보고에 이어 1986년 인공위성에서 오존홀이 관측되었다. 지구 생물권 보호를 위해 오존층 보호 대책이 요구된다.

대기오염

1952년 12월 영국 런던에서 심각한 스모그(smog)가 발생하였다. 당시 이동성 고기압 하에 있던 런던 상공에 기온 역전이 일어나 짙은 안개가 발생하고 석탄 연소에 의한 연기 스모그(**런던스모그**)가 지표에 가득 차 호흡기 환자가 급증하였다.

런던스모그

대기 오염발생 원인은 화석연료의 연소, 자동차 배기가스, 공장연소에서 기인하여 발생되는 SO_2, SO_3, H_2SO_4와 NO_X(N_2O, NO, N_2O_3, NO_2, N_2O_4, N_2O_5, NO_3,

N_2O_6 등)의 공해 때문이다. 석탄연료에서 석유 사용으로 전환되면서 검정가루 매연은 감소하였으나 SO_2, NO_X와 탄화수소에 의한 대기오염은 계속되고 있다.

석유 사용량의 증가로 자동차 배기가스 중의 NOx, 탄화수소 등이 태양광의 자외선에 의해 다음과 같이 오존이나 산화성이 강한 옥시던트(oxidants)를 생성하거나 ($NO_2 + hv \rightarrow NO + O$, $O_2 + O + M \rightarrow O_3 + M$) 탄화수소는 광화학 반응으로 증기압이 낮은 물질을 만들어 에어로졸(aerosol)을 만들어 소위 **광화학 스모그**를 형성한다. 이 같은 2차오염 현상은 미국 로스엔젤레스에서 처음 발생 사용한 용어이다.

광화학 스모그

광화학 반응에 의해 생성된 산화성이 강한 옥시던트는 호흡기나 눈을 자극하는 등 인체에도 대단히 유해하다.

대기오염의 방지대책은 여러 가지 방법이 있겠으나 원료물질에서 SO_2를 제거하는 중유의 탈황이 중요하다. 세 가지 방법을 소개하면 (1) 중유의 탈황은 수소화 탈황법이 이용된다. 350~400℃(150기압)에서 촉매층을 통하여 황 화합물을 선택적으로 다음과 같이 H_2S로 변환시켜 제거하는 방법이다.

$$C_4H_4S + 4H_2 \rightarrow C_4H_{10} + H_2S$$

H_2S는 공기 산화에 의해 황을 다음과 같이 회수하여 자원으로 재활용한다.

$$3H_2S + 3O_2 \rightarrow 2H_2O + 2SO_2$$

$$SO_2 + 2H_2S \rightarrow 2H_2O + 3S$$

(2) 배기가스 중의 탈황 및 탈질소(NO) 방법은 습식법과 건식법이 있다.

습식법은 연소 배기가스 중의 황산화물인 SO_2를 다음과 같이 물에 용해시킨다.

$$SO_2 + H_2O = H_2SO_3 \rightleftharpoons H^+ + HSO_3^-$$

$$HSO_3^- = 2\,H^+ + SO_3^{2-}$$

(3) NaOH 용액에 의한 흡수법($2NaOH + SO_2 \rightarrow Na_2SO_3 + H_2O$)도 있다.

한편 건식법을 이용하여 백금이나 V_2O_5를 촉매로 배기가스 중의 NO를 제거시킬 수 있다.

대기 오염성분 중 황 산화물은 처리기술이 개발되어 회수된 황의 활용도가 높다. 그러나 질소산화물(NOx)은 일산화탄소(CO)보다도 대단히 유독성이 강하며

NO는 물에 용해되지도 않으며 환원반응속도도 느려 처리에 문제점이 많다.

산성비

일반적으로 대기 중의 수증기가 응축되어 빗물이 형성된다.

대기 중에 CO_2가 330ppm 정도 존재하기 때문에 이 CO_2가 빗물에 녹아 평형 상태에 있을 때 PH = 5.6 정도가 된다. 보통 PH 5.6보다 낮은 값을 갖는 비를 산성비(acid rain)라 한다. 과거에 형성된 남극빙하에서 평균 PH = 5.0 정도였다. 그런데 1966년 유럽 서부와 북부지역에서 강우의 PH = 4~4.5, 스코틀랜드에서 2.4가 기록되었다. 서울의 경우 강수의 PH = 4.7 보고가 있다(김규한, 나카이, 1988).

이와 같은 산성비의 원인 물질은 SOx, NOx, CO_2 등이다. 북미에서는 연간 2,600만 톤의 SOx를 배출하고 있으며 중국에서는 1,400~1,800만 톤의 SOx 가스를 배출하고 있다. 비오염지역의 NO_2 농도는 0.004ppm이다. 도시의 대기 중의 NO_2 농도는 연평균 0.01~0.06ppm 포함되어 있다.

이 같은 산화물이 빗물과 반응하여 황산(H_2SO_4), 질산(HNO_3), 탄산(H_2CO_3) 등의 산을 만든다.

$$SO_2 + 2H_2O \rightarrow H_2SO_4 + H_2$$

그러나 대기 중에 배출된 SO_2는 OH 라디칼에 의해 연쇄적 반응이 일어나 H_2SO_4를 만든다.

$$SO_2 + OH + M \rightarrow H_2SO_4 + M$$

$$SO_3 + H_2O \rightarrow H_2SO_4$$

질소 산화물의 경우 매연으로 배출된 NO는 HNO_3를 형성한다.

$$NO_2 + OH + M \rightarrow HNO_3 + M \quad \text{또는} \quad NO + O_2 \rightarrow NO_2 + O$$

$$NO_2 + O_3 \rightarrow NO_3 + O_2$$

$$NO_3 + NO_2 = N_2O_5$$

$$N_2O_5 + H_2O \rightarrow 2HNO_3$$

이들은 위와 같은 반응으로 각각 질산을 형성한다.

이와 같은 질산, 황산, 탄산은 에어로졸 형태로도 대기 중에 존재하며 강우 시 산성비와 함께 지표에 강하하여 생태계에 크게 영향을 준다.

산성비의 H^+는 토양 중의 Ca^{2+}, Mg^{2+}을 치환하여 토양 중의 중탄산이온(HCO_3^-)을 중화시켜 토양의 산성화를 증가시킨다. 즉, 식물이 필요로 하는 영양 성분을 용출시키게 되며 토양 중의 점토광물과 반응하여 식물이 유해한 Al^{3+}를 유리시켜 식물의 뿌리에 해를 준다. Al^{3+}은 식물이나 수생 동물의 세포막에서 Ca^{2+}와 교환반응으로 Ca 결핍증을 일으키기도 하고 세포 내의 인 화합물과 반응하여 인산알미늄 화합물을 생성하여 식물이나 동물의 생육을 저해한다(표 10-4 참고).

그외 산성비는 호수를 산성화시켜 어류에도 피해를 준다.

수질오염

인간생활에서 발생하는 생활하수 폐수는 과거에도 발생하였다. 그러나 과거에는 자연 정화작용에 의해 오염이 해소될 정도의 수준이었으나 최근 인구의 증가, 산업의 발전, 생활의 향상에 따라 대량의 생활하수와 폐기물을 발생시켜 자연 정화작용의 한계를 넘었다.

수질오염의 예는 일본 가미오까(神岡) 연아연 광산에서 카드뮴이 도야마겐(富山県) 진즈가와(神通川)의 하천으로 유입되어 하천수 및 농작물에 유입된 카드뮴에 의해 발생한 '**이타이이타이**' 병과 유기 수은오염으로 인해 발생한 **미나마타**(水俣)병은 너무나 잘 알려져 있다. 이타이이타이 미나마타

수질오염의 종류에는 생활하수 및 공장폐수에 의한 유기물 오염, 인, 질소증가에 따라 조류(藻類) 증식으로 발생한 부영양화, 중금속 등에 의한 독성물질오염, 폐유 등에 의한 오염, 발전소의 온배수에 의한 열오염, 지진, 홍수 등에 의한 자연오염 등의 여러 유형이 있다. 2008년 태안반도의 선박 유류 유출로 인한 해수오염은 큰 교훈이 되고 있다.

하천, 해안, 호수 등지에 인, 질소 등의 영양 염류가 다량 공급되어 조류와 같은 수중 생물이 번성하여 수역의 생태계에 변화를 일으키는 과정을 **부영양화**(富榮養化)라 한다. 발생원인인 축산폐수, 산업폐수, 생활하수 중의 질소나 인을 감소시키는 처리가 요구된다. 부영양화

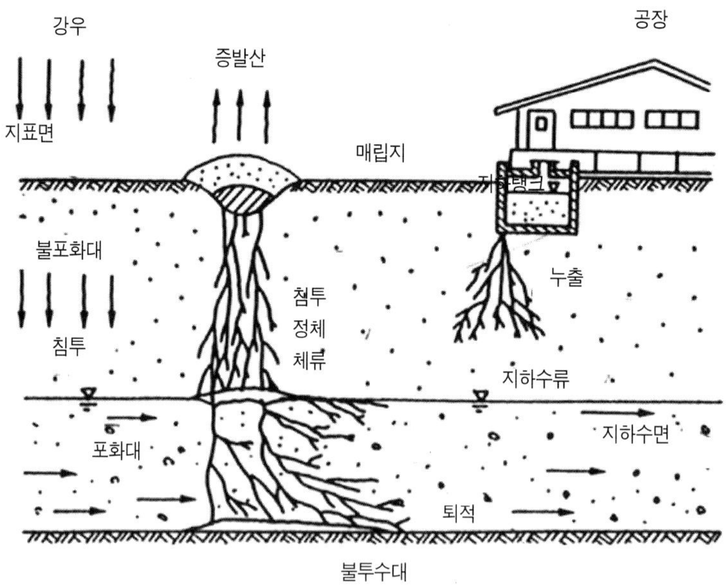

| 그림 10-21 | 지하탱크에서 오염물의 누출과 매립지에서 유출되고 있는 유기염소 화합물에 의한 지하수 오염 개념도(村岡, 1989)

광산 폐수에 의한 오염 : 금속광산, 석탄광산 등의 개발과 개발 후의 갱 내 폐수, 선광장 광미 등이 수질 및 토양을 오염시킨다. 갱 내에서 유출하는 산성 폐수와 탄광지역의 탄질셰일 중의 황철석이 다음과 같이 산화되어 하천수가 산성화된다.

$$\underset{\text{황철석}}{FeS_2} + \frac{15}{4}O_2 + \frac{7}{2}H_2O \rightarrow Fe(OH)_2 + 2H^+ + 2HSO_4^-$$

강원도 함백, 상동, 사북지역 등지의 우리나라 탄광 및 금속광산 지역에서도 광산 폐수에 의한 오염이 현저하다.

메이지(明治) 10년 일본의 아시오 동광산 광독사건(足尾銅鑛山 鑛毒事件)은 동제련소에서 사용한 산이나 알칼리의 폐수가 와다라세가와(度良瀨川) 하천에 배출되어 하천의 물고기가 떼죽음 당하고 메이지 23년 대홍수에 의해 광산 광미가 400km^2 덮어 피해자가 50만이 발생했다.

우리나라에도 경제개발과 근대화 과정에서 많은 광산이 개발되었으나 현재는 휴 · 폐광산이 대단히 많고 광미, 광산폐수의 정화 등의 대책이 필요한 곳이 많다.

공장 폐수에 의한 오염 : 공장폐수에 의한 오염으로 미나마다만의 유기수은 중독

사건을 들 수 있다.

1956년 일본의 야쯔시로가이(八代海)의 미나마다(水俣)에 있는 신일본 질소비료공장에 질소비료인 유안$(NH_4)_2SO_4$을 합성하기 위해 원료인 카바이트에 아세트알데히드를 사용하여, 착산으로 바꾸는데 이 아세트 알데히드는 아세틸렌과 수은 접촉 가수반응에서 얻는다.

이 제조과정에서 폐수 중에 염화메틸수은(CH_3HgCl)이 미나마다만에 흘러들어가 어패류를 통해 주변 주민들에게 수은이 흡수·축적되어 수은중독이 되어, 시야협소, 난청, 정신장해 등 중추신경계 질환을 일으킨 소위 미나마다병은 유명하다. 1990년 5월 현재 환자수가 2213명(구마모토겐, 가고시마겐)이며 이 중 966명이 사망하였다(寺田 外, 1993).

폴리크롤비페닐(PCB)에 의한 오염 : 공장에서 유출되는 Cr^{6+}, 트리할로메탄(CHX_3), 트리크롤에틸렌(C_2HCl_3), 테트라크롤에틸렌(C_2Cl_4) 등의 독성 유기 화합물 PCB$(C_{12}Cl_XH_{10-X}$, $X = 1 \sim 10)$는 340~375℃의 끓는점을 가지는 비교적 고온에도 안정한 액체이다.

보통 콘덴서의 절연유나 열매체로 사용된다. 그러나 인체에 흡수되면 습진 피부염, 눈병, 내장 장해 등을 일으키며, 인체 내에 축적된다. 자연 환경의 지하수계에 유입되면 분해속도가 대단히 느려 오래 동안 대수층 내에 지속된다.

이와 같은 유기염소화합물은 서울의 난지도와 같은 매립지나 지하 정화조 같은 데서 지하수로 유입되기 쉽다(그림 10-21).

한강 하천수의 오염

우리나라에서도 공업단지, 쓰레기 매립지, 발전소, 각종 위락시설 집중지역 등에 의해 공장폐수 및 생활하수가 지하수 및 하천, 바다로 유입되어 오염을 일으키고 있다.

한강 하천수의 수질의 화학성분 분석에서 생활하수에 의한 오염이 심각한 상태임을 인식할 수 있다.

남한강과 북한강에서 하천수가 합류되는 양수리를 지나 수도 서울의 중심을 흐르는 한강본류에서는 Cl, PO_4, Na, NH_3 등 생활하수에 의한 오염원소가 현저히 하류로 감에 따라 증가하고 있다.

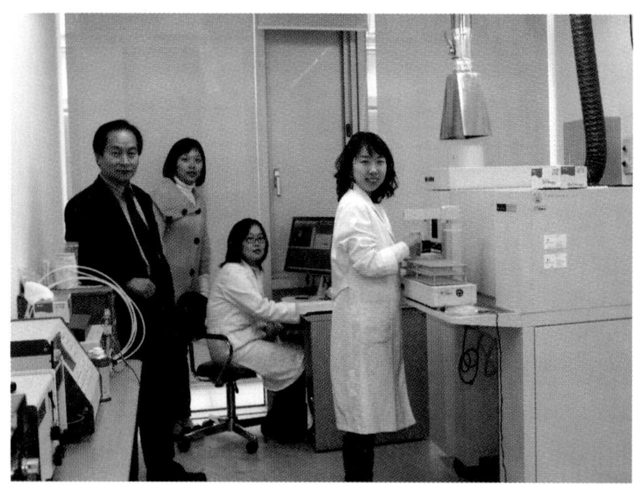

| 그림 10-22 | 환경오염 원소 분석에 이용되고 있는 유도프라즈마 분광분석기(ICP-OES)와 원자흡광분광 광도계 (AAS)

서울 시민의 상수원인 팔당 등 한강 수계는 소규모 공장폐수, 농약오염, 위락시설에 의한 생활하수의 오염이 증대되고 있다. 오염방지를 위해 우리 국민 모두의 환경오염의 중대성에 대한 인식을 공감하여야 할 것이다.

또한 상수원의 오염 인식이 확산되면서 지하수의 의존율이 증가하고 있으며 지하수의 개발이 무분별하게 증가하여 지하수계의 오염현상이 증가하고 있다. 오염된 지하수의 정화는 몇 세대에 걸쳐서도 불가능함을 인식하여 오염원인을 사전에 예방하거나 제거해야 할 것이다.

온천지역의 지하수계는 주말이나 온천 이용객이 증가하는 계절에는 온천수의 과잉채수로 온천수면 수위저하로 온천지역의 열수시스템 파괴의 위험성을 불러일으키고 있다.

온천 수리시스템이 파괴되면 온천수는 더이상 얻을 수 없게 될 수도 있다. 제주도와 같은 섬지역이나 해안지역에서 지하수의 과잉채수로 인하여 염수 침입 피해가 일어나 식수 및 농작물에 피해를 주고 있다.

수질평가

수질은 물리적, 화학적, 생물학적 특성에 의하여 평가될 수 있다. 물리적 특성에 의한 평가기준은 물은 혼탁도(turbidity), 고형물질의 양, 색, 냄새, 온도 등이다.

표 10-3 정상적인 토양과 중금속이 많은 토양에서 나타나는 미량원소들의 함량 수준(전효택, 1994)

원소	정상토양 (ppm)	금속 과다 토양(ppm)	근원	잠재적 영향
As	<5–40 ~250	~2,500	광화작용 Dartmoor 주변의 변성암	식물과 가축에 독성 음식 중 과잉
Cd	<1–2	~30	광화작용	음식 중 과잉
		~20	탄질 흑색셰일	
Cu	2–60	~2000	광화작용	작물에 독성
Mo	<1–5	10~100	다양한 해성 흑색셰일	소에 molybdenosis 또는 Mo 과잉에 따른 Cu 부족 증
Ni	2–100	~8,000	Scotland의 초염기성암	곡 · 식물 및 기타 작물에 독성
Pb	10–150	1% 이상	광화작용	가축에 독성 및 음식 중 과잉
Se	<1–2	~7	England와 Wales 지방의 해성 흑색셰일	영향 없음
		~500	Ireland의 Namurian 셰일	말과 소에 만성 selenosis
Zn	25–200	1% 이상	광화작용	곡 · 식물에 독성

물에 콜로이드상의 입자들이 침전되면 혼탁도가 증가한다. 고형물질의 크기, 형태, 화학적 특성 등이 검토되어야 한다. 색은 유기물질 때문에 다르게 나타난다.

냄새의 원인은 아민($CH_3(CH)_{2n}NH_2$), 암모니아(NH_3), 황화수소(H_2S), 유기황화물($(CH_3)_2S$) 등 때문이다.

수질의 화학적 특성은 암석광물의 화학적 풍화에 의해 형성된 Ca^{2+}, K^+, Na^+, HCO_3^-, SO_4^{2-}, Cl^-, NO_3^- 등의 주요 용존이온과 Al^{3+}, NH_4^+, As^+, Ba^{2+}, BO_4^{3-}, Cu^{2+}, Fe^{2+}, Fe^{3+}, Mn^{2+}, HSO_4^-, CO_3^{2-}, F^-, PO_4^{3-}, SO_3^{2-} 등 이온 종에 따라 달라진다.

인간활동에 의해 인위적으로 유입된 As^{3+}, Ba^{2+}, Cd^{2+}, Cr^{3+}, Cr^{6+}, Pb^{2+}, Hg^{2+}, Ag^{2+}, Se, Zn^{2+}, CN^- 등의 유해성분과 NH_3, NO_3, NO_2^-, Na_3PO_4, Na_2HPO_4 등이

표 10-4 몇 가지 지구화학적 원소들에 대해 만성적으로 노출된 결과로 나타나는 주요 중독 영향 (전효택, 1994)

원소 (화합물)	만성 중독의 영향 (mg/kg 마른 먹이)	제안된 최대 허용 농도
As	부동등관계(incoordination), 식욕감퇴, 호흡장애	50(무기물) 0.2mg/l(물)
($CaCO_3$)	성장불량, 피부질환(이상각질), Fe, Zn, Mn 흡수 및 신진대사불량	5,000
Cd	성장불량(어린 동물에게 민감), 모발합성불량, Cu(Fe) 대사불량(어린동물에게 예민함)	0.5 1mg/l(물)
F	치아질환(반전, 치석과다), 골격손상(다리, 갈비뼈), 성장불량 및 식욕불량	40 2mg/l(물)
Fe	성장감소, 골격손상, Cu 및 P 대사불량, 설사	500
Pb	성장 및 식욕불량, 어린 동물에게 민감, 골절	60
Se	절름발이, 발굽형성 불량, 탈모, 성장실패	3
Zn	췌장 및 신장손상(어린 동물에게 민감), 골격 및 연결조직 결함(어린 동물에게 예민)	200
Mo	Cu 결핍 유발, 발정기 및 임신기 지연 초래	2

수질평가에 주요 성분이다.

방사성원소(^{90}Sr, ^{226}Ra, ^{131}I, ^{187}Cs) 등이 원자력발전소 등지에서와 농학, 의학, 생물학 등에 이용됨과 동시에 이들 방사성 동위원소의 핵붕괴시에 발생한 동위원소가 지하수계에 유입, 지하수를 오염시키기도 한다.

이와 같은 용존이온의 분석에는 이온크로마토그래프(Ion Chromatograph : I.C), 프라즈마분광광도계(Induced Couple Plasma Spectrophotometer : ICP), 원자흡광분광광도계(Atomic Absorption Spectrophotometer : AAS) 등이 많이 사용된다(그림 10-22).

토양오염

토양은 광산, 공장 등에서의 중금속, 농약, 비료, 수질오염, 대기오염, 방사성 폐기물 등에 의해 오염된다. 토양오염의 중대성은 일단 토양에 흡착된 오염원소는 장기간 토양 중에 잔존한다는 점이다(김규한, 2008, 지구환경화학 참고).

중금속에 의한 오염 : Cd, Zn, Pb, As, Cu 등의 중금속에 의하여 토양이 오염된다.

수질오염에서 예를 든 것 같이 일본 가미오까광산(神岡鑛山) 폐수에서 카드뮴이 진즈가와(神通川) 유역의 농경지에 유입되어 벼에 카드뮴 오염이 일어나 '이타이이타이' 병이 발병하였다. 현미 중의 Cd 1ppm, Cu 125ppm, As 15ppm의 제한 기준치가 설정되어 있다. 중금속의 위해성은 표 10-3과 10-4와 같다.

농약에 의한 오염 : BHC, DDT, 파리티온 등의 농약 성분이 토양에 축적되어 오염되고 있다. 골프장의 제초제로 사용되는 농약이 토양과 수계를 오염시키기도 한다.

오염 수질에 의한 토양오염 : 생활하수, 공장폐수, 목장폐수, 정화조 등에 의한 수계오염에 의해 유기물의 토양오염이 일어난다. 유기물에 의한 토양오염은 과잉질소, 산화환원 전위 저하로 인한 Fe^{2+}, H_2S, Mn^{2+}의 생성으로 영양분 흡수 물질대사에 이상을 일으킨다. 그리고 부유성 침전물에 의해 토양 표층부가 고화되어 투수성이 저하되어 특수 미생물이 번식하는 경우가 있다.

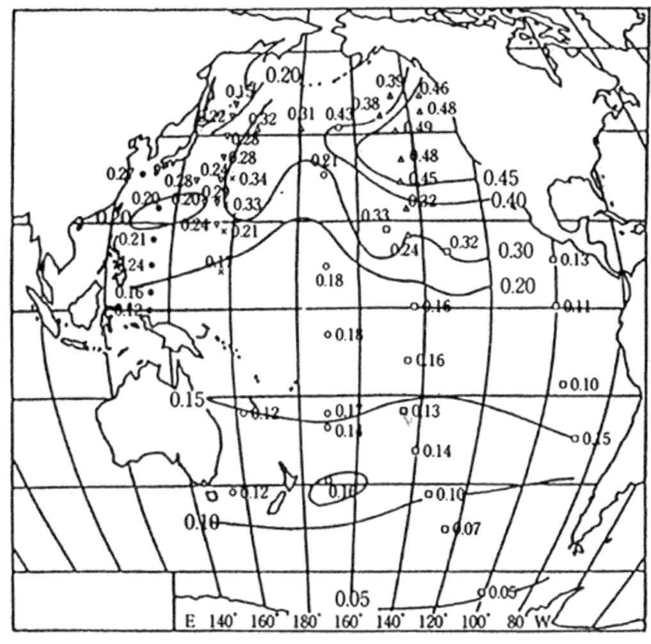

| 그림 10-23 | 태평양 표면 해수 중의 Cs-137의 농도분포(1968~73년)(葛城 外, 1997, 자료 : 일본 기상연구소)

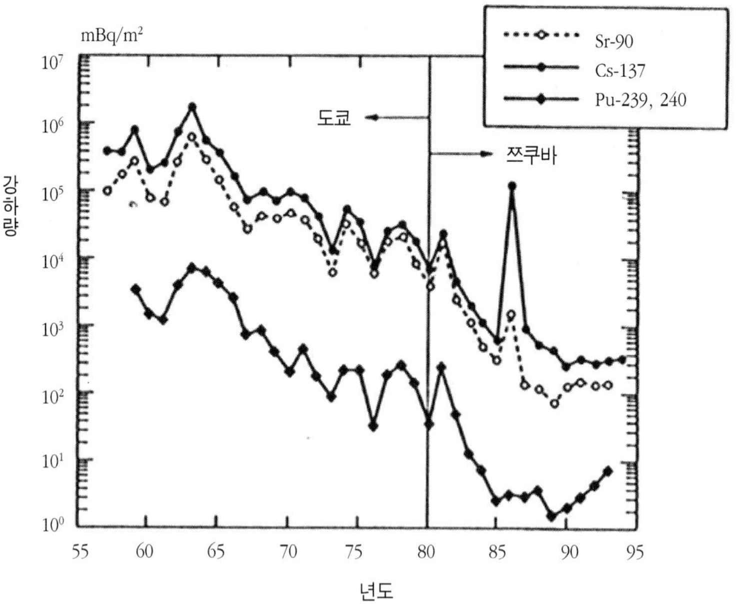

| 그림 10-24 | 1955~95년 사이의 방사성 강하물의 경년변화(葛城 外, 1997, 자료 : 일본 기상연구소)

방사성 폐기물에 의한 토양오염 : 방사성 광물 부존 지역에서의 풍화 토양에 방사성 광물이 부화되어 토양 오염을 일으킨다. 핵실험, 핵폭발 등에 의한 분진이 토양 오염의 원인이 된다. 원자력발전소 및 핵폐기물 처리에 따른 토양 오염도 예상된다.

인공 방사성 물질에 의한 환경오염 : 미국, 러시아, 중국, 프랑스 등 여러 나라가 해저 또는 대륙에서 실시한 핵실험에 의해 대량의 ^{90}Sr, ^{239}Pu, ^{240}Pu, ^{137}Cs, ^{14}C이 발생하였음이 보고되었다. 그리고 핵발전소의 중수소(^{2}H)나 냉각제 및 감속제로 사용되는 중수소(D_2O)에 중성자 조사에 의해 트리티움(^{3}H, T)이 생성되거나 핵연료 처리 시설에서 트리티움이 생성될 때 만들어진 트리티움이 강수에 의해 지하수계를 오염시킨다.

이와 같은 인공 방사성 동위원소 물질이 해양과 대기를 급속히 오염시키고 있다. 예를 들어 태평양 해수 중의 Cs-137 농도 분포(그림 10-23)를 보면, 미국 오레곤주 주변 해역에 이 농도가 높다. 이는 콜럼비아강 상류 지역에 있는 햄포드 원자력 시설에서 방류되는 방사성 폐기물 때문으로 생각하고 있다(葛城 外, 1997).

또는 대기 중의 방사성 강하물질의 측정결과(그림 10-24)를 보면 중국의 수소폭탄 실험결과로 Sr-90 농도가 1971년 이후 증가 현상을 보이고 있다(葛城 外, 1997).

^{14}C는 자연 방사성 기원과 인공 방사성 기원이 있다. 자연 방사성 기원의 ^{14}C는 성층권에서 ^{14}N가 우주선의 조사를 받아 지구 대기권에서 연간 약 7kg의 ^{14}C가 생성된다(名古屋大學 年代測定 資料센터 자료집에 의함). 한편 1945년 이후 핵실험에 의해 다량 만들어진 ^{14}C가 대기권의 자연 방사성 ^{14}C에 추가되어 1963년에는 대기 중의 ^{14}C원자의 총수가 핵실험 이전에 비해 2배 가량 증가하였다.

우주선 조사나 핵실험에 의해 계속 ^{14}C이 생성됨과 동시에 다른 한편으로는 ^{14}C는 β선을 방출하면서 ^{14}N로 변하여 감소하게 되어 생성량과 감소량이 거의 유사하게 되어 지표 환경에서 ^{14}C원자의 총수는 일정하게 유지된다. 앞 장의 ^{14}C절대연령 측정법에 설명한 바와 같이 ^{14}C원자는 산화되어 $^{14}CO_2$가 되며 반감기가 5,730년으로 길기 때문에 $^{12}CO_2$, $^{13}CO_2$와 함께 섞여져서 지표면에서 물질계에 탄소의 순환이 일어난다(그림 10-25).

^{14}C는 1945년 이후 대기 중에 원자-수소폭탄 실험에서 인공적으로 다량 만들어져 나무의 나이테에 보존되어 있다. 때문에 그림 10-26에서와 같이 노송의 나이테의 ^{14}C 농도 분석에서 나이테의 ^{14}C농도가 대기 중의 원자-수소폭탄실험에 의한 증가와 비례하게 증가하고 있다.

또한 이것이 인체에도 영향을 주어 인간의 치아의 코라겐에서 ^{14}C 농도 측정결과에서도 1945년 이후 ^{14}C 농도가 급증하고 있다(그림 10-27).

10.4 지구를 감시하는 원격탐사

원격탐사란 말은 항공기에서 적외선으로 해면이나 육지의 온도를 조사한 미국의 보고서에서 처음 사용되었다. **원격탐사**(Remote Sensing)란 지표면에서 반사, 방사되는 전자파를 센서로 원격 계측하여 지표면의 각종 정보를 얻는 기술이다(그림 10-28).

원격탐사

물질은 태양광과 같은 전자파를 받으면 물질의 특성에 따라 각기 다른 전자파를 반사, 흡수하거나 방사하는 성질을 가지고 있다.

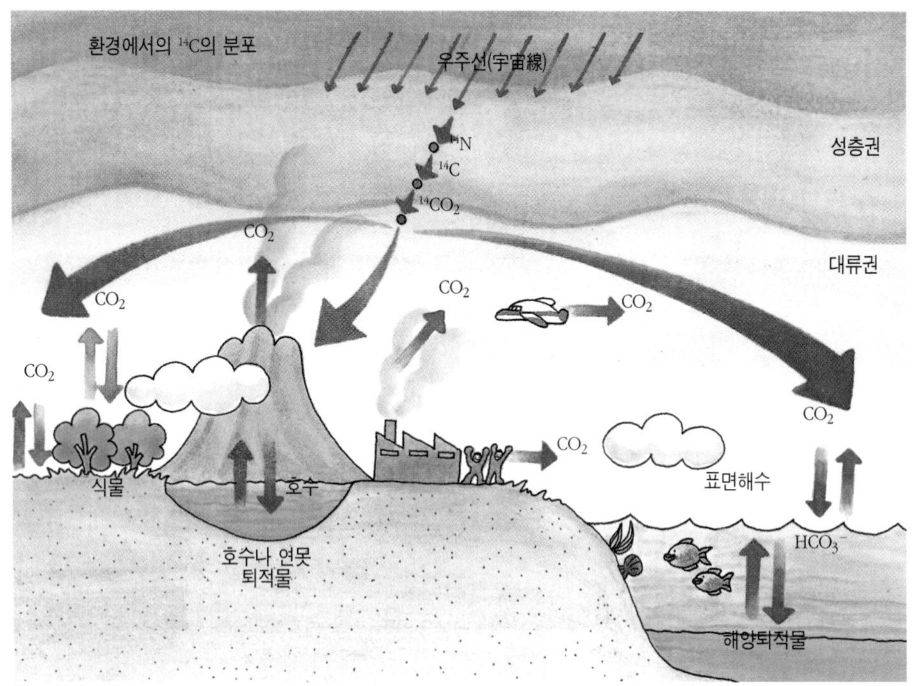

| 그림 10-25 | 지표에서의 ¹⁴C 동위원소의 분포와 순환(名古屋大學 年代測定資料研究센터 자료집, 1997)

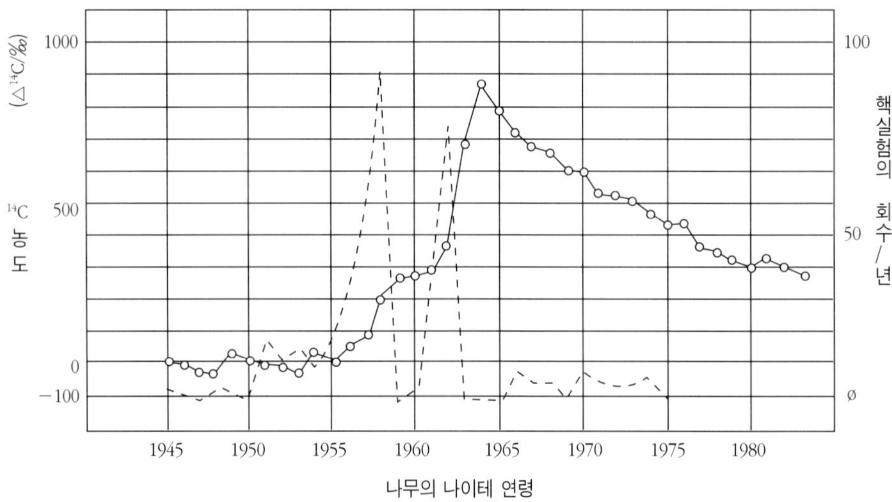

| 그림 10-26 | 노송의 나이테별로 분리된 시료의 화학처리에서 얻은 수지(樹脂) 시료 중의 ¹⁴C농도의 경년변화(일본 名古屋大學 年代測定資料研究센터 자료집, 1997) ○곡선은 노송(35.6°N, 137.5°E)의 나이테의 ¹⁴C농도, 점선은 1945년 이후 실시된 지상 및 대기권 내의 핵실험 회수임.

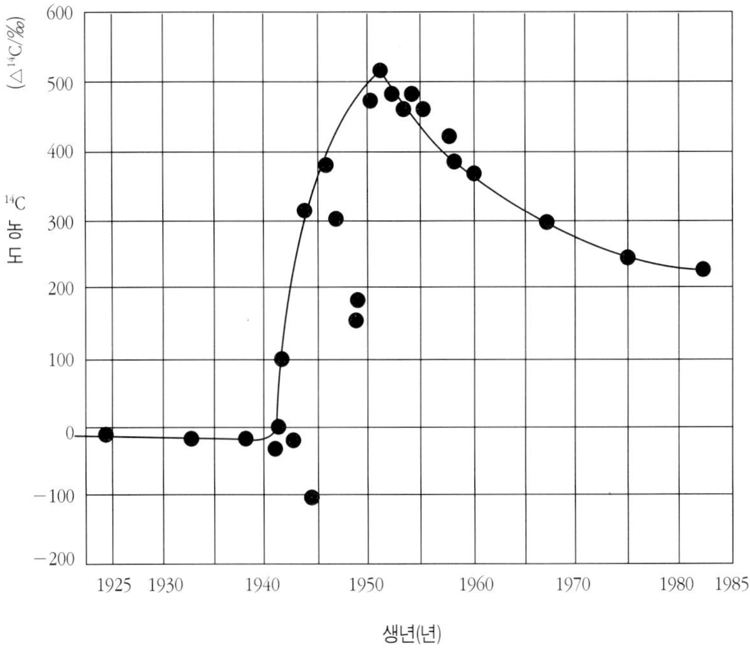

| 그림 10-27 | 사람의 치아에서 추출된 코라겐 중의 14C 농도(名古屋大學 아이소토프 종합센터, 西澤, 1997)

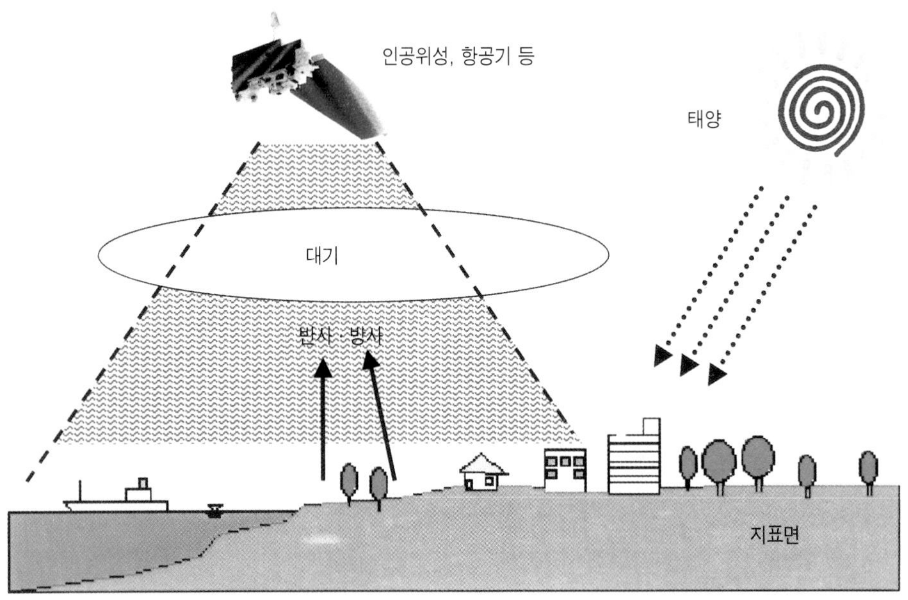

| 그림 10-28 | 원격탐사 원리(나고야대학 지구행성과학과)

지구관측을 위한 수천 개의 인공위성이 지구 궤도 주위를 돌고 있다. 발사 목적은 천체와 과학현상 탐사나 통신방송 등 문화정보 송수신 목적이나 군사목적 등 다양하다. 지구 자원탐사를 위한 LANDSAT 위성이나 기상위성 GMS(히마와리), 그 외에 MOSS, NIMBS, NOSS TIROS, SPOT, MAGSAT, COMS-1 등과 자료 수집 위성 TDRS 등이 있다. 인공위성이나 항공기에서 지표의 물질에서 반사 또는 방사되는 전자파의 강도를 측정하고 이 자료를 지상에 수신하여 컴퓨터 화상처리 장치로 처리 카메라로 잡을 수 없는 파장 영역의 자료를 적외선 컬러합성 사진상으로 변환시켜 표현하고 있다.

화상 해석장치에 의해 처리된 정보는 다양하게 이용된다. 육지의 정보는 농업(농작물 수확예측, 토양 분류, 목장관리 등) 임업(삼림자원 조사, 식생분포조사, 산불감시, 삼림 병충해 관리 등), 토지 이용 현황조사 등에 이용된다. 해양 지역에서는 어업(해수온 분포, 해류, 프랑크톤, 적조, 용승지역 조사 등), 해상기상 조사(파도, 해류, 해빙 등 해수의 순환, 해양오염 조사와 감시, 쯔나미 등)에 이용되고 있으며 대기오염 조사와 감시, 일기예보 등에도 활용되고 있다.

10.5 미래의 지구환경

"이 무한한 우주 안에서 태양이란 하나의 가스 등에 불과하며 지구란 진흙 한 방울에 지나지 않는다. 그러나 고뇌가 지구 위에서만 있는 것이라면 지구는 그 밖에 있는 온 우주보다 훨씬 위대하다."라고 지구를 찬미한 Anatole France가 아니더라도 지구에서 살고 있는 우리 인간은 지구를 사랑하고 염려하지 않을 수 없다.

46억 년 전 태양계의 일원으로 탄생한 지구는 지구 자체의 변화뿐만 아니라 운석 충돌과 같은 외적 영향도 무수히 받아왔다.

지구는 식어가고 있는가 아니면 지구는 더워지고 있는가? 지구 내부의 맨틀과 핵에서는 무슨 현상이 일어나고 있는가? 지구상의 생명은 창조된 것이가 진화된 것인가? 모두가 알 수 없는 현상으로 남아 있다.

확실한 사실은 지구 주위의 태양계 구성원의 과학적 정보가 축적되어 원시 지구의 역사가 조금씩 밝혀져가고 있다는 점이다. 지구가 거대한 판운동과 같은 동적 시스템의 상태에 있으며 에너지의 사용 급증과 사용 에너지의 종류가 변화하고 있다는 점이다. 따라서 지구환경은 빠른 속도로 변화되어 가고 있다.

우리나라도 외나로도 우주센터에서 우주개발 및 우주공간 사용에 관한 연구와 우주탐사가 가속화되고 있다. 지구인은 언제 외계 천체로 이주하게 될 것인가? 지구 지질학자에서 행성지질학자로 역할 변화가 진행되고 있다. 지구에서 한정된 에너지 자원 및 금속 비금속 지하자원을 외계에서 가져오게 될 날이 가까워진 것 같다. 화산활동, 지진 등 지구 내부의 활동뿐만 아니라 빙하, 사막화, 지구온난화 등 지표의 기후변동에 의한 지표환경 변화가 비이상적으로 일어나고 있다.

지표환경의 변화에 따른 지표 생활공간 사용이 지하공간으로 또는 수중공간으로 변화될 것인가? 우리 함께 지구의 미래를 생각하여 보자.

툰드라 동토 위의 대한민국 북극다산과학기지

북극 쉬발바아르섬(Svalbard) 스피츠베르겐 지역 제4기 화성활동의 특성을 연구하기 위하여 2007년 6월 한달 간 한국해양연구원 부설 극지연구소 연구팀과 함께 북극 다산과학기지를 방문하게 되었다. 북극 다산과학기지는 대서양 북단 북위 79도에 위치하고 있는 쉬발바아르섬 니올레슨(Ny-Alesund) 국제과학 연구단지에 한국해양연구원이 2002년 4월에 설립한 북극연구기지로 과학기술부 국가지정 연구실이기도 하다. 니올레슨 국제과학연구단지 내에는 각국이 공동으로 사용할 수 있는 킹스베이 해양실험실과 노르웨이의 스버드럽(Sverdrup) 연구기지, 측지관측소, 제페린(Zeppelin)관측소가 운영되고 있다. 프랑스와 독일의 알프레드 베게너 연구소(AWIPEV) 및 성층권 변화 감지 네트워크(NDSC)관측소, 중국의 북극 황허(黃河)기지, 일본극지연구소 북극관측기지등 세계 여러나라의 과학기지가 밀집하고 있다. 그리고 금년 여름에 러시아와 인도의 북극과학기지가 이곳에 들어서게 되어 있다.

북극점을 중심으로 빙하로 덮혀 있는 북극해 쉬발바아르 주변 지역은 대체로 4월부터 8월까지 백야가 계속되며 고위도로 갈수록 백야는 길어진다. 또 10월부터 이듬해 2월까지는 장기간 밤이 계속 되는 특수한 환경이다. 여름철의 평균 기온은 5℃ 내외이며 겨울철은 평균 －15℃ 내외이다. 연평균 강우량이 370mm로 대단히 낮아 북극의 사막이라고도 부르기도 한다. 초여름 갈색 이끼로 덮힌 북극 툰드라 지역에 눈이 녹기 시작하면서 수개월의 긴 어둔 밤 겨울의 혹독한 추위를 견더내고 모습을 나타낸 북극자주범의귀, 북극장구채, 북극담자리꽃나무, 북극버

| 그림 10-29 | 북극 다산과학기지 주변의 환경. 빙하와 눈으로 덮힌 지형, 북극자주범의귀의 아름다운 여름꽃. 북극에도 온천수가 솟아나고 있다.

들 등의 작은 잎새의 붉은색과 노랑색의 들꽃의 아름다움은 눈밭 속에 피어난 생명의 신비감을 다시 한번 느끼게 하여 준다. 드물게 이끼식물로 덮혀 있는 툰드라 들판에는 순록이 작은 풀을 뜯고 하늘에는 새들이 추위에도 아랑곳없이 아름

다운 소리로 툰드라 동토가 살아 있음을 알려 주고 있다. 북극의 니올레슨 지역은 다양한 피요르드 해양과 북극곰, 조류와 이끼식물이 서식하고 있는 툰드라 지역의 육지조건을 함께 갖춘 전형적으로 북극의 생태계를 갖춘 곳이다. 지질학적으로는 선캄브리아기 기반암에서 칼레도니아 조산대, 제4기 화산활동에 이르기까지 다양한 지질시대의 지층과 복잡한 지질구조대가 발달하며, 온천, 석탄, 석유, 천연가스, 금등의 금속 광물자원이 분포하고 있는 매력적인 동토의 섬이다.

때문에 니올레슨에는 세계 여러 나라들이 자국의 북극 과학연구기지를 설립하고 있다. 현재 대기권과 해양 생태계의 연구와 자원환경 연구의 열기가 뜨겁다.

최근 이 지역 연구 동향은 해양생물(32%), 대기연구(30%), 지구자원(13%), 육상식물(6%), 화학(2%) 연구주제 순으로 연구가 진행되고 있다. 해양생물 분야에서 피요르드 생태계의 기후변화의 영향, 생물의 라이프사이클, 영양염류의 재생속도, 해조류의 분포와 생태학적 특성 등이 연구되고 있다. 프랑스-독일 연구기지와 노르웨이의 제패린관측소를 중심으로 대기권 연구가 활발하며 오존과 온실효과에 영향을 주는 기체를 모니터링하고 있다. 2001부터 2006년까지 측정결과에 의하면 이산화탄소보다 1,000배 이상 지구온난화에 영향을 주는 HFC13a가 연간 4.8ppt속도로 증가하였음이 밝혀졌다. 그러나 다행히도 아직은 지구온난화에 큰 영향을 주기에는 너무 작은 량이라는 사실이 확인되었다. 성층권의 오존층과 대기권의 에어로졸, 수은 등도 모니터링하고 있다.

우리나라 극지연구소 연구팀도 다산과학기지를 중심으로 선도적으로 극지해양생태계에서 해양 프랑크톤, 규조, 미세 해조류의 분포특성 연구와 고층대기 정상관측 및 제4기 화산활동 성인 등의 야심찬 연구를 수행하고 있다. 우리나라 보다 2년 후에 설립된 중국의 황허연구기지에서도 금년에 빙하 모니터링, 유기오염원 연구, 생물다양성 연구 등 11개 중점과제 연구를 하고 있다.

북극다산과학기지는 지구환경 및 대기와 생태계 모니터링과, 극지 생태계의 특성연구 뿐만 아니라 북극해 주변에 매장되어 있는 미지의 석탄, 석유, 천연가스 및 금속광물자원의 탐사 연구센터로도 중요한 역할을 하고 있다.

프랑스-독일-노르웨이 등은 오존및 대기권 오염물질 추적을 위하여 라이다 레이져(Lidar-laser) 관측장치, 기구(ballon)를 이용한 오존측정, 기저표면반사(BSRN) 관측망 구축 등의 연구 기반시설과 다수의 상주 연구 인력이 연구 활동에 참여하고 있다. 그러나 북극다산과학기지는 현재 여름 몇 달 동안 한시적으로

만 연구원들이 방문 연구 활동하고 있다. 연구 인력이나 업그레이드된 관측 장비 보완 등의 연구 인프라 구축이 요구되고 있다. 지구의 미지의 북극 동토는 남극 대륙과 함께 우리 지구인들의 마지막 희망의 땅이기도 하다. 또한 오존층, 에어로졸, 지구온난화, 해양생태계 변화의 모니터링을 통한 지구환경 감시망 운영의 최적지이기도 하다. 최근 니올레슨 국제과학연구기지는 극지환경 연구뿐만 아니라 지구인들의 극지환경 체험의 교육장과 관광자원으로도 크게 각광을 받고 있다. 다산과학기지에서 한국인의 자긍심을 느끼면서 과학한국의 위상 제고와 범지구적 환경보존 및 미지의 전략광물자원 탐사를 위한 핵심 연구기지로 새로운 도약을 기대해 본다(동아일보 2007, 과학세상).

극지환경의 지형과 암석의 특징을 조사하여 보자. 그리고 미래의 극지과학의 연구 내용에 대하여 알아보자.

10.6 지구환경의 보전

지구는 암석권, 대기권, 생물권, 수권으로 구성되어 있다. 여기에 Chardin(1881~1955)은 사고력의 피막이란 의미의 정신권(noosphre)을 추가하였다. 정신권은 철학적인 용어라기보다는 인간활동을 중심으로 한 정신권 지구화학, 즉 사회 지구화학분야라고 생각할 수 있다. 지구환경과학은 인류사회와 지구물질계의 진화와의 관련성과 자연개조를 연구하는 학문의 한 분야로 등장하고 있다(半谷, 1988).

지구환경 문제는 특정 국가의 문제가 아니며 전세계적이고 우주적인 문제임과 동시에 복합작용으로 그의 원인과 결과가 초래되기 때문에 환경윤리의 중요성은 더욱 증대되고 있다. 지구온난화, 사막화, 산성비, 지하자원의 고갈, 해양오염, 대기오염, 토양오염, 수질오염, 오존층의 파괴 등이 산업혁명 이후 인구증가, 과학문명의 발달과 함께 급속히 증대하고 있다.

산업혁명 이전에는 지구의 암석권, 대기권, 생물권, 수권, 정신권의 각 권 사이에 이상적인 물질평형이 이루어져 있었다. 그러나 산업혁명 이후 지구환경과 정신권에 큰 변화가 왔다. 즉 인간생활의 향상을 위하여 화석연료의 사용 급증, 인구의 증가, 급속한 공업화, 생존경쟁에 의한 핵무기의 개발 등의 고도로 발달한 과학기술이 자연을 급개조하여 각 물질권 사이의 평형이 깨어지기 시작하였다.

서기 2050년경에는 지구상의 인구가 60억을 넘게 될 것이다. 2002년 주요 국가의 인구는 중국(1,281M, M은 백만명), 인도(1,050M), 미국(287M), 인도네시아(217M), 브라질(174M) 순이던 인구가 2050년에는 인도(1,628M), 중국(1,394M), 미국(413M), 파키스탄(332M), 인도네시아(316M) 순으로 변화할 것으로 예상하고 있다. 그러나 식량 생산량의 증가는 인구증가와는 달리 둔화되어 지역적으로 식량부족과 과잉생산 지역이 발생하여 지구상에는 식량의 불균형이 일어날 것이다. 즉, 자연계의 탄소, 질소, 산소, 황의 순환 등 원소의 순환, 물의 순환, 판구조운동에 의한 지각물질의 순환 등의 물질의 순환속도에 큰 변화가 일어났다.

자연적으로 조화(평형)될 수 있는 순환속도에서 인간활동으로 인한 인위적으로 순환속도를 변화시키므로 자연의 조화와 질서가 파괴되기 시작하였다. 때문에 지구환경보존을 위한 대책이 필요하다. 지구환경보전은 정신권의 안정과 정상화가 우선되고 지속가능한 자연개발과 자연과의 공생을 위하여 '자연의 보전=자연의 개발=자연의 이용'의 평형(조화)을 유지시키는데 우리 인류의 모든 연구력을 집중시켜야 된다고 본다. 때문에 오늘날 정신권 내에서도 많은 갈등을 초래하고 있다. 이를 위하여 필자는 우주와 거대한 자연의 평형과 조화 그리고 자연의 수수께끼와 신비는 동위원소와 같은 미세한 물질의 단위의 연구와 개발에서 가능해진다고 믿고 있다.

뿐만 아니라 자연계 질서유지에 생물계의 박테리아, 곰팡이류와 같은 미생물의 역할이 대단히 크기 때문에 박테리아와 같은 미생물을 지혜롭게 조절하므로 생물과 자연의 조화를 함께 찾아야 할 것으로 믿고 있다.

용어해설

각섬암(amphibolite) 각섬석 광물을 다량 함유한 조립질의 중변성도의 변성암. 화성기원의 각섬암도 있다.

간빙기(interglacial age) 빙하기와 빙하기 사이의 기간으로 제4기 플라이스토세시기에서 현세로 오면서 간빙기는 첫 번째 아프토니안, 두 번째 야모우스, 세 번째 산가몬 간빙기가 있다. 현재는 제4간빙기에 있다.

격변설(catastrophism) 프랑스의 Cuvier가 주창한 설로 지구상의 모든 지질학적 현상 및 지형 형태가 일시적인 한순간에 일어난 대격변적인 사건에 의해 형성되었다는 이론이다.

결핍맨틀(depleted mantle) 맨틀물질 중에 $^{143}Nd/^{144}Nd$비가 높고, $^{87}Sr/^{86}Sr$비와 $^{206}Pb/^{204}Pb$비가 낮은 특징을 나타내는 것. 맨틀물질이 부분용융되어 마그마가 형성될때 Sm보다 이온반경이 약간 큰 Nd이 마그마(액상)에 농축되고 Sr보다 약간 이온반경이 큰 Rb이 마그마에 농축되어지게 되어 맨틀에는 Nd과 Rb이 감소하게 되어 결핍맨틀이 만들어진다. MORB기원이 대다수 결핍맨틀에 속하며 중국 동부지역에서 산출된 맨틀 포획암에서 그 지역 맨틀이 대단히 결핍된 특징을 나타내고 있다.

고기후(paleoclimate) 과거 지질시대의 기후. 화석, 화분, 동위원소 연구 등에 의해 고기후를 연구하고 있다.

고지자기(paleomagnetism) 암석 내에 자성광물이 지구 자기장에 의해 자화되어 기록된 것. 화성암의 경우, 퀴리온도 이하에서 자성광물이 그 당시의 지구자장에 따라 자화된다.

곤드와나 대륙(Gondwana Land) 약 6500만 년~3억 년 전(중생대~고생대 후기)에 남반구에 존재하고 있었던 것으로 생각되는 대륙. 현재의 남미, 아프리카, 인도, 오스트레일리아, 남극대륙이 하나로 붙어 있었던 대륙이다.

공극률(porosity) 주어진 기반암이나 토양의 총부피 중에서 공극이 차지하는 비율(%). 투수성과 밀접한 관련이 있다.

광구(photosphere) 태양대기의 가장 안쪽 부분으로 두께는 300~500km이다. 우리 눈에 보이는 태양표면으로 밀도가 내부로 갈수록 높아지기 때문에 태양 내부를 볼 수 없다. 온도는 광구 상층부는 4,500°K, 하층부는 8,000°K이다.

광분해(photolysis) 분자가 빛에너지(우주선)에 의해 작은 분자, 원자이온으로 분리되는 현상. 수증기가 자외선에 의해 H_2O-H_2+O 로 광분해된다.

광석(ore) 경제적으로 가행대상이 되는 유용금속 · 비금속광물이 다량 포함된 덩어리. 이용가치가 없는 부분을 맥석(gangue)이라 한다.

광역변성작용(regional metamorphism) 지각의 광범위한 지역에서 긴 지질시대의 기간 중 온도와 압력의 영향을 받아 기존 암석에 변성작용이 일어나 넓은 지역이 변성암으로 변하는 작용이다.

구로코(黑鑛, Kuroko) 일본에 분포하고 있는 연, 아연, 동광상의 이름. 배호분지 해저 화산분출과 관련 해저에서 침전된 광석으로 광석이 주로 검은 색을 띠고 있다.

규산염광물(silicate mineral) SiO_4 사면체와 결합되어 만들어진 광물이다.

규암(quartzite) 사암이 변성작용을 받아, 석영이 재결정작용을 받아 만들어진 변성암이다.

내핵(inner core) 지구의 중심부 Fe, Ni로 구성된 고체부분을 말한다.

녹색편암상(greenschist facies) 변성온도와 압력에 의해 구분한 변성상으로 녹니석이 풍부한 저변성도의 변성암이 여기에 속한다.

다윈(C. R. Darwin, 1809. 2. 12~1982. 4. 19) 영국 슈르즈베리에서 개업의의 아

들로 태어나 캠브리지대학에서 공부. 비글호에 승선 세계 일주를 하면서 Hutton의 "지구에 관한 이론"에 심취되어 진화론적 개념을 도입. 박물관학연구의 기초를 수립. 영국 지질학회 서기(1838~1841), 산호의 구조, 화산섬, 남미의 지질을 연구하여 화성암의 다양성을 연구함. 후에 동물학, 생물학에 전념하여 1859년 「On the origin of species」라는 논문에서 진화론을 확립하였다.

다이나모설(dynamo theory) 지구의 자성을 설명하는 가설. 지구의 외핵은 전기 전도도가 높은 철과 니켈로 구성된 고온의 액상 용융체이므로 지구의 자전운동과 외핵 내의 대류운동에 의해 생성된 전류가 지구의 자기장을 형성한다는 가설이다.

단층(fault) 지층 또는 암석이 그 면을 따라 이동된 것을 말하며 정단층, 역단층, 수평이동단층 등이 있다.

대류(convection) 뜨겁고 밀도가 낮은 물질이 상승 이동하여 차가운 고밀도 지역으로 물질이 서로 치환되는 과정이다.

대륙붕(continental shelf) 대륙주변부에서 수심 200m 내외의 경사가 완만한 얕은 해저 탁상지. 석유, 천연가스 및 기타 해저 광물자원이 많이 분포하고 있다.

대륙이동설(continental drift theory) Wegener가 주창한 설로 거대한 시알질 대륙지판이 시마질해양지각 위를 이동하여 하나의 판게아 초대륙에서 오늘날 대륙분포처럼 이동 · 분리되었다는 설. 대서양 양안의 미국 쪽과 아프리카 쪽의 해안선의 모습이 일치하며 양쪽 대륙에서 지질구조, 고생물 등이 잘 대비되고 있다. 현재 판구조론과 해양저 확장설로 잘 입증되고 있다.

대륙지각(continental crust) 대륙을 구성하고 있는 지각으로 주로 화강암질암으로 구성되어 있으며 밀도는 $2.7g/cm^3$, 평균 약 45km 두께를 가진다.

대리암(marble) 퇴적암인 석회암이 고온 · 고압에서 재결정되어 변성되면 대리암이 된다.

대보화강암(Daebo granite) 우리나라 중생대 쥬라기의 대보조산운동과 수반되어 관입한 화강암류를 말함. 지나방향으로 분포하고 있다. 한편 불국사화강암은 백악기에 주로 한반도 남부에 분산 관입하고 있다. 안산암질 화산암이 밀접히 수반된다.

대수층(aquifer) 지하에 물로 포화되어 있으며 지하수가 흐르는 투수성 암석이나 지층이다.

대양저(ocean floor) 대륙에서 멀리 떨어진 수심 3,000~6,000m 내외의 심해저지역. 대양저에 높은 해저산맥(중앙해령)이 발달하고 있으며 무수히 많은 해산(sea mount)이 분포하고 있다. 망간단괴 등이 분포하기도 한다.

동위원소(isotope) 원자번호는 같지만 질량수가 다른 원소이다. 예 : ^{12}C, ^{13}C, ^{14}C, ^{16}O, ^{17}O, ^{18}O

동위원소비 초생치(initial isotopic ratio) 화성암이 마그마에서 고화될 당시 마그마 자체가 가지고 있었던 동위원소비. 암석의 방사성절대연령 측정시 시료 내에 존재하는 딸원소의 동위원소비는 모원소가 붕괴하여 생성된 것으로 지질시대가 경과함에 따라 이 값이 변화한다. 시료 내에 존재하는 딸원소는 모원소의 방사성 붕괴로 인하여 생성된 것과 마그마가 원래부터 가지고 있던 동위원소 초생치가 합쳐진 것이다. 실험적으로는 아이소크론 연대가 얻어질 때, 아이소크론 직선이 가로축 좌표값(친핵종이 0에 해당함)이 0일 때, 세로축과의 교점 좌표값에서 얻어진다. 화성암에서 이 초생치는 암석의 기원물질 추정이나 마그마의 상승 도중 지각물질의 혼입 등 암석 생성과정이나 성인의 중요한 정보를 제공하여 준다.

동위원소 지질온도계(isotope geothmometer) 공존하고 있는 광물상이나 화합물 사이에 임의의 원소의 동위원소 존재도가 동위원소 교환평형상태에 있을 때, 그 평형정수가 온도에 의존함($\ln K = \frac{-\Delta G^{\circ}}{RT}$)을 이용하여 지질시스템에서 평형온도를 구하는 방법. $1000 \ln \alpha_{c-w} = aT^{-2} + b$로서 a와 b는 이론적으로나 실험적으로 결정되는 상수이다. $1000 \ln a = \delta^{18}Oc - \delta^{18}Ow$이므로, 평형상태에서 공존하고 있는 방해석과 물의 산소동위원소비를 측정하면 온도가 계산된다. 유공충 화석이나 연체동물 패각화석과 해수의 동위원소비를 측정하면 고해수의 수온이 얻어질 수 있다.

동일과정설(uniformitarianism) Lyell과 Hutton이 주창한 설로 현재 지구상에 일어나고 있는 각종 지질현상과 유사한 지질현상이 과거 지질시대에도 일어났다는 진화론적인 개념이다.

리히터지진규모(Richter magnitude scale) 지진발생 시에 방출된 에너지 양을 비교하기 위하여 지진기록계에 기록된 실체파의 진폭에 근거한 지진 강도 규모를 말한다.

마그마(magma) 하부지각과 상부맨틀에 있는 암석광물이 부분용융된 뜨거운 멜트, 해령이나 열점에서는 맨틀기원의 현무암질 마그마가 상승하며 판의 섭입대에서도 슬래브(slab)물질이 부분용융되어 안산암질 마그마 또는 화강암질 마그마가 형성된다.

마그마동화(magmatic assimilation) 마그마에 외부 물질이 유입되어 흡수되는 작용. 퇴적암, 변성암 등 기존 암석이 마그마에서 유입되어 마그마에 녹아서 흡수, 혼합된다.

마그마분화(magmatic differentiation) 마그마가 냉각될 때 중력에 의해 광물이 분리됨으로써 임의의 마그마에서 조성이 다른 다양한 화성암을 형성하는 것. 가스에 의한 물질의 운반, 확산, 동화작용에 의해서도 마그마의 분화가 일어난다.

마그마오션(magma ocean) 지구형성모델에 의하면 초기지구는 지구표층부가 고온으로 융해되어 있었다고 생각한다. 깊이 200～1,000km 내외의 융해부분을 마그마오션이라 한다.

망간단괴(manganese nodule) 심해저퇴적분지에 해수 중에 용존하고 있는 유용성분 중 다량의 망간(Mn)이 뭉쳐져 둥글둥글한 모양으로 침전된 단괴모양. 단괴 내에는 니켈, 철, 코발트, 구리 등이 다량 함유되어 있다.

맥석(gangue) 광석 중에 경제적으로 가행 가치가 없는 광물들을 말한다. 석영, 황철석광물들이 있다.

맨틀(mantle) 지구 내부의 지각과 핵 사이에 위치한 부분으로 밀도 3.3g/cm^{3}인 감람석, 휘석, 석류석 등으로 구성된 감람암질 암석으로 구성되어 있다.

맨틀배열선(mantle array) 지구물질의 네오디뮴, 스트론튬 동위원소비를 x, y 좌표계에 표시하였을 때 ^{143}Nd/^{144}Nd비는 크고 ^{87}Sr/^{86}Sr비가 작은 결핍맨틀(II상한)에서 ^{143}Nd/^{144}Nd비는 작고 ^{87}Sr/^{86}Sr비가 큰 부화맨틀(IV상한)쪽으로 나타난 εNd=-0.37εSr의 직선 관계의 식. 맨틀 기원물질의 동정과 지각물질의 혼입, 진화해석에 기준으로 이용되고 있다.

메스무브먼트(mass movement) 운반매체의 도움없이 표토가 중력에 의해 산 사면에서 흘러내리는 현상. 사태, 낙석 등이 있다.

모호로비치치 불연속면(Mohorovicic discontinuity) 모호불연속면이라고도 하며 지각과 맨틀 사이에 형성된 P, S 지진파의 불연속면이다.

목성형 행성(jovian planets) 태양계 외측에 위치한 질량이 크고 밀도가 낮은 천체로 주로 수소와 헬륨으로 구성되어 있다.

반감기(half life) 방사성 핵종의 원자수가 반으로 줄어드는 데 걸리는 시간. 방사성 붕괴시 최초의 원자수를 N_0, 붕괴시작 t시간 후 원자수를 N이라 하면 $N= N_0e^{-\lambda t}$식에 따라 붕괴하므로 붕괴정수 λ와 반감기 $t\frac{1}{2}$ 사이에는 $t\frac{1}{2} = \ln2/\lambda$관계에 있다. U, Rb, Sm, K 방사성 동위원소는 반감기가 긴 장반감기 핵종이며 ^{14}C는 반감기가 5730년의 짧은 단반감기 핵종이다.

반려암(gabbro) 사장석과 휘석, 감람석으로 구성되어 있으며 석영이 존재하지 않는 조립질 심성암이다.

반암(porphyry) 세립질의 석기에 조립의 광물 입자(반정)로 이루어진 반심성암이다.

방사성동위원소(radioactive isotope) 핵종이 불안정하여 방사성붕괴를 하는 원소를 말한다. 방사성동위원소의 반감기를 이용하여 암석 절대연령측정을 한다. 우라늄계열 방사성동위원소인 ^{238}U, ^{235}U, ^{232}Th 등은 붕괴하면 각각 ^{206}Pb, ^{207}Pb, ^{208}Pb으로 변한다. 그 외에도, $^{87}Rb \rightarrow {}^{87}Sr$, $^{40}K \rightarrow {}^{40}Ar$, $^{143}Sm \rightarrow {}^{144}Nd$ 등 반감기가 긴 방사성동위원소와 $^{14}C \rightarrow {}^{14}N$ (반감기 5730년)와 같은 짧은 반감기를 가지는 방사성동위원소가 있다.

배호분지(back arc basin) 호상열도 배후에 형성된 퇴적분지. 일본열도와 한반도 사이에 형성된 동해는 배호분지이다. 태평양판이 유라시아판 밑으로 섭입되면서 일본열도가 떨어져 나가 동해가 확장 배호분지가 형성되었다.

변성상(metamorphic facies) 특정한 물리적 조건(온도, 압력)의 변성작용 동안에 형성된 평형상태에 도달한 변성광물 공생군에 의해 구분한다.

변성작용(metamorphism) 퇴적암이나 화성암이 높은 온도와 압력 하에서 재결정 작용과 변형이 일어나 새로운 광물(변성작용)과 조직을 나타내는 작용을 말한다.

변성작용을 받아 만들어진 암석을 변성암이라고 한다.

변환단층(transform fault) 두 판이 접하는 암권 내에 발달한 단층. 해령이 무수히 많은 변환단층에 의해 전이되어 있다.

병반(laccolith) 퇴적암층에 화성암이 관입하여 버섯 모양 형태의 돔 구조를 나타내는 화성암체의 모양이다.

보웬의 반응계열(Bowen' s reaction series) 마그마가 냉각 · 결정화 될 때 초기 고온에서 온도가 내려감에 따라 감람석, 휘석, 각섬석, 운모류, 석영(장석) 등의 순서로 광물의 결정화되는 순서를 말함. 사장석은 고온에서 Ca-사장석에서 저온으로 내려감에 따라 Na-사장석이 연속적으로 형성된다.

복사층(radiative zone) 태양의 핵에서 나오는 에너지가 전자기 복사에 의해 운반되는 지역. 에너지는 복사층 내에서 흡수되고 여러 차례 재방출되어 대류층으로 나온다. 빛이 이 과정에서 외부로 나오는 데 약 100만 년 정도 걸린다.

부가(accretion) 두 지판이 충돌함으로써 이동되어 온 퇴적물이 판에 부착되거나 이동되어 온 섬이나 대륙에 부착되어 대륙이 점점 확장되는 것. 대륙성장이 이루어진다.

부영양화(eutrophication) 호수나 바다에서 플랑크톤과 같은 식물 영양소가 지나치게 풍부하게 되어 조류의 성장을 과다하게 일으키는 현상이다.

부정합(unconformity) 지층이 시간이 지남에 따라 연속적으로 퇴적되었을 때 상하 지층 사이의 관계는 정합이며 퇴적 후 지층이 융기되어 침식이 일어나고 다시 침강한 후 새로운 지층이 그 위에 퇴적되었을 때 지층 사이에 긴 시간의 공백이 생기는 데 이들 상하 지층관계를 부정합이라고 한다.

부화맨틀(enriched mantle) 맨틀물질 중에 동위원소 특징에서 $^{143}Nd/^{144}Nd$비는 낮고 $^{87}Sr/^{86}Sr$비는 변화폭이 크며 $^{207}Pb/^{204}Pb$비와 $^{208}Pb/^{204}Pb$비는 큰 값을 가지는 맨틀물질. 부화맨틀 물질 중에 $^{87}Sr/^{86}Sr$비가 낮은 특징을 가지는 것을 EM I , $^{87}Sr/^{86}Sr$비가 큰 값을 가지는 맨틀물질을 EM II로 구분하고 있다. 남반구 지역에서 확인된 대규모의 EM II 맨틀은 DUPAL 이상이 나타나는 것으로 잘 알려져 있다.

붕괴상수(decay constant) 단위시간 내에 방사성 핵종이 붕괴하는 확률. N개의 방사성 핵종이 t 단위시간 내에 붕괴하는 수는 $\frac{dN}{dt}=-\lambda N$ 관계에 있다. 붕괴상수와 반감기 사이에는 $\lambda=\frac{\ln 2}{t^{\frac{1}{2}}}=\frac{0.693}{t^{\frac{1}{2}}}$ 관계에 있다.

산소편이(oxgen shift) 일반적으로 고온 열수 환경에서 물과 암석이 상호반응하여 물과 암석을 구성하고 있는 산소 원소의 동위원소 교환이 물-암석 사이에서 일어나 암석속에 있는 무거운 산소 동위원소 때문에 열수의 동위원소비 값이 무거운 동위원소 값 쪽으로 변화하는 현상. 물-암석 상호반응(water-rock interaction) 시의 물/암석비의 정량이나 지열지역이나 온천지역 열수계에서의 지질과정 해석에 유용하게 이용된다. 온천수나 열수의 경우 그 지역의 지하수보다 산소동위 원소 값이 큰쪽으로 편이 되어 나타 난다. 수소편이가 현저히 나타나지 않는 것은 암석을 구성하는 원소 중 수소가 대단히 적은 양으로 존재하기 때문이다.

삼각주(delta) 하천이 정체된 물(호수나 바다)로 유입되는 곳에서 하천에 의해 운반된 퇴적물이 델타(△)모양으로 퇴적된 지역이다.

선상지(alluvial fan) 경사진 산 계곡을 흐르는 하천에 의해 만들어지는 부채꼴모양의 퇴적지이다.

섭입대(subduction zone) 베니오프대(Benioff zone)라고도 하며 판과 판이 수렴하는 판의 경계지역에 하나의 판이 다른 판 밑으로 20~40° 경사지게 기어 들어가는 지역. 이 곳에는 심발 지진과 화산활동이 빈발하고 있다.

성운(nebula) 우주에 존재하는 가스 또는 가스와 고체입자의 집합체이다.

성층화산(stratovolcano) 용암과 화산쇄설물(tephra)이 번갈아 분출 퇴적된 화산지형을 이루는 화산이다. 일본 후지산, 백두산이 여기에 속한다.

세차운동(precession) 회전운동을 하는 물체가 자전축이 일정한 범위 내에서 회전하는 것이다.

소행성(asteroid) 화성과 목성 궤도 사이에 존재하는 무수히 많은 작은 별. 가장 크기가 큰 소행성 세레스(Ceres)는 직경이 약 1,000km이며 대부분 직경 20~80km 내외이다. 4,000개 정도 현재 확인되어 있음. 많은 운석은 소행성의 조각이다.

순상지(shield) 선캄브리아기의 안정대륙으로 캐나다순상지, 앙가라순상지, 발틱순상지 등이 있다. 고기 안정대륙이 완만하게 위로 볼록한 형태로 주위에 선캄브리아시기 이후의 퇴적층이 퇴적되어 있다.

순상화산(shield volcano) 유동성이 큰 현무암질 용암이 분출하여 2~3°의 완만한 지형경사를 이루는 화산. 하와이, 제주도와 같은 화산이다.

순환수(meteoric water) 해수가 증발 응축하는 대기의 순환과정에서 형성된 물이다. 순환수는 온도효과에 의해 일어난 동위원소분별 때문에 수소와 산소 동위원소비가 $\delta D = 8\delta^{18}O+10$(순환수 선이라함)의 직선관계에 도시된다.

슈퍼 프럼(super plume) 맨틀 최하부 핵과 경계부에서 상승하고 있는 맨틀 상승류. 인도의 데칸고원 현무암처럼 대규모의 현무암대지나 해양대지 현무암이 슈퍼 프럼에 의해 형성되었다.

스트로마톨라이트(stromatolite) 핵과 색소체를 갖지 못하는 남조류(cyanophyte) 등의 신진대사, 성장 결과로 동심원상으로 둘러싸이거나 침전된 유기퇴적암의 퇴적구조가 나타나는 조류. 현생 미역, 김, 다시마 등이 여기에 해당된다.

스피넬(spinel) $(Mg, Fe)_2SiO_4$ 조성을 가지는 스피넬 구조의 고압광물상. 지구의 상부맨틀에서 감람석이 심부로 감에 따라 스피넬 구조로 상전(변화)되어 520km 부근에 규산염스피넬 광물로 존재한다.

슬레이트(slate) 셰일 등의 퇴적암이 변성된 변성암(점판암이라고도 부름). 쪼개짐이 잘 발달하여 판상으로 잘 쪼개진다. 천연슬레이트는 석재로 이용된다.

심성암(pluton) 마그마가 지하심부에서 서서히 냉각 관입한 여러 암체를 말한다.

쌀알조직(granulation) 광구에서 나오는 뜨거운 가스의 수명이 8분 정도로 짧은 거품이 태양 대류표면에 나타나 쌀알무늬로 보인다. 지름 약 700km 정도의 쌀알무늬 중심부에서는 가스가 상승(밝은 부분)하고 가장자리 어두운 부분으로 하강하여 광구 밑에서 대류가 일어나고 있다.

쌍변성대(paired metamorphic belt) 해양판이 섭입대와 관련 섭입이 시작되는 지역에 저온고압형의 변성작용이 일어나고 섭입대 내측에 고온 저압 변성작용이 일어나 두 줄의 쌍변성대가 형성된다. 일본 열도에서 전형적인 쌍변성대가 나타나고 있다.

아이소크론(isochron) 폐쇄계에서 방사성 붕괴를 한 모핵종과 딸핵종에 대하여 *t*

시간 지난 후 모핵종과 딸핵종의 함유량의 관계를 나타내는 직선. 폐쇄계에서 광물이나 암석 내의 ^{87}Rb이 방사성붕괴하여 ^{87}Sr이 생성된다. 이때 광물이나 암석의 $^{87}Rb/^{86}Sr$과 $^{87}Sr/^{86}Sr$비를 측정하여 x, y 좌표계에 도시하면 직선이 얻어진다. 이직선이 아이소크론이다. 직선의 기울기에서 암석의 절대연령이 계산되며 x축 값이 0 인 y축에서 이 동위원소 핵종의 초생치가 얻어진다. 시료가 광물인 경우 광물 아이소크론이 얻어지고 암석인 경우 전암 아이소크론이 얻어진다. Sm-Nd시스템에서도 유사하게 아이소크론 연대가 얻어진다.

안정동위원소(stable isotope) 방사성붕괴에 의해 다른 핵종으로 변화되지 않는 동위원소로, 방사능을 가지지 않는다. 예를 들면, 탄소의 경우, ^{12}C, ^{13}C, 산소의 경우 ^{16}O ,^{17}O ,^{18}O , 수소의 경우, ^{1}H, $^{2}H(D)$ 등이 있다. 임의의 안정동위원소의 자연계에서 비는 거의 일정하며, 그 비율에서 그 원소의 원자량을 결정한다. 짝수 원자번호를 가지는 원소가 홀수원자번호를 가지는 원소에서보다 안정동위원소 수가 훨씬 많고, 짝수 질량수가 많다. 안정동위원소는 반감기로 방사성붕괴는 하지 않지만, 자연계의 환경 변화를 해석하는 중요한 요소로 동위원소지질온도계나 추적자(tracer)로 이용된다.

아르곤동위원소비(argon isotope ratio) 영족기체인 아르곤(Ar)은 ^{36}Ar, ^{38}Ar, ^{40}Ar 안정동위원소가 있다. 이 중 ^{40}Ar은 대부분 ^{40}K이 방사성 붕괴로 만들어진 것이다. 현재 대기중의 $^{40}Ar/^{36}Ar$비는 295.3이며 지구 내부에서 탈가스된 아르곤의 이 비는 이값보다 훨씬 크다. 지구물질은 지각이나 지구심부 등 생성환경이나 지질시대에 따라 $^{40}Ar/^{36}Ar$비가 크게 다르다. 때문에 물질의 기원, 물질의 혼염을 포함한 지구 내부의 탈가스 과정이나 진화해석에 유용하다.

암맥(dike) 마그마가 암층을 소규모로 자르고 지나가는 평평한 판 모양의 관입 화성암체이다.

연륜연대학(dendrochronology) 수목의 나이테를 이용한 연대측정법. 나이테는 기후변동에 의해 폭이 변동하므로 다수의 시료를 이용하여 나이테의 변화패턴을 조사하여 목제품이나 매몰 수목의 고사연대를 동정한다.

연약권(asthenosphere) 지표에서 100~350km 깊이에 지진파의 속도가 감소하는 지역으로 점성이 강한 고체로 구성되어 있으면서 유동성이 크며 부분적으로 용융되어 있는 곳으로 판이 이 위를 미끄러져서 이동하고 있다. 저속도층(low velocity zone)이라 하기도 한다.

열수용액(hydrothermal fluid) 지하에 유용금속광물을 다량 함유한 고온의 용액. 온도에 따라 고온 열수, 중열수, 천열수 등으로 구분한다.

열점(hot spot) 판의 경계가 아닌 판의 중심부에서 마그마가 분출하는 곳. 하와이 군도에서처럼 하와이군도는 하와이섬 밑에 존재하는 열점 위를 태평양판이 이동함으로 현재 하와이 섬에서 마우이섬 쪽으로 가면서 암석의 연령이 늙어진다. 열점은 맨틀 플룸 기원에 형성된 것과 상부 맨틀에서 만들어진 열점이 있다.

영족기체 동위원소비(noble gas isotope ratio) 영족기체인 He, Ne, Ar, Kr, Xe 등의 동위원소비($^{3}He/^{4}He$, $^{20}Ne/^{22}Ne$, $^{21}Ne/^{22}Ne$, $^{38}Ar/^{36}Ar$, $^{40}Ar/^{36}Ar$, $^{86}Kr/^{84}Kr$, $^{129}Xe/^{130}Xe$ 등). 화학적으로 비활성인 영족기체가스의 동위원소 존재도는 주로 물리적인 과정에 의해 영향을 받기 때문에 지구와 우주물질의 질량 의존성이 있는 물리적 과정의 추적자(tracer)로 이용된다. 예를 들면, 중앙해령현무암(MORB)의 $^{3}He/^{4}He$ 비는 8.18±0.73R_A(열점기원 해양섬 현무암은 37R_A 이상, Hilton et al., 1993)이며 대륙지역의 시료는 U과 Th의 방사성 붕괴로 생성된 ^{4}He 때문에 ~0.02R_A 등을 나타내 마그마의 기원의 추적자로 이용되고 있다. Ne, Ar, Xe 동위원소비도 추적자로 이용된다.

에디아카라동물(ediacaran animals) 오스트레일리아 남부 에디아카라 언덕의 6억년 전 지층에서 발견된 최고기의 다세포 유기물 화석들이다.

에어로졸(aerosol) 공기 중에 떠다닐 정도로 작은 고체 입자나 액체 방울. 대기오염에 의한 오염물질이 에어로졸 형태로 운반된다.

열잔류자기(thermal remnent magnetism) 자성광물이 퀴리온도 이하에서 자화된 잔류자기이다.

오로라(aurora) 태양에서 방출된 대전 입자가 지구자기권의 영향으로 극지방의 대기권에 대기 중의 공기 분자와 충돌하여 발생되며 아름다운 빛을 띤다.

온실효과(greenhouse effect) H_2O(수증기), CO_2, CH_4 등의 열을 흡수하는 대기에 의해 지표의 온도가 보존 상승되는 효과. 지표로부터 장파장의 열선이 흡수되거나 대기로 재발산되어 온도가 높아지는 현상이다.

외핵(outer core) 지구 내부 지진파의 불연속면에 의해 구분된 2900km와 5130km 사이의 Fe, Ni 등의 고온의 액체 상태로 되어 있는 부분이다.

원격조정탐사(remote sensing) 인공위성에서 보내온 각종 정보를 영상 처리하여 각종 지질정보를 파악 해석하는 기법. 생태, 환경오염, 자원탐사 등 여러 목적으로 활용되고 있다.

원핵세포생물(prokaryote) 핵막, 미토콘드리아, 색소체 등 세포내 소기관의 막이 없는 세포로 된 생물. 박테리아, 청록말(藻類), 대장균류 등이 원형세포생물이다.

응회암(tuff) 화산재(volcanic ash)나 화산 쇄설물이 굳어진 암석이다.

이차이온질량분석계(SIMS) 이온빔이 물질표면을 조사하여 물질표면 구성원소 등을 질량분석하는 질량분석장치이다.

자기층서(magnetostratigraphy) 고지자기의 정자기, 역자기의 시기에 의해 수립된 지질시대의 자기층서를 말한다.

저류암(reservoir rock) 석유가 지하 지층 내에 잘 보존되는 다공질 사암, 석회암 등의 암석. 암석 내의 공극에 석유와 천연가스가 보존된다. 특히 석유와 천연가스는 배사구조 부분에 다량 저장되어 있다.

저반(batholith) 심성암이 관입 면적이 100km^2 이상 넓은 화성암체. 암주(stock)는 저반보다 규모가 적은 심성암 관입암체이다.

정마그마광상(magmatic ore deposits) 마그마 과정에 의해 초염기성 화성암체 내에 유용광물이 지역적으로 농집된 곳. 크롬, 백금, 자철석 광상이 형성된다.

조산운동(orogeny) 습곡산맥지역에서 일어나는 충상단층작용, 습곡작용, 단층작용과 같은 표층부의 지질현상과 지구 내부에서 일어나는 프라스틱 습곡작용, 변성작용, 심성암활동 등 모두를 총칭한다. 이런 지질작용이 일어난 지역을 조산대(orogenic belt)라 한다.

중력분화(gravitational differentiation) 마그마에서 광물이 정출되면 먼저 결정화된 광물이 중력에 의해 침강한 후 남은 잔액에서 성분이 다른 광물이 결정된 화성암의 광물성분이 다양해져 다양한 화성암이 형성된다. 또 마그마 내에서 무거운 광물은 가라앉고 가벼운 광물은 위로 떠 이런 과정에 만들어진 암석은 화성암체 내에 광물 조성이 변화한다.

중앙해령(mid-oceanic ridge) 해양지각판이 서로 갈라지는 곳으로 맨틀로부터 상승하는 현무암질마그마(중앙해령현무암, mid-oceanic ridge basalt : MORB)에 의해 새로운 지각이 형성되어 만들어진 태평양 중앙해령이나 대서양 중앙해령과 같은 해저 산맥. 해령에는 곳에 따라 뜨거운 검은 연기(black smoker)나 흰 뜨거운 연기(white smoker)가 지금도 솟아오르고 있는 곳도 있다.

지각(crust) 지구의 표면에서 모호불연속면까지 깊이에 해당하는 부분으로 대륙지각(continental crust)과 해양지각(oceanic crust)으로 구분된다. 대륙지각은 평균 48km 두께로 화강암질암석으로 구성되어 있으며 해양지각은 두께 5~10km로 얇은 현무암질암, 반려암질암석으로 구성되어 있다.

지각평형(isostasy) 두께가 다르고 밀도가 다른 대륙지각과 해양지각이 맨틀 위에 각각 부력 평형이 이루어진 특성. Airy설과 Pratt설이 제안되어 있다.

지구시스템과학(earth system sciences) 지구를 하나의 시스템으로 생각하고 지구의 대기권, 수권, 생물권, 암석권, 자기권, 인간권의 서브시스템들 사이에 상호작용과 상호평형을 연구하며 각 서브시스템 내에서 일어나는 여러 현상들의 변화 과정에 초점을 맞추어 연구하는 과학이다.

지구형행성(terrestrial planets) 태양계 안쪽에 위치한 내행성으로 수성, 금성, 지구, 화성이 여기에 해당된다. 행성의 크기가 작고 지구처럼 평균밀도(4~5.5g/cm^3)가 높으며 치밀한 고체로 구성되어 있다.

지진파(seismic waves) 진원에서 사방으로 전파되는 탄성파로 P파, S파, L파, 레이리파 등이 있다. 지진파에 의해 진앙지 결정, 지구 내부구조 및 물성을 연구한다.

지질도(geological map) 어느 지역의 지층과 암석의 분포, 지질구조 요소 등의 야외조사에 의해 조사한 후 지형도에 각종 지질정보를 기입하여 놓은 도면이다.

지질연대(geologic time) 지구형성 후 지구상에 일어난 지질학적 사건을 시간 순서로 나타낸 지구의 역사 기록. 상대연령(relative time)과 절대연령(absolute time)

이 있다.

지질온도계(geothermometer) 과거 암석이 형성될 당시의 온도를 특정한 온도 압력 조건하에 안정하게 존재하는 광물조합이나 광물 내에 포획되어 있는 유체포유물이나 광물의 상전이 온도 등에서 알아내는 방법. 최근 동위원소 지질온도계가 많이 이용되고 있다.

지질재해(geologic hazards) 홍수, 지진, 화산, 사태 등과 같이 지질학적 사건에 의해 발생하는 자연재해를 말한다.

지질주상도(geological column) 화석, 암상의 조사나 지질시대 측정에 의하여 일련의 지층들이 시대순, 층서순으로 수직적으로 그려진 그림이다.

지하수면(water table) 지하 지층 내에 지하수가 포화된 최상부면이다.

지하증온율(geothermal gradient) 지표에서 지구심부로 갈수록 온도가 증가하는 비율. 대륙지각과 해양지각에서 지하증온율의 기울기가 다르다.

진앙(epicenter) 지진발생 시 지하의 지진에너지의 지표에 방출한 지점이다.

진핵세포생물(eucaryote) 세포가 세포막으로 둘러싸인 핵을 소유하고 있는 생물. 인간을 포함한 모든 생물의 세포가 진핵세포로 구성되어 있다.

쯔나미(tsunami) 지진에 수반된 급격한 해저 지각변동에 의해 일어나는 해파로 빠른 전파속도(최고 950km/시간)와 긴 파장(최고 200km)을 가지는 해파(sea wave). 해안지역에 많은 자연재해를 일으킨다.

천문단위(astronomical unit : AU) 태양에서 지구까지의 거리로 약 1억 5천만 km(1496×108km)를 1로 하는 거리의 단위이다.

초신성(super nova) 질량이 큰 항성이 진화 최종단계의 대규모 폭발현상. 초신성 폭팔시 별의 바깥쪽은 초속 만 km정도의 빠른 속도로 성간 공간으로 확산된다. 방출된 물질의 양은 태양 질량의 0.1~10배 정도이다.

층리(bedding) 퇴적물이 퇴적될 때 수평적으로 방향성이 보이는 층상 배열구조이다.

캐시니간극(Cassini division) 토성의 여러 고리 중 A고리와 B고리 사이에 존재하는 3,000km 두께의 어두운 영역이다.

케로진(kerogen) 미생물이나 생물이 부패된 후에 남아 있는 탄화수소로 된 고분자화합물. 석유의 근원물질이기도 하다.

코오에사이트(coesite) SiO_2 화학식을 가진 석영의 고압광물상. L.Coes(~1953)가 처음 3.5GPa, 500~800℃에 인공 합성한 광물로 운석과 초고압 변성암에서도 발견된 고압광물이다.

콘드률(chondrule) 콘드라이트 내에 들어있는 직경 1mm 내외의 구형의 물질로 감람석, 사방휘석 등의 규산염광물로 되어 있다.

콜드프럼(cold plume) 판의 섭입대에 맨틀 내에 섭입된 해양의 지각과 맨틀의 일부를 말한다. 지진파 토모그래피에서 확인된 맨틀 내의 차가운 지역으로 하강대류가 일어난다.

큐비에(Cuvier, 1769. 8. 23~1832. 5. 13) 프랑스 좀베리아르에서 출생. 파리대학 총장역임, 비교해부학의 창시자. 파리분지 제3기 층서화석 연구, 고생물학의 기초를 확립함. 급격한 천변지이 때문에 늙은 고생물은 절멸하고 새로운 생물이 출현한다는 격변설을 제창하였다.

킴버라이트(kimberite) 알칼리 성분이 많이 함유된 맨틀기원 초염기성암 분출암으로 다이아몬드와 감람암의 포획물을 가지고 있다. 남아프리카, 케냐, 탄자니아, 시베리아 등지에서 파이프상으로 산출된다.

태양계 이전물질(presolar material) 탄소, 질소, 영족기체 등의 동위원소 이상이 운석내의 미세한 다이아몬드, SiC, 흑연 중에 확인되었다. $^{13}C/^{12}C$, $^{15}N/^{14}N$, Xe 동위원소 이상이 나타나는 물질은 태양계 탄생 이전부터 존재하였던 광물로서 태양계 형성시 운석의 모천체에 끼어 들어간 물질로 생각하고 있다. 이것은 태양보다 한 세대 전 별의 원소합성반응, 성간분자구름, 태양계 탄생 등에 관한 정보를 가지고 있다고 생각하고 있다.

태양풍(solar wind) 태양에서 방출되는 대전입자의 연속적인 흐름. 태양풍의 속도는 400~800km/초로 빠른 속도이며 명왕성 궤도까지도 영향을 미친다. 지구의 초기 1차 대기는 타우리시기에 강한 태양풍에 의해 전부 없어지고 그 후 지구 내부에서 나온 가스(degas)인 2차 대기로 되어 있다.

테프라(tephra) 화산 쇄설물로 형성된 미고결 화산분출물 집합체이다.

트리티움(tritium) 방사성기원 수소동위원소 ^{3}H, 반감기 12.3년, 인공적으로 만들어진 트리티움 함유 물(^{3}H ^{1}HO)은 강수. 지하수의 이동연구 시 추적자(tracer)로 사용되며 ^{3}H 동위원소는 지하수의 연대측정에도 활용된다.

판게아(pangaea) 약 2~3억 년 전에 대륙이 분리되기 전에 존재하였던 가상의 초거대대륙. 판게아대륙은 후에 북쪽에 라우라시아 대륙(Laurasia land)과 남쪽의 곤드와나 대륙(Gondwana land)으로 분리되었다.

편마암(gneiss) 엽리가 잘 발달하고 있는 고변성도의 변성암이다.

표준화석(index fossil) 지층의 지질시대를 알려주는 화석. 화석의 형태가 특징적으로 지질시대에 따라 차이가 있고 세계적으로 넓게 다량 산출되며 생존기간이 짧은 생물일수록 유용하다. 삼엽충, 필석. 암모나이트처럼 진화속도가 빠르고 세계적으로 넓게 서식하고 헤엄치거나 부유성인 생물일수록 표준화석으로 적합하다.

풍화잔류광상(residual mineral deposit) 풍화작용에 의해 유용한 광물이 집합되어 있는 곳. 알루미늄 광물을 개발하는 보오크사이트광상이 그 예다.

피션트랙 연대측정법(fission track dating method) 우라늄계열 핵종은 자발적인 핵분열시에 발생하는 에너지에 의하여 광물의 결정격자에 손상을 일으켜 결정면에 흔적(fission track)이 생기는데 이 흔적의 양과 시간의 함수에서 계산된 연령. 피션트랙의 수(Ts) = $^{238}U(e^{\lambda d}-1)$에서 연령(t)이 얻어진다. 여기서 $\lambda\alpha$는 ^{238}U의 α붕괴 상수이다. 현미경 하에서 저어콘, 인회석, 녹염석, 스펜, 화산성 유리질 광물의 연마면에서 흔적의 수를 정량한다.

하트프럼(hot plume) 핵과 맨틀의 경계 등 지구 내부에서 상승하는 고온물질을 말함. 남태평양과 아프리카 대륙 밑의 핵과 맨틀 경제 부근에 대규모 뜨거운프럼이 나타난다.

함수광물(hydrous mineral) 광물이 화학식에서 (OH)기를 가지는 사문석, 각섬석, 운모류, 점토 광물이나 기타 물을 포함하는 광물이다.

해구(trench) 판이 섭입되는 경계지역에 형성된 깊은 바다. 태평양판이 남미판쪽으로 섭입되는 곳에 칠레해구가 형성되어 있고 태평양판이 일본 열도 밑으로 섭입되는 곳에 일본해구가 형성되어 있다.

헬륨동위원소비(helium isotope ratio) 영족기체로 ^{3}He 과 ^{4}He 동위원소가 있다. ^{3}He동위원소는 대부분 지구형성 초기나 운석 형성시에 포획되어 있는 원시 헬륨이다. 그러나 철(Fe)에 우주선 조사로 만들어지거나 트리티움이 반감기로 핵붕괴 과정에서도 소량 생성될 수도 있다. ^{4}He 동위원소는 U(Th)의 α붕괴 시에 생성된다. 원시 기원보다 방사성기원 성분이 많다. $^{3}He/^{4}He$비는 대상물질의 존재하는 지질환경이나 시간에 따라 크게 다르기 때문에 각종 지질현상 해석에 중요한 정보자료가 되고 있다. 화산가스, 온천가스, 지하수, 해수, 암석, 광물 등의 $^{3}He/^{4}He$비 측정으로 알곤 동위원소비($^{36}Ar/^{40}Ar$)와 함께 이들 물질의 기원 연구에 유용하게 이용되고 있다.

현무암(basalt) 화산지역에 분출된 검은 색의 화산암. 감람석, 휘석, 사장석 등의 광물로 구성되어 있다. 제주도와 전곡 등지에 다량 분포하고 있다.

호상열도(island arc) 도호라 하기도 하며 대륙과 해양의 경계부에 활모양으로 섬들이 연속으로 분포하여 열도를 이룬다. 판구조론에 의하면 판의 섭입대지역에 화산활동과 지진이 빈번한 일본열도와 같은 호상열도가 형성된다.

호상철광층(banded iron formation) 선캄브리아기의 바다에서 퇴적된 철광층으로 적철석과 같은 철산화물층과 처트와 세립질 석영층이 호층을 이루는 지층. 오스트레일리아, 캐나다, 중국 등지에 분포하며 선캄브리아시대의 지구환경연구에 중요한 대상이 된다.

화강암(granite) 대륙지각에 많이 분포하며 마그마가 지하에서 느린 속도로 냉각 결정화되어 입상조직을 나타낸다. 주로 석영, 장석, 운모, 각섬석 등의 광물로 구성되어 있다.

화석연료(fossil fuel) 석탄, 석유, 천연가스와 같은 퇴적물 중의 동식물의 유해가 탄화되어 연료로 사용될 수 있는 탄화수소 계열의 연료 물질이다.

흑점(sunspot) 태양표면에서 자기장이 열의 전달을 차단하여 광구 부분에 온도가 약간 낮고 어둡게 나타나는 지역. 광구가 갑자기 밝아지는 현상인 플레어는 흑점 주위에서 일어나는 자기폭풍 때문이다.

흔적화석(trace fossil) 고생물들이 생존 당시 남긴 흔적, 이동자취, 발자국, 배설물 등이 지층 내에 보존되어 있는 것.

CHIME 연대(CHIME age) 저콘이나 모나자이트와 같은 방사성광물 입자의 EPMA 분석법으로 UO_2, ThO_2, PbO를 정량하여 PbO와 UO_2 또는 ThO_2 사이에 얻어진 아이소크론 연령. CHIME의 용어는 Chemical Th U-total Pb isochron method에서 첫 자를 딴 것이다. 동위원소비를 분석하지 않고 광물 암석 박편에서 EPMA정량법으로 얻은 화학분석치에서 아이소크론으로 연령이 얻어진다. 신속성이 있으며 퇴적암이나 퇴적기원변성암의 연령측정에도 유용하다.

Hutton(1726. 6. 3~1997. 3. 26) 영국 에딘버러에서 상인의 아들로 태어나 의학, 화학, 지질학을 연구. 농사일을 조금 하다가 1768년부터 에딘버러에서 연구 생활을 시작함. 1975년 『Theory of the Earth』 저술. 진화론적 개념인 동일과정설 주창. 암석화성론을 제창하였다.

K/T 경계(K/T boundary) 지질시대의 중생대 백악기와 신생대 제3기 사이의 경계를 의미한다. 이 경계 지역 지층에 운석 충돌에 의해 만들어진 이리듐(Ir)이 대량 함유되어 있는 곳이 있다.

P파(primary wave) 탄성파의 진행방향과 진동방향이 일치하며 고체, 액체, 기체의 모든 매질을 통과할 수 있는 실체파(body wave)이다.

S파(secondary wave) 지진파의 파의 진동방향과 진행방향이 직교하는 파로 P파보다 속도가 느리며 액체와 기체 상태를 통과하지 못하는 실체파(body wave)이다.

참고문헌

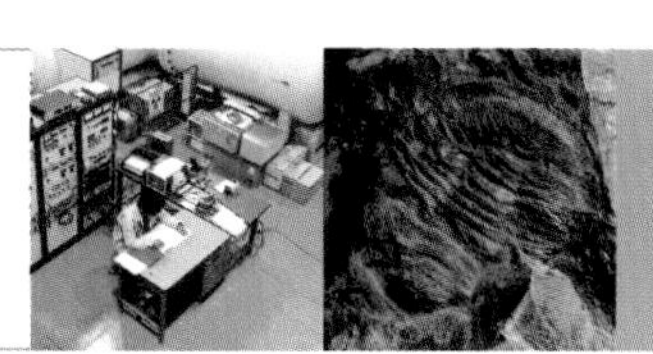

김규한, 1991, 동위원소지질학, 민음사

김규한, 1996, 지구화학, 민음사

김규한, 2008, 지구환경화학, 시그마프레스

김규한, 2007, 한국의 온천, 이화여자대학교 출판부

김규한, 2007, 틈새과학(이론편), 즐거운 텍스트(번역서)

김수진, 1996, 광물학원론, 우성문화사

민영기 · 윤홍식 · 홍승수 역, 1991, 기본 천문학, 형설출판사

소칠섭 외, 1997, 지구 환경과학개론(번역서) 시그마프레스

원종관 · 이하영 · 지정만 · 박용안 · 김정환 · 김형식, 1989, 지질학원론, 우성문화사

이광춘 · 이성주 · 최덕근 · 이종덕 · 윤혜수 · 이윤남, 2004, 한국고생물, 한국고생물학회

이동우 외 14, 2006, 자연재해와 재난, 시그마프레스

이동우 외 13, 2007, 자연재해와 방재, 시그마프레스

이상헌 · 전희영 · 윤혜수, 1997, 화석, 경보화석 박물관

전효택, 1993, 환경지구화학과 건강, 서울대학교 출판부

전희영 · 공달용, 2004, 화석의 세계 I 고생대편, 경보화석박물관

좌용주, 2001, 가이아의 향기, 황금복

최진범 · 김우한 · 좌용주 · 조현구 · 손일 · 박충화, 1997, 지구라는 행성, 춘광

한국지구과학회편, 1998, 지구과학개론, 교학연구사
長沢 工, 2001, 宇宙の 基礎教室, 地人書館
巽 好幸, 1995, 沈みてみ帯のマグマ學, 東京大學出版會
崎川範行, 1980, 寶石學への招待, 公立出版
堀田 進, 1996, 地球の歴史24講, 東海大學出版會
杉村 新, 中村保夫, 井田喜明, 1996, 圖說地球科學, 岩波書店
都築俊文, 伊藤八十男, 上田祥久, 1996, 水と水質汚染, 三共出版
在田一則 外 10人, 1995, 日本列島のおいたち, 東海大學出版會
鈴木孝弘, 2006, 新じ環境化学, 昭晃堂
湍老原充, 2006, 太陽系の化学, 裳華房
江口 あとか, 2007, 隕石コレクター, 築地書館
酒井治孝, 2003, 地球學入門, 東京大學出版會
島村英紀, 1996, 地震列島との共生, 岩波書店
平野弘道, 1995, 繰リ返す大量絶滅, 岩波書店
岡村 聰 外, 1995, 岩石と地下資源, 東海大學出版會
內嶋善兵, 1996, 地球溫暖化とその影響, 裳華房
浜野洋三, 1995, 地球のしくみ, 日本實業出版社
赤井純治 外, 1995, 鑛物の科學, 東海大學出版會
御代川貴久夫, 1997, 環境科學の基礎, 培風館
小森長生, 1995, 太陽系と惑星, 東海大學出版會
松井孝典, 1994, 地球進化探訪記, 岩波書店
水谷武司, 1993, 自然災害調査, 古今書院
多賀光彦, 那須淑子, 1995, 地球の化學と環境, 三共出版
酒井 均, 松久幸敬, 1996, 安定同位体 地球化學, 東京大學出版會
藤原鎭男編, 1997, 地球化學と展望, 東海大學出版會
增田彰正, 中川直哉, 田中 剛, 1993, 宇宙と地球の化學, 大日本圖書
佐タ木信行, 綿抜邦彦, 1995, 天然無機化合物, 裳華房
松井孝典 外, 1996, 地球惑星科學入門, 岩波書店
島海光弘 外, 1996, 地球惑星物質科學, 岩波書店
平朝 彦 外, 1997, 地殼の形成, 岩波書店

島崎英彦, 新藤靜夫, 吉田鎭男, 1995, 放射性廢棄物と地質科學, 東京大出版會

Anderson, D., 2007, New Theory of the Earth. Canbridge University Press.

Andrews, J., Brimblecombe, P., Jickells, T.D. and Liss, P.S., 1996, *An Introduction to Environmental Chemistry*, Blackwell Science Ltd.

Barnes, H.L., 1997, *Geochemistry of Hydrothermal Ore Deposits*, John Wiley & Sons

Blatt, H. and Tracy, R.J., 1996, *Petrology*, Freeman.

Blatt, H., Middleton, G., and Murray, R., 1980, *Origin of Sedimentary Rocks*, Prentice Hall.

Bolt, B.A., 1982, *Inside the Earth*, Freeman.

Brownlow, A.H., 1996, *Geochemistry*, Prentice Hall.

Chernicoff, S. and Venkatakrishnan, R., 1995, *Geology*, Worth Pub.

Cox, P.A., 1995, *The Element on Earth*, Oxford.

Dickin, A.P., 2005, *Radiogenic Isotope Geology*, Cambridge Univ. Press.

Dutch et al., 1998 *Earth Science*, Wadsworth.

Horn, S. and Schmincke, H.U., 2000, Volatile emission during the eruption of Baitoushan Volcano(China/North Korea) ca. 969AD. Bulletin of Volcanology, 61, 537-555.

Field, G.B. Ponnamperuma, C, and Verschuur, G.L., 1978, *Cosmic Evolution*, Houghton Mifflin Co.

Friedlander, M.W., 1985, *Astronomy*, Prentice Hall.

Hall, A., 1996, *Igneous Petrology*, Longman Group Limited.

Institute of Geology, State Academy of Sciences DPR of Korea, 1996, *Geology of Korea*, Foreign Languages Books Publishing House, Pyonyang.

James S. Monroe and Reed Wicander, 2001, *The Changing Earth*, Brooks Cole

Katia and Krafft, M., 1979, *Volcanos*, Hammond.

Keller, E.A., 1999, *Introduction to Environmental Chemistry*, Prentice Hall.

Kim Kyu Han and Nobuyuki Nakai, 1981, A study on hydrogen, oxygen and sulfur isotopic ratios of the hot spring waters in South Korea, *Chikugagaku* (Geochemical Jour.) (Japanese with English abstract) 15, 6-16.

Kim Kyu Han , T. Tanaka, K. Nagao and, S. K. Jang., 1999, Nd and Sr isotopes and K-Ar ages of the Ulreungdo alkali volcanic rocks in the East Sea, South Korea. *Geochem. Jour.*, 33(5), 317-341.

Kim Kyu Han, Keisuke Nagao, Tsuyoshi Tanaka, Hirochika Sumino, Toshio Nakamura, Mitsuru Okuno, Jin Baeg Lock, Jeung Su Youn and Jeehye Song, 2005, He-Ar and Nd-Sr isotopic compositions of ultramafic xenoliths and host alkali basalts from the Korean peninsula. *Geochem, Jour.*, 39(4), 341-356.

Kim Kyu Han, Seong Sook Park and Choon Ki Na, 1996, Nd and Sr isotopic signature of Mesozoic granitoids in South Korea. *Resource Geol.*, 46(4), 215-226.

Kim Kyu Han, T. Tanaka, T. Nakamura, K. Nagao, J. S. Yoon, K. R. Kim, M. Y. Yun, 1999, Palaeoclimatic and chronostratigraphic interpretations from strontium, carbon and oxygen isotopic ratios in molluscan fossils of Quaternary Seoguipo and Shinyangri Formations, Cheju Island, Korea. *Palaeogr., Palaeoclimat., Palaeoecol.*, 154(3) 219-235.

Kim Kyu Han, Tanaka Tsuyoshi, Suzuki Kazuhiro, Nagao Keisuke and Park Eun Jin, 2002, Evidences of the presence of old continental basement in Cheju volcanic island, South Korea, revealed by radiometric ages and Nd-Sr isotopes of granitic rocks. *Geochem. Jour.*, 36 (5), 421-441.

Kim, Kyu Han, Keisuke Nagao, Hirochika Sumino, Tsuyoshi Tanaka, Takamasa Hayashi, Toshio Nakamura and Jong Ik Lee, 2008, He-Ar and Nd-Sr isotopic compositions of late Pleistocene felsic plutonic back arc basin rocks from Ulleungdo volcanic island, South Korea: implications for the genesis of young plutonic rocks in a back arc basin. *Chem., Geol.*, 253, 180-195.

Kim Kyu Han, Hiroshi Satake and Yoshihiko Mizutani, 1992, Oxygen isotopic compositions of Mesozoic granitic rocks in South Korea. *Mining Geol.* 42, 5, 311-322.

Korea Institute of Energy and Resources, 1983, *Geology of Korea.*

Lee, D.S. ed 1989, *Geology of Korea*, Kyohaksa.

Lutgens, F.K. and Tarbuck, E.J., 2002, *Foundations of Earth Science*, Prentice Hall.

Lyman, K., 1986, *Gems and Precious Stones*, A. Fireside Book.

McBirney, A.R., 1993, *Igneous Petrology*, Jones & Bartlett Pub. Inc.

Nakamura, T., Okuno, M., Kimura, K., Mitsutani, T., Moriwaki, H., Ishizuka, Y., Kim, K. H., Jing, B. L., Oda, H., Minami, M. and Takada, H., 2007, Application of ^{14}C Wiggle-matching to support dendrochronological analysis in Japan. *Tree-Ring Research,* 63(1), 37-46.

Press, F. and Siever, R., 1994, *Understanding Earth*, Freeman.

Ryu, J. S., Lee, K. S., Chang, H. W., Shin, H. S., 2008, Chemical weathering of carbonates and silicates in the Han river basin, South Korea. Chem. Geol. 247, 66-80.

Schopf, J. W., 1983, *Earth's Earliest Biosphere*, Princeton Univ. Press

Smith, G. A. and Pun, A., 2006, *How Does Earth Work?* Prentice Hall.

Zhao Dapeng, Lei Jianshe, Tang Rongyu, 2004, Origin of the Changbai intraplate volcanism in Noartheast China : Evidence from seismic tomography. Chinese Science Bulletin, 49(13), 1401-1408.

찾아보기

기타